Einführung in die Grundbegriffe der Wahrscheinlichkeitstheorie und mathematischen Statistik

von
Detlev Plachky

Oldenbourg Verlag München Wien

Die Deutsche Bibliothek - CIP-Einheitsaufnahme

Plachky, Detlef:
Einführung in die Grundbegriffe der Wahrscheinlichkeitstheorie und
mathematischen Statistik / von Detlef Plachky. – München ; Wien :
Oldenbourg, 2000
  ISBN 3-486-25469-3

© 2000 Oldenbourg Wissenschaftsverlag GmbH
Rosenheimer Straße 145, D-81671 München
Telefon: (089) 45051-0
www.oldenbourg-verlag.de

Lektorat: Martin Reck
Herstellung: Rainer Hartl
Umschlagkonzeption: Kraxenberger Kommunikationshaus, München
Gedruckt auf säure- und chlorfreiem Papier
Gesamtherstellung: Druckhaus „Thomas Müntzer" GmbH, Bad Langensalza

Inhalt

Vorwort

Bei dieser Einführung in Grundbegriffe der Wahrscheinlichkeitstheorie und mathematischen Statistik handelt es sich um Vorlesungen des Verfassers an der Universität Münster. Dabei werden zunächst Grundbegriffe aus der Maß- und Integrationstheorie unter Berücksichtigung von Anwendungen in der Wahrscheinlichkeitstheorie, mathematischen Statistik und verwandte Gebiete vorgestellt. Insbesondere wird auf den Aspekt der endlichen Additivität der zugrundeliegenden Mengenfunktionen eingegangen. Obgleich in der Hauptsache Grundbegriffe der Wahrscheinlichkeitstheorie und mathematischen Statistik behandelt werden, hofft der Verfasser, dem Leser auch neuere Resultate zu präsentieren. Dies gilt zum Beispiel im Zusammenhang mit Fortsetzungen von Wahrscheinlichkeitsinhalten und Kennzeichnungen der Suffizienz und Vollständigkeit von Teil-σ-Algebren aus schätztheoretischer Sicht. Allerdings werden abgesehen vom Fortsetzungsmodell bzw. vom Begriff der schätztheoretischen Suffizienz keine neuen Modelle bzw. Begriffe vorgestellt. Im wahrscheinlichkeitstheoretisch orientierten Teil dieser Einführung steht der Begriff der Konvergenz von Zufallsgrößen und Verteilungen einschließlich charakteristischer Funktionen mit einem Ausblick auf Radontransformationen sowie der Begriff der regulären bedingten Verteilung einschließlich einer ausführlichen Diskussion der Existenz bzw. Nichtexistenz regulärer bedingter Verteilungen im Vordergrund. Der statistisch orientierte Teil dieser Einführung betont die Idee des erwartungstreuen Schätzers unter besonderer Berücksichtigung der lokalen und globalen Optimalität, wobei die grundlegenden statistischen Begriffe der Suffizienz und Vollständigkeit von Teil-σ-Algebren eine zentrale Rolle spielen. Die Darstellung ist mit Rücksicht auf den Umfang des Stoffes, Grundbegriffe aus Wahrscheinlichkeitstheorie und mathematischer Statistik betreffend, recht knapp gehalten. Dabei werden die sparsam zum Einsatz gebrachten Grundbegriffe aus der Funktionalanalysis nicht wie die benötigten Grundbegriffe aus der Maß- und Integrationstheorie entwickelt. Für das Verständnis dieser Einführung von Grundbegriffen aus der Wahrscheinlichkeitstheorie und mathematischen Statistik sind Vorkenntnisse über diskrete Wahrscheinlichkeitsverteilungen hilfreich.

Ferner möchte der Verfasser mit dieser Darstellung den engen Zusammenhang der Gebiete Wahrscheinlichkeitstheorie und mathematische Statistik sowie deren Verbindung mit anderen mathematischen Disziplinen wie Maß- und Integrationstheorie bzw. Funktionalanalysis illustrieren und hofft insbesondere, daß die Verbindung zwischen Wahrscheinlichkeitstheorie und mathematischer Statistik unzertrennlich ist.

D. Plachky

1 Einleitung

SPRECHWEISE: Ω nicht-leere Menge. $P : \mathcal{P}(\Omega) \to \mathbb{R}$ mit $P(E) \geq 0$, $E \in \mathcal{P}(\Omega)$ (P nicht negativ), $P(\Omega) = 1$ (P normiert), $P(\bigcup_{n=1}^{\infty} E_n) = \sum_{n=1}^{\infty} P(E_n)$, $E_n \in \mathcal{P}(\Omega)$, $n = 1, 2, \ldots$, paarweise disjunkt (P σ-additiv) heißt Wahrscheinlichkeitsmaß auf $\mathcal{P}(\Omega)$. Gilt zusätzlich: Es existiert eine abzählbare Teilmenge Ω_0 von Ω mit $P(\Omega_0) = 1$, dann heißt P diskretes Wahrscheinlichkeitsmaß auf $\mathcal{P}(\Omega)$.

BEISPIELE:

1. $\delta_\omega(E) = 1$, $\omega \in E$, $\delta_\omega(E) = 0$, $\omega \notin E$, $E \in \mathcal{P}(\Omega), \omega \in \Omega$ fest, heißt Dirac-Maß in ω, in Zeichen: δ_ω.

2. $P := \sum_{n=1}^{\infty} a_n \delta_{\omega_n}$, $a_n \geq 0$, $n = 1, 2, \ldots$, $\sum_{n=1}^{\infty} a_n = 1$, $\omega_n \in \Omega$, $n = 1, 2, \ldots$, d. h. $P(E) = \sum_{n=1}^{\infty} a_n \delta_{\omega_n}(E)$, $E \in \mathcal{P}(\Omega)$.

BEMERKUNG: P diskretes Wahrscheinlichkeitsmaß auf $\mathcal{P}(\Omega)$ $\Leftrightarrow$ P hat Darstellung gemäß dem 2. Beispiel, wegen: $P = \sum_{n=1}^{\infty} P(\{\omega_n\})\delta_{\omega_n}$, $\{\omega_1, \omega_2, \ldots\} = \Omega_0$, denn $P(E) = P(E \cap \Omega_0) + P(E \cap \Omega_0^c) = \sum_{\omega \in E \cap \Omega_0} P(\{\omega\})$, $E \in \mathcal{P}(\Omega)$.

INTERPRETATION: $P(E)$, $E \in \mathcal{P}(\Omega)$, heißt Wahrscheinlichkeit für das Eintreten des Ereignisses E.

SCHREIBWEISE: $E_1, E_2 \in \mathcal{P}(\Omega)$;
$E_1 \cup E_2$ Ereignis, daß E_1 oder E_2 eintritt;
$E_1 \cap E_2$ Ereignis, daß E_1 und E_2 eintritt;
E_1^c Ereignis, daß E_1 nicht eintritt;
$E_1 \triangle E_2$ Ereignis, daß entweder E_1 oder E_2 eintritt, also: $E_1 \triangle E_2 = (E_1 \cap E_2^c) \cup (E_1^c \cap E_2)$.

BEZEICHNUNGEN: $E_1 + E_2 := E_1 \cup E_2$, $E_1 \cap E_2 = \emptyset$, $E_1 \backslash E_2 := E_1 \cap E_2^c$, $E_2 \subset E_1$, $\sum_{i \in I} E_i := \bigcup_{i \in I} E_i$, $E_i \in \mathcal{P}(\Omega)$, $i \in I$, paarweise disjunkt.

BEMERKUNG:

1. $E_1 \triangle E_2 = (E_1 \cup E_2) \backslash (E_1 \cap E_2)$ ($= (E_1 \cap E_2^c) + (E_1^c \cap E_2)$).

2. $\mathcal{P}(\Omega)$ Ring mit $\cap$ als Multiplikation und $\triangle$ als Addition. Insbesondere gilt: $E \triangle E = \emptyset$ ($\emptyset$ Nullelement, Ω Einselement, Ring mit Charakteristik 2).

RECHENREGELN:

1. $E_1 = E_1 \cap E_2 + E_1 \cap E_2^c$, $E_1, E_2 \in \mathcal{P}(\Omega)$,

2. $\bigcup_{n=1}^{\infty} E_n = \sum_{n=1}^{\infty} E_n \cap (\bigcup_{m=1}^{n-1} E_m)^c$, $E_n \in \mathcal{P}(\Omega)$, $n = 1, 2, \ldots$.

Allgemeiner:

$$\bigcup_{i \in I} E_i = \sum_{i \in I} E_i \cap (\bigcup_{\substack{j \in I \\ j < i}} E_j)^c, \ E_i \in \mathcal{P}(\Omega), \ i \in I,$$

$\leq$ Wohlordnung von I, d. h.:

1. $i \leq j$ oder $j \leq i$ für $i, j \in I$.

2. Zu J nicht-leere Teilmenge von I existiert $j_0 \in J$ mit $j_0 \leq j$, $j \in J$.

Verallgemeinerung von Wahrscheinlichkeitsmaßen über der Potenzmenge einer Menge:

Ω beliebige Menge

$\mu : \mathcal{P}(\Omega) \to \bar{\mathbb{R}}$ ($\bar{\mathbb{R}} := \mathbb{R} \cup \{-\infty, \infty\}$) mit $\mu(\emptyset) = 0$, $\mu(E) \geq 0$, $E \in \mathcal{P}(\Omega)$ (Nicht-Negativität), $\mu(\sum_{n=1}^{\infty} E_n) = \sum_{n=1}^{\infty} \mu(E_n)$, $E_n \in \mathcal{P}(\Omega)$, $n = 1, 2, \ldots$, paarweise disjunkt (σ-Additivität) heißt Maß auf $\mathcal{P}(\Omega)$.

Konvention: $\infty > a$ mit $a \in \bar{\mathbb{R}}$, $a + \infty = \infty$, für $a \in \mathbb{R}$, $\sum_{n=1}^{\infty} a_n := \infty$, $a_n \geq 0$, $n \in \mathbb{N}$, $\sum_{n=1}^{\infty} a_n$ divergiert.

BEISPIEL: $\mu_0(E) = \mathrm{card}(E)$, E endliche Teilmenge von Ω, $\mu_0(E) = \infty$, sonst, heißt Zählmaß über $\mathcal{P}(\Omega)$.

SPRECHWEISE: $\mu : \mathcal{P}(\Omega) \to \bar{\mathbb{R}}$ Maß heißt finit (endlich), falls $\mu(\Omega) < \infty$, σ-finit (σ-endlich), falls es $E_n \in \mathcal{P}(\Omega)$, $n = 1, 2, \ldots$, paarweise disjunkt, gibt mit $\mu(E_n) < \infty$, $n = 1, 2, \ldots$, und $\sum_{n=1}^{\infty} E_n = \Omega$, semifinit (Maß mit der endlichen Teilmengeneigenschaft), falls $\mu(E) = \sup\{\mu(F) : F \subset E, \ \mu(F) < \infty\}$, $E \in \mathcal{P}(\Omega)$.

BEMERKUNG: Zählmaß μ_0 auf $\mathcal{P}(\Omega)$ endlich $\Leftrightarrow$ Ω endlich, Zählmaß μ_0 auf $\mathcal{P}(\Omega)$ σ-endlich $\Leftrightarrow$ Ω abzählbar. Zählmaß stets semifinit.

Diskrete bzw. stetige Maße:

SPRECHWEISE: $\mu : \mathcal{P}(\Omega) \to \bar{\mathbb{R}}$ Maß heißt diskret, falls $\mu(\Omega_0^c) = 0$ für eine abzählbare Teilmenge Ω_0 von Ω zutrifft; $\mu : \mathcal{P}(\Omega) \to \bar{\mathbb{R}}$ Maß heißt stetig, falls $\mu(\{\omega\}) = 0$, $\omega \in \Omega$, gilt.

ZUSAMMENHANG: $\mu : \mathcal{P}(\Omega) \to \bar{\mathbb{R}}$ endliches Maß läßt sich eindeutig zerlegen gemäß: $\mu = \mu_1 + \mu_2$, $\mu_j : \mathcal{P}(\Omega) \to \bar{\mathbb{R}}$, $j = 1, 2$, endliche Maße mit μ_1 diskret, μ_2 stetig, denn: $\Omega_0 := \{\omega \in \Omega : \mu(\{\omega\}) > 0\}$ abzählbar wegen $\{\omega \in \Omega : \frac{\mu(\Omega)}{2^n} < \mu(\{\omega\}) \leq \frac{\mu(\Omega)}{2^{n-1}}\}$ endlich, $n = 1, 2, \ldots$.

$\mu_1(E) := \mu(E \cap \Omega_0)$, $E \in \mathcal{P}(\Omega)$, $\mu_2(E) := \mu(E \cap \Omega_0^c)$, $E \in \mathcal{P}(\Omega)$ $\Rightarrow$ μ_1

endliches, diskretes Maß auf $\mathcal{P}(\Omega)$, μ_2 endliches, stetiges Maß auf $\mathcal{P}(\Omega)$ $\Rightarrow$ Existenz der Zerlegung.

Eindeutigkeit der Zerlegung. $\mu = \mu_1 + \mu_2 = \mu_1' + \mu_2'$, μ_1, μ_1' endliche, diskrete Maße, μ_2, μ_2' endliche, stetige Maße $\Rightarrow$ $\mu_1(\Omega_0^c) = \mu_1'(\Omega_0^c) = 0$, Ω_0 abzählbare Teilmenge von Ω $\Rightarrow$ $\mu_2(E \cap \Omega_0^c) = \mu_2'(E \cap \Omega_0^c)$, $E \in \mathcal{P}(\Omega)$ $\Rightarrow$ $\mu_2 = \mu_2'$, denn $\mu_2(\Omega_0) = \mu_2'(\Omega_0) = 0$ $\Rightarrow$ $\mu_1 = \mu_1'$.

BEMERKUNG:

1. Ulam: Ω Menge mit $\operatorname{card}(\Omega) = \text{aleph}_1$; es gibt kein endliches, stetiges Maß μ auf $\mathcal{P}(\Omega)$ mit $\mu(\Omega) > 0$, d. h. alle endlichen Maße auf $\mathcal{P}(\Omega)$ sind in diesem Fall diskret.

2. Pelc: Es existiert eine Menge Ω, so daß ein endliches, stetiges Maß μ auf $\mathcal{P}(\Omega)$ mit $\mu(\Omega) > 0$ erklärt werden kann genau dann, wenn es eine Gruppe G gibt und dazu ein semifinites Maß μ auf $\mathcal{P}(G)$ mit: $\mu \notin \{c\mu_0 : c \geq 0, \mu_0$ Zählmaß auf $\mathcal{P}(\Omega)\}$ und $\mu(gE) = \mu(E)$, $E \in \mathcal{P}(G)$, $g \in G$ ($gE := \{gg' : g' \in E\}$).

Unlösbarkeit des Maßproblems nach Vitali:

Es gibt kein Maß $\mu : \mathcal{P}(\mathbb{R}) \to \bar{\mathbb{R}}$ mit $\mu([0,1]) = 1$ und $\mu(\underbrace{a + A}_{=\{a+a':a'\in A\}}) = \mu(A)$, $A \in \mathcal{P}(\mathbb{R})$.

BEGRÜNDUNG: Äquivalenzrelation: $x_1 \sim x_2 :\Leftrightarrow x_1 - x_2 \in \mathbb{Q}$, $x_1, x_2 \in \mathbb{R}$, R vollständiges Repräsentantensystem O. B. d. A. $R \subset [a,b]$, $a, b \in \mathbb{R}$, $a < b$, $b - a < 1$, Äquivalenzklasse mit Repräsentant $r \in R : r + \mathbb{Q}$ $\Rightarrow$ $\mathbb{R} = \sum_{r \in R}(r + \mathbb{Q}) = \sum_{\rho \in \mathbb{Q}}(\rho + R)$ $\Rightarrow$ $[0,1] \supset \sum_{\substack{-a \leq \rho \leq 1-b \\ \rho \in \mathbb{Q}}}(\rho + R)$ und $\mu(R) > 0$, da $\mu([0,1]) = 1$ und $\mu(\rho + R) = \mu(R)$, $\rho \in \mathbb{Q}$ $\Rightarrow$ Widerspruch $\mu([0,1]) = \infty$, falls ein solches Maß μ existiert.

BEMERKUNG:

1. Banach: Es gibt $\mu : \mathcal{P}(\mathbb{R}) \to \mathbb{R}$ mit $\mu(E_1 + E_2) = \mu(E_1) + \mu(E_2)$, $E_1, E_2 \in \mathcal{P}(\mathbb{R})$, $\mu(E) \geq 0$, $E \in \mathcal{P}(\mathbb{R})$, $\mu(\mathbb{R}) = 1$, und $\mu(a + E) = \mu(E)$, $E \in \mathcal{P}(\mathbb{R})$, $a \in \mathbb{R}$. Allerdings ist μ durch diese Eigenschaften nicht eindeutig bestimmt.

2. Die Argumentation von Vitali zur Unlösbarkeit des Maßproblems liefert die folgende wahrscheinlichkeitstheoretische Variante: Eine Gruppe G läßt auf der Potenzmenge $\mathcal{P}(G)$ genau dann ein Wahrscheinlichkeitsmaß P mit $P(gA) = A$, $A \in \mathcal{P}(G)$, $g \in G$ ($gA := \{gg' : g' \in A\}$, $g \in G$, $A \in \mathcal{P}(G)$) zu, wenn G endlich ist und $P(A) = \frac{\operatorname{card}(A)}{\operatorname{card}(G)}$, $A \in \mathcal{P}(G)$, gilt, denn, ist G nicht abzählbar, dann erzeugen abzählbar unendlich viele Elemente von G eine abzählbare Untergruppe U von G. Mit R als korrespondierendem vollständigen Repräsentantensystem gilt dann $G = \sum_{r \in R} Ur = \sum_{u \in U} Ru$, woraus $P(G) = \infty$ resultiert. Man kann

eine Menge $R \subset G$ mit Ru, $u \in U$, paarweise disjunkt, $\sum_{u \in U} Ru = G$, auch nach dem Lemma von Zorn als maximales Element bezüglich der Inklusion von $\{R \subset G : Ru, u \in \mathbb{R},$ paarweise disjunkt, $1 \in R\}$ erhalten.

2 Grundbegriffe der Maßtheorie: Inhalte auf Algebren, Maße auf σ-Algebren

SPRECHWEISE: $\mathcal{A} \subset \mathcal{P}(\Omega)$ heißt Algebra (Mengenalgebra) über Ω falls gilt: $\Omega \in \mathcal{A}$, $A \in \mathcal{A} \Rightarrow A^c \in \mathcal{A}$ (Komplementstabilität), $A_1, A_2 \in \mathcal{A} \Rightarrow A_1 \cup A_2 \in \mathcal{A}$ (Vereinigungsstabilität). Gilt statt der Vereinigungsstabilität: $A_n \in \mathcal{A}$, $n \in \mathbb{N} \Rightarrow \bigcup_{n=1}^{\infty} A_n \in \mathcal{A}$ (Stabilität unter abzählbaren Vereinigungen), so heißt $\mathcal{A}$ σ-Algebra über Ω, in Zeichen: $\mathcal{S}$.

BEMERKUNG:

1. $\mathcal{A}$ Algebra ist durchschnittsstabil: $A_1, A_2 \in \mathcal{A} \Rightarrow A_1 \cap A_2 \in \mathcal{A}$, denn: $A_1 \cap A_2 = (A_1^c \cup A_2^c)^c$.

2. $\mathcal{S}$ σ-Algebra ist durchschnittsstabil gegenüber abzählbaren Durchschnitten: $A_n \in \mathcal{S}$, $n = 1, 2, \dots \Rightarrow \bigcap_{n=1}^{\infty} A_n \in \mathcal{S}$, denn: $\bigcap_{n=1}^{\infty} A_n = (\bigcup_{n=1}^{\infty} A_n^c)^c$.

3. Eine Algebra $\mathcal{A}$ ist genau dann eine σ-Algebra, wenn $\mathcal{A}$ vereinigungsstabil gegenüber abzählbaren Vereinigungen von paarweise disjunkten Mengen aus $\mathcal{A}$ ist: $A_n \in \mathcal{A}$, $n = 1, 2, \dots$, paarweise disjunkt $\Rightarrow \sum_{n=1}^{\infty} A_n \in \mathcal{A}$, denn: $\bigcup_{n=1}^{\infty} A_n = \sum_{n=1}^{\infty} (A_n \cap (\bigcup_{m=1}^{n-1} A_m)^c)$.

SPRECHWEISE: $\mathcal{E} \subset \mathcal{P}(\Omega)$; $A(\mathcal{E}) := \bigcap_{\substack{\mathcal{E} \subset \mathcal{A} \\ \mathcal{A}\text{ Algebra}}} \mathcal{A}$ heißt die von $\mathcal{E}$ erzeugte Algebra über Ω, $S(\mathcal{E}) := \bigcap_{\substack{\mathcal{E} \subset \mathcal{S} \\ \mathcal{S}\, \sigma-\text{Algebra}}} \mathcal{S}$ heißt die von $\mathcal{E}$ erzeugte σ-Algebra über Ω. $\mathcal{E}$ heißt Erzeugendensystem einer Algebra $\mathcal{A}$ bzw. einer σ-Algebra $\mathcal{S}$, wenn gilt: $\mathcal{A} = A(\mathcal{E})$ bzw. $\mathcal{S} = S(\mathcal{E})$. Gibt es ein abzählbares Erzeugendensystem von $\mathcal{A}$ bzw. $\mathcal{S}$, dann heißt $\mathcal{A}$ bzw. $\mathcal{S}$ abzählbar erzeugt.

BEZEICHNUNG: $\mathcal{E} \subset \mathcal{P}(\Omega)$, $\mathcal{E}^c := \{E^c : E \in \mathcal{E}\}$.

BEMERKUNG: $\mathcal{E} = \emptyset \Rightarrow A(\mathcal{E}) = S(\mathcal{E}) = \{\emptyset, \Omega\}$ triviale σ-Algebra (Algebra).
Darstellung von $A(\mathcal{E})$: $\mathcal{E} \neq \emptyset \Rightarrow A(\mathcal{E}) = \{\sum_{i=1}^{n} \bigcap_{j=1}^{n_i} E_{ij}^* : E_{ij}^* \in \mathcal{E}^*, \ j = 1, \dots, n_i, \ i = 1, \dots, n, \ n_i \in \mathbb{N}, \ i = 1, \dots, n, \ n \in \mathbb{N}\}$ mit $\mathcal{E}^* := \mathcal{E} \cup \mathcal{E}^c$, denn:
Bezeichnet $\mathcal{A}$ die rechte Seite der zu beweisenden Gleichung, so gilt:

1. $\Omega = E + E^c \in \mathcal{A}$ mit $E \in \mathcal{E} \neq \emptyset$.

2. $\mathcal{A}$ ist durchschnittsstabil.

3. $\mathcal{A}$ ist komplementstabil, wegen $(\sum_{i=1}^{n} \bigcap_{j=1}^{n_i} E_{ij}^{*})^c = \bigcap_{i=1}^{n} \bigcup_{j=1}^{n_i} E_{ij}^{*c} = \bigcap_{i=1}^{n} \sum_{j=1}^{n_i} (E_{ij}^{*c} \cap (\bigcup_{k=1}^{j-1} E_{ik}^{*c})^c)$ mit $\sum_{j=1}^{n_i} (E_{ij}^{*c} \cap (\bigcup_{k=1}^{j-1} E_{ik}^{*c})^c) \in \mathcal{A}$ und damit, wegen der Durchschnittsstabilität von $\mathcal{A}$, auch $\bigcap_{i=1}^{n} \sum_{j=1}^{n_i} (E_{ij}^{*c} \cap (\bigcup_{k=1}^{j-1} E_{ik}^{*c})^c) \in \mathcal{A}$. Also: $\mathcal{A} \subset A(\mathcal{E})$ und damit $\mathcal{A} = A(\mathcal{E})$.

FOLGERUNG: $\mathcal{A}$ abzählbar erzeugte Algebra $\Rightarrow$ $\mathcal{A}$ abzählbar.

BEMERKUNG: $\mathcal{S}$ abzählbar erzeugte σ-Algebra $\Rightarrow$ card$(\mathcal{S}) \leq$ card$(\mathbb{R})$. Insbesondere ist $\mathcal{P}(\mathbb{R})$ nicht abzählbar erzeugt, wegen card$(\mathbb{R}) <$ card$(\mathcal{P}(\mathbb{R}))$. (Cantor: card$(\Omega) <$ card$(\mathcal{P}(\Omega))$ für jede Menge Ω, denn sonst existiert eine injektive Abbildung $i : \mathcal{P}(\Omega) \to \Omega$, so daß die Menge A_0 aller Elemente der Gestalt $i(A)$ mit $A \in \mathcal{P}(\Omega)$ und $i(A) \notin A$ wohldefiniert ist, da $i(A_1) = i(A_2)$ mit $i(A_1) \in A_1$ und $i(A_2) \notin A_2$ nicht möglich ist. Insbesondere gilt $i(A_0) \in A_0$ genau dann, wenn $i(A_0) \notin A_0$ zutrifft, was einen Widerspruch darstellt.)

BEISPIELE für erzeugte Algebren bzw. σ-Algebren:

1. $\mathcal{A}$ Algebra über Ω, $A_0 \in \mathcal{P}(\Omega)$ fest; dann gilt $A(\mathcal{A} \cup \{A_0\}) = \{A_1 \cap A_0 + A_2 \cap A_0^c : A_1, A_2 \in \mathcal{A}\}$.

2. $\mathcal{S}$ σ-Algebra über Ω, $A_0 \in \mathcal{P}(\Omega)$; dann gilt: $S(\mathcal{S} \cup \{A_0\}) = \{A_1 \cap A_0 + A_2 \cap A_0^c : A_1, A_2 \in \mathcal{S}\}$.

3. $A(\{\{\omega\} : \omega \in \Omega\}) = \{A \subset \Omega : A \text{ oder } A^c \text{ endliche Teilmenge von } \Omega\}$.

4. $S(\{\{\omega\} : \omega \in \Omega\}) = \{A \subset \Omega : A \text{ oder } A^c \text{ abzählbare Teilmenge von } \Omega\}$.

EIGENSCHAFTEN erzeugter σ-Algebren:

1. $A \in S(\mathcal{E}) \Rightarrow$ Es existiert eine abzählbare Teilmenge $\mathcal{E}_A$ von $\mathcal{E}$ mit $A \in S(\mathcal{E}_A)$, denn: $\mathcal{S} := \{A \in S(\mathcal{E}):$ Es existiert eine abzählbare Teilmenge $\mathcal{E}_A$ von $\mathcal{E}$ mit $A \in S(\mathcal{E}_A)\}$ ist eine σ-Algebra mit $\mathcal{E} \subset \mathcal{S}$. Also: $\mathcal{S} = S(\mathcal{E})$.

2. $\mathcal{S}$ abzählbar erzeugt $\Rightarrow$ Es gibt Atome A_i, $i \in I$ (card $(I) \leq$ card$(\mathbb{R})$), von $\mathcal{S}$ mit $\sum_{i \in I} A_i = \Omega$. Dabei heißt $A \in \mathcal{S}$ Atom der σ-Algebra $\mathcal{S}$, wenn $A \neq \emptyset$ und $B \subset A$ mit $B \in \mathcal{S}$ impliziert $B = \emptyset$ oder $B = A$. Insbesondere existiert keine σ-Algebra mit genau abzählbar unendlich vielen Elementen.

BEGRÜNDUNG: Ist $\mathcal{E} = \{E_1, E_2, \ldots\}$ Erzeugendensystem der σ-Algebra $\mathcal{S}$ über Ω, so sind die nicht-leeren Teilmengen von Ω der Gestalt $\bigcap_{n=1}^{\infty} E_n^{*}$, $E_n^{*} \in \{E_n, E_n^c\}$, $n = 1, 2, \ldots$, die Atome. Würde eine σ-Algebra mit genau abzählbar unendlich vielen Elementen existieren, so liefert die vorausgehende Überlegung genau abzählbar unendlich viele Atome und damit überabzählbar viele Elemente dieser σ-Algebra.

Ist Ω abzählbar, so besitzt jede σ-Algebra S über Ω höchstens abzählbar viele Atome, deren Vereinigung Ω ist, denn: Jede Vereinigung $\bigcup_{i \in I} A_i$ mit $A_i \in \mathcal{P}(\Omega)$, $i \in I$, kann bereits als $\bigcup_{j \in J} A_j$ mit J als abzählbare Teilmenge von I dargestellt werden wegen $\bigcup_{i \in I} A_i = \sum_{i \in I} (A_i \cap (\bigcup_{\substack{j \in I \\ j < i}} A_j)^c)$ mit $\leq$ als Wohlordnung von I, so daß, wegen der Abzählbarkeit von Ω, höchstens abzählbar viele Mengen $A_{i_k} \cap (\bigcup_{\substack{j \in I \\ j < i_k}} A_j)^c$, $k = 1, 2, \ldots$, nicht leer sind. Also gilt $\bigcap_{\substack{\omega \in A \\ A \in S}} A \in S$, $\omega \in \Omega$ fest, so daß zu jedem $\omega \in \Omega$ ein Atom A_ω von S existiert, nämlich $A_\omega := \bigcap_{\substack{\omega \in A \\ A \in S}} A$ mit $\omega \in A_\omega$, woraus die Existenz von höchstens abzählbar vielen Atomen von S folgt, deren Vereinigung Ω liefert, falls Ω abzählbar ist. Diese Strukturaussage gilt nicht für Algebren, wenn man den Begriff Atom für σ-Algebren sinngemäß auf Algebren überträgt, z. B. $\mathcal{A} := A(\{\{\omega\} : \omega \in \Omega \setminus \{\omega_0\}\})$, mit $\omega_0 \in \Omega$ fest und Ω abzählbar, ist identisch mit $\{A \subset \Omega : A \text{ oder } A^c \text{ endliche Teilmenge von } \Omega \setminus \{\omega_0\}\}$, also gilt $\{\omega\} \in \mathcal{A}$, $\omega \in \Omega \setminus \{\omega_0\}$ und $\{\omega_0\} \notin \mathcal{A}$.

3. S abzählbar erzeugte σ-Algebra und $\mathcal{E}$ nicht notwendig abzählbares Erzeugenden-system von S. Dann existiert eine abzählbare Teilmenge $\mathcal{E}'$ von $\mathcal{E}$ mit $S = S(\mathcal{E}')$, denn: Sei $\mathcal{E}_0$ abzählbares Erzeugendensystem von $\mathcal{A}$. Betrachte zu $E_0 \in \mathcal{E}_0$ eine abzählbare Teilmenge $\mathcal{E}_{E_0}$ von $\mathcal{E}$ mit $E_0 \in S(\mathcal{E}_{E_0})$. Dann leistet $\mathcal{E}' := \bigcup_{E_0 \in \mathcal{E}_0} \mathcal{E}_{E_0}$ das Verlangte (Topologisches Analogon: Satz von Lindelöf).

4. Ist $\mathcal{E} = \{E_i : i \in I\}$ eine nicht abzählbare Teilmenge von $\mathcal{P}(\Omega)$ ($\Omega \neq \emptyset$) mit $E_i \notin \{\emptyset, \Omega\}$, $i \in I$, und $\bigcap_{j \in J} E_j^* \neq \emptyset$, $E_j^* \in \{E_j, E_j^c\}$, $j \in J$, J abzählbare Teilmenge von I, dann ist $S(\mathcal{E})$ atomlos, denn zu $A \in S(\mathcal{E})$ existiert eine abzählbare Teilmenge $\{E_{j_1}, E_{j_2}, \ldots\}$ von $\mathcal{E}$ mit $A \in S(\{E_{j_1}, E_{j_2}, \ldots\})$, so daß im Fall $A \neq \emptyset$ Mengen $E_{j_k}^* \in \{E_{j_k}, E_{j_k}^c\}$, $k = 1, 2, \ldots$, existieren mit $\bigcap_{k=1}^\infty E_{j_k}^* \subset A$. Daher gibt es $E_{i_0} \in \mathcal{E}$ mit $i_0 \in I$ und $\bigcap_{k=1}^\infty E_{j_k}^* \cap E_{i_0}^* \subset A \cap E_{i_0}^*$, $E_{i_0}^* \in \{E_{i_0}, E_{i_0}^c\}$, also $A \cap E_{i_0}^* \neq \emptyset$. Insbesondere folgt hieraus $A \cap E_{i_0}^* = A$, falls $A \in S(\mathcal{E})$ ein Atom von $S(\mathcal{E})$ ist, d. h. der Widerspruch $A = \emptyset$ wegen $A \subset E_{i_0}$ und $A \subset E_{i_0}^c$.

5. Eine σ-Algebra S über Ω heißt punktetrennend, wenn es zu $\omega_1, \omega_2 \in \Omega$, $\omega_1 \neq \omega_2$, ein $A \in S$ mit $\delta_{\omega_1}(A) \neq \delta_{\omega_2}(A)$ gibt. Insbesondere folgt aus dieser Eigenschaft von S im Fall $S = S(\mathcal{E})$ mit $\mathcal{E} \subset \mathcal{P}(\Omega)$, daß $\mathcal{E}$ bereits punktetrennd ist, d. h. zu $\omega_1, \omega_2 \in \Omega$, $\omega_1 \neq \omega_2$, existiert $E \in \mathcal{E}$ mit $\delta_{\omega_1}(E) \neq \delta_{\omega_2}(E)$. Bezeichnet man schließlich eine σ-Algebra S über Ω mit der Eigenschaft, daß ein abzählbares, punktetrennendes Teilsystem $\mathcal{T}$ von S existiert, als abzählbar punktetrennend, so folgt im Fall $S = S(\mathcal{E})$ aus dieser Eigenschaft, daß es eine abzählbare Teilmenge $\mathcal{E}'$ von $\mathcal{E}$ gibt, die punktetrennend ist, denn $\mathcal{E}' := \bigcup_{T \in \mathcal{T}} \mathcal{E}_T$ mit $\mathcal{E}_T$ als abzählbarer Teilmenge von $\mathcal{E}$ und $T \in S(\mathcal{E}_T)$, $T \in \mathcal{T}$, leistet wegen $\mathcal{T} \subset S(\mathcal{E}')$ das Verlangte, da $S(\mathcal{E}')$ punktetrennend ist. Allerdings kann man aus der Eigenschaft einer σ-Algebra, abzählbar punktetrennend zu sein, nicht auf die abzählbare Erzeugbarkeit schließen, wie das Beispiel $\mathcal{P}(\mathbb{R})$ zeigt. Schließlich ist eine abzählbar erzeugte,

punktetrennende σ-Algebra bereits abzählbar punktetrennend, da ein abzählbares Erzeugendensystem schon punktetrennend ist.

6. Eine abzählbar erzeugte σ-Algebra S über Ω ist genau dann punktetrennend, wenn $\{\omega\} \in S$, $\omega \in \Omega$, zutrifft, denn eine abzählbar erzeugte σ-Algebra S über Ω besitzt Atome $A_i \in S$, $i \in I$, mit $\sum_{i \in I} A_i = \Omega$, so daß diese einelementig sind, wenn S punktetrennend ist. Insbesondere kann man auf die abzählbare Erzeugbarkeit von S hier nicht verzichten, z. B.: Ω nicht abzählbar, $\omega_0 \in \Omega$ fest, $S := S(\{\{\omega\} : \omega \in \Omega \setminus \{\omega_0\}\}) = \{A \subset \Omega : A \text{ oder } A^c \text{ abzählbare Teilmenge von } \Omega \setminus \{\omega_0\}\}$ ist punktetrennend mit $\{\omega_0\} \notin S$.

FOLGERUNG:

1. $S(\{\{\omega\} : \omega \in \Omega\})$ abzählbar erzeugt $\Leftrightarrow$ Ω abzählbar.

2. $S(\{\{\omega\} : \omega \in \Omega\})$ abzählbar punktetrennend $\Leftrightarrow$ Ω abzählbar.

EIGENSCHAFT erzeugter Algebren:
$\mathcal{E} \subset \mathcal{P}(\Omega)$, mit $\emptyset, \Omega \in \mathcal{E}$, $\mathcal{E}$ durchschnittsstabil und vereinigungsstabil (z. B. Ω topologischer Raum mit Topologie $\mathcal{T}$; dann gilt $\emptyset, \Omega \in \mathcal{T}$ und $\mathcal{T}$ is sowohl durchschnittsstabil als auch vereinigungsstabil); dann trifft zu: $A(\mathcal{E}) = \{\sum_{i=1}^{n}(E_{in} \setminus E'_{in}) : E_{in}, E'_{in} \in \mathcal{E}, E'_{in} \subset E_{in}, i = 1, \ldots, n, n \in \mathbb{N}\}$, wegen der Darstellung von $A(\mathcal{E})$.

BEISPIEL: $\Omega = \mathbb{R}$, $\mathcal{E} := \{(a, b] : a, b \in \bar{\mathbb{R}}, a < b\}$, $A := \{\sum_{k=1}^{n}(a_k, b_k] : a_k, b_k \in \bar{\mathbb{R}}, a_k < b_k, n \in \mathbb{N}_0\}$; dann gilt: $A(\mathcal{E}) = A$ und $A(\mathcal{E})$ heißt Borelsche Algebra über $\mathbb{R}$.

BEZEICHNUNG: $S(\{(a, b] : a, b \in \bar{\mathbb{R}}, a < b\})$ heißt Borelsche σ-Algebra über $\mathbb{R}$, in Zeichen: $\mathcal{B}$ bzw. $\mathcal{B}(\mathbb{R})$. Die Elemente von $\mathcal{B}$ bzw. $\mathcal{B}(\mathbb{R})$ heißen Borelsche Teilmengen von $\mathbb{R}$.

BEMERKUNG:

1. Die Borelsche σ-Algebra über $\mathbb{R}$ ist abzählbar erzeugt, denn $\{(a, b] : a, b \in \mathbb{Q} \cup \{-\infty, \infty\}, a < b\}$ ist ein abzählbares Erzeugendensystem von $\mathcal{B}$, wegen:

$$(a, b] = \bigcap_{\substack{\rho' \in \mathbb{Q} \\ \rho' > b}} \bigcup_{\substack{\rho \in \mathbb{Q} \\ a < \rho < \rho'}} (\rho, \rho'], \ a, b \in \mathbb{R}, \ a < b.$$

Insbesondere gilt also $\mathcal{B} \neq \mathcal{P}(\mathbb{R})$.

2. Die offenen und damit auch die abgeschlossenen Teilmengen von $\mathbb{R}$ sind Borelsch, wegen: O offene Teilmenge von $\mathbb{R}$ $\Rightarrow$ $O = \bigcup_{\substack{(a, b] \subset O \\ a, b \in \mathbb{Q} \\ a < b}} (a, b]$.

3. Blackwell: S abzählbar erzeugte σ-Algebra über $\mathbb{R}$ mit $\{x\} \in S$, $x \in \mathbb{R}$, und $S \subset \mathcal{B}$ $\Rightarrow$ $S = \mathcal{B}$.

4. Bhaskara Rao: Es gibt eine Teil-σ-Algebra S über $\mathbb{R}$ von $\mathcal{B}$, die atomlos ist, da es überabzählbar viele Teilmengen $B_i \in \mathcal{B}$ von $\mathbb{R}$, $i \in I$, gibt mit $B_i \notin \{\emptyset, \mathbb{R}\}$, $i \in I$, und $\bigcap_{j \in J} B_j^* \neq \emptyset$, $B_j^* \in \{B_j, B_j^c\}$, $j \in J$, für jede abzählbare Teilmenge J von I.

Spurbildung bei Algebren bzw. σ-Algebren:

SPRECHWEISE: $\mathcal{E} \subset \mathcal{P}(\Omega)$, $\Omega_0 \in \mathcal{P}(\Omega)$; $\mathcal{E} \cap \Omega_0 := \{E \cap \Omega_0 : E \in \mathcal{E}\}$ heißt Spur von $\mathcal{E}$ in Ω_0.

EIGENSCHAFTEN der Spurbildung:

1. $A(\mathcal{E}) \cap \Omega_0 = A(\mathcal{E} \cap \Omega_0)$, wegen Darstellung von $A(\mathcal{E})$.

2. $S(\mathcal{E}) \cap \Omega_0 = S(\mathcal{E} \cap \Omega_0)$, denn: $S(\mathcal{E} \cap \Omega_0) \subset S(\mathcal{E}) \cap \Omega_0$, da $S(\mathcal{E}) \cap \Omega_0$ σ-Algebra über Ω_0, die $\mathcal{E} \cap \Omega_0$ enthält. Ferner gilt: $\{A \in S(\mathcal{E}) : A \cap \Omega_0 \in S(\mathcal{E} \cap \Omega_0)\}$ ist σ-Algebra über Ω, welche $\mathcal{E}$ enthält und daher mit $S(\mathcal{E})$ übereinstimmt. Also: $S(\mathcal{E}) \cap \Omega_0 \subset S(\mathcal{E} \cap \Omega_0)$ und damit $S(\mathcal{E}) \cap \Omega_0 = S(\mathcal{E} \cap \Omega_0)$.

BEISPIEL: $\Omega := \bar{\mathbb{R}}$, $\bar{\mathcal{B}} := \{B, B \cup \{\infty\}, B \cup \{-\infty\}, B \cup \{-\infty, \infty\}$ mit $B \in \mathcal{B}\}$ ($\mathcal{B}$ heißt Borelsche σ-Algebra von $\bar{\mathbb{R}}$). Es gilt $\bar{\mathcal{B}} \cap \mathbb{R} = \mathcal{B}$.

Dynkin-Systeme und monotone Klassen:

SPRECHWEISE: $\mathcal{D} \subset \mathcal{P}(\Omega)$ heißt Dynkin-System über Ω, falls $\Omega \in \mathcal{D}$, $\mathcal{D}$ komplementstabil und vereinigungsstabil unter abzählbaren Vereinigungen paarweiser disjunkter Mengen (aus $\mathcal{D}$) ist.

EIGENSCHAFTEN:

1. Ein Dynkin-System ist i.a. keine Algebra, z. B.: $\Omega = \{1, 2, 3, 4\}$, $\mathcal{D} := \{\emptyset, \Omega, \{1, 2\}, \{1, 3\}, \{1, 4\}, \{2, 3\}, \{2, 4\}, \{3, 4\}\}$ Dynkin-System, aber keine Algebra.

2. $\mathcal{D}$ Dynkin-System ist eine Algebra $\Leftrightarrow$ $\mathcal{D}$ σ-Algebra $\Leftrightarrow$ $\mathcal{D}$ durchschnittsstabil, wegen $\bigcup_{n=1}^{\infty} D_n = \sum_{n=1}^{\infty} (D_n \cap (\bigcup_{m=1}^{n-1} D_m)^c)$, $D_n \in \mathcal{D}$, $n = 1, 2, \ldots$.

3. $\mathcal{D}$ Dynkin-System ist differenzenstabil, d. h.: $D_1, D_2 \in \mathcal{D}$, $D_2 \subset D_1$ $\Rightarrow$ $D_1 \backslash D_2 \in \mathcal{D}$, wegen $(D_1 \backslash D_2)^c = D_1^c + D_2 \in \mathcal{D}$.

SPRECHWEISE: $\mathcal{E} \subset \mathcal{P}(\Omega)$; dann heißt $D(\mathcal{E}) := \bigcap_{\substack{\mathcal{E} \subset \mathcal{D} \\ \mathcal{D} \text{Dynkin-System}}} \mathcal{D}$ das von $\mathcal{E}$ erzeugte Dynkin-System.

BEMERKUNG: $D(\mathcal{E}) \subset S(\mathcal{E})$, da eine σ-Algebra ein Dynkin-System ist.

EIGENSCHAFT erzeugter Dynkin-Systeme:
$\mathcal{E} \subset \mathcal{P}(\Omega)$ durchschnittsstabil $\Rightarrow$ $D(\mathcal{E}) = S(\mathcal{E})$, denn: $\{D \in \mathcal{D}(\mathcal{E}) : D \cap E \in D(\mathcal{E})\}$ Dynkin-System, welches $\mathcal{E}$ enthält ($E \in \mathcal{E}$ fest), wegen $D^c \cap E = E \backslash (D \cap E) \in D(\mathcal{E})$, falls $D \cap E \in D(\mathcal{E})$. Ferner gilt: $\{D \in D(\mathcal{E}) : D \cap D_0 \in D(\mathcal{E})\}$ Dynkin-

System ($D_0 \in \mathcal{D}(\mathcal{E})$ fest), welches $\mathcal{E}$ enthält, wegen $D_0 \cap \mathcal{E} \in D(\mathcal{E})$. Also ist $D(\mathcal{E})$ durchschnittsstabil und damit eine σ-Algebra, welche $\mathcal{E}$ enthält, d. h. $D(\mathcal{E}) = S(\mathcal{E})$, denn $D(\mathcal{E}) \subset S(\mathcal{E})$ gilt stets.

SPRECHWEISE: $\mathcal{M} \subset \mathcal{P}(\Omega)$ heißt monotone Klasse über Ω, wenn gilt: $A_n \in \mathcal{M}$, $n = 1, 2, \ldots$, mit $A_1 \subset A_2 \subset \ldots$ (in Zeichen: $A_n \uparrow$) $\Rightarrow$ $\bigcup_{n=1}^{\infty} A_n \in \mathcal{M}$, $A_n \in \mathcal{M}$, $n = 1, 2, \ldots$, mit $A_1 \supset A_2 \supset \ldots$ (in Zeichen: $A_n \downarrow$) $\Rightarrow$ $\bigcap_{n=1}^{\infty} A_n \in \mathcal{M}$.

BEMERKUNG: $\mathcal{M}$ monotone Klasse ist eine Algebra $\Leftrightarrow$ $\mathcal{M}$ ist eine σ-Algebra.

$\mathcal{D}$ Dynkin-System $\Leftrightarrow$ $\mathcal{D}$ ist eine monotone Klasse $\mathcal{M}$, die differenzenstabil ist mit $\Omega \in \mathcal{M}$, denn: $\mathcal{D}$ Dynkin-System und $D_1 \subset D_2 \subset \ldots$ mit $D_n \in \mathcal{D}$, $n = 1, 2, \ldots$ $\Rightarrow$ $\bigcup_{n=1}^{\infty} D_n = \sum_{n=1}^{\infty}(D_n \backslash D_{n-1}) \in \mathcal{D}$ ($D_0 := \emptyset$). Ferner gilt: $\mathcal{M}$ monotone Klasse mit $\Omega \in \mathcal{M}$ und $M, M_1, M_2 \in \mathcal{M}$, $M_1 \cap M_2 = \emptyset$ $\Rightarrow$ $M^c = \Omega \backslash M \in \mathcal{M}$, $(M_1 + M_2)^c = M_2^c \backslash M_1 \in \mathcal{M}$, d. h. $M_n \in \mathcal{M}$, $n = 1, 2, \ldots$, paarweise disjunkt, $\Rightarrow$ $\sum_{n=1}^{\infty} M_n \in \mathcal{M}$.

SPRECHWEISE: $\mathcal{E} \subset \mathcal{P}(\Omega)$; dann heißt $M(\mathcal{E}) := \bigcap_{\substack{\mathcal{E} \subset \mathcal{M} \\ \mathcal{M} \text{ monotone Klasse}}} \mathcal{M}$ die von $\mathcal{E}$ erzeugte monotone Klasse.

BEMERKUNG: $M(\mathcal{E}) \subset S(\mathcal{E})$, da eine σ-Algebra eine monotone Klasse ist.

EIGENSCHAFTEN:

1. $\mathcal{E}$ komplementstabil $\Rightarrow$ $(M(\mathcal{E}))^c = M(\mathcal{E}^c)$, denn: $(M(\mathcal{E}))^c$ ist stets monotone Klasse, also gilt immer $M(\mathcal{E}) \subset (M(\mathcal{E}^c))^c$, und damit $(M(\mathcal{E}))^c \subset M(\mathcal{E}^c)$; im Fall $\mathcal{E} = \mathcal{E}^c$ folgt $M(\mathcal{E}^c) \subset M(\mathcal{E})^c$, also $(M(\mathcal{E}))^c = M(\mathcal{E}^c)$.

2. $M(\mathcal{E})$ ist durchschnittsstabil, falls $\mathcal{E}$ durchschnittsstabil, denn: $\{M \in M(\mathcal{E}) : M \cap E \in M(\mathcal{E})\}$ ist monotone Klasse, die $\mathcal{E}$ enthält ($E \in \mathcal{E}$ fest). Ferner gilt: $\{M \in M(\mathcal{E}) : M \cap M_0 \in M(\mathcal{E})\}$ monotone Klasse ($M_0 \in M(\mathcal{E})$ fest), die $\mathcal{E}$ enthält, wegen $\mathcal{E} \cap M_0 \subset M(\mathcal{E})$, also ist $M(\mathcal{E})$ durchschnittsstabil.

FOLGERUNG: $\mathcal{A}$ Algebra $\Rightarrow$ $M(\mathcal{A}) = S(\mathcal{A})$.

Inhalte auf Algebren:

SPRECHWEISE: $\mathcal{A}$ Algebra über Ω; dann heißt $\mu : \mathcal{A} \to \bar{\mathbb{R}}$ mit $\mu(\emptyset) = 0$, $\mu(A) \geq 0$, $A \in \mathcal{A}$ (Nicht-Negativität), $\mu(A_1 + A_2) = \mu(A_1) + \mu(A_2)$, $A_1, A_2 \in \mathcal{A}$, $A_1 \cap A_2 = \emptyset$ (Additivität), Inhalt auf $\mathcal{A}$. Der Inhalt μ auf $\mathcal{A}$ heißt σ-additiv, falls $\mu(\sum_{n=1}^{\infty} A_n) = \sum_{n=1}^{\infty} \mu(A_n)$, $A_n \in \mathcal{A}$, $n = 1, 2, \ldots$, paarweise disjunkt, $\sum_{n=1}^{\infty} A_n \in \mathcal{A}$, zutrifft. Schließlich heißt ein Inhalt μ auf einer Algebra $\mathcal{A}$ über Ω endlich, wenn $\mu(\Omega) < \infty$ gilt, σ-endlich, wenn es $A_n \in \mathcal{A}$, $n = 1, 2, \ldots$, paarweise disjunkt, mit $\sum_{j=1}^{\infty} A_n = \Omega$ und $\mu(A_n) < \infty$, $n = 1, 2, \ldots$, gibt, bzw. semifinit, falls $\mu(A) = \sup\{\mu(B) : B \subset A, B \in \mathcal{A}, \mu(B) < \infty\}$, $A \in \mathcal{A}$, zutrifft. Schließlich heißt ein σ-additiver Inhalt μ auf einer σ-Algebra $\mathcal{S}$ über Ω Maß. Gilt zusätzlich $\mu(\Omega) = 1$, dann heißt μ Wahrscheinlichkeitsmaß auf $\mathcal{S}$.

EIGENSCHAFTEN von Inhalten: μ Inhalt auf Algebra $\mathcal{A}$ über Ω; dann gilt:

1. Subtraktivität: $\mu(A_1 \backslash A_2) = \mu(A_1) - \mu(A_2)$, $A_1, A_2 \in \mathcal{A}$, $A_2 \subset A_1$, $\mu(A_2) < \infty$, denn: $A_1 = A_2 + (A_1 \backslash A_2) \Rightarrow \mu(A_1) = \mu(A_2) + \mu(A_1 \backslash A_2)$.

2. Isotonie: $\mu(A_1) \geq \mu(A_2)$, $A_1, A_2 \in \mathcal{A}$, $A_2 \subset A_1$, denn $\mu(A_1) = \mu_1(A_2) + \mu_2(A_2 \backslash A_1)$,
   $\mu(A_2 \backslash A_1) \geq 0$.

3. Subadditivität: $\mu(\bigcup_{k=1}^{n} A_k) \leq \sum_{k=1}^{n} \mu(A_k)$, $A_k \in \mathcal{A}$, $k = 1, \ldots, n$, denn:
$$\bigcup_{k=1}^{n} A_k = \sum_{k=1}^{n} \underbrace{(A_k \cap (\bigcup_{m=1}^{k-1} A_m)^c)}_{\subset A_k}.$$

BEMERKUNG: Inhalt μ auf Algebra $\mathcal{A}$ ist σ-additiv $\Leftrightarrow$ μ ist sub-σ-additiv, d. h.
$\mu(\bigcup_{n=1}^{\infty} A_n) \leq \sum_{n=1}^{\infty} \mu(A_n)$, $A_n \in \mathcal{A}$, $n = 1, 2, \ldots$, $\bigcup_{n=1}^{\infty} A_n \in \mathcal{A}$, denn:
$$\bigcup_{n=1}^{\infty} A_n = \sum_{n=1}^{\infty} \underbrace{(A_n \cap (\bigcup_{m=1}^{n-1} A_m)^c)}_{\subset A_n} \text{ und } \mu \ \sigma\text{-additiv} \Rightarrow \quad \mu \text{ sub-}\sigma\text{-additiv; um-}$$
gekehrt folgt aus μ sub-σ-additiv, daß μ σ-additiv ist, wegen $\mu(\sum_{n=1}^{\infty} A_n) \geq \mu(\sum_{n=1}^{m} A_n) = \sum_{n=1}^{m} \mu(A_n)$, $m = 1, 2, \ldots$, $A_n \in \mathcal{A}$, $n = 1, 2, \ldots$, $\sum_{n=1}^{\infty} A_n \in \mathcal{A} \Rightarrow \mu(\sum_{n=1}^{\infty} A_n) \geq \sum_{n=1}^{\infty} \mu(A_n)$.

Siebformel von Sylvester-Poincaré für endliche Inhalte auf Algebren:

Es sei μ ein endlicher Inhalt auf der Algebra $\mathcal{A}$ über Ω und $A_m \in \mathcal{A}$, $m = 1, \ldots, n$. Dann gilt: $\mu(\bigcup_{m=1}^{n} A_m) = \sum_{k=1}^{n} (-1)^{k+1} \sum_{1 \leq j_1 < \ldots < j_k \leq n} \mu(A_{j_1} \cap \ldots \cap A_{j_k})$.

BEGRÜNDUNG: Die σ-Algebra $\mathcal{S} := S(\{A_1, \ldots, A_n\})$ besitzt Atome $B_1, \ldots, B_m$, mit $\sum_{k=1}^{m} B_k = \Omega$, so daß die Einschränkung $\mu | \mathcal{S}$ einen endlichen Inhalt ν auf $\mathcal{S}$ liefert mit $\nu = \sum_{\ell=1}^{m} \alpha_\ell \delta_{\omega_\ell}$, $\alpha_\ell := \mu(B_\ell)$, $\ell = 1, \ldots, m$, und $\omega_\ell \in B_\ell$, $\ell = 1, \ldots, m$. Ferner ist die Siebformel für jedes Dirac-Maß δ_ω zutreffend, da im Fall $\omega \in \bigcup_{m=1}^{n} A_m$ angenommen werden kann $\omega \in A_1, \ldots, A_p$, $\omega \notin A_{p+1}, \ldots, A_n$ mit $1 \leq p \leq n-1$, so daß, wegen $1 = \sum_{k=1}^{p} (-1)^{k+1} = 1 - (1-1)^p$, die Siebformel gilt. Aus $\delta_{\omega_\ell}(\bigcup_{m=1}^{n} A_m) = \sum_{k=1}^{n} (-1)^{k+1} \sum_{1 \leq j_1 < \ldots < j_k \leq n} \delta_\omega(A_{j_1} \cap \ldots \cap A_{j_k})$, $\ell = 1, \ldots,$ folgt durch Vertauschung der Summationsreihenfolge $\sum_{\ell=1}^{m} \alpha_\ell \delta_{\omega_\ell}(\bigcup_{m=1}^{n} A_m) = \sum_{k=1}^{n} (-1)^{k+1} \sum_{1 \leq j_1 < \ldots < j_k \leq n} \sum_{\ell=1}^{m} \alpha_\ell \delta_{\omega_\ell}(A_{j_1} \cap \ldots \cap A_{j_k})$, d. h. $\nu(\bigcup_{m=1}^{n} A_m) = \sum_{k=1}^{n} (-1)^{k+1} \sum_{1 \leq j_1 < \ldots < j_k \leq n} \nu(A_{j_1} \cap \ldots \cap A_{j_k})$, also die Siebformel für μ.

BEMERKUNG:

1. Eine verallgemeinerte Folge (Netz) $(\mu_i)_{i \in I}$ von endlichen Inhalten auf einer Algebra $\mathcal{A}$ konvergiert mengenweise gegen einen endlichen Inhalt μ auf $\mathcal{A}$ (in Zeichen: $\lim_i \mu_i(A) = \mu(A)$, $A \in \mathcal{A}$, wenn es zu $A \in \mathcal{A}$ und $\varepsilon > 0$ ein

$i_0 \in I$ mit $|\mu_i(A) - \mu(A)| \leq \varepsilon$, $i \geq i_0$, gibt. Dabei ist I gemäß $\leq$ teilweise geordnet und zu $i, j \in I$ existiert $k \in I$ mit $i, j \leq k$. Die obige Überlegung liefert zu jedem endlichen Inhalt μ auf einer Algebra $\mathcal{A}$ über einer Menge Ω eine verallgemeinerte Folge $(\mu_i)_{i \in I}$ von endlichen Inhalten auf $\mathcal{A}$, wobei μ_i die Einschränkung eines endlichen, diskreten Maßes auf $\mathcal{P}(\Omega)$ ist, das sogar auf eine endliche Teilmenge von Ω konzentriert ist, mit $\lim_i \mu_i(A) = \mu(A)$, $A \in \mathcal{A}$. Man wählt zu diesem Zweck für I das System $\mathcal{E}$ aller endlichen Teilmengen von $\mathcal{A}$ mit der Inklusion als teilweise Ordnung und darf die Einschränkung von μ auf $S(\{A_1, \ldots, A_n\})$ als Einschränkung μ_i mit $i := \{A_1, \ldots, A_n\}$ eines diskreten Wahrscheinlichkeitsmaßes auf $\mathcal{P}(\Omega)$ auffassen, welches auf eine endliche Teilmenge konzentriert ist. Dann existiert zu $A_0 \in \mathcal{A}$ und $\varepsilon > 0$ ein $i_0 \in I$, nämlich $i_0 := \{A_0\}$, mit $\mu_i(A_0) = \mu(A_0)$, $i \geq i_0$, d. h.: $A_0 \in i := \{A_1, \ldots, A_n\}$. Man kann zeigen, daß $I = \mathbb{N}$ mit der üblichen Ordnung von $\mathbb{N}$ gewählt werden kann genau dann, wenn μ selbst als Einschränkung eines endlichen, diskreten Wahrscheinlichkeitsmaßes auf $\mathcal{P}(\Omega)$ aufgefaßt werden kann, falls $\mathcal{A}$ zusätzlich eine σ-Algebra ist. Dabei kann man auf diese Zusatzannahme nicht ersatzlos verzichten, wie der Spezialfall $\Omega := \mathbb{N}$, $\mathcal{A} := \{A \subset \mathbb{N} : A$ oder A^c endlich$\}$, $\mu_n(A) := \frac{1}{n} \operatorname{card}(A \cap \{1, \ldots, n\})$, $A \in \mathcal{A}$, $n \in \mathbb{N}$, zeigt, wegen $\lim_{n \to \infty} \mu_n(A) = 0$, A endlich bzw. $= 1$, A^c endlich zeigt.

2. Nikodym: $(\mu_n)_{n \in \mathbb{N}}$ Folge endlicher Maße auf einer σ-Algebra $\mathcal{S}$ über Ω, so daß $\lim_{n \to \infty} \mu_n(A)$ für jedes $A \in \mathcal{S}$ existiert mit $\lim_{n \to \infty} \mu_n(\Omega) < \infty$. Dann wird durch $\mu(A) := \lim_{n \to \infty} \mu_n(A)$, $A \in \mathcal{S}$, ein endliches Maß auf $\mathcal{S}$ erklärt.

Anwendung der Siebformel:

1. Jordan-Funktion und φ-Funktion von Euler: $\Omega := \{1, 2, \ldots, n\}^k$ mit $n = p_1^{\alpha_1} \cdot \ldots \cdot p_m^{\alpha_m}$, p_j paarweise verschiedene Primzahlen, $j = 1, \ldots, m$, $\alpha_j \in \mathbb{N}$, $j = 1, \ldots, m$, $A := \{(\nu_1, \ldots, \nu_k) \in \Omega : \text{größter gemeinsamer}$ Teiler von $\nu_1, \ldots, \nu_k$ und n ist $1\}$; dann gilt: $\operatorname{card}(A) = n^k \prod_{j=1}^m (1 - \frac{1}{p_j^k})$ (Jordansche Funktion, $k = 1$: Eulersche φ-Funktion), denn: $A = (\bigcup_{j=1}^m A_j)^c$, $A_j = \{(\nu_1, \ldots, \nu_k) \in \Omega : p_j \text{ teilt } \nu_1, \ldots, \nu_k\}$, $j = 1, 2, \ldots, m$. Ferner gilt: $A_{j_1} \cap \ldots \cap A_{j_\ell} = \{1 \cdot p_{j_1} \cdot \ldots \cdot p_{j_\ell} \cdot \ldots, \frac{n}{p_{j_1} \cdots p_{j_\ell}} \cdot p_{j_1} \cdot \ldots \cdot p_{j_\ell}\}^k$, $1 \leq j_1 < \ldots < j_\ell \leq m$. Mit μ als Zählmaß auf $\mathcal{P}(\Omega)$, also $\mu(B) = \operatorname{card}(B)$, $B \in \mathcal{P}(\Omega)$, erhält man nach der Siebformel $\operatorname{card}(A) = \operatorname{card}(\Omega) - \operatorname{card}(\bigcup_{j=1}^m A_j) = n^k - \sum_{\ell=1}^m (-1)^{\ell+1} \sum_{1 \leq j_1 < \ldots < j_\ell \leq m} (\frac{n}{p_{j_1} \cdots p_{j_\ell}})^k = n^k \prod_{j=1}^m (1 - \frac{1}{p_j^k})$.

2. Verallgemeinerung der Darstellung der Riemannschen ζ-Funktion nach Euler: Es bezeichne $\beta(n)$ die Anzahl der Primzahlteiler von $n \in \mathbb{N}$, also $\beta(n) = \alpha_1 + \ldots + \alpha_m$ mit $n = p_1^{\alpha_1} \cdot \ldots \cdot p_m^{\alpha_m}$ als Primzahldarstellung von $n \in \mathbb{N} \setminus \{1\}$, $\beta(1) := 0$. Dann gilt: $(\sum_{n=1}^\infty \frac{t^{\beta(n)}}{n^\alpha})^{-1} = \prod_{p \text{ Primzahl}} (1 - \frac{t}{p^\alpha})$, $\alpha > 1$, $|t| < 1$, denn, sei

zunächst $t \geq 0$ und $t \leq 1$, so daß durch $P(A) := \sum_{k \in A} \frac{t^{\beta(k)}}{k^\alpha} / \sum_{n=1}^\infty \frac{t^{\beta(n)}}{n^\alpha}$, $A \in$ $\mathcal{P}(\mathbb{N})$ ein Wahrscheinlichkeitsmaß auf $\mathcal{P}(\mathbb{N})$ erklärt wird. Insbesondere gilt $P(A_{p_1} \cap \ldots \cap A_{p_m}) = \frac{t^m}{p_1^\alpha \cdots p_m^\alpha} = P(A_{p_1}) \cdot \ldots \cdot P(A_{p_m})$ mit $p_1, \ldots, p_m$ als paarweise verschiedene Primzahlen und $A_p := \{n \in \mathbb{N} : p \text{ teilt } n\}$, p Primzahl. Ferner gilt für Mengen $A_1, \ldots, A_m \in \mathcal{P}(\mathbb{N})$ mit $P(A_{j_1} \cap \ldots \cap A_{j_\ell}) = P(A_{j_1}) \cdot \ldots \cdot P(A_{j_\ell})$, $1 \leq j_1 < \ldots < j_\ell \leq m$, nach der Siebformel $P(A_1^c \cap \ldots \cap A_m^c) = 1 - P(\bigcup_{j=1}^m A_j) = 1 + \sum_{\ell=1}^m (-1)^\ell \sum_{1 \leq j_1 < \ldots < j_\ell \leq m} P(A_{j_1}) \cdot \ldots \cdot P(A_{j_\ell}) = P(A_1^c) \cdot \ldots \cdot P(A_m^c)$. Insbesondere erhält man daher, wegen $\{1\} = \bigcap_{p \text{ Primzahl}} A_p^c$, die Beziehung $P(\{1\}) = (\sum_{n=1}^\infty \frac{t^{\beta(n)}}{n^\alpha})^{-1} = P(\bigcap_{p \text{ Primzahl}} A_p^c) = \lim_{n \to \infty} \prod_{m=1}^n (1 - \frac{t}{p_m^\alpha})$ mit $p_1 < p_2 < \ldots$ als alle der Größe nach geordneten Primzahlen, wobei die Stetigkeit von oben für Wahrscheinlichkeitsmaße benutzt worden ist. Hieraus resultiert $(\sum_{n=1}^\infty \frac{t^{\beta(n)}}{n^\alpha})^{-1} = \prod_{p \text{ Primzahl}} (1 - \frac{t}{p^\alpha})$ für $\alpha > 1$ und $0 \leq t \leq 1$. Da die Siebformel und die Eigenschaft der Stetigkeit von unten (und oben) auch für σ-additive Mengenfunktionen $\mu : \mathcal{S} \to \mathbb{R}$ zutreffen, ergibt sich der allgemeine Fall für $|t| \leq 1$.

Stetigkeit von unten bzw. oben von Inhalten auf Algebren:

EIGENSCHAFTEN von Inhalten μ auf Algebren $\mathcal{A}$ über Ω:

1. μ σ-additiv $\Leftrightarrow$ μ stetig von unten, d. h. $\lim_{n \to \infty} \mu(A_n) = \mu(\bigcup_{n=1}^\infty A_n)$, $A_n \in \mathcal{A}$, $n = 1, 2, \ldots$, mit $A_1 \subset A_2 \subset \ldots$ (in Zeichen: $A_n \uparrow$), $\bigcup_{n=1}^\infty A_n \in \mathcal{A}$, denn: μ σ-additiv $\Rightarrow$ $\mu(\bigcup_{n=1}^\infty A_n) = \mu(\sum_{n=1}^\infty (A_n \setminus A_{n-1}))(A_0 := \emptyset)$, also $\mu(\bigcup_{n=1}^\infty A_n) = \sum_{n=1}^\infty (\mu(A_n) - \mu(A_{n-1}))$, da man o. B. d. A. $\mu(A_n) < \infty$, $n = 1, 2, \ldots$, annehmen kann, da im anderen Fall $\lim_{n \to \infty} \mu(A_n) = \mu(\bigcup_{n=1}^\infty A_n) = \infty$ gilt. Also: $\mu(\bigcup_{n=1}^\infty A_n) = \lim_{n \to \infty} \sum_{k=1}^n (\mu(A_k) - \mu(A_{k-1})) = \lim_{n \to \infty} \mu(A_n)$, d. h. μ ist stetig von unten. Ist μ umgekehrt stetig von unten, so gilt für $A_n \in \mathcal{A}$, $n = 1, 2, \ldots$, paarweise disjunkt, $\sum_{n=1}^\infty A_n \in \mathcal{A}$ die Beziehung $\mu(\sum_{n=1}^\infty A_n) = \lim_{n \to \infty} \mu(\sum_{k=1}^n A_k) = \lim_{n \to \infty} \sum_{k=1}^n \mu(A_k) = \sum_{k=1}^\infty \mu(A_k)$.

2. μ σ-additiv $\Rightarrow$ μ stetig von oben, d. h. $\lim_{n \to \infty} \mu(A_n) = \mu(\bigcap_{n=1}^\infty A_n)$, $A_n \in \mathcal{A}$, $n = 1, 2, \ldots$, $A_1 \supset A_2 \supset \ldots$ (in Zeichen: $A_n \downarrow$), $\mu(A_{n_0}) < \infty$ für ein $n_0 \in \mathbb{N}$, denn: O. B. d. A. $n_0 = 1$, wegen $\bigcap_{n=1}^\infty A_n = \bigcap_{n=n_0}^\infty A_n$. Also: $\lim_{n \to \infty} \mu(A_1 \setminus A_n) = \mu(\bigcup_{n=1}^\infty (A_1 \setminus A_n)) = \mu(A_1 \setminus \bigcap_{n=1}^\infty A_n)$ wegen $A_1 \setminus A_n \uparrow$ $\Rightarrow$ $\mu(A_1) - \lim_{n \to \infty} \mu(A_n) = \mu(A_1) - \mu(\bigcap_{n=1}^\infty A_n)$, d. h. $\lim_{n \to \infty} \mu(A_n) = \mu(\bigcap_{n=1}^\infty A_n)$, also ist μ stetig von oben.

BEMERKUNG:

1. Auf die Bedingung $\mu(A_{n_0}) < \infty$ für ein $n_0 \in \mathbb{N}$ kann man nicht ersatzlos verzichten, um von der σ-Additivität eines Inhalts auf die Stetigkeit von oben zu schließen, wie das triviale Maß μ auf $\mathcal{P}(\Omega)$ gemäß $\mu(A) = \infty$, $A \in$

$\mathcal{P}(\Omega)\backslash\{\emptyset\}$, $\mu(\emptyset) = 0$, im Fall $\Omega = \mathbb{N}$ zeigt. Man kann auch die Einschränkung des trivialen Maßes auf die Algebra $A(\{\{n\} : n \in \mathbb{N}\}) = \{A \subset \mathbb{N} : A \text{ oder } A^c \text{ endlich}\}$ wählen. Betrachtet man auf der Algebra $\{A \subset \mathbb{N} : A \text{ oder } A^c \text{ endlich}\}$ den Inhalt μ mit $\mu(A) = 0$, $A \subset \mathbb{N}$ endlich, bzw. $\mu(A) = \infty$, $A \subset \mathbb{N}$ und A^c endlich, so ist μ nicht σ-additiv, aber stetig von oben.

2. Ist ein Inhalt μ auf einer Algebra endlich, so folgt aus der Stetigkeit von oben, daß μ σ-additiv ist. Dazu reicht es, $\lim_{n\to\infty} \mu(A_n) = 0$ für $A_n \in \mathcal{A}$, $n = 1, 2, \ldots$, $A_1 \supset A_2 \supset \ldots$, $\bigcap_{n=1}^{\infty} A_n = \emptyset$, anzunehmen (Stetigkeit von oben in $\emptyset$ für endliche Inhalte), denn für $A_n \in \mathcal{A}$, $n = 1, 2, \ldots$, $A_n \uparrow$, gilt $(\bigcup_{k=1}^{\infty} A_k)\backslash A_n \downarrow$ mit $\bigcap_{n=1}^{\infty}((\bigcup_{k=1}^{\infty} A_k)\backslash A_n) = \emptyset$, also: $\lim_{n\to\infty} \mu((\bigcup_{k=1}^{\infty} A_k)\backslash A_n) = \mu(\bigcup_{k=1}^{\infty} A_k) - \lim_{n\to\infty} \mu(A_n) = 0$, d. h. μ ist bereits stetig von oben und damit σ-additiv.

3. Im Fall $\Omega = \mathbb{N}$, $\mathcal{A} := A(\{\{n\} : n \in \mathbb{N}\backslash\{1\}\}) = \{A \subset \mathbb{N} : A \text{ oder } A^c \text{ endliche Teilmenge von } \mathbb{N}\backslash\{1\}\}$ ist bereits jeder Inhalt σ-additiv, da es nicht $A_n \in \mathcal{A}$, $n = 1, 2, \ldots$, paarweise disjunkt, mit $A_n \neq \emptyset$, gibt.

Maßdefinierende Funktionen:

SPRECHWEISE: $F : \bar{\mathbb{R}} \to \bar{\mathbb{R}}$ mit $F(\mathbb{R}) \subset \mathbb{R}$, F monoton wachsend, rechtsseitig stetig mit $\lim_{x\to-\infty} F(x) = F(-\infty)$ heißt maßdefinierende Funktion, z. B. $F(x) = x$, $x \in \bar{\mathbb{R}}$ (speziell im Zusammenhang mit einer Lösung des Maßproblems für $\mathcal{B}(\mathbb{R})$ statt $\mathcal{P}(\mathbb{R})$).

EIGENSCHAFT maßdefinierender Funktionen: $\mathcal{A}$ Borelsche Algebra über $\bar{\mathbb{R}}$, also $\mathcal{A} = \{\sum_{k=1}^{n}(a_k, b_k], \ a_k, b_k \in \bar{\mathbb{R}}, \ a_k < b_k, \ k = 1, \ldots, n, \ n \in \mathbb{N}_0\}$. Dann wird durch $\mu_F(\sum_{k=1}^{n}(a_k, b_k]) := \sum_{k=1}^{n}(F(b_k) - F(a_k))$, $\sum_{k=1}^{n}(a_k, b_k] \in \mathcal{A}$ (insbesondere gilt: $\mu(\emptyset) = 0$) ein σ-additiver Inhalt auf $\mathcal{A}$ erklärt.

BEGRÜNDUNG: μ_F ist wohldefiniert, da aus $\sum_{k=1}^{n}(a_k, b_k] = \sum_{m=1}^{n'}(a'_m, b'_m] \in \mathcal{A}$ folgt $\mu_F((a_k, b_k]) = \sum_{m=1}^{n'} \mu_F((a'_m, b'_m] \cap (a_k, b_k])$, $k = 1, \ldots, n$, und $\mu_F((a'_m, b'_m]) = \sum_{k=1}^{n} \mu_F((a_k, b_k] \cap (a'_m, b'_m])$, $m = 1, \ldots, n'$, so daß $\sum_{k=1}^{m} \mu_F((a_k, b_k]) = \sum_{k=1}^{n} \sum_{m=1}^{n'} \mu_F((a'_m, b'_m] \cap (a_k, b_k]) = \sum_{m=1}^{n'} \sum_{k=1}^{n} \mu_F((a_k, b_k] \cap (a'_m, b'_m])$ zutrifft. Aus der Wohldefiniertheit von μ_F ergibt sich unmittelbar die Additivität von μ_F. Zum Nachweis der σ-Additivität von μ_F kann man sich auf den Fall, daß aus $(a, b] = \sum_{k=1}^{\infty}(a_k, b_k]$, $a, b, a_k, b_k \in \bar{\mathbb{R}}$, $k = 1, 2, \ldots$, $a < b$, $a_k < b_k$, $k = 1, 2, \ldots$ folgt $\mu_F((a, b]) = \sum_{k=1}^{\infty} \mu_F((a_k, b_k])$ zurückziehen, wobei wegen $\lim_{x\to\infty} F(x) = F(\infty)$, $\lim_{x\to-\infty} F(x) = F(-\infty)$ noch $a, b \in \mathbb{R}$ und damit $a_k, b_k \in \mathbb{R}$, $k = 1, 2, \ldots$, angenommen werden kann. Ferner genügt es $\mu_F((a, b]) \leq \sum_{k=1}^{\infty} \mu_F((a_k, b_k])$ zu zeigen, da $\mu_F((a, b]) \geq \sum_{k=1}^{\infty} \mu_F((a_k, b_k])$ gilt. Zu diesem Zweck wählt man aufgrund der rechtsseitigen Stetigkeit von μ_F zu $\varepsilon > 0$ und a_k, b_k, $k = 1, 2, \ldots$, ein $\delta > 0$ und $\delta_k > 0$, $k = 1, 2, \ldots$, mit $F(a + \delta) - F(a) \leq \varepsilon$ und $F(b_k + \delta_k) - F(b_k) \leq \frac{\varepsilon}{2^k}$, $k = 1, 2, \ldots$, wobei $a + \delta < b$ zutreffen soll. Dann existieren nach Heine-Borel endlich viele Intervalle $(a_{k_j}, b_k + \delta_{k_j})$, $j = 1, \ldots, n$, die $[a + \delta, b]$ überdecken, woraus resultiert $\mu_F((a, b]) \leq \varepsilon + \sum_{j=1}^{n} \frac{\varepsilon}{2^{k_j}} + \sum_{j=1}^{n} \mu_F((a_{k_j}, b_{k_j}]) \leq \varepsilon + \varepsilon + \sum_{j=1}^{\infty} \mu_F((a_k, b_k])$, d. h. $\mu_F((a, b]) \leq \sum_{j=1}^{\infty} \mu_F((a_k, b_k])$.

Andere Formulierung:

1. $G : \mathbb{R} \to \mathbb{R}$ monoton wachsend, $G_r : \bar{\mathbb{R}} \to \bar{\mathbb{R}}$ mit $G_r(x) := \inf\{G(y) : y \in \mathbb{R}, \ y > x\}$, $x \in \mathbb{R}$, $G_r(\infty) := \sup\{G_r(x) : x \in \mathbb{R}\}$, $G_r(-\infty) = \inf\{G_r(x) : x \in \mathbb{R}\}$. Dann wird durch $\bar{\mu}(\sum_{k=1}^{n}(a_k, b_k]) := \sum_{k=1}^{n}(G_r(b_k) - G_r(a_k))$, $\sum_{k=1}^{n}(a_k, b_k] \in \bar{\mathcal{A}} := \mathcal{A}$ ein σ-additiver Inhalt auf $\mathcal{A}$ erklärt.

2. $G : \mathbb{R} \to \mathbb{R}$ monoton wachsend, $G_\ell : \bar{\mathbb{R}} \to \bar{\mathbb{R}}$ mit $G_\ell(x) := \sup\{G(y) : y \in \mathbb{R}, \ y < x\}$, $x \in \mathbb{R}$, $G_\ell(\infty) := \sup\{G_\ell(x) : x \in \mathbb{R}\}$, $G_\ell(-\infty) := \inf\{G_\ell(x) : x \in \mathbb{R}\}$. Dann wird durch $\underline{\mu}(\sum_{k=1}^{n}[a_k, b_k)) := \sum_{k=1}^{n}(G_\ell(b_k) - G_\ell(a_k))$ ein σ-additiver Inhalt auf $\underline{\mathcal{A}} := \{\sum_{k=1}^{n}[a_k, b_k) : a_k, b_k \in \bar{\mathbb{R}}, \ a_k < b_k, \ k = 1, \ldots, n, \ n \in \mathbb{N}_0\}$ erklärt.

BEMERKUNG: Es wird noch gezeigt werden, daß μ_F, $\bar{\mu}$ und $\underline{\mu}$ eindeutig zu Maßen auf $\mathcal{B}$ fortsetzbar sind. Bezeichnet $\bar{\nu}$ bzw. $\underline{\nu}$ die entsprechende Fortsetzung von $\bar{\mu}$ bzw. $\underline{\mu}$ zu einem Maß auf $\mathcal{B}$, so gilt: $\bar{\nu} = \underline{\nu}$, denn: $\bar{\nu}(\{b\}) = G_r(b) - (G_r)_\ell(b)$, $b \in \mathbb{R}$, $\underline{\nu}(\{a\}) = (G_\ell)_r(a) - G_\ell(a)$, $a \in \mathbb{R}$. Also: $\underline{\nu}((a, b]) = \underline{\nu}([a, b)) - \underline{\nu}(\{a\}) + \underline{\nu}(\{b\}) = G_\ell(b) - G_\ell(a) - (G_\ell)_r(a) + G_\ell(a) + (G_\ell)_r(b) - G_\ell(b) = (G_\ell)_r(b) - (G_\ell)_r(a) = \bar{\nu}((a, b])$, $a, b \in \mathbb{R}$, $a < b$, denn $G_{\ell,r} = G_r$, da die Stetigkeitsstellen einer monotonen Funktion auf $\mathbb{R}$ eine dichte Teilmenge von $\mathbb{R}$ sind.

Verteilungsfunktionen:

SPRECHWEISE: Eine maßdefinierende Funktion $F : \bar{\mathbb{R}} \to \mathbb{R}$ mit $F(-\infty) = 0$ und $F(\infty) = 1$ heißt (eindimensionale) Verteilungsfunktion.

BEMERKUNG: Bei der Einführung des Begriffs einer n-dimensionalen Verteilungsfunktion ist zu beachten, daß die Monotoniebedingung durch eine Annahme ersetzt wird, die sich aus der Nicht-Negativität von endlichen Inhalten μ auf der Borelschen Algebra $A(\mathcal{E})$ über $\mathbb{R}^n$ ergibt, also: $\mathcal{E} := \{(a, b] : a, b \in \bar{\mathbb{R}}^n, \ a < b$ (koordinatenweise)$\}$, $A(\mathcal{E}) = \{\sum_{k=1}^{n}(a_k, b_k] : a_k, b_k \in \bar{\mathbb{R}}^n, \ a_k < b_k, \ k = 1, \ldots, n, \ n \in \mathbb{N}_0\}$, nämlich

Für $(x_1^{(j)}, \ldots, x_n^{(j)}) \in \bar{\mathbb{R}}^n$, $j = 1, 2$, $x_i^{(1)} \leq x_i^{(2)}$, $i = 1, \ldots, n$, gilt:

$$\mu(((x_1^{(1)}, \ldots, x_n^{(1)}), (x_1^{(2)}, \ldots, x_n^{(2)})])$$
$$= \mu(((-\infty, \ldots, -\infty), (x_1^{(2)}, \ldots, x_n^{(2)})])$$
$$- \mu\{(x_1, \ldots, x_n) \in ((-\infty, \ldots, -\infty), (x_1^{(2)}, \ldots, x_n^{(2)})] :$$
$$\text{Es gibt } k \in \{1, \ldots, n\} \text{ mit } x_k \leq x_k^{(1)}\}$$
$$= \mu(((-\infty, \ldots, -\infty), (x_1^{(2)}, \ldots, x_n^{(2)})]) -$$

$$\sum_{k=1}^{n}(-1)^{k+1}\sum_{\substack{i_j \in \{1,2\}\\ j=1,\ldots,n\\ i_j = 1 \text{ genau}\\ k-\text{mal}}}\mu(((-\infty,\ldots,-\infty),(x_1^{(j_1)},\ldots,x_n^{(j_n)})]))$$

$$=\sum_{\substack{i_j \in \{1,2\}\\ j=1,\ldots,n}}(-1)^{i_1+\ldots+i_n}\mu(((-\infty,\ldots,-\infty),(x_1^{(i_1)},\ldots,x_n^{(i_n)})]))$$

unter Verwendung der Siebformel.

SPRECHWEISE: $F : \bar{\mathbb{R}}^n \to \mathbb{R}$ mit $F(\infty,\ldots,\infty) = 1$, $F(x_1,\ldots,x_n) = 0$, $(x_1,\ldots,x_n) \in \bar{\mathbb{R}}^n$ mit $x_i = -\infty$ für ein $i \in \{1,\ldots,n\}$, F rechtsseitig stetig, F linksseitig stetig in $(x_1,\ldots,x_n) \in \bar{\mathbb{R}}^n$ mit $x_i = \infty$ für ein $i \in \{1,\ldots,n\}$, $\sum_{\substack{i_j\in\{1,2\}\\j=1,\ldots,n}}(-1)^{i_1+\ldots+i_n}F(x_1^{(i_1)},\ldots,x_n^{(i_n)}) \geq 0$, $(x_1^{(j)},\ldots,x_n^{(j)}) \in \mathbb{R}^n$, $j = 1,2$, $x_i^{(1)} \leq x_i^{(2)}$, $i = 1,\ldots,n$, heißt n-dimensionale Verteilungsfunktion.

Maßfortsetzungssatz:

Jeder endliche, σ-additive Inhalt μ auf einer Algebra $\mathcal{A}$ über einer Menge Ω läßt sich eindeutig zu einem Maß ν auf $S(\mathcal{A})$ fortsetzen gemäß $\mu(B) = \inf\{\sum_{i=1}^{\infty}\mu(A_i) : A_i \in \mathcal{A}, i = 1,2,\ldots$ (paarweise disjunkt), $B \subset \bigcup_{i=1}^{\infty}A_i\}$, $B \in S(\mathcal{A})$.

BEGRÜNDUNG: Eindeutigkeit: ν' endliches Maß auf $S(\mathcal{A})$ mit $\nu'|\mathcal{A} = \mu$; dann ist $\{B \in S(\mathcal{A}) : \nu'(B) = \nu(B)\}$ ein Dynkin-System über Ω (bei der Komplementstabilität wird die Endlichkeit von μ benutzt), welches $\mathcal{A}$ enthält und daher mit $S(\mathcal{A})$ übereinstimmt, d. h. $\nu' = \nu$.

Existenz nach Carathéodory: $\bar{\mu}(B) := \inf\{\sum_{i=1}^{\infty}\mu(A_i) : A_i \in \mathcal{A}, i = 1,2,\ldots$ (paarweise disjunkt), $B \subset \bigcup_{i=1}^{\infty}A_i\}$, $B \in \mathcal{P}(\Omega)$.

EIGENSCHAFTEN von $\bar{\mu}$:

1. $\bar{\mu}|\mathcal{A} = \mu$,

2. $\bar{\mu}$ isoton,

3. $\bar{\mu}$ sub-σ-additiv.

Zum Nachweis der σ-Additivität von $\bar{\mu}|S(\mathcal{A})$ reicht der Nachweis der Additivität von $\bar{\mu}|S(\mathcal{A})$, da ein additiver, sub-σ-additiver Inhalt bereits σ-additiv ist.

HILFSÜBERLEGUNG: $\bar{S} := \{C \in S(\mathcal{A}) : \bar{\mu}(B) \underset{(\geq)}{=} \bar{\mu}(B \cap C) + \bar{\mu}(B \cap C^c)$, $B \in \mathcal{P}(\Omega)\}$ ist ein Dynkin-System über Ω, das $\mathcal{A}$ enthält (wegen $\bar{\mu}$ sub-additiv kann statt $=$ auch $\geq$ in der Definition von $\bar{S}$ gewählt werden), und daher mit $S(\mathcal{A})$ übereinstimmt (Vereinigungsstabilität von $\bar{S}$ für abzählbar viele paarweise disjunkte Mengen $C_i \in \bar{S}$, $i = 1,2,\ldots$: Es gilt aufgrund vollständiger Induktion nach $n : \bar{\mu}(B) = \sum_{i=1}^{n}\bar{\mu}(B\cap C_i) + \bar{\mu}(B\cap\bigcap_{i=1}^{n}C_i^c)$, $B \in \mathcal{P}(\Omega)$, denn $\mu(B\cap\bigcap_{i=1}^{n}C_i^c) =$

$\mu(B\cap\bigcap_{i=1}^{\infty}C_i^c\cap C_{n+1})+\mu(B\cap\bigcap_{i=1}^{n+1}C_i^c)=\mu(B\cap C_{n+1})+\mu(B\cap\bigcap_{i=1}^{n+1}C_i^c)$ wegen $C_{n+1}\subset\bigcap_{i=1}^{n}C_i^c$, da $C_1,\ldots,C_{n+1}$, paarweise disjunkt. Daher $\bar\mu(B)\geq\sum_{i=1}^{\infty}\mu(B\cap C_i)+\mu(B\cap\bigcap_{i=1}^{\infty}C_i^c)\geq\mu(B\cap(\bigcup_{i=1}^{\infty}C_i))+\mu(B\cap(\bigcup_{i=1}^{\infty}C_i)^c)$, $B\in\mathcal{P}(\Omega)$, also $\bigcup_{i=1}^{\infty}C_i\in\bar{S}$).

FOLGERUNG: $C_1,C_2\in S(\mathcal{A})\;\Rightarrow\;\bar\mu(C_1+C_2)=\bar\mu((C_1+C_2)\cap C_1)+\bar\mu((C_1+C_2)\cap C_1^c)=\bar\mu(C_1)+\bar\mu(C_2)$, d. h. $\bar\mu|S(\mathcal{A})$ ist additiv.

BEMERKUNG:

1. Durch $\nu(B)=\inf\{\sum_{i=1}^{\infty}\mu(A_i)\;:\;B\subset\bigcup_{i=1}^{\infty}A_i,\;A_i\in\mathcal{A},\;i=1,2,\ldots$ (paarweise disjunkt)$\}$, $B\in S(\mathcal{A})$, wird für einen σ-additiven Inhalt $\mu:\mathcal{A}\to\bar{\mathbb{R}}$ mit $\mathcal{A}$ als Algebra, eine Fortsetzung als Maß ν auf $S(\mathcal{A})$ definiert. Diese besitzt die folgende Maximalitätseigenschaft: $\nu'\leq\nu$ für jedes weitere Maß ν' auf $S(\mathcal{A})$ mit $\nu'|\mathcal{A}=\mu$.

2. Die Fortsetzung eines σ-additiven Inhalts μ auf einer Algebra $\mathcal{A}$ zu einem Maß auf $S(\mathcal{A})$ ist i.a. nicht eindeutig bestimmt, z. B. stimmen triviales Maß und Zählmaß auf der Borelschen Algebra über $\mathbb{R}$ überein, da diese die endlichen, nicht-leeren Teilmengen von $\mathbb{R}$ nicht enthält. Dagegen ist ein σ-endlicher, σ-additiver Inhalt μ auf einer Algebra $\mathcal{A}$ über Ω eindeutig zu einem Maß auf $S(\mathcal{A})$ fortsetzbar, denn: Mit $A_n\in\mathcal{A}$, $n=1,2,\ldots$, paarweise disjunkt, $\sum_{n=1}^{\infty}A_n=\Omega$, $\mu(A_n)<\infty$, $n=1,2,\ldots$, gilt $S(\mathcal{A}\cap A_n)=S(\mathcal{A})\cap A_n$, $n=1,2,\ldots$, und $\mu_n:=\mu|\mathcal{A}\cap A_n$ ist eindeutig zu einem Maß auf $S(\mathcal{A})\cap A_n$ fortsetzbar, $n=1,2,\ldots$.

3. Ist μ ein semifiniter, σ-additiver Inhalt auf einer Algebra $\mathcal{A}$, so existiert eine Fortsetzung ν von μ, als semifinites Maß auf $S(\mathcal{A})$, mit der folgenden Minimalitätseigenschaft: $\nu\leq\nu'$ für jedes Maß ν' auf $S(\mathcal{A})$ mit $\nu'|\mathcal{A}=\mu$. Dabei ist ν semifinit und ist folgendermaßen definiert: Es bezeichne $\mathcal{F}:=\{F\in\mathcal{A}:\mu(F)<\infty\}$, μ_F endlicher, σ-additiver Inhalt auf $\mathcal{A}$ mit $\mu_F(A):=\mu(A\cap F)$, $A\in\mathcal{A}$, $F\in\mathcal{F}$ fest. Dann läßt sich μ_F eindeutig zu einem Maß ν^F auf $S(\mathcal{A})$ fortsetzen, $F\in\mathcal{F}$. Definition von $\nu:\nu(B):=\sup_{F\in\mathcal{F}}\nu^F(B)$, $B\in S(\mathcal{A})$. Dabei ist die Fortsetzung eines semifiniten, σ-additiven Inhalts auf einer Algebra $\mathcal{A}$ zu einem semifiniten Maß auf $S(\mathcal{A})$ i.a. nicht eindeutig bestimmt, da z. B. mit $\mathcal{A}'$ als Algebra über $\mathbb{R}$, die von der Borelschen Algebra über $\mathbb{R}$ zusammen mit $\{\rho\}$, $\rho\in\mathbb{Q}$, erzeugt wird und mit $\mu':=\mu_{\mathbb{Q}}$ bzw. $\mu'':=\mu_{\mathbb{Q}\cup A}$, A nicht leere, abzählbare Teilmenge von $\mathbb{R}\backslash\mathbb{Q}$, μ Zählmaß auf $\mathcal{B}$ und $\mu_B(A):=\mu(A\cap B)$, $A\in\mathcal{B}$, $B\in\mathcal{B}$ fest, gilt $\mu'|\mathcal{A}'=\mu''|\mathcal{A}'$, $\mu'|\mathcal{A}'$ semifinit, μ' und μ'' semifinit, $\mu'\neq\mu''$.

ANWENDUNG: Kennzeichnung von maßdefinierenden Funktionen bzw. von Verteilungsfunktionen:

1. Zu $F:\bar{\mathbb{R}}\to\bar{\mathbb{R}}$ maßdefinierende Funktion existiert genau ein Maß ν_F auf $\mathcal{B}$ mit $\nu_F((a,b])=F(b)-F(a)$, $a,b\in\bar{\mathbb{R}}$, $a<b$, wobei für eine weitere maßdefinierende Funktion $G:\bar{\mathbb{R}}\to\bar{\mathbb{R}}$ mit $\nu_G=\nu_F$ folgt $G=F+c$ für ein $c\in$

$\mathbb{R}$, denn: Der durch F definierte σ-additive Inhalt μ_F auf der Borelschen Algebra über $\mathbb{R}$ ist σ-endlich und aus $\mu_F = \mu_G$ mit G als weiterer maßdefinierender Funktion folgt: $F(x) - F(0) = G(x) - G(0)$, $x > 0$, $F(0) - F(x) = G(0) - G(x)$, $x < 0$, also $F = G + c$ mit $c := F(0) - G(0)$.

2. Ist ν ein Maß auf $\mathcal{B}$ mit $\nu((a,b]) < \infty$ für $a, b \in \mathbb{R}$, $a < b$, so wird durch $F(x) := \nu((0,x])$, $x > 0$, $F(x) := -\nu((x,0])$, $x < 0$, $F(0) := 0$, eine maßdefinierende Funktion erklärt mit $\nu = \nu_F$.

3. Zu $F : \bar{\mathbb{R}} \to \mathbb{R}$ (eindimensionale) Verteilungsfunktion existiert genau ein Wahrscheinlichkeitsmaß ν_F auf $\mathcal{B}$ mit $\nu_F((-\infty, x]) = F(x)$, $x \in \bar{\mathbb{R}}$. Ist $G : \bar{\mathbb{R}} \to \mathbb{R}$ eine weitere (eindimensionale) Verteilungsfunktion mit $\nu_G = \nu_F$, so gilt $G = F$. Zu $F : \bar{\mathbb{R}}^n \to \mathbb{R}$ n-dimensionale Verteilungsfunktion existiert genau ein Wahrscheinlichkeitsmaß ν_F auf der Borelschen σ-Algebra $\mathcal{B}^n$ des $\mathbb{R}^n$, d. h. $\mathcal{B}^n$ ist von $\{(a,b] \subset \mathbb{R}^n : a, b \in \bar{\mathbb{R}}^n, a < b\}$ erzeugt, mit $\nu_F(((-\infty, \ldots, -\infty), (x_1, \ldots, x_n)]) = F(x_1, \ldots, x_n)$, $(x_1, \ldots, x_n) \in \bar{\mathbb{R}}^n$. Ist $G : \bar{\mathbb{R}}^n \to \mathbb{R}$ eine weitere n-dimensionale Verteilungsfunktion mit $\nu_G = \nu_F$, so gilt $G = F$. Die eindimensionale Verteilungsfunktion $F : \bar{\mathbb{R}} \to \mathbb{R}$ ist für $x \in \mathbb{R}$ genau dann stetig, wenn für das zugehörige Wahrscheinlichkeitsmaß ν_F auf $\mathcal{B}$ gilt $\nu_F(\{x\}) = 0$, denn die Stetigkeit von unten für ν_F liefert $\nu_F(\{x\}) = F(x) - F(x-)$ mit $F(x-) := \lim_{\substack{y \uparrow x \\ y < x}} F(y)$. Also ist $F|\mathbb{R}$ stetig genau dann, wenn $\nu_F(\{x\}) = 0$ für alle $x \in \mathbb{R}$ zutrifft und, da es höchstens abzählbar viele $x_k \in \mathbb{R}$, $k = 1, 2, \ldots$, gibt mit $\nu_F(\{x_k\}) > 0$, $k = 1, 2, \ldots$, ist ν_F genau dann diskret, wenn gilt $\sum_k (F(x_k) - F(x_k-)) = 1$.

BEISPIEL: **Lebesgue-Borelsches Maß:** Mit $F : \bar{\mathbb{R}} \to \bar{\mathbb{R}}$, $F(x) := x$, $x \in \bar{\mathbb{R}}$ und $\lambda := \nu_F$ erhält man ein (σ-endliches) Maß λ auf $\mathcal{B}$ mit $\lambda(B) = \lambda(B + x)$, $B \in \mathcal{B}$, $x \in \mathbb{R}$ (Translationsinvarianz), also eine Lösung des Maßproblems, wobei $\mathcal{P}(\mathbb{R})$ durch $\mathcal{B}(\mathbb{R}) = \mathcal{B}$ ersetzt worden ist, denn $B + x \in \mathcal{B}$, $B \in \mathcal{B}$, $x \in \mathbb{R}$, da $\{B \in \mathcal{B} : B + x \in \mathcal{B}\}$, $x \in \mathbb{R}$ fest, eine σ-Algebra über $\mathbb{R}$ ist, welche die Borelsche Algebra über $\mathbb{R}$ enthält und damit identisch ist mit $\mathcal{B}$. Ferner gilt für das Maß λ_x auf $\mathcal{B}$ gemäß $\lambda_x(B) := \lambda(B + x)$, $B \in \mathcal{B}$, die Beziehung $\lambda_x = \lambda$ auf der Borelschen Algebra über $\mathbb{R}$, also $\lambda_x = \lambda$ auf $\mathcal{B}$ für jedes $x \in \mathbb{R}$, d. h. λ ist translationsinvariant. Ferner gilt für jedes translationsinvariante Maß μ auf $\mathcal{B}$ mit $\mu([0,1]) < \infty$ die Beziehung $\mu = c\lambda$ für ein $c \geq 0$, denn $F(x) := \mu((0,x])$, $x > 0$, $F(x) := -\mu((x,0])$, $x < 0$, $F(0) := 0$, ist eine maßdefinierende Funktion mit $\mu = \mu_F$ und $F(x + y) = F(x) + F(y)$, $x, y \in \mathbb{R}$, wegen der Translationsinvarianz von μ. Diese Eigenschaft zusammen mit $\mu([0,1]) < \infty$ impliziert auch $\mu(\{x\}) = 0$, woraus die Stetigkeit von $F|\mathbb{R}$ folgt. Daher gilt $F(x) = cx$, $x \in \mathbb{R}$, für ein $c \in \mathbb{R}$, $c \geq 0$, nämlich $c := \mu([0,1])$, woraus $\mu = c\lambda$ folgt.

Vervollständigung von Maßräumen

SPRECHWEISE: $(\Omega, \mathcal{S}, \mu)$ mit $\mathcal{S}$ als σ-Algebra über Ω und μ als Maß auf $\mathcal{S}$ heißt

Maßraum und die Elemente von S heißen S-meßbare Teilmengen von Ω und $N \in S$ mit $\mu(N) = 0$ heißt μ-Nullmenge. Ist μ speziell ein Wahrscheinlichkeitsmaß P auf S über $\Omega \neq \emptyset$, dann heißt (Ω, S, P) Wahrscheinlichkeitsraum. Als Vervollständigung des Maßraumes (Ω, S, μ) bezeichnet man $(\Omega, S_\mu, \bar\mu)$ mit $S_\mu := \{A + M : A \in S, M \in \mathcal{P}(\Omega)$ mit $M \subset N$ für eine Nullmenge $N \in S$, $A \cap M = \emptyset\}$, $\bar\mu(A+M) := \mu(A)$, $A + M \in S_\mu$. Es gilt: S_μ ist eine σ-Algebra und $\bar\mu$ ist ein (wohldefiniertes) Maß auf S_μ mit $\bar\mu|S = \mu$ (und hierdurch eindeutig bestimmt).

BEISPIEL: Lebesguesches Maß: Die Vervollständigung $(\mathbb{R}, \mathcal{B}_\lambda, \bar\lambda)$ von $(\mathbb{R}, \mathcal{B}, \lambda)$ liefert mit $\bar\lambda$ ein translationsinvariantes Maß auf der σ-Algebra der Lebesgue-meßbaren Teilmengen von $\mathbb{R}$, d. h. es gilt: $\lambda((B+M)+x) = \lambda(B+M)$, $B+M \in \mathcal{B}_\lambda$, $x \in \mathbb{R}$, wegen $\lambda(M + x) \leq \lambda(N + x) = 0$, $M \in \mathcal{P}(\mathbb{R})$, $M \subset N$, $N \in \mathcal{B}$, $\lambda(N) = 0$. Ferner gilt, wegen der Unlösbarkeit des Maßproblems, $\mathcal{B}_\lambda \neq \mathcal{P}(\mathbb{R})$. Die Beziehung $\mathcal{B} \neq \mathcal{B}_\lambda$ kann man folgendermaßen einsehen: $C = \{\sum_{\nu=1}^\infty \frac{a_\nu}{3^\nu} : a_\nu \in \{0, 2\}\}$ Cantorsches Diskontinuum, welches man sich auch dadurch entstanden denken kann, daß man aus dem abgeschlossenen Einheitsintervall das offene, mittlere Drittel entfernt $(a_1 = 1)$ und bei den verbleibenden Teilintervallen entsprechend fortfährt $(a_1 = 1, a_2 = 1$ usw.$)$, wobei zu beachten ist, daß genau bei allen $x \in (0,1]$ mit $x = \sum_{\nu=1}^\infty \frac{a_\nu}{3^\nu}$, $a_\nu \in \{0,1,2\}$, mit $a_\nu = 0$ für $\nu > \nu_0$ für ein $\nu_0 \in \mathbb{N}$ und $a_{\nu_0} \in \{1, 2\}$ auch die unendliche Darstellung $x = \sum_{\nu=1}^\infty \frac{b_\nu}{3^\nu}$ mit $b_\nu := a_\nu$, $\nu = 1, \ldots, \nu_0 - 2$, $b_{\nu_0-1} = a_{\nu_0} - 1$, $b_\nu := 1$, $\nu \geq \nu_0$, möglich ist. Wählt man insbesondere zu $x_0 \in [0,1] \backslash C$ die natürliche Zahl k minimal mit $a_k = 1$, dann gilt $|x_0 - x| \geq \frac{1}{3^k}$ für alle $x \in C$, d. h. C ist abgeschlossen, während das Cantorsche Diagonalverfahren zeigt, daß C nicht abzählbar ist (genauer gilt card$(C) =$card$(\mathbb{R})$). Schließlich gilt $\lambda([0,1] \backslash C) = \frac{1}{3} + \frac{2}{3} \cdot \frac{1}{3} + (\frac{2}{3})^2 \cdot \frac{1}{3} + \ldots = \frac{1}{3} \cdot \frac{1}{1-\frac{2}{3}} = 1$. Also gilt $\mathcal{P}(C) \subset \mathcal{B}_\lambda$ und card$(\mathcal{P}(C)) =$card$(\mathcal{P}(\mathbb{R})) >$card$(\mathbb{R})$, während card$(\mathcal{B}) =$card$(\mathbb{R})$ zutrifft.

BEMERKUNG: Man kann $\mathcal{B} \neq \mathcal{B}_\lambda$ auch ohne eine Mächtigkeitsbetrachtung nachweisen, indem man die singuläre Cantorfunktion $F : [0,1] \to [0,1]$ einführt, die den Wert $\frac{1}{2}$ auf dem offenen, mittleren Drittel von $[0,1]$ besitzt und schrittweise auf den nachfolgend entfernten offenen Teilintervallen jeweils als Wert das arithmetische Mittel von Funktionswerten an benachbarten Punkten von $[0,1]$, für die bereits der Wert definiert ist, hat. Auf diese Weise wird f auf C erklärt und durch Stetigkeit auf $[0,1]$ fortgesetzt. So entsteht eine stetige Verteilungsfunktion F, die als singuläre Cantorfunktion bezeichnet wird. Insbesondere gilt für das zugehörige stetige Wahrscheinlichkeitsmaß ν_F auf $\mathcal{B}$, d. h. $\nu_F(\{x\}) = 0$, $x \in \mathbb{R}$, die Beziehung $\nu_F(C) = 1$. Ferner ist die Funktion $G : [0,1] \to C$ mit $G(y) := \inf\{x \in [0,1] : F(x) = y\}$, $y \in [0,1]$, monoton wachsend und injektiv, so daß insbesondere für eine nicht Lebesguesche Teilmenge A von $[0,1]$ gilt $G(A) \subset C$, d. h. $G(A) \in \mathcal{B}_\lambda$. Würde $G(A) \in \mathcal{B}$ zutreffen, so auch $A \in \mathcal{B}$, da G injektiv und monoton wachsend ist.

Maßfortsetzung bei Adjunktion einer Menge

Es sei $(\Omega, \mathcal{S}, \mu)$ ein Maßraum $A_0 \in \mathcal{P}(\Omega) \backslash \mathcal{S}$. Ferner bezeichne μ^* bzw. μ_* das äußere bzw. innere Maß von μ, d. h. $\mu^*(B) = \inf\{\mu(A) : A \in \mathcal{S}, B \subset A\}$, $\mu_*(B) = \sup\{\mu(A) : A \in \mathcal{S}, A \subset B\}$, $B \in \mathcal{P}(\Omega)$. Dann werden im Fall $\mu(\Omega) < \infty$ durch $\mu^*(A_1 \cap A_0) + \mu_*(A_2 \cap A_0^c)$ bzw. $\mu_*(A_1 \cap A_0) + \mu^*(A_2 \cap A_0^c)$, $A_1, A_2 \in \mathcal{S}$, Maße μ' bzw. μ'' auf $\mathcal{S}' := \mathcal{S}(\mathcal{S} \cup \{A_0\}) = \{A_1 \cap A_0 + A_2 \cap A_0^c : A_1, A_2 \in \mathcal{S}\}$ mit $\mu'|\mathcal{S} = \mu''|\mathcal{S} = \mu$ erklärt. Ferner ist μ genau dann eindeutig zu einem Maß auf $\mathcal{S}'$ fortsetzbar, wenn $A_0 \in \mathcal{S}_\mu$ zutrifft.

BEGRÜNDUNG: Aus $\mu(\Omega) < \infty$ folgt zu $B \in \mathcal{P}(\Omega)$ die Existenz einer meßbaren Hülle $H_B \in \mathcal{S}$ bzw. eines meßbaren Kerns $K_B \in \mathcal{S}$, d. h. es gilt $B \subset H_B$ und $\mu^*(B) = \mu(H_B)$ bzw. $K_B \subset B$ und $\mu_*(B) = \mu(K_B)$, wobei mit Hilfe von K_{A_0} bzw. H_{A_0} folgt, daß durch $A_1 \rightarrow \mu^*(A_1 \cap A_0)$, $A_1 \in \mathcal{S}$, bzw. $A_2 \rightarrow \mu_*(A_2 \cap A_0^c)$, $A_2 \in \mathcal{S}$, Maße auf $\mathcal{S}$ erklärt werden. Insbesondere stimmen die sich hieraus ergebenden Maßfortsetzungen μ' bzw. μ'' von μ zu Maßen auf $\mathcal{S}'$ genau dann überein, wenn $\mu^*(A_0) = \mu_*(A_0)$ zutrifft. Aus $\mu^*(A_0) = \mu_*(A_0)$ resultiert $A_1 \cap K_{A_0} \cup A_2 \cap H_{A_0}^c \subset A_1 \cap A_0 + A_2 \cap A_0^c \subset A_1 \cap H_{A_0} \cup A_2 \cap K_{A_0}^c$ mit $\mu(A_1 \cap K_{A_0} \cup A_2 \cap H_{A_0}^c) = \mu(A_1 \cap H_{A_0} \cup A_2 \cap K_{A_0}^c)$, woraus sich die eindeutige Fortsetzung von μ zu einem Maß auf $\mathcal{S}'$ ergibt.

BEISPIEL: Es sei Ω eine nicht abzählbare Menge, $\mathcal{S} = \mathcal{S}(\{\{\omega\} : \omega \in \Omega \backslash \{\omega_0\}\})$, $\omega_0 \in \Omega$ fest, also $\mathcal{S} = \{A \subset \Omega : A \text{ oder } A^c \text{ abzählbare Teilmenge von } \Omega \backslash \{\omega_0\}\}$ und $\mathcal{S}' = \mathcal{S}(\mathcal{S} \cup \{\omega_0\}) = \{A \subset \Omega : A \text{ oder } A^c \text{ abzählbare Teilmenge von } \Omega\}$. Ferner sei μ das durch $\mu(A) = 0$, A abzählbare Teilmenge von $\Omega \backslash \{\omega_0\}$ bzw. $\mu(A) = 1$, sonst, definierte Wahrscheinlichkeitsmaß auf $\mathcal{A}$. Dann ist das durch $A_1 \cap A_0 + A_2 \cap A_0^c \rightarrow \mu^*(A_1 \cap A_0) + \mu_*(A_2 \cap A_0^c)$ bzw. $A_1 \cap A_0 + A_2 \cap A_0^c \rightarrow \mu_*(A_1 \cap A_0) + \mu^*(A_2 \cap A_0^c)$, $A_1, A_2 \in \mathcal{A}$, $A_0 := \{\omega_0\}$, erklärte Wahrscheinlichkeitsmaß mit $\delta_{\omega_0}|\mathcal{S}'$ bzw. μ' mit $\mu'(A) = 0$, A abzählbare Teilmenge von Ω, bzw. $\mu'(A) = 1$, sonst, identisch. Allerdings ist im Fall $\text{card}(\Omega) = \text{aleph}_1$ nach Ulam μ eindeutig auf $\mathcal{P}(\Omega)$ zu δ_{ω_0} fortsetzbar, während μ' nicht zu einem Maß auf $\mathcal{P}(\Omega)$ fortsetzbar ist wegen $\mu'(\{\omega\}) = 0$, $\omega \in \Omega$.

Inhaltsfortsetzungssatz

Jeder endliche Inhalt μ auf einer Algebra $\mathcal{A}$ über Ω ist auf $\mathcal{P}(\Omega)$ zu einem Inhalt fortsetzbar. Insbesondere existiert ein endlicher Inhalt ν auf $\mathcal{P}(\Omega)$ mit der Approximationseigenschaft: Zu $\varepsilon > 0$ und $B \in \mathcal{P}(\Omega)$ existiert $A \in \mathcal{A}$ mit $\nu(A \Delta B) \leq \varepsilon$. Die Fortsetzung von μ zu einem Inhalt auf eine Algebra $\mathcal{A}'$ über Ω mit $\mathcal{A} \subset \mathcal{A}'$ ist eindeutig genau dann, wenn folgende Approximationseigenschaft erfüllt ist: Zu $\varepsilon > 0$ und $A' \in \mathcal{A}'$ existiert $A_1, A_2 \in \mathcal{A}$ mit $A_1 \subset A' \subset A_2$ und $\mu(A_2 \backslash A_1) \leq \varepsilon$.

BEGRÜNDUNG: Es wird zunächst nach Łos-Marczewski der Spezialfall behandelt, daß durch $A_1 \cap A_0 + A_2 \cap A_0^c \rightarrow \mu^*(A_1 \cap A_0) + \mu_*(A_2 \cap A_0^c)$ bzw. $A_1 \cap A_0 + A_2 \cap A_0^c \rightarrow \mu_*(A_1 \cap A_0) + \mu^*(A_2 \cap A_0^c)$, $A_1, A_2 \in \mathcal{A}$, $A_0 \in \mathcal{P}(\Omega)$ fest, endliche Inhalte μ_1 bzw. μ_2 auf $\mathcal{A}' := \mathcal{A}(\mathcal{A} \cup \{A_0\})$ sind, die μ auf $\mathcal{A}'$ fortsetzen. Dabei ist $\mu^*(B) := \inf\{\mu(A) : A \in \mathcal{A}, B \subset A\}$ bzw. $\mu_*(B) := \sup\{\mu(A) : A \in \mathcal{A}, A \subset B\}$, $B \in \mathcal{P}(\Omega)$. Ferner gilt für μ_1 bzw. μ_2 die Approximationseigenschaft: Zu $\varepsilon > 0$ und $A' \in \mathcal{A}'$ existiert $A_1, A_2 \in \mathcal{A}$ mit $\mu_j(A_j \triangle A) \leq \varepsilon$, $j = 1, 2$. Für den allemeinen Fall betrachtet man die Menge $M := \{(\mathcal{A}', \mu') : \mathcal{A}'$ Algebra über Ω mit $\mathcal{A} \subset \mathcal{A}'$, $\mu'|\mathcal{A} = \mu$ und zu $\varepsilon > 0$ und $A' \in \mathcal{A}'$ existiert $A \in \mathcal{A}$ mit $\mu'(A' \triangle A) \leq \varepsilon\}$, wobei M mit der teilweisen Ordnung $(\mathcal{A}'_1, \mu'_1) \leq (\mathcal{A}'_2, \mu'_2)$ genau dann, wenn $\mathcal{A}'_1 \subset \mathcal{A}'_2$ und $\mu'_2|\mathcal{A}'_1 = \mu'_1$ zutrifft mit $(\mathcal{A}'_j, \mu'_j) \in M$, $j = 1, 2$, induktiv geordnet ist und daher ein maximales Element $(\mathcal{A}_0, \mu_0)$ besitzt, wobei, aufgrund der Fortsetzungen von Łoś-Marczewski, $\mathcal{A}_0 = \mathcal{P}(\Omega)$ zutrifft. Zur Eindeutigkeit der Fortsetzung von μ auf $\mathcal{A}$ zu einem Inhalt μ' auf $\mathcal{A}'$ mit $\mathcal{A}'$ als $\mathcal{A}$ umfassender Algebra ist zu beachten, daß nach den Fortsetzungen von Łoś-Marczewski im eindeutigen Fortsetzungsfall $\mu^*(A') = \mu_*(A')$ für jedes $A' \in \mathcal{A}'$ gelten muß, woraus folgt, daß es zu $\varepsilon > 0$ und $A' \in \mathcal{A}'$ Mengen $A_1, A_2 \in \mathcal{A}$ gibt mit $A_1 \subset A' \subset A_2$ und $\mu(A_2 \setminus A_1) \leq \varepsilon$. Umgekehrt folgt aus dieser Approximationseigenschaft für zwei Inhalte μ_1, μ_2 auf $\mathcal{A}'$ mit $\mu_j|\mathcal{A} = \mu$, $j = 1, 2$, die Beziehung $\mu_1(A') - \mu_2(A') \leq \mu(A_2) - \mu(A_1) \leq \varepsilon$ und $\mu_2(A') - \mu_1(A') \leq \mu(A_2) - \mu(A_1) \leq \varepsilon$, also $|\mu_1(A') - \mu_2(A')| \leq \varepsilon$, $A' \in \mathcal{A}'$, d. h. $\mu_1 = \mu_2$.

ANWENDUNGEN:

1. Kennzeichnung von Algebren, die nur σ-additive Inhalte zulassen

   Jeder endliche Inhalt auf einer Algebra $\mathcal{A}$ über Ω ist bereits σ-additiv genau dann, wenn es nicht $A_n \in \mathcal{A}$, $n = 1, 2, \ldots$, paarweise disjunkt mit $A_n \neq \emptyset$, $n = 1, 2, \ldots$, und $\sum_{n=1}^{\infty} A_n = \Omega$ gibt, denn ist diese Eigenschaft für $\mathcal{A}$ erfüllt, dann tritt der Fall $A_n \in \mathcal{A}$, $n = 1, 2, \ldots$, paarweise disjunkt mit $A_n \neq \emptyset$, $n = 1, 2, \ldots$, und $\sum_{n=1}^{\infty} A_n \in \mathcal{A}$, nicht ein, so daß jeder endliche Inhalt auf $\mathcal{A}$ bereits σ-additiv ist. Gibt es dagegen $A_n \in \mathcal{A}$, $n = 1, 2, \ldots$, paarweise disjunkt mit $A_n \neq \emptyset$, $n = 1, 2, \ldots$, und $\sum_{n=1}^{\infty} A_n = \Omega$, dann besteht die von $\{A_n : n = 1, 2, \ldots\}$ erzeugte Algebra $\mathcal{A}'$ genau aus allen Mengen der Gestalt $\sum_{j=1}^{n} A_{k_j}$ bzw. $(\sum_{n=1}^{\infty} A_n) \setminus \sum_{j=1}^{n} A_{k_j}$ und der endliche Inhalt μ' auf $\mathcal{A}'$ mit $\mu'(\sum_{j=1}^{n} A_{k_j}) = 0$ bzw. $\mu'((\sum_{n=1}^{\infty} A_n) \setminus (\sum_{j=1}^{n} A_{k_j})) = 1$ läßt eine Fortsetzung zu einem endlichen Inhalt μ auf $\mathcal{A}$ zu, der aber nicht σ-additiv ist. Ein Beispiel für eine unendliche Algebra $\mathcal{A}$ über einer Menge Ω, so daß $\Omega = \sum_{n=1}^{\infty} A_n$ mit A_n, $n = 1, 2, \ldots$ paarweise disjunkt und $A_n \neq \emptyset$, $n = 1, 2, \ldots$, nicht gilt, erhält man mit $\Omega := \mathbb{N}$ und $\mathcal{A} := A(\{\{\omega\} : \omega \in \Omega \setminus \{1\}\}) = \{A \subset \mathbb{N} : A$ oder A^c endliche Teilmenge von $\Omega \setminus \{1\}\}$.

2. Kennzeichnung maximaler Ideale

   $I \subset \mathcal{A}$ mit $\mathcal{A}$ als Algebra über $\Omega \neq \emptyset$ heißt Ideal, falls I vereinigungsstabil und inklusionsstabil ist, d. h. $A \subset B \in I$ mit $A \in \mathcal{A}$ impliziert $A \in I$. Ferner trifft $\emptyset \in I$ und $\Omega \notin I$ zu. Insbesondere gilt $\mathcal{A}(I) = I \cup J$ mit $J := \{A^c : A \in I\} \cup \{\emptyset\}$, und durch $\mu_I(A) = 0$, $A \in I$, bzw. $\mu_I(A) = 1$, $A \in I^c := \{A^c : A \in I\}$, wird ein $\{0, 1\}$-wertiger Inhalt auf $\mathcal{A}(I)$ mit $\mu_I(\Omega) = 1$ definiert. Ist μ nach dem

Inhaltsfortsetzungssatz ein $\{0, 1\}$-wertiger Inhalt auf $\mathcal{A}$ mit $\mu | \mathcal{A}(I) = \mu_I$, so wird durch $I^* := \{N \in \mathcal{A} : \mu(N) = 0\} \subset \mathcal{A}$ ein Ideal von $\mathcal{A}$ mit $I \subset I^*$ erklärt. Aus der Maximalität von I (bzgl. Inklusion) folgt insbesondere $I = I^*$, d. h. ein maximales Ideal I von $\mathcal{A}$ ist von der Gestalt $I = \{N \in \mathcal{A} : \mu(N) = 0\}$ für einen $\{0, 1\}$-wertigen Inhalt μ auf $\mathcal{A}$ mit $\mu(\Omega) = 1$. Umgekehrt ist jedes Ideal $I \subset \mathcal{A}$ von $\mathcal{A}$ mit dieser Gestalt maximal, da aus $I \subset I'$ mit $I' \subset \mathcal{A}$ als Ideal und $I' \neq I$ die Existenz von $N \in \mathcal{A}$ mit $N \in I$ und $N^c \in I'$ folgt, also der Widerspruch $\Omega = N \cup N^c \in I'$.

Weitere Kennzeichnungen maximaler Ideale I von $\mathcal{A}$ sind $A(I) = \mathcal{A}$ bzw. $A_1 \in I$ oder $A_2 \in I$ für $A_j \in \mathcal{A}$, $j = 1, 2$, mit $A_1 \cap A_2 \in I$. Ist nämlich I maximales Ideal von $\mathcal{A}$, so ist bereits gezeigt worden, daß es einen $\{0, 1\}$-wertigen Inhalt μ auf $\mathcal{A}$ mit $\mu(\Omega) = 1$ und $I = \{A \in \mathcal{A} : \mu(A) = 0\}$ gibt. Hieraus ergibt sich, daß $A_1 \cap A_2 \in I$ für $A_j \in \mathcal{A}$, $j = 1, 2$, die Beziehung $A_1 \in I$ oder $A_2 \in I$ nach sich zieht, denn sonst trifft $\mu(A_j) = 1$, $j = 1, 2$, zu, woraus der Widerspruch $\mu(A_1 \cap A_2) = 1$ resultiert. Die Eigenschaft $A_1 \in I$ oder $A_2 \in I$ für $A_j \in \mathcal{A}$, $j = 1, 2$, mit $A_1 \cap A_2 \in I$, liefert $A(I) = \mathcal{A}$, denn aus $A \cap A^c = \emptyset \in I$ mit $A \in \mathcal{A}$, folgt $A \in \mathcal{A}$ oder $A^c \in \mathcal{A}$, also $A(I) = \mathcal{A}$. Schließlich liefert $A(I) = \mathcal{A}$ nach den obigen Überlegungen, daß I maximales Ideal von $\mathcal{A}$ ist, denn aus $I \subset I'$ für ein Ideal I' von $\mathcal{A}$ mit $I \neq I'$ folgt $A \in I'$ und $A \notin I$ für ein $A \in \mathcal{A}$. Dann resultiert aber aus $A(I) = \mathcal{A}$ die Beziehung $A^c \in I$, also $A^c \in I'$ und damit der Widerspruch $A \cup A^c = \Omega \in I'$.

Bezeichnet $I(\mathcal{E}) := \{\bigcup_{k=1}^n A_k \cap E_k : A_k \in \mathcal{A}, E_k \in \mathcal{E}, k = 1, \ldots, n, n \in \mathbb{N}\}$ das von $\mathcal{E} \subset \mathcal{A}$ erzeugte Ideal, wobei nicht $\bigcup_{k=1}^n E_k = \Omega$ für endlich viele $E_k \in \mathcal{E}$, $k = 1, \ldots, n$, $n \in \mathbb{N}$, zutrifft, so gilt $I(\mathcal{E}) = \mathcal{A} \cap (\bigcup_{k=1}^n E_k)$ im Fall $\mathcal{E} = \{E_1, \ldots, E_n\} \subset \mathcal{A}$ mit $\bigcup_{k=1}^n E_k \neq \Omega$, denn $\mathcal{A} \cap (\bigcup_{k=1}^n E_k)$ ist eine Algebra über Ω und es trifft $A \cap E_j = (A \cap E_j) \cap (\bigcup_{k=1}^n E_k)$, $j = 1, \ldots, n$, $A \in \mathcal{A}$, zu. Es soll nun gezeigt werden, daß $\mathcal{A}$ genau dann endlich ist, wenn jedes maximale Ideal I von $\mathcal{A}$ endlich erzeugt ist, d. h. es gilt $I = I(\mathcal{E})$ mit $\mathcal{E} = \{E_1, \ldots, E_n\} \subset \mathcal{A}$. Die Maximalität von $I(\mathcal{E})$ zusammen mit $I(\mathcal{E}) = \mathcal{A} \cap (\bigcup_{k=1}^n E_k)$ zeigt, daß $(\bigcup_{k=1}^n E_k)^c$ ein Atom von $I(\mathcal{E})$ ist, d. h. jedes maximale, endlich erzeugte Ideal I von $\mathcal{A}$ ist von der Gestalt $\mathcal{A} \cap A_I^c$ mit A_I als Atom von $\mathcal{A}$. Ist nun jedes maximale Ideal von $\mathcal{A}$ endlich erzeugt, dann liefert das maximale Ideal $I_\omega := \{A \in \mathcal{A} : \omega \notin A\}$, $\omega \in \Omega$ fest, zu $\omega \in \Omega$ ein Atom A_ω von $\mathcal{A}$ mit $\omega \in A_\omega$, $\omega \in \Omega$. Daher kann es nur endlich viele Atome von $\mathcal{A}$ geben, da man sonst zu dem $\{0, 1\}$-wertigen Inhalt μ' auf der Algebra $\mathcal{A}'$ über Ω, welche von Atomen von $\mathcal{A}$ erzeugt wird, wobei μ' für die Atome von $\mathcal{A}$ verschwindet und $\mu'(\Omega) = 1$ gilt, nach dem Inhaltsfortsetzungssatz einen $\{0, 1\}$-wertigen Inhalt μ auf $\mathcal{A}$ mit $\mu | \mathcal{A}' = \mu'$ findet. Das maximale Ideal $I_\mu := \{A \in \mathcal{A} : \mu(A) = 0\}$ ist aber von der Gestalt $I_\mu = \mathcal{A} \cap A_\mu^c$ mit A_μ als Atom von $\mathcal{A}$, so daß $A_\mu \in I_\mu$ wegen $\mu(A_\mu) = 0$ zutreffen würde.

3 Das Maßintegral

MOTIVATION: Durch eine (eindimensionale) Verteilungsfunktion $F : \bar{\mathbb{R}} \to \mathbb{R}$ wird gemäß $P((-\infty, x]) = F(x)$, $x \in \bar{\mathbb{R}}$, genau ein Wahrscheinlichkeitsmaß P auf $\mathcal{B}$ erklärt. Insbesondere kann man vermöge $F(x) := \int_{-\infty}^{x} f(y)dy$, $x \in \bar{\mathbb{R}}$, $f : \mathbb{R} \to \mathbb{R}$ nicht-negativ, uneigentlich Riemann-integrierbar und $\int_{-\infty}^{\infty} f(y)dy = 1$, eine (eindimensionale) Verteilungsfunktion einführen und auf diese Weise ein Wahrscheinlichkeitsmaß P auf $\mathcal{B}$ erklären.

BEISPIELE:

1. $f(x) := \frac{1}{\sqrt{2\pi}\sigma}e^{-\frac{(x-\mu)^2}{2\sigma^2}}$, $x \in \mathbb{R}$, liefert als zugehöriges Wahrscheinlichkeitsmaß P auf $\mathcal{B}$ die Normalverteilung mit den Parametern μ und σ^2 ($\mu \in \mathbb{R}$, $\sigma^2 > 0$), in Zeichen: $\mathcal{N}(\mu, \sigma^2)$-Verteilung.

2. $f(x) := \frac{\alpha}{\Gamma(\beta)}e^{-\alpha x}(\alpha x)^{\beta-1}$, $x \geq 0$ liefert als zugehöriges Wahrscheinlichkeitsmaß P auf $\mathcal{B}$ die Gammaverteilung mit den Parametern α, β ($\alpha, \beta > 0$).

3. $f(x) := \frac{1}{B(\alpha,\beta)}x^{\alpha-1}(1-x)^{\beta-1}$, $x \in [0,1]$, liefert als Wahrscheinlichkeitsmaß P auf $\mathcal{B}$ die Betaverteilung mit den Parametern α, β ($\alpha, \beta > 0$). Im Fall $\alpha = \beta = 1$ erhält man als Wahrscheinlichkeitsmaß P auf $\mathcal{B}$ die Rechteckverteilung über $[0,1]$, in Zeichen: $\mathcal{R}(0,1)$. Mit $f(x) := \frac{1}{b-a}$ für $x \in [0,1]$ und $f(x) := 0$ für $x \in \mathbb{R}\backslash[a,b]$, $a, b \in \mathbb{R}$, $a < b$, erhält man als zugehöriges Wahrscheinlichkeitsmaß P auf $\mathcal{B}$ die Rechteckverteilung über $[a,b]$, in Zeichen: $\mathcal{R}(a,b)$-Verteilung.

4. Es sei P die $\mathcal{R}(-\frac{\pi}{2}, \frac{\pi}{2})$-Verteilung und $X(\omega) := tg(\omega)$, $\omega \in [-\frac{\pi}{2}, \frac{\pi}{2}]$. Dann gilt $P(\{\omega \in [-\frac{\pi}{2}, \frac{\pi}{2}] : X(\omega) \leq x\}) = \frac{1}{\pi}\int_{-\frac{\pi}{2}}^{arctgx} dy = \frac{1}{\pi}(\frac{\pi}{2} + arctgx) = \frac{1}{\pi}\int_{-\infty}^{x} \frac{1}{1+z^2}dz$, $x \in \bar{\mathbb{R}}$, so daß durch $f(x) := \frac{1}{\pi}\frac{1}{1+x^2}$, $x \in \mathbb{R}$, ein Wahrscheinlichkeitsmaß P auf $\mathcal{B}$ erklärt wird und Cauchy-Verteilung genannt wird. Insbesondere wird durch $f(x) := \frac{1}{\pi}\frac{1}{b}\frac{1}{1+(\frac{x-a}{b})^2}$, $x \in \mathbb{R}$, die Cauchy-Verteilung mit den Parametern a, b ($a \in \mathbb{R}$, $b > 0$) als Wahrscheinlichkeitsmaß P auf $\mathcal{B}$ induziert.

Das Ziel ist es, mit Hilfe des Maßintegrals durch $P(B) := \int_B f(x)d\lambda(x)$, $B \in \mathcal{B}$, direkt das durch f definierte Wahrscheinlichkeitsmaß P auf $\mathcal{B}$ einzuführen, wobei das betreffende Maßintegral noch zu definieren ist.

Das letzte Beispiel motiviert ferner die Frage nach der Induzierung von Maßen μ^X durch Abbildungen $X : \Omega \to \Omega_X$ gemäß $\mu^X(B) := \mu(X^{-1}(B))$, $B \in \mathcal{S}_X$, mit $(\Omega, \mathcal{S}, P)$ als Wahrscheinlichkeitsraum, $\mathcal{S}_X$ als σ-Algebra über Ω_X und $X : \Omega \to \Omega_X$ als $(\mathcal{S}, \mathcal{S}_X)$-meßbarer Abbildung, d. h. $X^{-1}(B) \in \mathcal{S}$, $B \in \mathcal{S}_X$. Dabei heißt $X^{-1} : \mathcal{P}(\Omega_X) \to \mathcal{P}(\Omega)$ mit $X^{-1}(B) := \{\omega \in \Omega : X(\omega) \in B\}$, $B \in \mathcal{P}(\Omega_X)$, Urbildfunktion von X, wobei X auch als Abbildung $X : \mathcal{P}(\Omega) \to \mathcal{P}(\Omega_X)$ mit $X(A) := \{X(\omega) : \omega \in A\}$, $A \in \mathcal{P}(\Omega)$ aufgefaßt werden kann.

EIGENSCHAFTEN der Urbildfunktion:

1. $X^{-1}(\bigcup_{i \in I} B_i) = \bigcup_{i \in I} X^{-1}(B_i)$ und $X^{-1}(\bigcap_{i \in I} B_i) = \bigcap_{i \in I} X^{-1}(B_i)$, $B_i \in \mathcal{P}(\Omega_X)$, $i \in I$, wobei $X^{-1}(B_i)$, $i \in I$, paarweise disjunkt sind, falls $B_i \in \mathcal{P}(\Omega_X)$ paarweise disjunkt sind. Ferner gilt: $X^{-1}(B^c) = (X^{-1}(B))^c$, $B \in \mathcal{P}(\Omega_X)$ (Operationstreue).

2. $X^{-1}(B_1) \subset X^{-1}(B_2)$, $B_1, B_2 \in \mathcal{P}(\Omega_X)$, $B_1 \subset B_2$ (Ordnungstreue).

3. $X \circ X^{-1} \circ X = X$, $X^{-1} \circ X \circ X^{-1} = X^{-1}$, wegen der Ordnungstreue von X^{-1}.

4. $X \circ X^{-1} = Id_{\Omega_X}$ mit $Id_{\Omega_X} : \Omega_X \to \Omega_X$ als Identität genau dann, wenn X surjektiv ist.

5. $X^{-1} \circ X = Id_{\Omega}$ mit $Id_{\Omega} : \Omega \to \Omega$ als Identität genau dann, wenn X injektiv ist.

6. $X : \Omega \to \Omega_X$, $Y : \Omega_X \to \Omega_Y$; dann gilt $(Y \circ X)^{-1} = X^{-1} \circ Y^{-1}$.

ANWENDUNG: Induzierung von Maßen durch meßbare Abbildungen
$(\Omega, \mathcal{S}, \mu)$ Maßraum, $X : \Omega \to \Omega_X$ sei $(\mathcal{S}, \mathcal{S}_X)$-meßbar mit $\mathcal{S}_X$ als σ-Algebra über Ω_X. Dann wird durch $\mu^X(B) := \mu(X^{-1}(B))$, $B \in \mathcal{S}_X$ ein Maß μ^X auf $\mathcal{S}_X$ induziert, denn X^{-1} ist operationstreu (μ^X heißt Bildmaß).

BEMERKUNG: $(\Omega_X, \mathcal{S}_X, \mu_X)$ Maßraum, $X : \Omega \to \Omega_X$ surjektiv und $(\mathcal{S}, \mathcal{S}_X)$-meßbar mit $\mathcal{S}$ als σ-Algebra über Ω. Dann wird durch $\mu(X^{-1}(B)) := \mu_X(B)$, $B \in \mathcal{S}_X$, ein Maß μ auf der σ-Algebra $X^{-1}(\mathcal{S}_X)$ über Ω erklärt, denn X^{-1} ist operationstreu und μ ist wohldefiniert, da aus $X^{-1}(B) = X^{-1}(B')$, $B, B' \in \mathcal{S}_X$, folgt $B = B'$ (μ_X heißt Urbildmaß).

Komposition meßbarer Abbildungen: $\mathcal{S}$ σ-Algebra über Ω, $\mathcal{S}_X$ σ-Algebra über Ω_X, $\mathcal{S}_Y$ σ-Algebra über Ω_Y mit $X : \Omega \to \Omega_X$ als $(\mathcal{S}, \mathcal{S}_X)$-meßbare Abbildung und $Y : \Omega_X \to \Omega_Y$ als $(\mathcal{S}_X, \mathcal{S}_Y)$-meßbare Abbildung. Dann ist $Y \circ X$ eine $(\mathcal{S}, \mathcal{S}_Y)$-meßbare Abbildung, denn $(Y \circ X)^{-1}(C) = X^{-1}(Y^{-1}(C)) \in \mathcal{S}$, $C \in \mathcal{S}_Y$, da $Y^{-1}(C) \in \mathcal{S}_X$, $C \in \mathcal{S}_Y$.

Vertauschungsregel für Urbildfunktion und Erzeugung von σ-Algebren: $\mathcal{S}$ σ-Algebra über Ω, $\mathcal{S}_X$ σ-Algebra über Ω_X mit $\mathcal{S}_X = S(\mathcal{E}_X)$, $\mathcal{E}_X \subset \mathcal{P}(\Omega_X)$, und $X : \Omega \to \Omega_X$ als $(\mathcal{S}, \mathcal{S}_X)$-meßbarer Abbildung. Dann gilt: $X^{-1}(S(\mathcal{E}_X)) = S(X^{-1}(\mathcal{E}_X))$, denn $\{B \in S(\mathcal{E}_X) : X^{-1}(B) \in S(X^{-1}(\mathcal{E}_X))\}$ ist eine σ-Algebra über Ω_X, die $\mathcal{E}_X$ enthält und daher mit $\mathcal{S}_X$ identisch ist, d. h. $X^{-1}(S(\mathcal{E}_X)) \subset S(X^{-1}(\mathcal{E}_X))$, wobei die Inklusion $S(X^{-1}(\mathcal{E}_X)) \subset X^{-1}(S(\mathcal{E}_X))$ klar ist.

FOLGERUNG: $(\Omega, \mathcal{S})$, $(\Omega_X, \mathcal{S}_X)$ Meßräume mit $\mathcal{S}_X = S(\mathcal{E}_X)$, $\mathcal{E}_X \subset \mathcal{P}(\Omega_X)$. Dann ist $X : \Omega \to \Omega_X$ eine $(\mathcal{S}, \mathcal{S}_X)$-meßbare Abbildung genau dann, wenn $X^{-1}(\mathcal{E}_X) \subset \mathcal{S}$ zutrifft, wegen $X^{-1}(S(\mathcal{E}_X)) = S(X^{-1}(\mathcal{E}_X)) \subset \mathcal{S}$.

BEISPIEL:

1. $\mathcal{S}$ σ-Algebra über Ω, $X : \Omega \to \mathbb{R}$ ist $(\mathcal{S}, \mathcal{B})$-meßbar (kurz: $\mathcal{S}$-meßbar) genau dann, wenn eine der folgenden Bedingungen erfüllt ist:
   (a) $X^{-1}((-\infty, r]) =: \{X \le r\} \in \mathcal{S}$, $r \in \mathbb{R}$,
   (b) $X^{-1}((-\infty, r)) =: \{X < r\} \in \mathcal{S}$, $r \in \mathbb{R}$,
   (c) $X^{-1}((r, \infty)) =: \{X > r\} \in \mathcal{S}$, $r \in \mathbb{R}$,
   (d) $X^{-1}([r, \infty)) =: \{X \ge r\} \in \mathcal{S}$, $r \in \mathbb{R}$.

   Insbesondere ist die Indikatorfunktion I_A von A mit $I(\omega) = \begin{cases} 1, \omega \in A \\ 0, \omega \notin A \end{cases}$, $\omega \in \Omega$, $A \in \mathcal{P}(\Omega)$ genau dann $\mathcal{S}$-meßbar, wenn $A \in \mathcal{S}$ zutrifft.

2. $\mathcal{S}$ σ-Algebra über Ω, $X : \Omega \to \bar{\mathbb{R}}$ ist $(\mathcal{S}, \bar{\mathcal{B}})$-meßbar (kurz: $\mathcal{S}$-meßbar) genau dann, wenn eine Bedingung aus dem vorangehenden Beispiel erfüllt ist mit $\bar{\mathbb{R}}$ anstelle von $\mathbb{R}$ bzw. a), b), c) oder d) erfüllt und $X^{-1}(\{\infty\}) =: \{X = \infty\} \in \mathcal{S}$ sowie $X^{-1}(\{-\infty\}) =: \{X = -\infty\} \in \mathcal{S}$ gilt.

3. $\mathcal{S}$ σ-Algebra über Ω, $X : \Omega \to \mathcal{B}^n$ ist $(\mathcal{S}, \mathcal{B}^n)$-meßbar (kurz: $\mathcal{S}$-meßbar) genau dann, wenn gilt: $X_k : \Omega \to \mathbb{R}$ ist $\mathcal{S}$-meßbar, $k = 1, \ldots, n$, mit $(X_1, \ldots, X_n) := X$, denn $\mathcal{B}^n$ wird von $((x_1^{(1)}, \ldots, x_n^{(1)}), (x_1^{(2)}, \ldots, x_n^{(2)})] = \mathsf{X}_{k=1}^n ((x_k^{(1)}, x_k^{(2)}])$ mit $x_k^{(1)}, x_k^{(2)} \in \mathbb{R}$, $x_k^{(1)} < x_k^{(2)}$, $k = 1, \ldots, n$, erzeugt.

SPRECHWEISE: Eine $(\mathcal{B}^n, \mathcal{B})$-meßbare Abbildung $X : \mathbb{R}^n \to \mathbb{R}$ heißt Borelsche Funktion.

BEISPIELE:

1. $X : \mathbb{R} \to \mathbb{R}$ monoton wachsend ist eine Borelsche Funktion, denn $\{X \le r\}$ ist für jedes $r \in \mathbb{R}$ ein Intervall der Gestalt $(-\infty, s]$ bzw. $(-\infty, s)$ mit $s \in \bar{\mathbb{R}}$.

2. $X : \mathbb{R}^n \to \mathbb{R}$ stetig ist eine Borelfunktion, denn $\{X \le r\}$ ist für jedes $r \in \mathbb{R}$ abgeschlossen und damit eine Borelsche Teilmenge von $\mathbb{R}^n$.

SPRECHWEISE: $\mathcal{S}$ σ-Algebra; dann heißt eine $\mathcal{S}$-meßbare Funktion $X \to \bar{\mathbb{R}}$ auch $\mathcal{S}$-meßbare, numerische Funktion.

Konvention: $a \pm \infty = \pm\infty$, $a \in \mathbb{R}$, $\infty + \infty = \infty$, $-\infty - \infty = -\infty$, $a \cdot \pm\infty = \pm\infty$, $a \in \bar{\mathbb{R}}$ mit $a > 0$, $a \cdot \pm\infty = \mp\infty$, $a \in \bar{\mathbb{R}}$ mit $a < 0$, $0 \cdot \pm\infty = 0$, $\frac{a}{\pm\infty} = 0$, $a \in \mathbb{R}$, $\frac{a}{0} = a \cdot \infty$, $-\infty < a < \infty$, $\sup_{a \in A} a = \infty$, falls $A \subset \mathbb{R}$ nicht nach oben beschränkt, $\inf_{a \in A} a = -\infty$, falls $A \subset \mathbb{R}$ nicht nach unten beschränkt.

EIGENSCHAFTEN meßbarer, numerischer Funktionen:

1. $\mathcal{S}$ σ-Algebra über Ω, mit $X_n : \Omega \to \bar{\mathbb{R}}$ als $\mathcal{S}$-meßbare, numerische Funktionen, $n = 1, 2, \dots$. Dann gilt: $\sup_{n \in \mathbb{N}} X_n$, $\inf_{n \in \mathbb{N}} X_n$, $\limsup_{n \to \infty} X_n$ und $\liminf_{n \to \infty} X_n$ sind $\mathcal{S}$-meßbare, numerische Funktionen. Insbesondere ist $\lim_{n \to \infty} X_n$ eine $\mathcal{S}$-meßbare, numerische Funktion, falls dieser Grenzwert existiert, denn $\{\sup_{n \in \mathbb{N}} X_n \leq r\} = \bigcap_{n \in \mathbb{N}} \{X_n \leq r\} \in \mathcal{S}$, $r \in \bar{\mathbb{R}}$.

2. $\mathcal{S}$ σ-Algebra über Ω mit $X_1, X_2 : \Omega \to \bar{\mathbb{R}}$ als $\mathcal{S}$-meßbare, numerische Funktionen. Dann sind auch $X_1 + X_2$, $X_1 \cdot X_2$, $\frac{X_1}{X_2}$, falls wohldefiniert, numerische, $\mathcal{S}$-meßbare Funktionen, denn: $X_1 + X_2 = f \circ (X_1, X_2)$ mit $f : \mathbb{R}^2 \to \mathbb{R}$, $f(x_1, x_2) = x_1 + x_2$, $x_1, x_2 \in \mathbb{R}$, falls X_1, X_2 reellwertig sind, wobei $(X_1, X_2) : \Omega \to \mathbb{R}^2$ dann $\mathcal{S}$-meßbar und f eine Borelsche Funktion ist, also $X_1 + X_2$ eine $\mathcal{S}$-meßbare Funktion ist. Im Falle $X_1, X_2 : \Omega \to \bar{\mathbb{R}}$ beachte man, daß $\{X_j = \infty\}$, $\{X_j = -\infty\} \in \mathcal{S}$, $j = 1, 2$, zutrifft.

BEMERKUNG: Bei nicht abzählbar vielen $\mathcal{S}$-meßbaren, numerischen Funktionen ist die obige Aussage i.a. falsch, z. B.: $\Omega = \mathbb{R}$, $\mathcal{S} := \mathcal{B}$, $X := I_A$ mit $A \subset \mathbb{R}$ und $A \notin \mathcal{B} \Rightarrow X = \sup_{a \in A} X_a$ mit $X_a := I_{\{a\}}$, $a \in A$, ist nicht $\mathcal{S}$-meßbar, obgleich X_a für jedes $a \in A$ eine $\mathcal{S}$-meßbare Funktion ist.

BEISPIEL: Es sei $X : \mathbb{R} \to \mathbb{R}$ differenzierbar mit X' als Ableitung von X. Dann ist X' eine Borelfunktion wegen $X'(\omega) = \lim_{n \to \infty} \frac{X(\omega + \frac{1}{n}) - X(\omega)}{\frac{1}{n}}$, $\omega \in \mathbb{R}$, denn $\omega \to X(\omega + \frac{1}{n})$ bzw. $\omega \to X(\omega)$, $\omega \in \Omega$, sind stetig und damit Borelsche Funktionen.

Kennzeichnung meßbarer, numerischer Funktionen durch eine Approximationseigenschaft

Zu jeder nicht-negativen, $\mathcal{S}$-meßbaren, numerischen Funktion $X : \Omega \to \bar{\mathbb{R}}$ existiert eine Folge $(X_n)_{n \in \mathbb{N}}$ nicht-negativer, numerischer Funktionen mit $X_1 \leq X_2 \leq \dots$, $X_n \in \mathcal{F} := \{\sum_{i=1}^{n} a_i I_{A_i} : a_i \in \mathbb{R}, A_i \in \mathcal{S}, i = 1, \dots, n, n \in \mathbb{N}\}$, $n = 1, 2, \dots$, und $\lim_{n \to \infty} X_n (= \sup_{n \in \mathbb{N}} X_n) = X$ mit $\mathcal{S}$ als σ-Algebra über Ω. Insbesondere existiert zu jeder $\mathcal{S}$-meßbaren, numerischen Funktion X eine Folge $(X_n)_{n \in \mathbb{N}}$ von numerischen, $\mathcal{S}$-meßbaren Funktionen mit $X_n \in \mathcal{F}$, $n = 1, 2, \dots$, und $\lim_{n \to \infty} X_n = X$. Dabei ist die Konvergenz gleichmäßig, wenn X beschränkt ist. Umgekehrt folgt aus $X = \lim_{n \to \infty} X_n$ mit $X_n \in \mathcal{F}$, $n = 1, 2, \dots$, die $\mathcal{S}$-Meßbarkeit von $X : \Omega \to \bar{\mathbb{R}}$.

BEGRÜNDUNG: Zur $\mathcal{S}$-meßbaren, numerischen, nicht-negativen Funktion $X : \Omega \to \bar{\mathbb{R}}$ wird $X_n = \sum_{k=1}^{n2^n} \frac{k-1}{2^n} I_{\{\frac{k-1}{2^n} \leq X < \frac{k}{2^n}\}} + n I_{\{X \geq n\}}$, $n = 1, 2, \dots$, betrachtet. Zu $\omega \in \Omega$ mit $0 \leq X(\omega) < n$ und $\{\frac{\ell-1}{2^{n+1}} \leq X(\omega) < \frac{\ell}{2^{n+1}}\}$ mit $\ell \in \{1, \dots, (n+1)2^{n+1}\}$ existiert dann $k \in \{1, \dots, n2^n\}$ mit $\ell = 2k - 1$ bzw. $\ell = 2k$, d. h. $\{\frac{2k-2}{2^{n+1}} \leq X(\omega) < \frac{2k-1}{2^{n+1}}\}$ bzw. $\{\frac{2k-1}{2^{n+1}} \leq X(\omega) < \frac{2k}{2^{n+1}}\}$, also $X_n(\omega) \leq X_{n+1}(\omega)$, während für $\omega \in \Omega$

mit $X(\omega) \geq n$ die Beziehung $X_n(\omega) = n \leq X_{n+1}(\omega)$ zutrifft, also gilt $X_1 \leq X_2 \leq$ ..., wobei $|X_n - X| \leq \frac{1}{2^n}$ auf $\{X < n\}$ zutrifft. Hieraus resultiert $\lim_{n\to\infty} X_n = X$ mit $X_n \in \mathcal{F}$ und nicht-negativ, $n = 1, 2, \ldots$. Insbesondere ist die Konvergenz gleichmäßig, falls X beschränkt ist. Ist die numerische, $\mathcal{S}$-meßbare Funktion nicht notwendig nicht-negativ, so betrachtet man $X^+ := \max\{X, 0\}$ (Positivteil von X) bzw. $X^- := \max\{-X, 0\}$ (Negativteil von X) und beachtet $X = X^+ - X^-$ und die $\mathcal{S}$-Meßbarkeit von X^+, X^-.

ANWENDUNG: Faktorisierung numerischer, $\mathcal{S}$-meßbarer Funktionen
Es seien $\mathcal{S}$ bzw. $\mathcal{S}_Y$ σ-Algebren über Ω bzw. Ω_Y und $Y : \Omega \to \Omega_Y$. Dann gibt es zu jeder $Y^{-1}(\mathcal{S}_Y)$-meßbaren, numerischen Funktion $X : \Omega \to \bar{\mathbb{R}}$ eine $\mathcal{S}_Y$-meßbare, numerische Funktion $f : \Omega_Y \to \bar{\mathbb{R}}$ mit $X = f \circ Y$. Dabei kann f reellwertig gewählt werden, wenn X bereits reellwertig ist.

BEGRÜNDUNG: Im Fall $X = I_{Y^{-1}(B)}$ mit $B \in \mathcal{S}_Y$ gilt $X = I_B \circ Y$, so daß zur nicht-negativen, $Y^{-1}(\mathcal{S}_Y)$-meßbaren, numerischen Funktion $X : \Omega \to \bar{\mathbb{R}}$ eine Folge $(f_n)_{n\in\mathbb{N}}$ von $\mathcal{S}_Y$-meßbaren Funktionen $f_n : \Omega_Y \to \mathbb{R}$ mit $f_n \geq 0$, $n = 1, 2, \ldots$, $f_n \in \{\sum_{i=1}^n b_i I_{B_i} : b_i \in \mathbb{R}, B_i \in \mathcal{S}_Y, i = 1, \ldots, n, n \in \mathbb{N}\}$ und $\lim_{n\to\infty} f_n \circ Y = X$ gibt. Wegen $f_1 \circ Y \leq f_2 \circ Y \leq \ldots$ liefert $f := \sup_{n\in\mathbb{N}} f_n$ eine $\mathcal{S}_Y$-meßbare, numerische Funktion $f : \Omega_Y \to \bar{\mathbb{R}}$ mit $f \circ Y = X$, wobei f gemäß $f(y) := \sup_{n\in\mathbb{N}} f_n(y)$, $y \in \{y \in \Omega_Y : \sup_{n\in\mathbb{N}} f_n(y) < \infty\}$ bzw. $f(y) = 0$ sonst, gewählt werden kann, falls X zusätzlich reellwertig ist. Ist $X : \Omega \to \bar{\mathbb{R}}$ eine nicht notwendig nicht-negative, $Y^{-1}(\mathcal{S}_Y)$-meßbare, numerische Funktion, so liefert $X = X^+ - X^-$ die Faktorisierung zusammen mit den obigen Betrachtungen.

Meßbarkeit bezüglich Vervollständigungen

Es sei $\mathcal{S}$ bzw. $\mathcal{S}_X$ eine σ-Algebra über Ω bzw. Ω_X und μ ein endliches Maß auf $\mathcal{S}$. Dann gilt: Die $(\mathcal{S}, \mathcal{S}_X)$-Meßbarkeit von $X : \Omega \to \Omega_X$ impliziert, daß X auch $(\mathcal{S}_\mu, (\mathcal{S}_X)_{\mu^X})$-meßbar ist, denn für $A \in \mathcal{P}(\Omega_X)$ gilt: $(\mu^X)^*(A) \geq \mu^*(X^{-1}(A))$, denn $A \subset C$ mit $C \in \mathcal{S}_X$ impliziert $X^{-1}(A) \subset X^{-1}(C) \in \mathcal{S}$, sowie $(\mu^X)_*(A) \leq \mu_*(X^{-1}(A))$, da $D \subset A$ mit $D \in \mathcal{S}_X$ die Inklusion $X^{-1}(A) \supset X^{-1}(D) \in \mathcal{S}$ nach sich zieht. Hieraus resultiert $A \in (\mathcal{S}_X)_{\mu^X}$, d. h. $(\mu^X)^*(A) = (\mu_X)_*(A)$ die Gleichung $\mu^*(X^{-1}(A)) = \mu_*(X^{-1}(A))$, d. h. $X^{-1}(A) \in \mathcal{S}_\mu$.

ANWENDUNG: Meßbarkeit bezüglich σ-Algebren universell meßbarer Teilmengen
Es seien $\mathcal{S}$ bzw. $\mathcal{S}_X$ σ-Algebren über Ω bzw. Ω_X mit $X : \Omega \to \Omega_X$ als $(\mathcal{S}, \mathcal{S}_X)$-meßbarer Abbildung, sowie $\mathcal{S}_u := \bigcap_{\substack{\mu \text{ endliches} \\ \text{Maß auf } \mathcal{S}}} \mathcal{S}_\mu$ bzw. $(\mathcal{S}_X)_u := \bigcap_{\substack{\nu \text{ endliches} \\ \text{Maß auf } \mathcal{S}_X}} (\mathcal{S}_X)_\nu$ die σ-Algebra der universell $\mathcal{S}$-meßbaren bzw. universell $\mathcal{S}_X$-meßbaren Teilmengen von Ω bzw. Ω_X. Dann ist X auch $(\mathcal{S}_u, (\mathcal{S}_X)_u)$-meßbar.

Integration meßbarer, numerischer Funktionen

VORBETRACHTUNG: Es sei $\mu : \mathcal{A} \to \bar{\mathbb{R}}$ ein Inhalt mit $\mathcal{A}$ als Algebra über Ω. Es gelte: $\sum_{i=1}^m a_i I_{A_i} = \sum_{j=1}^n b_j I_{B_j}$ für $0 \leq a_i \in \mathbb{R}$, $A_i \in \mathcal{A}$, $i = 1, \ldots, m$, $0 \leq b_j \in \mathbb{R}$, $B_j \in \mathcal{A}$, $j = 1, \ldots, n$. Dann trifft $\sum_{i=1}^m a_i \mu(A_i) = \sum_{j=1}^n b_j \mu(B_j)$ zu, denn: Sei $\mathcal{A}' := S(\{A_1, \ldots, A_m, B_1, \ldots, B_n\})$ und seien $C_1, \ldots, C_k$ Atome von $\mathcal{A}'$ mit $\sum_{\ell=1}^k C_\ell = \Omega$, und sei $\mu' := \mu|\mathcal{A}'$. Dann gilt: $\mu' = \sum_{\ell=1}^k \mu(C_\ell)\delta_{\omega_\ell}$, $\omega_\ell \in C_\ell$ fest, $\ell = 1, \ldots, k$. Wegen $\sum_{i=1}^m a_i \, \delta_{\omega_\ell}(A_i) = \sum_{j=1}^n b_j \, \delta_{\omega_\ell}(B_j)$, $\ell = 1, \ldots, k$, trifft $\sum_{\ell=1}^k \sum_{i=1}^m \mu(C_\ell) a_i \, \delta_{\omega_\ell}(A_i) = \sum_{i=1}^m a_i \mu(A_i) = \sum_{\ell=1}^k \sum_{j=1}^n \mu(C_\ell) b_j \, \delta_{\omega_\ell}(B_j) = \sum_{j=1}^n b_j \mu(B_j)$ zu.

FOLGERUNG: $\int (\sum_{i=1}^m a_i I_{A_i}) d\mu := \sum_{i=1}^m a_i \mu(A_i)$ mit $0 \leq a_i \in \mathbb{R}$, $i = 1, \ldots, m$, $A_i \in \mathcal{A}$, $i = 1, \ldots, m$ ist wohldefiniert.

SPRECHWEISE: $X : \Omega \to \mathbb{R}$ nicht-negativ heißt primitiv, wenn $X(\Omega)$ endlich ist und $X = \sum_{i=1}^m a_i I_{A_i}$ mit $0 \leq a_i \in \mathbb{R}$, $i = 1, \ldots, m$, paarweise verschieden, und die $A_i \in \mathcal{P}(\Omega)$, $i = 1, \ldots, m$, paarweise disjunkt sind. Eine solche Darstellung heißt Normaldarstellung von X. Ist $X : \Omega \to \mathbb{R}$ nicht-negativ, primitiv und $\mathcal{S}$-meßbar mit $\mathcal{S}$ als σ-Algebra über Ω, dann kann $A_i \in \mathcal{S}$, $i = 1, \ldots, m$, paarweise disjunkt gewählt werden. Insbesondere ist $\int X \, d\mu := \sum_{i=1}^m a_i \, \mu(A_i)$ wohldefiniert.

RECHENREGELN für $\int X_j \, d\mu$ mit $X_j : \Omega \to \mathbb{R}$, $j = 1, 2$, nicht-negativ, primitiv und $\mathcal{S}$-meßbar und $(\Omega, \mathcal{S}, \mu)$ als Maßraum:

1. $\int a X_1 \, d\mu = a \int X_1 \, d\mu$, $a \geq 0$,
2. $\int (X_1 + X_2) d\mu = \int X_1 \, d\mu + \int X_2 \, d\mu$,
3. $\int X_1 \, d\mu \leq \int X_2 \, d\mu$, falls $X_1 \leq X_2$.

BEMERKUNG: Ist das Maß μ zusätzlich endlich, so ist $\int \sum_{j=1}^m a_j I_{A_j} \, d\mu := \sum_{j=1}^m a_j \mu(A_j)$ mit $a_i \in \mathbb{R}$, $A_j \in \mathcal{S}$, $j = 1, \ldots, m$ wohldefiniert und es gelten die Rechenregeln 1, 2 und 3.

BEISPIEL: Andere Herleitung der Siebformel
Es sei $(\Omega, \mathcal{S}, P)$ ein Wahrscheinlichkeitsraum mit $X := \prod_{j=1}^n (1 - I_{A_j})$ mit $A_j \in \mathcal{S}$, $j = 1, \ldots, n$. Dann folgt aus den Rechenregeln 1 und 2, wegen $X = I_{\bigcap_{i=1}^n A_i^c} = 1 + \sum_{k=1}^n (-1)^k \sum_{1 \leq j_1 < \ldots < j_k \leq n} I_{A_{j_1} \cap \ldots \cap A_{j_k}}$, die Siebformel in Gestalt $P(\bigcap_{i=1}^n A_i^c) = 1 + \sum_{k=1}^n (-1)^k \sum_{1 \leq j_1 < \ldots < j_k \leq n} P(A_{j_1} \cap \ldots \cap A_{j_k})$.

Verallgemeinerung des Maßintegrals auf nicht-negative, $\mathcal{S}$-meßbare, numerische Funktionen

$(\Omega, \mathcal{S}, \mu)$ Maßraum, $X : \Omega \to \bar{\mathbb{R}}$ nicht-negativ und $\mathcal{S}$-meßbar. Dann ist $\int X \, d\mu := \sup_{n \in \mathbb{N}} \int X_n \, d\mu$ (wobei $\int X \, d\mu = \infty$ möglich ist) mit $X_n : \Omega \to \mathbb{R}$, $n = 1, 2, \ldots$, nicht-negativ, $\mathcal{S}$-meßbar und primitiv, $X_1 \leq X_2, \ldots$, $\lim_{n \to \infty} X_n = X$, wohldefiniert, denn sei $(Y_n)_{n=1,2,\ldots}$ eine Folge mit denselben Eigenschaften wie die Folge $(X_n)_{n=1,2,\ldots}$ und sei $Z := Y_m$, $m \in \mathbb{N}$ fest, also insbesondere $Z = \sum_{i=1}^m a_i I_{A_i}$, $0 \leq a_i \in \mathbb{R}$, $A_i \in \mathcal{S}$, $i = 1, \ldots, m$. Im Spezialfall $\sup_{n \in \mathbb{N}} X_n > Z$ auf $\{Z > 0\}$ gilt dann, mit $B_n := \{\omega \in \Omega : X_n(\omega) > Z(\omega)\} \cap \{Z > 0\} \in \mathcal{S}$, $n = 1, 2, \ldots$, wegen $B_1 \subset B_2 \subset \ldots$ und $\bigcup_{n=1}^\infty B_n = \{Z > 0\}$, die Beziehung $\int Z \, d\mu = \sum_{i=1}^m a_i \mu(A_i \cap \{Z > 0\}) = \lim_{n \to \infty} \sum_{i=1}^m a_i \mu(A_i \cap B_n) = \lim_{n \to \infty} \int Z I_{B_n} d\mu$, da μ stetig von unten ist. Wegen $X_n \geq Z I_{B_n}$, $n = 1, 2, \ldots$ folgt hieraus $\sup_{n \in \mathbb{N}} \int X_n d\mu \geq \lim_{n \to \infty} \int Z I_{B_n} d\mu = \int Z d\mu$, d. h. $\sup_{n \in \mathbb{N}} \int X_n d\mu \geq \sup_{n \in \mathbb{N}} \int Y_n d\mu$. Im allgemeinen Fall ersetzt man X_n durch $a X_n$ mit $1 < a \in \mathbb{R}$. Dann gilt nach den Überlegungen zum Spezialfall $a \sup_{n \in \mathbb{N}} \int X_n d\mu \geq \int Z d\mu$, woraus mit $a \to 1$, wegen $Z = Y_m$ mit $m \in \mathbb{N}$ beliebig, die Ungleichung $\sup_{n \in \mathbb{N}} \int X_n d\mu \geq \sup_{m \in \mathbb{N}} \int Y_m d\mu$ folgt und damit $\sup_{n \in \mathbb{N}} \int X_n d\mu = \sup_{m \in \mathbb{N}} \int Y_m d\mu$.

BEMERKUNG: Die monotone Approximation ist wesentlich, da z. B. mit $(\mathbb{N}, \mathcal{P}(\mathbb{N}), \mu)$ und μ als Zählmaß für $X_n := I_{\{n\}}$, $n \in \mathbb{N}$, gilt $\lim_{n \to \infty} X_n = 0$, aber $\int X_n d\mu = 1 \neq 0 = \int 0 d\mu$.

Satz von der monotonen Konvergenz (nach Levi)

$(\Omega, \mathcal{S}, \mu)$ Maßraum, $X_n : \Omega \to \bar{\mathbb{R}}$ nicht-negativ, $\mathcal{S}$-meßbar, $n = 1, 2, \ldots$, mit $X_1 \leq X_2 \leq \ldots$. Dann gilt für $\lim_{n \to \infty} X_n =: X$ die Beziehung $\lim_{n \to \infty} \int X_n d\mu = \int X d\mu$.

BEGRÜNDUNG: Es gibt $Y_{ij} : \Omega \to \mathbb{R}$ nicht-negativ, $\mathcal{S}$-meßbar, primitiv, $i, j = 1, 2, \ldots$, mit

$$Y_{11} \leq \ldots \leq Y_{1m} \to X_1, m \to \infty$$

$$\cdots\cdots\cdots\cdots\cdots\cdots\cdots\cdots$$

$$Y_{n1} \leq \ldots \leq Y_{nm} \to X_n, m \to \infty$$

Insbesondere gilt für $Z_m := \max\{Y_{11}, \ldots, Y_{mm}\}$ die Ungleichung $Y_{nm} \leq Z_m \leq X_m$, $m \geq n$, $n = 1, 2, \ldots$, wobei Z_m, $m = 1, 2, \ldots$, nicht-negativ, $\mathcal{S}$-meßbar und primitiv ist. Hieraus resultiert $\sup_{m \in \mathbb{N}} Z_m \leq \sup_{m \in \mathbb{N}} X_m$ und $\sup_{m \in \mathbb{N}} Y_{nm} = X_n \leq \sup_{m > n} Z_m$, $n = 1, 2, \ldots$, also $\sup_{n \in \mathbb{N}} X_n = \sup_{m \in \mathbb{N}} Z_m$, wegen $Z_1 \leq Z_2 \leq \ldots$. Daher gilt $\int \sup_{n \in \mathbb{N}} X_n d\mu = \sup_{m \in \mathbb{N}} \int Z_m d\mu \leq \sup_{m \in \mathbb{N}} \int X_m d\mu$ wegen $Z_m \leq X_m$, $m = 1, 2, \ldots$, also $\int \sup_{n \in \mathbb{N}} X_n d\mu = \sup_{m \in \mathbb{N}} \int X_m d\mu$, denn $\int \sup_{n \in \mathbb{N}} X_n d\mu \geq \sup_{m \in \mathbb{N}} \int X_m d\mu$.

BEMERKUNG:

1. Die Eigenschaften 1, 2, 3 $\mathcal{S}$-meßbarer, primitiver, nicht-negativer Funktionen übertragen sich auf $\mathcal{S}$-meßbare, numerische, nicht-negative Funktionen.

2. Es sei $X_n := I_{\{\rho_1, \ldots, \rho_n\}}$, $n = 1, 2, \ldots$, mit $\{\rho_1, \rho_2, \ldots\} = \mathbb{Q} \cap [0, 1]$. Dann gilt $0 \leq X_1 \leq X_2 \leq \ldots$ mit $\lim_{n \to \infty} X_n = I_{\mathbb{Q} \cap [0,1]}$ und $\int_0^1 X_n(x) dx = 0$ (eigentliches Riemann-Integral), $n = 1, 2, \ldots$, aber $I_{\mathbb{Q} \cap [0,1]}$ ist nicht eigentlich Riemann-integrierbar. Dagegen gilt $\int X_n I_{[0,1]} d\lambda = \int 0 I_{[0,1]} d\lambda = 0$, $n = 1, 2, \ldots$.

Einführung des Maßintegrals für beliebige $\mathcal{S}$-meßbare, numerische Funktionen

Es sei $(\Omega, \mathcal{S}, \mu)$ ein Maßraum, $X : \Omega \to \bar{\mathbb{R}}$ sei $\mathcal{S}$-meßbar; dann wird $\int X d\mu$ durch $\int X^+ d\mu - \int X^- d\mu$ erklärt, falls $\int X^+ d\mu < \infty$ oder $\int X^- d\mu < \infty$ mit $X^+ = \max\{0, X\}$, $X^- = \max\{-X, 0\}$ zutrifft. In diesem Fall heißt X quasi-

μ-integrierbar. Im Fall $\int X^+ d\mu < \infty$ und $\int X^- d\mu < \infty$ heißt X μ-integrierbar, wobei die μ-Integrierbarkeit von X mit $\int |X| d\mu < \infty$ äquivalent ist. Insbesondere gilt $\mu(\{|X| = \infty\}) = 0$ im Fall $\int |X| d\mu < \infty$. Für $\int X\, d\mu$ schreibt man auch $\int X(\omega) d\mu(\omega)$ bzw. $\int X(\omega) \mu(d\omega)$.

EIGENSCHAFTEN des Maßintegrals:

1. $X_j : \Omega \to \bar{\mathbb{R}}$ $\mathcal{S}$-meßbar und μ-integrierbar und $a_j \in \mathbb{R}$, $j = 1, 2$; dann gilt $a_1 \int X_1\, d\mu + a_2 \int X_2\, d\mu = \int (a_1 X_1 + a_2 X_2) d\mu$ (Linearität des Maßintegrals).

2. $X_j : \Omega \to \bar{\mathbb{R}}$ $\mathcal{S}$-meßbar und μ-integrierbar, $j = 1, 2$, mit $X_1 \leq X_2$; dann gilt $\int X_1\, d\mu \leq \int X_2\, d\mu$ (Isotonie des Maßintegrals).

Fast-überall Gültigkeit einer Eigenschaft

Sei $(\Omega, \mathcal{S}, \mu)$ ein Maßraum. Dann trifft eine Eigenschaft von $\omega \in \Omega$ genau dann μ-f.ü. zu, wenn die Menge aller $\omega \in \Omega$, auf die diese Eigenschaft nicht zutrifft, Teilmenge einer μ-Nullmenge ist. Der Satz von der monotonen Konvergenz nach Levi bleibt z. B. richtig, falls $0 \leq X_1 \leq X_2 \leq \dots$ μ-f.ü. zutrifft für $X_n : \Omega \to \bar{\mathbb{R}}$ $\mathcal{S}$-meßbar, $n = 1, 2, \dots$.

Lemma von Fatou für meßbare, numerische Funktionen

Sei $(\Omega, \mathcal{S}, \mu)$ ein Maßraum, $X_n : \Omega \to \bar{\mathbb{R}}$ sei $\mathcal{S}$-meßbar und μ-integrierbar, $n = 0, 1, 2, \dots$, mit $X_n \geq X_0$ μ-f.ü., $n = 1, 2, \dots$. Dann gilt $\liminf_{n\to\infty} \int X_n\, d\mu \geq \int \liminf_{n\to\infty} X_n\, d\mu$. Im Fall $X_n \leq X_0$ μ-f.ü., $n = 1, 2, \dots$ gilt $\limsup_{n\to\infty} \int X_n\, d\mu \leq \int \limsup_{n\to\infty} X_n\, d\mu$.

BEGRÜNDUNG: $\inf_{n\geq 1}(X_n - X_0) \leq \inf_{n\geq 2}(X_n - X_0) \leq \dots$ μ-f.ü. liefert nach dem Satz von der monotonen Konvergenz $\lim_{m\to\infty} \int \inf_{n\geq m}(X_n - X_0) d\mu = \int \liminf_{n\to\infty}(X_n - X_0) d\mu = \int \liminf_{n\to\infty} X_n\, d\mu - \int X_0\, d\mu$. Aus $\inf_{n\geq m}(X_n - X_0) \leq X_m - X_0$, $m = 1, 2, \dots$, und der Isotonie des Maßintegrals folgt schließlich $\liminf_{n\to\infty} \int (X_n - X_0) d\mu = \liminf_{n\to\infty} \int X_n\, d\mu - \int X_0\, d\mu \geq \int \liminf_{n\to\infty} X_n\, d\mu - \int X_0\, d\mu$ und damit die Behauptung. Der Fall $X_n \leq X_0$ μ-f.ü., $n = 1, 2, \dots$ läßt sich wegen $-X_n \geq -X_0$ μ-f.ü., $n = 1, 2, \dots$ auf den obigen Fall reduzieren.

BEMERKUNG: Der Fall $(\mathbb{N}, \mathcal{P}(\mathbb{N}), \mu)$ mit μ als Zählmaß, $X_n := I_{\{n\}}$, $n = 1, 2, \dots$, zeigt, wegen $\lim_{n\to\infty} X_n = 0$, daß man nicht auf die Majorisierungsbedingung im Lemma von Fatou ersatzlos verzichten kann, da hier $\limsup_{n\to\infty} \int X_n\, d\mu = 1 > 0 = \int \limsup_{n\to\infty} X_n\, d\mu$ gilt. Dieser Effekt ist nicht nur auf den diskreten Fall beschränkt, da z. B. $\lim_{n\to\infty} \frac{n}{\sqrt{2\pi}} \cdot \int \exp(-\frac{nx^2}{2}) dx = 1 > 0 = \int \lim_{n\to\infty} \frac{n}{\sqrt{2\pi}} \exp(-\frac{nx^2}{2}) dx$ gilt.

Satz von der majorisierten Konvergenz nach Pratt

Es sei $(\Omega, \mathcal{S}, \mu)$ ein Maßraum und es seien $X_n, Y_n, Z_n : \Omega \to \bar{\mathbb{R}}$ $\mathcal{S}$-meßbar und μ-integrierbar, $n = 0, 1, 2, \dots$, mit $X_0 = \lim_{n\to\infty} X_n$ μ-f.ü., $Y_0 = \lim_{n\to\infty} Y_n$ μ-

f.ü., $Z_0 = \lim_{n \to \infty} Z_n$ μ-f.ü. sowie $Y_n \geq X_n \geq Z_n$ μ-f.ü., $n = 1, 2, \ldots$, und $\lim_{n \to \infty} \int Y_n \, d\mu = \int Y_0 \, d\mu$, $\lim_{n \to \infty} \int Z_n \, d\mu = \int Z_0 \, d\mu$. Dann gilt: $\lim_{n \to \infty} \int X_n \, d\mu = \int X_0 \, d\mu$.

BEGRÜNDUNG: Unter Verwendung von $\liminf_{n \to \infty}(a_n + b_n) = a + \liminf_{n \to \infty} b_n$ für Folgen $(a_n)_{n \in \mathbb{N}}$, $(b_n)_{n \in \mathbb{N}}$ reeller Zahlen mit $\lim_{n \to \infty} a_n = a$ erhält man nach dem Lemma von Fatou $\liminf_{n \to \infty} \int (Y_n - X_n) \, d\mu = \int Y_0 \, d\mu - \limsup_{n \to \infty} \int X_n \, d\mu \geq \int (Y_0 - \limsup_{n \to \infty} X_n) \, d\mu = \int Y_0 \, d\mu - \int X_0 \, d\mu$, also $\limsup_{n \to \infty} \int X_n \, d\mu \leq \int X_0 \, d\mu$. Analog erhält man durch Ersetzen von Y_n durch $-Z_n$ und von X_n durch $-X_n$, $n = 1, 2, \ldots$, die Beziehung $\limsup_{n \to \infty} \int -X_n \, d\mu \leq \int (-X_0) \, d\mu$, d. h. $\liminf_{n \to \infty} \int X_n \, d\mu \geq \int X_0 \, d\mu$, also $\lim_{n \to \infty} \int X_n \, d\mu = \int X_0 \, d\mu$.

FOLGERUNG:

1. Satz von der majorisierten Konvergenz nach Lebesgue: Es sei $(\Omega, \mathcal{S}, \mu)$ ein Maßraum, $X_n : \Omega \to \bar{\mathbb{R}}$ sei $\mathcal{S}$-meßbar, $n = 0, 1, 2, \ldots$, mit $\lim_{n \to \infty} X_n = X_0$ μ-f.ü. und $|X_n| \leq Y$ μ-f.ü. für ein $Y : \Omega \to \bar{\mathbb{R}}$ nicht-negativ und $\mathcal{S}$-meßbar. Dann gilt $\lim_{n \to \infty} \int |X_n - X_0| \, d\mu = 0$ und damit insbesondere $\lim_{n \to \infty} \int X_n \, d\mu = \int X_0 \, d\mu$ wegen $0 \leq |X_n - X_0| \leq |X_n| + |X_0| \leq Y + |X_0|$, so daß, aufgrund des Satzes von der majorisierten Konvergenz nach Pratt, $\lim_{n \to \infty} \int |X_n - X_0| \, d\mu = 0$ zutrifft. Hieraus resultiert, wegen $|X_n - X_0| \geq X_n - X_0$ und $|X_n - X_0| \geq X_0 - X_n$ und der Isotonie des Maßintegrals, $\int |X_n - X_0| \, d\mu \geq |\int X_n \, d\mu - \int X_0 \, d\mu|$, also $\lim_{n \to \infty} \int X_n \, d\mu = \int X_0 \, d\mu$.

2. Satz von Scheffé: Es sei $(\Omega, \mathcal{S}, \mu)$ ein Maßraum, $X_n : \Omega \to \bar{\mathbb{R}}$ $\mathcal{S}$-meßbar und μ-integrierbar, $n = 0, 1, 2, \ldots$, mit $\lim_{n \to \infty} X_n = X_0$ μ-f.ü. und $\lim_{n \to \infty} \int |X_n| \, d\mu = \int |X_0| \, d\mu$. Dann gilt, aufgrund der obigen Überlegungen zum Satz von der majorisierten Konvergenz nach Lebesgue, $\lim_{n \to \infty} \int |X_n - X_0| \, d\mu = 0$.

Unbestimmtes Maßintegral

Es sei $(\Omega, \mathcal{S}, \mu)$ ein Maßraum und $X : \Omega \to \bar{\mathbb{R}}$ sei $\mathcal{S}$-meßbar und quasi-μ-integrierbar; dann heißt $\int_A X \, d\mu := \int X I_A \, d\mu$, $A \in \mathcal{S}$, unbestimmtes Maßintegral. Insbesondere gilt $\sum_{j=1}^{\infty} \int_{A_j} X \, d\mu = \int_{\sum_{j=1}^{\infty} A_j} X \, d\mu$ für paarweise disjunkte Mengen $A_j \in \mathcal{S}$, $j = 1, 2, \ldots$, denn die obige Beziehung trifft auf X^+ bzw. X^- anstelle von X, wegen des Satzes von der monotonen Konvergenz und der Linearität des Maßintegrals, zu. Ferner trifft $\int_A X \, d\mu = 0$ für $A \in \mathcal{S}$ mit $\mu(A) = 0$ zu. Dies gilt zunächst für den Spezialfall $X \geq 0$, wegen $\int_A X_n \, d\mu = 0$, $n = 1, 2, \ldots$, mit $X_n : \Omega \to \mathbb{R}$ nicht-negativ, $\mathcal{S}$-meßbar und primitiv, mit $X_1 \leq X_2 \leq \ldots$ und $\lim_{n \to \infty} X_n = X$ zusammen mit dem Satz von der monotonen Konvergenz. Der allgemeine Fall folgt aus $\int_A X \, d\mu = \int_A X^+ d\mu - \int_A X^- d\mu = 0 - 0$.

BEISPIEL: Ist μ ein Maß auf $\mathcal{B}$ und $X : \mathbb{R} \to \mathbb{R}$ eine μ-integrierbare, nicht-negative Borelfunktion mit $\int X \, d\mu = 1$, dann wird durch $F(x) = \int_{(-\infty, x]} X \, d\mu$, $x \in \bar{\mathbb{R}}$, eine (eindimensionale) Verteilungsfunktion definiert, wobei für das zugehörige Wahrscheinlichkeitsmaß P gilt $P(B) = \int_B X \, d\mu$, $B \in \mathcal{B}$.

Transformationsformel für das Maßintegral

Es sei $(\Omega, \mathcal{S}, \mu)$ ein Maßraum und $X : \Omega \to \Omega_X$ sei $(\mathcal{S}, \mathcal{S}_X)$-meßbar mit $\mathcal{S}_X$ als σ-Algebra über Ω_X. Dann ist die $\mathcal{S}_X$-meßbare Funktion $f : \Omega_X \to \bar{\mathbb{R}}$ genau dann μ^X-integrierbar, wenn $f \circ X$ eine μ-integrierbare Funktion ist. Insbesondere gilt $\int f \circ X \, d\mu = \int f \, d\mu^X$, denn die Beziehung ist speziell für $f := I_B$ mit $B \in \mathcal{S}_X$ richtig und damit auch für $f = \sum_{j=1}^n b_j I_{B_j}$, $0 \le b_j \in \mathbb{R}$, $B_j \in \mathcal{S}_X$, $j = 1, \ldots, n$. Der Satz von der monotonen Konvergenz und die Linearität des Maßintegrals liefern die Behauptung.

BEISPIEL: Es sei $(\Omega, \mathcal{S}, \mu)$ ein Maßraum und für die $\mathcal{S}$-meßbare Funktion $X : \Omega \to \mathbb{R}$ gelte, daß μ^X ein diskretes Maß auf $\mathcal{B}$ ist, d. h. es gilt $\mu^X(\mathbb{R} \backslash \{x_1, x_2, \ldots\}) = 0$ für eine abzählbare Teilmenge $\{x_1, x_2, \ldots\}$ von $\mathbb{R}$. Dann trifft für jede μ^X-integrierbare Borelfunktion $f : \mathbb{R} \to \mathbb{R}$ die Beziehung $\int f \circ X \, d\mu = \sum_{j=1}^\infty f(x_j) \mu(\{x_j\})$ zu. Die Transformationsformel für das Maßintegral liefert nämlich $\int f \circ X \, d\mu = \int f \, d\mu^X = \int_{\{x_1, x_2, \ldots\}} f \, d\mu^X = \sum_{j=1}^\infty f(x_j) \mu(\{x_j\})$, wegen der σ-additiven Eigenschaft und des Verschwindens für Nullmengen des unbestimmten Maßintegrals.

Ungleichungen von Tschebycheff und Markoff

SPRECHWEISE: Es sei $(\Omega, \mathcal{S}, P)$ ein Wahrscheinlichkeitsraum. Dann heißt eine $\mathcal{S}$-meßbare Abbildung $X : \Omega \to \mathbb{R}$ auch $\mathcal{S}$-meßbare, reellwertige Zufallsgröße und $\int X \, dP = \int x P^X(dx)$ im Fall $\int |X| dP < \infty$ heißt Erwartungswert von X (unter P) oder auch Mittelwert von P^X, in Zeichen: $E(X)$ bzw. $E_P(X)$. Im Fall $\int |X|^k dP < \infty$ für ein $k = 1, 2, \ldots$ heißt $\int X^k dP$ das k-te (zentrale) Moment von X (unter P), in Zeichen: $E(X^k)$ bzw. $E_P(X^k)$. Insbesondere folgt aus der Existenz von $E(X^k)$ für ein $k = 1, 2, \ldots$ die Existenz von $E(X^\ell)$ für $\ell = 1, 2, \ldots, k$, wegen $|X|^\ell \le 1 + |X|^k$. Im Fall $\int X^2 dP < \infty$ existiert daher $E((X - E(X))^2) = E(X^2) - E^2(X)$ mit $E^2(X) := (E(X))^2$ und heißt Varianz von X (unter P) oder auch Streuung von P^X, in Zeichen: $\mathrm{Var}(X)$ bzw. $\mathrm{Var}_P(X)$. Im Fall der Existenz von $\int X_j^2 dP$ mit $X_j : \Omega \to \mathbb{R}$ als $\mathcal{S}$-meßbare, reellwertige Zufallsgrößen, $j = 1, 2$, existiert, wegen $|X_1 X_2| \le \frac{1}{2}(X_1^2 + X_2^2)$, auch $\int |X_1 X_2| dP$ und $\int (X_1 - E(X_1)) \cdot (X_2 - E(X_2)) dP = E(X_1 X_2) - E(X_1) E(X_2)$ heißt Kovarianz von X_1, X_2 (unter P), in Zeichen: $\mathrm{Kov}(X_1, X_2)$ bzw. $\mathrm{Kov}_P(X_1, X_2)$.

Ungleichung von Tschebycheff

Es sei $(\Omega, \mathcal{S}, P)$ ein Wahrscheinlichkeitsraum und $X : \Omega \to \mathbb{R}$ eine $\mathcal{S}$-meßbare, reellwertige Zufallsgröße mit $\int X^2 dP < \infty$. Dann gilt $P(\{|X - E(X)| \ge \varepsilon\}) \le \frac{1}{\varepsilon^2} \mathrm{Var}(X)$ für jedes $\varepsilon > 0$.

BEGRÜNDUNG: Die Isotonie des Maßintegrals liefert $\mathrm{Var}(X) \ge \int_A |X - E(X)|^2 dP \ge \varepsilon^2 P(\{|X - E(X)| \ge \varepsilon\})$ für jedes $\varepsilon > 0$ mit $A := \{|X - E(X)| \ge \varepsilon\}$, wobei, aufgrund der Erhaltung der Meßbarkeit von meßbaren Abbildungen, $|X - E(X)|$ eine reellwertige, $\mathcal{S}$-meßbare Zufallsgröße ist, da die Betragsfunktion als stetige Funktion eine Borelfunktion ist.

Ungleichung von Markoff

Es sei $(\Omega, \mathcal{S}, P)$ ein Wahrscheinlichkeitsraum, $X : \Omega \to \mathbb{R}$ sei eine $\mathcal{S}$-meßbare, reellwertige Zufallsgröße mit $\int |f \circ X| dP < \infty$ für $f : \mathbb{R} \to \mathbb{R}$ mit $f(0) \geq 0$, $f(x) > 0$, $x \in (0, \infty)$, $f(-x) = f(x)$, $x \in \mathbb{R}$, $f|(0, \infty)$ monoton wachsend. Dann gilt $P(\{|X| \geq \varepsilon\}) \leq \frac{1}{f(\varepsilon)} E(f \circ X)$ für jedes $\varepsilon > 0$.

BEGRÜNDUNG: f ist wegen der Symmetriebedingung und der Monotonieeigenschaft eine Borelfunktion und damit ist $f \circ X$ eine reellwertige, $\mathcal{S}$-meßbare Zufallsgröße. Die Isotonie des Maßintegrals liefert wegen $f \circ |X| = f \circ X$ die Beziehung $E(f \circ X) \geq \int_{\{|X| \geq \varepsilon\}} f \circ X \, dP \geq f(\varepsilon) P(\{|f \circ X| \geq \varepsilon\})$ für jedes $\varepsilon > 0$.

Ungleichung von Jensen

Es sei $(\Omega, \mathcal{S}, P)$ ein Wahrscheinlichkeitsraum, $X : \Omega \to \mathbb{R}$ eine $\mathcal{S}$-meßbare, P-integrierbare, reellwertige Zufallsgröße mit $\int |f \circ X| dP < \infty$, wobei $f : \mathbb{R} \to \mathbb{R}$ konvex ist. Dann gilt $E(f \circ X) \geq f(E(X))$, wobei, im Fall strenger Konvexität von f, die Gleichung $E(f \circ X) = f(E(X))$ genau dann zutrifft, wenn $P^X = \delta_x | \mathcal{B}$ für ein $x \in \mathbb{R}$ gilt.

BEGRÜNDUNG: Eine konvexe Funktion $f : \mathbb{R} \to \mathbb{R}$ hat die Eigenschaft, daß es zu $x_0 \in \mathbb{R}$ reelle Zahlen $a, b \in \mathbb{R}$ mit $f(x) \geq a + bx$, $x \in \mathbb{R}$, und $f(x_0) = a + bx_0$ gibt, wobei im Fall strenger Konvexität $f(x) > a + bx$ für $x \in \mathbb{R} \backslash \{x_0\}$ zutrifft. Speziell für $x_0 := E(X)$ folgt hieraus, wegen der Isotonie des Maßintegrals, $E(f \circ X) = \int f(x) P^X(dx) \geq \int (a + bx) P^X(dx) = a + bE(X) = f(E(X))$, so daß aus $E(f \circ X) = f(E(X))$ für streng konvexe Funktionen f folgt $P^X = \delta_{E(X)} | \mathcal{B}$. Ferner folgt aus $P^X = \delta_x | \mathcal{B}$ für ein $x \in \mathbb{R}$, daß $x = E(X)$ und daher $E(f \circ X) = f(E(X))$ gilt.

$\mathcal{L}_p(\Omega, \mathcal{S}, \mu)$-Räume

Ist $(\Omega, \mathcal{S}, \mu)$ ein Maßraum, so heißt eine $\mathcal{S}$-meßbare, numerische Funktion $X : \Omega \to \bar{\mathbb{R}}$ p-fach μ-integrierbar, wenn $\int |X|^p d\mu < \infty$ zutrifft mit $p \in [1, \infty)$. Insbesodere folgt aus $\int |X|^p d\mu = 0$, daß $X = 0$ μ-f.ü. gilt, wegen $\{|X|^p \neq 0\} = \bigcup_{n=1}^{\infty} \{|X|^p \geq \frac{1}{n}\}$ und $\int |X|^p d\mu \geq \int_{\{|X|^p \geq \frac{1}{n}\}} |X|^p d\mu \geq \frac{1}{n} \mu(\{|X|^p \geq \frac{1}{n}\})$, $n = 1, 2, \ldots$, also $\mu(\{|X|^p \geq \frac{1}{n}\}) = 0$. Die Äquivalenzrelation auf $\mathcal{L}_p(\Omega, \mathcal{S}, \mu) := \{X | X : \Omega \to \bar{\mathbb{R}} \; \mathcal{S}$-meßbar und p-fach μ-integrierbar$\}$ gemäß $X_1 \sim X_2$ genau dann, wenn $X_1 = X_2$ μ-f.ü. mit $X_1, X_2 \in \mathcal{L}_p(\Omega, \mathcal{S}, \mu)$ liefert $L_p(\Omega, \mathcal{S}, \mu) := \{[X] : X \in \mathcal{L}_p(\Omega, \mathcal{S}, \mu)\}$ mit $[X]$ als Äquivalenzklasse mit Repräsentant $X \in \mathcal{L}_p(\Omega, \mathcal{S}, \mu)$, der stets als $\mathcal{S}$-meßbare, reellwertige Funktion gewählt werden kann, da $\int |X|^p d\mu < \infty$ impliziert $\mu(\{|X| = \infty\}) = 0$. Es soll gezeigt werden, daß durch $\|[X]\|_p := (\int |X|^p d\mu)^{1/p}$ eine Norm von $L_p(\Omega, \mathcal{S}, \mu)$ erklärt wird. Zu diesem Zweck benötigt man die

Höldersche Ungleichung

Es sei $X_1 \in \mathcal{L}_p(\Omega, \mathcal{S}, \mu)$, $X_2 \in \mathcal{L}_q(\Omega, \mathcal{S}, \mu)$ mit $p, q \in (1, \infty)$ und $\frac{1}{p} + \frac{1}{q} = 1$ sowie $(\Omega, \mathcal{S}, \mu)$ ein Maßraum. Dann gilt: $\int |X_1 X_2| d\mu \leq (\int |X_1|^p \, d\mu)^{1/p} (\int |X_2|^q \, d\mu)^{1/q}$. Im Fall $\int |X_1|^p \, d\mu < \infty$ für $p \in (0,1)$ und $\int |X_2|^q \, d\mu < \infty$, $X_2 \neq 0$ μ-f.ü., für $q \in (-\infty, 0)$ mit $\frac{1}{p} + \frac{1}{q} = 1$ sowie $\int |X_1 X_2| d\mu < \infty$ trifft die komplementäre Höldersche Ungleichung $\int |X_1 X_2| d\mu \geq (\int |X_1|^p \, d\mu)^{1/p} \cdot (\int |X_2|^q \, d\mu)^{1/q}$ zu, wobei in der Hölderschen Ungleichung bzw. der komplementären Hölderschen Ungleichung genau dann das Gleichheitszeichen zutrifft, wenn $a_1 |X_1|^p + a_2 |X_2|^q = 0$ μ-f.ü. mit $a_1, a_2 \in \mathbb{R}$, $a_1^2 + a_2^2 > 0$, gilt.

BEGRÜNDUNG: Im Fall $\int |X_1|^p \, d\mu < \infty$ und $\int |X_2|^q \, d\mu < \infty$ kann ohne Beschränkung der Allgemeinheit angenommen werden, daß die entsprechenden Integrale nicht verschwinden, da sonst $X_1 = 0$ μ-f.ü. bzw. $X_2 = 0$ μ-f.ü. gelten würde und damit die zu beweisende Ungleichung bereits zutrifft. Insbesondere liefert die Ungleichung von Jensen mit Hilfe der streng konvexen Funktion $f(x) := |x|^p$, $x \in \mathbb{R}$, $p > 1$, bzw. streng konkaven Funktion $f(x) = |x|^p$, $x \in \mathbb{R}$, $p \in (0,1)$ (d. h. $-f$ ist streng konvex) die Beziehung $(\int \frac{|X_1|}{(\int |X_1|^p d\mu)^{1/p}} (\frac{|X_2|}{(\int |X_2|^q d\mu)^{1/q}})^{1-q} dP)^p \leq \int \frac{|X_1|^p}{\int |X_1|^p d\mu} d\mu = 1$ bzw. ≥ 1 im Fall $p \in (1, \infty)$ bzw. $p \in (0,1)$, mit P als Wahrscheinlichkeitsmaß auf $\mathcal{B}$ gemäß $P(B) := \int_B \frac{|X_2|^q}{\int |X_2|^q d\mu} d\mu$, $B \in \mathcal{B}$. Hierbei ist $p(1-q) + q = 0$ wegen $\frac{1}{p} + \frac{1}{q} = 1$ zu beachten und zu berücksichtigen, daß im Fall $p \in (1, \infty)$ die μ-Integrierbarkeit von $|X_1 X_2|$ dadurch geschlossen werden kann, daß man die sich aus den obigen Überlegungen ergebende Ungleichung von Hölder im Fall $p \in (1, \infty)$ auf $X_j^{(N)} := X_j I_{\{|X_j| \leq N\}}$, $N \in \mathbb{N}$, $j = 1, 2$, anwendet und anschließend im Zusammenhang mit $\lim_{N \to \infty} X_j^{(N)} = X_j$, $j = 1, 2$, den Satz von der monotonen Konvergenz benutzt. Insbesondere gilt nach den obigen Überlegungen für den Beweis der Ungleichung von Hölder und seinem komplementären Gegenstück, daß das Gleichheitszeichen genau dann zutrifft, wenn $\frac{|X|^p}{\int |X_1|^p d\mu} \cdot (\frac{|X_2|}{\int |X_2|^q d\mu})^{p(1-q)} = c$ μ-f.ü. auf $\{X_2 \neq 0\}$ für ein $c \in \mathbb{R}$ zutrifft. Die letzte Beziehung ist wegen $p(1-q) + q = 0$ mit $\frac{|X_1|^p}{\int |X_1|^p d\mu} = c \frac{|X_2|^q}{\int |X_2|^q d\mu}$ μ-f.ü. äquivalent, woraus insbesondere $a_1 |X_1|^p + a_2 |X_2|^q = 0$ μ-f.ü. mit $a_1, a_2 \in \mathbb{R}$, $a_1^2 + a_2^2 > 0$ folgt. Aus dieser Beziehung folgt die Gültigkeit des Gleichheitszeichens in der Ungleichung von Hölder und seinem komplementären Gegenstück.

ANWENDUNGEN:

1. Ungleichung von Minkowski: Für $X_1, X_2 \in \mathcal{L}_p(\Omega, \mathcal{S}, \mu)$ mit $p \in (1, \infty)$ und mit $(\Omega, \mathcal{S}, \mu)$ als Maßraum gilt $(\int |X_1 + X_2|^p \, d\mu)^{1/p} \leq (\int |X_1|^p \, d\mu)^{1/p} + (\int |X_2|^p \, d\mu)^{1/p}$, denn $\int |X_1 + X_2|^p \, d\mu \leq \int |X_1 + X_2|^{p-1} |X_1| d\mu + \int |X_1 + X_2|^{p-1} |X_2| d\mu \leq (\int |X_1 + X_2|^{q(p-1)} d\mu)^{1/q} \cdot (\int |X_1|^p \, d\mu)^{1/p} + (\int |X_1 + X_2|^{q(p-1)} d\mu)^{1/q} \cdot (\int |X_2|^p \, d\mu)^{1/p}$ mit $p \in (1, \infty)$ und $\frac{1}{p} + \frac{1}{q} = 1$ wegen der Unglei-

chung von Hölder. Hieraus resultiert, wegen $q(1-p)+p=0$, schließlich $(\int |X_1 +$
$X_2|^p\,d\mu)^{1-\frac{1}{q}} = (\int |X_1+X_2|^p\,d\mu)^{1/p} \le (\int |X_1|^p\,d\mu)^{1/p} + (\int |X_2|^p\,d\mu)^{1/p}$.

2. Verallgemeinerung der Ungleichung von Cantelli: Es sei $(\Omega, \mathcal{S}, P)$ ein Wahrscheinlichkeitsraum und $X \in \mathcal{L}_p(\Omega, \mathcal{S}, P)$ mit $p \in (1, \infty)$ und $E(X) \ge 0$. Dann
   gilt $P(\{X > \lambda E(X)\}) \ge (\frac{(1-\lambda)E(X)}{(E(|X|^p))^{1/p}})^q$ mit $\lambda \in [0,1]$, $q \in (1, \infty)$, $\frac{1}{q} + \frac{1}{p} = 1$,
   wobei sich im Fall $X \ge 0$, $p = 2$, $\lambda = 0$, die Ungleichung von Cantelli
   $P(\{X > 0\}) \ge \frac{E^2(X)}{E(X^2)}$ ergibt.
   BEGRÜNDUNG: Mit $A := \{X > \lambda E(X)\}$ ergibt sich aus der Ungleichung von
   Hölder $E(X) = E(XI_A) + E(XI_{A^c}) \le (E(|X|^p))^{1/p}(P(A))^{1/q} + \lambda E(X)$,
   woraus die obige Verallgemeinerung der Ungleichung von Cantelli resultiert.

Vollständigkeit der $L_p(\Omega, \mathcal{S}, \mu)$-Räume

Es sei $X_n \in \mathcal{L}_p(\Omega, \mathcal{S}, \mu)$, $n = 1, 2, \ldots$, mit $([X_n])_{n=1,2,\ldots}$ als Cauchy-Folge in
$L_p(\Omega, \mathcal{S}, \mu)$. Dann existiert $X \in \mathcal{L}_p(\Omega, \mathcal{S}, \mu)$ mit $\int |X_n - X_0|^p\,d\mu \to 0$, $n \to \infty$.
BEGRÜNDUNG: Wähle $(X_{n_k})_{k=1,2,\ldots}$ als Teilfolge von $(X_n)_{n=1,2,\ldots}$ mit $(\int |X_{n_{k+1}} -$
$X_{n_k}|^p\,d\mu)^{1/p} \le \frac{1}{2^k}$, $k = 1, 2, \ldots$, so daß, wegen der Ungleichung von Hölder
und dem Satz von der monotonen Konvergenz, $(\int (\sum_{k=1}^{\infty} |X_{n_{k+1}} - X_{n_k}|)^p\,d\mu)^{1/p} \le$
$\sum_{k=1}^{\infty} (\int |X_{n_{k+1}} - X_{n_k}|^p\,d\mu)^{1/p} \le \sum_{k=1}^{\infty} \frac{1}{2^k} = 1$ gilt und deshalb die unendliche
Reihe $\sum_{k=1}^{\infty}(X_{n_{k+1}} - X_{n_k}) + X_{n_1}$ μ-fast überall konvergiert und daher μ-fast überall
mit einer $\mathcal{S}$-meßbaren, reellwertigen Funktion $X \in \mathcal{L}_p(\Omega, \mathcal{S}, \mu)$ übereinstimmt.
Insbesondere gilt $(\int |X - X_{n_k}|^p\,d\mu)^{1/p} \le \sum_{\ell=k}^{\infty} (\int |X_{n_{\ell+1}} - X_{n_\ell}|^p\,d\mu)^{1/p} \le$
$\sum_{\ell=k}^{\infty} \frac{1}{2^\ell} = \frac{1}{2^{k-1}}$, $k = 1, 2, \ldots$, also $\lim_{k\to\infty}(\int X_{n_k} - X|^p\,d\mu)^{1/p} = 0$, woraus
$\lim_{n\to\infty}(\int |X_n - X|^p\,d\mu)^{1/p} = 0$ folgt, d. h. $L_p(\Omega, \mathcal{S}, \mu)$ ist vollständig.
BEISPIEL: $\Omega := \mathbb{N}$, $\mathcal{S} := \mathcal{P}(\mathbb{N})$ und μ Zählmaß auf $\mathcal{P}(\mathbb{N})$. In diesem Fall ist
die leere Menge die einzige μ-Nullmenge, so daß $\mathcal{L}_p(\Omega, \mathcal{S}, \mu) = L_p(\Omega, \mathcal{S}, \mu) =$
$\{(x_1, x_2, \ldots) \in \mathbb{R}^{\mathbb{N}} : \sum_{n=1}^{\infty} |x_n|^p < \infty\} =: \ell_p$, $p \in [1, \infty)$ zutrifft.

4 Vergleich von Riemann- und Lebesgue-Integral

VORBETRACHTUNG: $X : [a, b] \to$ beschränkt ($a, b \in \mathbb{R}$, $a < b$) Zerlegung $\mathcal{Z}$ von $[a, b]$: $a = x_0 < x_1 < \ldots < x_n = b$, $\bar{X} := \sum_{i=1}^{n} \sup\{X(x) : x \in (x_{i-1}, x_i]\} I_{(x_{i-1}, x_i]} + X(x_0) I_{\{x_0\}}$, $\underline{X} := \sum_{i=1}^{n} \inf\{X(x) : x \in (x_{i-1}, x_i]\} I_{(x_{i-1}, x_i]} + X(x_0) I_{\{x_0\}}$ Riemannsche Ober- und Untersumme: $O(\mathcal{Z}) = \sum_{i=1}^{n} \sup\{X(x) : x \in (x_{i-1}, x_i]\} (x_i - x_{i-1})$, $U(\mathcal{Z}) = \sum_{i=1}^{n} \inf\{X(x) : x \in (x_{i-1}, x_i]\} (x_i - x_{i-1})$. Es gilt: $\int \bar{X} d\lambda_{[a,b]} = O(\mathcal{Z})$, $\int \underline{X} d\lambda_{[a,b]} = U(\mathcal{Z})$ mit $\lambda_{[a,b]}$ als Lebesgue-Borelsches Maß auf $\mathcal{B} \cap [a, b]$. $(\mathcal{Z}_k)_{k=1,2,\ldots}$ Zerlegungsfolge, $\mathcal{Z}_{k+1}$ Verfeinerung von $\mathcal{Z}_k$ mit Länge des größten Teilintervalls von $\mathcal{Z}_k$ konvergiert gegen 0 für $k \to \infty$, $(\bar{X}_k)_{k=1,2,\ldots}$, $(\underline{X}_k)_{k=1,2,\ldots}$ zugehörige Folge von Hilfsfunktionen. Dann gilt: $\underline{X}_k \uparrow Y$, $\bar{X}_k \downarrow Z$ für $k \to \infty$, $Y \leq X \leq Z$ und der Satz von der majorisierten Konvergenz liefert $\lim_{k\to\infty} O(\mathcal{Z}_k) = \int Z \, d\lambda_{[a,b]}$, $\lim_{k\to\infty} U(\mathcal{Z}_k) = \int Y \, d\lambda_{[a,b]}$. Ferner gilt für $x \in [a, b]$ und x kein Endpunkt der Intervalle von $\mathcal{Z}_k$, $k = 1, 2, \ldots$: x Stetigkeitsstelle von X $\Leftrightarrow$ $Y(x) = Z(x)$. Darüberhinaus trifft zu: X eigentlich Riemann-integrierbar über $[a, b]$ $\Leftrightarrow$ $\int Y \, d\lambda_{[a,b]} = \int Z \, d\lambda_{[a,b]} = \int_a^b X(x) dx$ unabhängig von einer speziellen Zerlegungsfolge $\Rightarrow$ $Y = Z$ $\lambda_{[a,b]}$-f.ü. $\Rightarrow$ X $\lambda_{[a,b]}$-f.ü. stetig, wobei $\{x \in [a, b] : x$ Stetigkeitsstelle von $X\} \in \mathcal{B} \cap [a, b]$ gilt.

Kennzeichnung eigentlich Riemann-integrierbarer Funktionen nach Lebesgue: $X : [a, b] \to \mathbb{R}$ beschränkt. Dann ist X eigentlich Riemann-integrierbar über $[a, b]$ $\Leftrightarrow$ X ist $\lambda_{[a,b]}$-fast überall stetig. Ferner gilt $\int X \, d\bar{\lambda}_{[a,b]}$ existiert und stimmt mit $\int_a^b X(x) dx$ überein, falls X eigentlich Riemann-integrierbar über $[a, b]$ ist ($\bar{\lambda}_{[a,b]}$ Lebesgue-Maß auf $\mathcal{L} \cap [a, b]$, $\mathcal{L} \cap [a, b]$ Lebesguesche Teilmengen von $[a, b]$).

BEGRÜNDUNG: Es muß noch gezeigt werden, daß aus der Stetigkeit von X bis auf eine $\lambda_{[a,b]}$-Nullmenge auf die eigentliche Riemann-Integrierbarkeit geschlossen werden kann. Es gilt: $Y = X = Z$ $\lambda_{[a,b]}$-f.ü., so daß X insbesondere $(\mathcal{L} \cap [a, b], \mathcal{B})$-meßbar ist $\Rightarrow$ X eigentlich Riemann-integrierbar und $\int_a^b X(x) dx = \int X \, d\bar{\lambda}_{[a,b]}$ mit $\bar{\lambda}_{[a,b]}$ als Lebesguesches Maß auf $\mathcal{L} \cap [a, b]$.

FOLGERUNGEN:

1. $X : [a, b] \to \mathbb{R}$ eigentlich Riemann-integrierbar ist i.a. keine Borelfunktion, denn die Mächtigkeit von $\{I_A : A \subset C$ mit C Cantorsches Diskontinuum$\}$ ist

größer als card($\mathbb{R}$) und I_A ist wegen $\lambda(C) = 0$ und $C = \partial C$, (∂ Rand einer Teilmenge von $\mathbb{R}$) für jedes $A \subset C$ eigentlich Riemann-integrierbar. Dagegen ist card$\{I_B : B \subset C, B \in \mathcal{B}\} = $ card$(\mathbb{R})$. Führt man zur singulären Cantorfunktion $F : [0,1] \to [0,1]$ die Funktion $G(y) = \inf\{x \in [0,1] : F(x) = y\}$, $y \in [0,1]$, ein, so ist $G : [0,1] \to C$ mit C als Cantorsches Diskontinuum injektiv und monoton wachsend, so daß, für eine nicht Borelsche Teilmenge A von $[0,1]$, gilt: $G(A) \subset C$. Würde $G(A) \in \mathcal{B}$ zutreffen, so auch $A \in \mathcal{B}$, da G injektiv und monoton wachsend ist. Insbesondere ist $I_{G(A)}$ eine über $[0,1]$ eigentlich Riemann-integrierbare Funktion, die keine Borelfunktion ist. Ferner zeigt diese Überlegung, daß G zwar eine Borelfunktion ist, aber nicht $(\mathcal{L} \cap [0,1], \mathcal{L})$-meßbar.

2. $X_n : [a,b] \to \mathbb{R}$ beschränkt und eigentlich Riemann-integrierbar, $n = 1, 2, \ldots$, mit $\lim_{n\to\infty} X_n = X$, wobei die Konvergenz gleichmäßig ist $\Rightarrow$ X beschränkt und eigentlich Riemann-integrierbar. Dabei kann die gleichmäßige Konvergenz i.a. nicht durch monotone Konvergenz ersetzt werden, wie das Beispiel $I_{\mathbb{Q} \cap [a,b]}$ zeigt. Ist die Konvergenz nicht notwendig gleichmäßig und trifft $|X_n| \leq Y$, $n = 1, 2, \ldots$, mit $Y \in \mathcal{L}_1([a,b], \mathcal{L} \cap [a,b], \bar{\lambda}_{[a,b]})$ zu, so gilt $\lim_{n\to\infty} \int_a^b X_n(x)dx = \int_a^b X(x)dx$, falls X eigentlich Riemann-integrierbar ist (Satz von Arzela).

3. Kennzeichnung eigentlich Riemann-integrierbarer Funktionen nach Frink: $X : [a,b] \to \mathbb{R}$ beschränkt ist eigentlich Riemann-integrierbar über $[a,b] \Leftrightarrow X$ ist gleichmäßiger Grenzwert einer Folge von Funktionen aus $\{\sum_{i=1}^n a_i I_{A_i} : a_i \in \mathbb{R}, A_i \subset [a,b]$ mit $\lambda(\partial A_i) = 0, i = 1, \ldots, n, n \in \mathbb{N}\}$, denn: X beschränkt $\Rightarrow$ X ist gleichmäßiger Grenzwert einer Folge von Funktionen der Gestalt $\sum_{i=1}^n y_{i-1} I_{X^{-1}((y_{i-1}, y_i])}$ mit $y_0 < \inf\{X(x) : x \in [a,b]\} < y_1 < \ldots < y_n < \sup\{X(x) : x \in [a,b]\}$, wobei X zusätzlich $(\mathcal{L} \cap [a,b], \mathcal{B})$-meßbar ist, falls X eigentlich Riemann-integrierbar über $[a,b]$ ist. Insbesondere gilt $X^{-1}(\{x\}) \in \mathcal{L} \cap [a,b]$, $x \in [a,b]$, so daß es höchstens abzählbar viele $c_i \in \mathbb{R}$, $i = 1, 2, \ldots$, gibt mit $\bar{\lambda}(X^{-1}(\{c_i\})) > 0$. Ferner gilt $\partial X^{-1}((d_1, d_2]) \subset X^{-1}(\{d_2\}) \cup (X^{-1}((d_1, d_2)) \cap \{x \in [a,b] : x$ keine Stetigkeitsstelle von $X\})$ für $d_1, d_2 \in \mathbb{R}$, $d_1 < d_2$, woraus für $d_2 \notin \{c_1, c_2, \ldots\}$ folgt $\lambda(\partial X^{-1}((d_1, d_2])) = 0$. Wählt man also $y_i \notin \{c_1, c_2, \ldots\}$, $i = 1, 2, \ldots$, so ergibt sich die gewünschte gleichmäßige Approximation.

BEISPIEL: $X : [a,b] \to \mathbb{R}$ ist gleichmäßiger Grenzwert einer Folge von $\{\sum_{i=1}^n a_i I_{J_i} : a_i \in \mathbb{R}, J_i$ (eventuell einelementiges) Intervall in $[a,b]$, $i = 1, \ldots, n, n \in \mathbb{N}\}$ (Menge der Treppenfunktionen auf $[a,b]$), genau dann, wenn X eine Regelfunktion ist, d. h. $\lim_{y\uparrow x} X(y)$ und $\lim_{y\downarrow x} X(y)$ existiert für alle $x \in [a,b]$. Insbesondere ist $X(x) = \frac{1}{q}$ für $x = \frac{p}{q} \in [0,1]$, $p, q \in \mathbb{N}_0$ ($q \neq 0$) teilerfremd, bzw. $X(x) = 0$ für $x \in [0,1] \cap \mathbb{Q}^c$, eine Regelfunktion auf $[0,1]$. Dagegen ist $X := I_C$, mit C als Cantorsches Diskontinuum, wegen $C = \partial C$ und $\lambda(C) = 0$ eigentlich Riemann-integrierbar über $[0,1]$, aber keine Regelfunktion, da die Menge der Unstetigkeitsstellen einer Regelfunktion abzählbar ist.

ANWENDUNG: $\mathcal{A} := \{A \subset [a, b] : \lambda(\partial A) = 0\}$ ist eine Algebra über $[a, b]$ (Algebra der fast randlosen Teilmengen von $[a, b]$), wegen $\partial A^c = (\partial A)^c$, $A \subset [a, b]$, und $\partial(A_1 \cup A_2) \subset \partial A_1 \cup \partial A_2$, $A_j \subset [a, b]$, $j = 1, 2$ (aber keine σ-Algebra wie das Beispiel $\mathbb{Q} \cap [a, b]$ zeigt). Bezeichnet ferner $R([a, b])$ die Menge der beschränkten Funktionen auf $[a, b]$, die über $[a, b]$ eigentlich Riemann-integrierbar sind, so wird durch $L : R([a, b]) \to \mathbb{R}$ gemäß $L(X) := \int X \, d\mu$, $X \in R([a, b])$, mit μ als endlicher Inhalt auf $\mathcal{A}$ ein positives, lineares Funktional erklärt. Dabei ist $\int \sum_{i=1}^n a_i I_{A_i} \, d\mu :=$ $\sum_{i=1}^n a_i \mu(A_i)$, $a_i \in \mathbb{R}$, $A_i \subset [a, b]$, $\lambda(\partial A_i) = 0$, $i = 1, \ldots, n$, wohldefiniert und $\int X \, d\mu$ ebenfalls mit Hilfe einer gleichmäßig konvergenten Folge $(X_k)_{k \in \mathbb{N}}$ mit $X_k \in \{\sum_{i=1}^n a_i I_{A_i} : a_i \in \mathbb{R}, A_i \subset [a, b], \lambda(\partial A_i) = 0, i = 1, \ldots, n, n \in \mathbb{N}\}$, $k = 1, 2, \ldots$, und $\lim_{k \to \infty} X_k = X$ wohldefiniert. Umgekehrt erhält man vermöge eines positiven, linearen Funktionals $L : R([a, b]) \to \mathbb{R}$ vermöge $\mu(A) := L(I_A)$, $A \in \mathcal{A}$, einen endlichen Inhalt μ auf $\mathcal{A}$ mit $L(X) = \int X \, d\mu$, $X \in R([a, b])$, d. h. positive, lineare Funktionale L auf $R([a, b])$ und endliche Inhalte μ auf $\mathcal{A}$ entsprechen sich umkehrbar eindeutig gemäß $L(f) = \int f \, d\mu$, $f \in R([a, b])$, wobei μ durch $L(I_A) = \mu(A)$, $A \in \mathcal{A}$, eindeutig bestimmt ist. Nach Riesz gilt folgendes analoge Resultat für $C([a, b])$ als Menge aller stetigen Funkionen f auf $[a, b]$ anstelle von $R([a, b])$: Positive, lineare Funktionale L auf $C([a, b])$ und endliche Maße μ auf $\mathcal{B} \cap [a, b]$ entsprechen sich umkehrbar eindeutig gemäß $L(f) = \int f \, d\mu$, $f \in C([a, b])$.

5 Konvergenzbegriffe

Fast sichere und stochastische Konvergenz:

SPRECHWEISE: $(\Omega, \mathcal{S}, P)$ Wahrscheinlichkeitsraum, $X_n : \Omega \to \mathbb{R}$ sei $\mathcal{S}$-meßbar, $n \in \mathbb{N}_0$. Dann trifft $X_n \to X_0$ P-f.s. (P-f.ü., in Zeichen: $X_n \to X_0[P]$) zu genau dann, wenn $\lim_{n \to \infty} X_n(\omega) = X_0(\omega)$ für alle $\omega \in N^c$ mit $N \in \mathcal{S}$ als P-Nullmenge gilt.

BEMERKUNG: $X_n \to X_0[P]$ ist mit einer der folgenden Bedingungen äquivalent:

1. $P(\bigcap_{k \in \mathbb{N}} \bigcup_{m \in \mathbb{N}} \bigcap_{n=m}^{\infty} \{|X_n - X_0| \leq \frac{1}{k}\}) = 1$.

2. $P(\bigcup_{m \in \mathbb{N}} \bigcap_{n=m}^{\infty} \{|X_n - X_0| \leq \frac{1}{k}\}) = 1$, $k \in \mathbb{N}$.

3. $\lim_{m \to \infty} P(\bigcap_{n=m}^{\infty} \{|X_n - X_0| \leq \frac{1}{k}\}) = 1$, $k \in \mathbb{N}$.

4. $\lim_{m \to \infty} P(\{\bigcup_{n=m}^{\infty} \{|X_n - X_0| \underset{(-)}{>} \frac{1}{k}\}\}) = 0$, $k \in \mathbb{N}$.

5. $\lim_{m \to \infty} P(\{\sup_{n \geq m} \{|X_n - X_0| \underset{(-)}{>} \frac{1}{k}\}\}) = 0$, $k \in \mathbb{N}$.

FOLGERUNG: $X_n \to X_0[P]$ impliziert $\lim_{n \to \infty} P(\{|X_n - X_0| \geq \varepsilon\}) = 0$, $\varepsilon > 0$, d. h. X_n konvergiert P-stochastisch gegen X_0 (in Zeichen: $X_n \xrightarrow{P} X_0$).

Zusammenhang zwischen P-stochastischer und P-fast sicherer Konvergenz:

$X_n \xrightarrow{P} X_0$ $\Rightarrow$ Es gibt eine Teilfolge $(X_{n_k})_{k=1,2,\ldots}$ von $(X_n)_{n=1,2,\ldots}$ mit $X_{n_k} \to X_0[P]$.

BEGRÜNDUNG: Zu jedem $k \in \mathbb{N}$ existiert ein $n_k \in \mathbb{N}$ mit $P(\{|X_{n_k} - X_0| \geq \frac{1}{k}\}) \leq \frac{1}{2^k}$, woraus $P(\bigcup_{k \geq m} \{|X_{n_k} - X_0| \geq \frac{1}{k}\}) \leq \frac{1}{2^{m-1}}$, $m \geq k$, folgt und damit $X_{n_k} \to X_0[P]$.

FOLGERUNG: Kennzeichnung der P-stochastischen Konvergenz:

$X_n \xrightarrow{P} X_0$ $\Leftrightarrow$ Zu jeder Teilfolge $(X_{n_k})_{k=1,2,\ldots}$ von $(X_n)_{n=1,2,\ldots}$ gibt es eine Teilfolge $(X_{n_{k_\ell}})_{\ell=1,2,\ldots}$ von $(X_{n_k})_{k=1,2,\ldots}$ mit $X_{n_{k_\ell}} \to X_0[P]$.

ANWENDUNGEN:

1. $X_n : \Omega \to \mathbb{R}$ sei $\mathcal{S}$-meßbar, $n \in \mathbb{N}_0$, mit $|X_n| \leq Y$, $n = 1, 2, \ldots$, $Y \in \mathcal{L}_1(\Omega, \mathcal{S}, P)$,
   $X_n \xrightarrow{P} X_0$ $\Rightarrow$ $\int X_n \, dP \to \int X_0 \, dP$.

2. $X_n \xrightarrow{P} X_0$, $f : \mathbb{R} \to \mathbb{R}$ stetig $\Rightarrow f \circ X_n \xrightarrow{P} f \circ X_0$.

3. Die P-f.s. Konvergenz ist i.a. nicht durch eine Metrik beschreibbar, d. h. $X_n \to X_0[P] \Leftrightarrow d(X_n, X_0) \to 0$ mit $d : \mathcal{F} \times \mathcal{F} \to \mathbb{R}$ Metrik (Distanzfunktion), $\mathcal{F} := \{X | X : \Omega \to \mathbb{R} \; S\text{-meßbar}\}$. Denn sonst: $X_n \xrightarrow{P} X_0 \Rightarrow X_n \to X_0[P]$. Dagegen ist $d(X_1, X_2) := \int \frac{|X_1 - X_2|}{1 + |X_1 - X_2|} dP$, $X_j \in \mathcal{F}$, $j = 1, 2$, eine Metrik, welche die P-stochastische Konvergenz beschreibt.

4. Kennzeichnung der Separabilität von $\mathcal{L}_p(\Omega, S, \mu)$ $(1 \le p < \infty)$ für σ-endliches Maß μ

$\mathcal{L}_p(\Omega, S, \mu)$ $(1 \le p < \infty)$ mit μ als σ-endliches Maß auf S ist genau dann separabel, wenn es eine abzählbar erzeugte Teil-σ-Algebra $\mathcal{T}$ von S gibt mit der Eigenschaft, daß zu jedem $f \in \mathcal{L}_p(\Omega, S, \mu)$ eine $\mathcal{T}$-meßbare Funktion $g : \Omega \to \mathbb{R}$ existiert mit $g = f$ μ-f.ü.

Begründung: Es wird zunächst gezeigt, daß $\mathcal{L}_p(\Omega, S, \mu)$ mit S als abzählbar erzeugter σ-Algebra separabel ist. Zu diesem Zweck kann man ohne Einschränkung annehmen, daß μ bereits endlich ist, denn durch $\nu(A) := \sum_{n=1}^{\infty} \frac{1}{2^n} \frac{\mu(A \cap A_n)}{\mu(A_n)}$, $A \in S$, mit $A_n \in S$, $n \in \mathbb{N}$, paarweise disjunkt, $\bigcup_{n=1}^{\infty} A_n = \Omega$, $0 < \mu(A_n) < \infty$, $n \in \mathbb{N}$, wird ein Wahrscheinlichkeitsmaß ν auf S erklärt mit $\nu \ll \mu$ und $\mu \ll \nu$, wobei $\frac{d\nu}{d\mu}$ bzw. $\frac{d\mu}{d\nu}$ die zugehörigen Radon-Nikodym-Ableitungen bezeichne (vgl. S. 60). Dann ist mit $\{f_n \in \mathcal{L}_p(\Omega, S, \nu) : n \in \mathbb{N}\}$ als dichte Teilmenge von $\mathcal{L}_p(\Omega, S, \nu)$ auch $\{f_n(\frac{d\nu}{d\mu})^{1/p} : n \in \mathbb{N}\}$ eine dichte Teilmenge von $\mathcal{L}_p(\Omega, S, \mu)$. Die Endlichkeit von μ liefert zu jedem $A \in S$ und $n \in \mathbb{N}$ ein $B \in \mathcal{A} := A(\{E_1, E_2, \ldots\})$ mit $\mu(A \triangle B) \le \frac{1}{n}$, wobei $S = S(\{E_1, E_2, \ldots\})$ gilt mit $\{E_1, E_2, \ldots\}$ als abzählbares Erzeugendensystem von S. Daher ist $\{\sum_{i=1}^{n} a_i I_{B_i} : a_i \in \mathbb{Q}, B_i \in \mathcal{A}, n \in \mathbb{N}\}$ eine abzählbare, dichte Teilmenge von $\mathcal{L}_p(\Omega, S, \mu)$, denn $\mathcal{A}$ ist abzählbar. Ist nun $\mathcal{T}$ eine abzählbar erzeugte Teil-σ-Algebra von S mit der Eigenschaft, daß es zu jedem $f \in \mathcal{L}_1(\Omega, S, \mu)$ eine $\mathcal{T}$-meßbare Funktion $g : \Omega \to \mathbb{R}$ mit $g = f$ μ-f.ü. gibt, so ist $\mu|\mathcal{T}$ σ-endlich und jede abzählbare, dichte Teilmenge von $\mathcal{L}_p(\Omega, \mathcal{T}, \mu|\mathcal{T})$ auch eine dichte Teilmenge von $\mathcal{L}_p(\Omega, S, \mu)$. Umgekehrt folgt aus der Separabilität von $\mathcal{L}_p(\Omega, S, \mu)$, daß auch $\mathcal{L}_p(\Omega, S, \nu)$ separabel ist, da mit $\{f_n \in \mathcal{L}_p(\Omega, S, \mu) : n \in \mathbb{N}\}$ als dichter Teilmenge von $\mathcal{L}_p(\Omega, S, \mu)$ auch $\{f_n(\frac{d\mu}{d\nu})^{1/p} : n \in \mathbb{N}\}$ eine dichte Teilmenge von $\mathcal{L}_p(\Omega, S, \nu)$ ist. Ist nun $\{g_n : n \in \mathbb{N}\}$ eine dichte Teilmenge von $\mathcal{L}_p(\Omega, S, \nu)$ und bezeichnet $\mathcal{T}$ die abzählbar erzeugte Teil-σ-Algebra $S(\{\{g_n \ge \rho\} : \rho \in \mathbb{Q}, n \in \mathbb{N}\})$ von S, so gibt es insbesondere zu jedem $f \in \mathcal{L}_p(\Omega, S, \nu)$ eine Folge $(g_{n_k})_{k \in \mathbb{N}}$ mit $(\int |g_{n_k} - f|^p d\nu)^{1/p} \to 0$ für $k \to \infty$, so daß eine weitere Teilfolge $(g_{n_{k_\ell}})_{\ell \in \mathbb{N}}$ existiert mit $g_{n_{k_\ell}} \to f$ ν-f.ü. für $\ell \to \infty$. Daher trifft $f = g := \limsup_{\ell \to \infty} g_{n_{k_\ell}}$ ν-f.ü. zu, wobei $g : \Omega \to \mathbb{R}$ aber $\mathcal{T}$-meßbar ist. Insbesondere gilt daher $\frac{d\mu}{d\nu} = \ell$ ν-f.ü. für eine $\mathcal{T}$-meßbare Funktion $\ell : \Omega \to \mathbb{R}$. Ist schließlich $h \in \mathcal{L}_p(\Omega, S, \mu)$, also $h(\frac{d\mu}{d\nu})^{1/p} \in \mathcal{L}_p(\Omega, S, \nu)$ und $h(\frac{d\mu}{d\nu})^{1/p} = k$ ν-

f.ü. für eine $\mathcal{T}$-meßbare Funktion $k : \Omega \to \mathbb{R}$, so gilt $h = g$ μ-f.ü. mit $g : \Omega \to \mathbb{R}$ als $\mathcal{T}$-meßbare Funktion, nämlich $g := \frac{k}{\ell^p} I_{\{\ell \neq 0\}}$. Man hat dabei $\frac{d\mu}{d\nu}\frac{d\nu}{d\mu} = 1$ ν-f.ü. sowie μ-f.ü. zu beachten.

BEMERKUNG: Nichtseparabilität von $\mathcal{L}_p(\Omega, \mathcal{S}, \mu)$ mit μ als semifinites, nicht σ-endliches Maß

Ist μ ein semifinites Maß μ auf der σ-Algebra $\mathcal{S}$ über der Menge Ω, so gibt es nach dem Lemma von Zorn paarweise disjunkte Mengen $A_i \in \mathcal{S}$ mit $0 < \mu(A_i) < \infty$, $i \in I$, und $\bigcup_{i=1}^{\infty} A_i = \Omega$, wobei I nicht abzählbar ist, falls μ nicht σ-endlich ist. Hieraus resultiert $(\int |\frac{I_{A_i}}{(\mu(A_i))^{1/p}} - \frac{I_{A_j}}{(\mu(A_j))^{1/p}}|^p d\mu)^{1/p} = (\int \frac{I_{A_i}}{\mu(A_i)} d\mu)^{1/p} + (\int \frac{I_{A_j}}{\mu(A_j)} d\mu)^{1/p} = 2$, $i, j \in I$. Daher ist $\mathcal{L}_p(\Omega, \mathcal{S}, \mu)$ nicht separabel, denn für einen metrischen Raum (X, d) ist die Separabilität damit äquivalent, daß es keine überabzählbare Teilmenge Y von X und ein $\varepsilon > 0$ gibt mit $d(y_1, y_2) \geq \varepsilon$, $y_j \in Y$, $j = 1, 2$, $y_1 \neq y_2$. Aus der Existenz einer solchen Menge folgt nämlich, daß (X, d) nicht separabel ist, denn $K(y, \frac{\varepsilon}{2}) := \{x \in X : d(x, y) < \frac{\varepsilon}{2}\}$, $y \in Y$, hat die Eigenschaft $K(y_1, \frac{\varepsilon}{2}) \cap K(y_2, \frac{\varepsilon}{2}) = \emptyset$, $y_i \in Y$, $i = 1, 2$, $y_1 \neq y_2$, so daß mit $Z = \{z_1, z_2, \ldots\}$ als abzählbare, dichte Teilmenge von Y der folgende Widerspruch resultiert: Zu $y \in Y$ existiert $z_y \in Z$ mit $z_y \in K(y, \frac{\varepsilon}{2})$, wobei $z_{y_1} \neq z_{y_2}$, $y_j \in Y$, $j = 1, 2$, $y_1 \neq y_2$, zutrifft, d. h. Z wäre nicht abzählbar. Umgekehrt folgt aus der Eigenschaft von (X, d), nicht separabel zu sein, die Existenz einer nicht abzählbaren Teilmenge Y von X und von $\varepsilon > 0$ mit $d(y_1, y_2) \geq \varepsilon$, $y_j \in Y$, $j = 1, 2$, $y_1 \neq y_2$. Bei beliebigem metrischen Raum (X, d) ist nämlich das System aller Teilmengen Y von X mit $d(y_1, y_2) \geq \varepsilon$, $y_j \in Y$, $j = 1, 2$, $y_1 \neq y_2$, für ein festes $\varepsilon > 0$ offenbar bezüglich der Inklusion induktiv geordnet und besitzt daher nach dem Lemma von Zorn ein maximales Element Y_ε. Insbesondere gibt es daher zu jedem $z \in X \setminus Y_\varepsilon$ ein $y \in Y_\varepsilon$ mit $d(y, x) < \varepsilon$. Ist nun (X, d) nicht separabel, dann ist auch $\bigcup_{n=1}^{\infty} Y_{1/n}$ nicht abzählbar, so daß ein $n \in \mathbb{N}$ existiert, wobei $Y_{1/n}$ nicht abzählbar ist.

BEISPIEL für $X_n \xrightarrow{P} X_0 \not\Rightarrow X_n \to X_0[P]$:

Sei Γ atomloses Wahrscheinlichkeitsmaß auf σ-Algebra $\mathcal{S}$ über $\Omega \Rightarrow$ Zu $n \in \mathbb{N}$ existieren paarweise disjunkte Mengen $A_{(\frac{k-1}{2^n}, \frac{k}{2^n}]}$, $k = 1, \ldots, 2^n$, mit $P(A_{(\frac{k-1}{2^n}, \frac{k}{2^n}]}) = \frac{1}{2^n}$, $k = 1, \ldots, 2^n$, und $A_{(\frac{k-1}{2^n}, \frac{k}{2^n}]} = \sum_{\ell=2^m(k-1)+1}^{2^m k} A_{(\frac{\ell-1}{2^{n+m}}, \frac{\ell}{2^{n+m}}]}$, $m \in \mathbb{N}_0$, $k = 1, \ldots, 2^n$, $A_{(0, \frac{1}{2}]} + A_{(\frac{1}{2}, 1]} = \Omega$. Dann konvergiert die Folge der $I_{(\frac{k-1}{2^n}, \frac{k}{2^n}]}$, $k = 1, \ldots, 2^n$, $n = 1, 2, \ldots$, P-stochastisch gegen 0, aber nicht P-f.s.

BEMERKUNG: Es gilt $X_n \xrightarrow{P} X_0 \Rightarrow X_n \to X_0[P]$ genau dann, wenn P atomar ist, d. h. es gibt höchstens abzählbar viele, paarweise disjunkte P-Atome $A_1, A_2, \ldots$ mit $P(\bigcup_j A_j) = 1$, denn im nicht atomaren Fall von P existieren wie im vorangehenden Beispiel eine Folge $(X_n)_{n=1,2,\ldots}$ mit $X_n \xrightarrow{P} X_0$ aber nicht $X_n \to X_0[P]$ und im atomaren Fall folgt aus $X_n \xrightarrow{P} X_0$ bereits $X_n \to X_0[P]$, da $\lim_{n \to \infty} X_n = X_0$ P-f.ü. auf A für jedes P-Atom A zutrifft, denn eine reellwertige, meßbare Funktion ist auf einem P-Atom P-f.ü. konstant.

Verteilungskonvergenz (schwache Konvergenz):

SPRECHWEISE: $P_n : \mathcal{B} \to \mathbb{R}$, $n \in \mathbb{N}_0$, Wahrscheinlichkeitsmaße. Die Folge $(P_n)_{n=1,2,...}$ heißt verteilungskonvergent (schwach konvergent) gegen P_0 genau dann, wenn $\lim_{n\to\infty} P_n(B) = P_0(B)$ für alle $B \in \mathcal{B}$ mit $P_0(\partial B) = 0$ zutrifft.

Äquivalente Bedingung für Verteilungskonvergenz:

1. $\limsup_{n\to\infty} P_n(B) \geq P_0(B)$, B offene Teilmenge von $\mathbb{R}$.

2. $\liminf_{n\to\infty} P_n(B) \leq P_0(B)$, B abgeschlossene Teilmenge von $\mathbb{R}$.

3. $\lim_{n\to\infty} \int f\, dP_n = \int f\, dP_0$ für alle $f : \mathbb{R} \to \mathbb{R}$ stetig und beschränkt.

BEMERKUNG:

1. Man kann $\mathbb{R}$ durch einen metrischen Raum Ω ersetzen und $\mathcal{B}$ durch die Borelsche σ-Algebra $\mathcal{B}(\Omega)$ von Ω.

2. Im Fall $\Omega = \mathbb{R}$ (bzw. $\mathbb{R}^k$) ist die Verteilungskonvergenz äquivalent mit $\lim_{n\to\infty} F_n(x) = F_0(x)$ für alle $x \in \mathbb{R}$ (bzw. $x \in \mathbb{R}^k$), die Stetigkeitsstellen von F_0 sind. Dabei ist F_n die zu P_n korrespondierende eindimensionale (k-dimensionale) Verteilungsfunktion, $n \in \mathbb{N}_0$.

3. Satz von Polya: $\lim_{n\to\infty} F_n(x) = F_0(x)$, $x \in \mathbb{R}$ (bzw. $x \in \mathbb{R}^k$), F_0 stetig $\Rightarrow$ gleichmäßige Konvergenz.

Auswahlsatz von Helly:

$(F_n)_{n\in\mathbb{N}}$ Folge von eindimensionalen Verteilungsfunktionen. Dann gibt es eine Teilfolge $(F_{n_k})_{k=1,2,...}$ von $(F_n)_{n=1,2,...}$ mit $\lim_{k\to\infty} F_{n_k}(x) = G(x)$ für alle Stetigkeitsstellen $x \in \mathbb{R}$ von G mit $G : \mathbb{R} \to \mathbb{R}$ monoton wachsend, nicht-negativ und rechtsseitig stetig.

BEGRÜNDUNG: Cantorsches Diagonalverfahren liefert eine Teilfolge $(F_{n_k})_{k=1,2,...}$ von $(F_n)_{n=1,2,...}$ mit $\lim_{k\to\infty} F_{n_k}(\rho) =: G(\rho)$ existiert für alle $\rho \in \mathbb{Q}$. $G(x) :=$ $\inf\{G(\rho) : \rho \geq x, \rho \in \mathbb{Q}\}$, $x \in \mathbb{R}$ $\Rightarrow$ G monoton wachsend, nicht negativ, rechtsseitig stetig mit $\lim_{k\to\infty} F_n(x) = G(x)$, $x \in \mathbb{R}$ Stetigkeitsstelle von G.

BEMERKUNG:

1. Der Auswahlsatz von Helly bleibt für k-dimensionale Verteilungsfunktionen richtig. Dabei ist $G \equiv 0$ und $G \equiv 1$ möglich, wie die Folge der zu $(\delta_n)_{n=1,2,...}$ bzw. $(\delta_{-n})_{n=1,2,...}$ gehörenden Verteilungsfunktionen zeigt.

2. Ist $\mathcal{F}$ eine (nicht-leere) Menge von eindimensionalen Verteilungsfunktionen, so besitzt diese die Eigenschaft, daß es zu jeder Folge $(F_n)_{n=1,2,...}$ mit $F_n \in \mathcal{F}$, $n = 1, 2, \ldots$, eine Teilfolge $(F_{n_k})_{k=1,2,...}$ gibt mit $\lim_{k\to\infty} F_{n_k}(x) = F_0(x)$ für alle $x \in \mathbb{R}$ mit x als Stetigkeitsstelle von F_0 und F_0 als eindimensionale

Verteilungsfunktion genau dann, wenn gilt: Zu jedem $\varepsilon > 0$ gibt es $a, b \in \mathbb{R}$ mit $a < b$ und $F(b) - F(a) \geq 1 - \varepsilon$, $F \in \mathcal{F}$.

3. Der vorangehende Teil der Bemerkung läßt nach Prohorov folgende Verallgemeinerung zu: Ist $\mathcal{P}$ eine (nicht-leere) Menge von Wahrscheinlichkeitsmaßen auf der Borelschen σ-Algebra $\mathcal{B}(\Omega)$ eines vollständigen, separablen, metrischen Raumes Ω, so besitzt diese die Eigenschaft: Zu jeder Folge $(P_n)_{n=1,2,\ldots}$ mit $P_n \in \mathcal{P}$, $n = 1, 2, \ldots$, existiert eine Teilfolge $(P_{n_k})_{k=1,2,\ldots}$ mit $\lim_{k\to\infty} P_{n_k}(B) = P_0(B)$, $B \in \mathcal{B}(\Omega), P_0(\partial B) = 0$ und P_0 als Wahrscheinlichkeitsmaß auf $\mathcal{B}(\Omega)$ genau dann, wenn es zu $\varepsilon > 0$ eine kompakte Teilmenge K von Ω gibt mit $P(K) \geq 1 - \varepsilon$, $P \in \mathcal{P}$.

BEMERKUNG: Es wird später noch gezeigt werden, daß $\lim_{n\to\infty} F_n(x) = F_0(x)$ für alle $x \in \mathbb{R}$ mit x als Stetigkeitsstelle von F_0 genau dann zutrifft, wenn gilt: $\lim_{n\to\infty} \int \cos tx \, dP_n(x) = \int \cos tx \, dP_0(x)$, $t \in \mathbb{R}$, und $\lim_{n\to\infty} \int \sin tx \, dP_n(x) = \int \sin tx \, dP_0(x)$, $t \in \mathbb{R}$, mit P_n als zu F_n korrespondierender eindimensionaler Verteilungsfunktion. Dabei spielt die zu P_n korrespondierende charakteristische Funktion $\int e^{itx} dP_n := \int \cos tx \, dP_n(x) + i \int \sin tx \, dP_n(x), t \in \mathbb{R}$, $n = 1, 2, \ldots$, eine wichtige Rolle. Da die Konvergenz eine Folge charakteristischer Funktionen auf jedem kompakten Teilintervall von $\mathbb{R}$ gleichmäßig ist, kann man die Verteilungskonvergenz durch eine Metrik beschreiben, welche die gleichmäßige Konvergenz von charakteristischen Funktionen auf kompakten Intervallen von $\mathbb{R}$ beschreibt.

6 Produktmaße und Satz von Fubini-Tonelli

Das Ziel ist die Berechnung von Integralen mit Hilfe von Doppelintegralen und die Vertauschbarkeit von Doppelintegralen für das Maßintegral.

BEISPIEL: Berechnung des Volumens einer Kugelkappe

Das Volumen V einer Kugelkappe mit Radius r und Höhe h beträgt $V = \frac{\pi h}{6}(3r^2 + h^2)$, denn für eine Kugelkappe mit den entsprechenden Daten ρ und ξ und mit R als Radius der Kugel gilt $\rho^2 = R^2 - (R - \xi)^2 = 2R\xi - \xi^2$, woraus für $\xi = h$ folgt $2Rh = r^2 + h^2$ und damit $V = \pi \int_0^h (2R\xi - \xi^2)d\xi = \pi(Rh^2 - \frac{h^3}{3}) = \pi(\frac{h^3 + r^2 h}{2} - \frac{h^3}{3}) = \frac{\pi h}{6}(3r^2 + h^2)$.

BEISPIEL: Berechnung von $\int_0^\infty e^{-x^2/2}dx$ und $\frac{1}{\sqrt{2\pi}}\int e^{itx}e^{-x^2/2}dx$ ($t \in \mathbb{R}$).

Substitution $u = yx$ in $\int_0^\infty e^{-x^2/2}dx \cdot \int_0^\infty e^{-u^2/2}du$ liefert $\int_0^\infty \int_0^\infty e^{-x^2(1+y^2)/2}x \, dy$ $dx = \int_0^\infty \int_0^\infty e^{-x^2(1+y^2)/2}x \, dx \, dy = \frac{1}{2}\int_0^\infty \frac{dy}{1+y^2} = \frac{1}{2} arctg z|_{z=0}^{z=\infty} = \frac{\pi}{4}$, also: $\int_{-\infty}^\infty e^{-x^2/2}dx = \sqrt{2\pi}$, d. h. $\frac{1}{\sqrt{2\pi}}\int_{-\infty}^\infty e^{-x^2/2}\lambda(dx) = 1$. Zur Berechnung von $E(e^{itX})$, $t \in \mathbb{R}$, mit P^X als $\mathcal{N}(0,1)$-Verteilung, beachtet man, daß $\frac{d}{dt}E(e^{itX}) = \frac{1}{\sqrt{2\pi}}\int ixe^{itx-x^2/2}\lambda(dx)$, $t \in \mathbb{R}$, nach dem Satz von der majorisierten Konvergenz zutrifft. Ferner erhält man für das entsprechende uneigentliche Riemann-Integral mit Hilfe partieller Integration $\frac{d}{dt}E(e^{itX}) = \frac{1}{\sqrt{2\pi}}\int_{-\infty}^\infty ie^{itx}xe^{-x^2/2}dx = \frac{1}{\sqrt{2\pi}}ie^{itx}(-e^{-x^2/2})|_{x=-\infty}^{x=\infty} - \frac{1}{\sqrt{2\pi}}\int_{-\infty}^\infty i(it)e^{itx}(-e^{-x^2/2})dx = -tE(e^{itX})$, $t \in \mathbb{R}$, also $\frac{d}{dt}(e^{t^2/2}E(e^{itX})) = 0$, $t \in \mathbb{R}$. Daher gilt $e^{t^2/2}E(e^{itX}) = c$, $t \in \mathbb{R}$, für eine komplexe Zahl c, woraus mit $t = 0$ folgt $c = 1$, d. h.: $E(e^{itX}) = e^{-t^2/2}$, $t \in \mathbb{R}$.

Bei Kombination eines eigentlichen Riemann-Integrals mit einem Maßintegral läßt sich das folgende Beispiel für die Vertauschung des entsprechenden Doppelintegrals angeben.

BEISPIEL: Vertauschung eines Doppelintegrals bei Kombination eines eigentlichen Riemann-Integrals mit einem Maßintegral

Es sei $(\Omega, \mathcal{S}, \mu)$ ein Maßraum, $X : \Omega \times [a,b] \to \mathbb{R}$ ($a, b \in \mathbb{R}$, $a < b$) habe die folgenden Eigenschaften: $X_t : \Omega \to \mathbb{R}$ ist $\mathcal{S}$-meßbar mit $|X_t| \leq Y$, $t \in [a,b]$, $Y \in \mathcal{L}_1(\Omega, \mathcal{S}, \mu)$. $X_\omega : [a,b] \to \mathbb{R}$ sei stetig, $\omega \in \Omega$. Dann gilt $\int_a^b (\int X(\omega, t)d\mu(\omega))dt = \int(\int_a^b X(\omega, t)dt)d\mu(\omega)$.

BEGRÜNDUNG:

1. $\omega \to \int_a^b X(\omega, t) dt$, $\omega \in \Omega$, ist S-meßbar, da die entsprechenden Riemannschen Ober- bzw. Untersummen diese Eigenschaft haben.

2. $t \to \int X(\omega, t) d\mu(\omega)$, $t \in [a, b]$, ist stetig, wegen des Satzes von der majorisierten Konvergenz.

3. $\int (\int_a^x X(\omega, t) dt) d\mu(\omega) = \int_a^x (\int X(\omega, t) d\mu(\omega)) dt$ für alle $x \in [a, b]$, denn die durch die linke bzw. rechte Seite definierte Funktion F bzw. G ist differenzierbar und es gilt $G'(x) = \int X(\omega, x) d\mu(\omega)$, $x \in [a, b]$. Wegen $\frac{1}{n} | \int_a^{x+1/n} X(\omega, t) dt - \int_a^x X(\omega, t) dt| = \frac{1}{n} | \int_x^{x+1/n} X(\omega, t) dt| \leq Y(\omega)$, $\omega \in \Omega$, $x \in [a, b)$ und $n \in \mathbb{N}$ hinreichend groß, gilt nach dem Satz von der majorisierten Konvergenz $F'(x) = \int X(\omega, x) d\mu(\omega)$, $x \in [a, b)$, so daß $F(x) = G(x) = c$, $x \in [a, b)$, für ein $c \in \mathbb{R}$ zutrifft, woraus für $x = a$ folgt $c = 0$.

Bei der Behandlung des Problems der Vertauschung von Doppelintegralen ausschließlich für das Maßintegral kann nicht von endlichen Inhalten bzw. nicht σ-endlichen Maßen ausgegangen werden, wie die folgenden Beispiele zeigen.

BEISPIEL: Nichtvertauschbarkeit von Doppelintegralen für endliche Inhalte
$\Omega_1 := \Omega_2 := \mathbb{N}$, $S_1 :=: S_2 =: \mathcal{P}(\mathbb{N})$, μ Wahrscheinlichkeitsinhalt auf $\mathcal{P}(\mathbb{N})$ mit $\mu(\{n\}) = 0$, $n \in \mathbb{N}$, $A := \{(m, n) \in \mathbb{N}^2 : m \geq n\}$. Dann gilt: $\int (\int I_A(m, n) d\mu(m)) d\mu(n) = \int 1 d\mu(n) = 1$ und $\int (\int I_A(m, n)) d\mu(n)) d\mu(m) = \int 0 d\mu(m) = 0$.

BEISPIEL: Nichtvertauschbarkeit von Doppelintegralen für nicht σ-endliche Maße
$(\Omega_1, S_1, \mu_1) = (\mathbb{R}, \mathcal{B}, \lambda)$, $(\Omega_2, S_2, \mu_2) = (\mathbb{R}, \mathcal{B}, \mu_0)$, μ_0 Zählmaß auf $\mathcal{P}(\mathbb{R})$ eingeschränkt auf $\mathcal{B}$. Dann gilt mit $\Delta := \{(x, x) : x \in \mathbb{R}\}$ (Diagonale): $\int (\int I_\Delta(\omega_1, \omega_2) d\mu_1(\omega_1)) d\mu_2(\omega_2) = \infty$ und $\int (\int I_\Delta(\omega_1, \omega_2) d\mu_2(\omega_2)) d\mu_1(\omega_1) = 0$.

Rechenregeln für Rechteckmengen:
$A_{ij} \subset \Omega_i$, $j = 1, 2, \ldots$, $i = 1, 2$.

1. $\bigcap_{j=1}^\infty (A_{1j} \times A_{2j}) = (\bigcap_{j=1}^\infty A_{1j}) \times (\bigcap_{j=1}^\infty A_{2j})$.

2. $(A_{11} \times A_{21})^c = A_{11}^c \times \Omega_2 + A_{11} \times A_{21}^c = \Omega_1 \times A_{21}^c + A_{11}^c \times A_{21}$.

3. $(\bigcup_{j=1}^\infty A_{1j}) \times (\bigcup_{j=1}^\infty A_{2j}) = \bigcup_{j=1}^\infty \bigcup_{k=1}^\infty (A_{1j} \times A_{2k}) \supset \bigcup_{j=1}^\infty (A_{1j} \times A_{2j})$.

4. $A_{11} \times A_{21} = \emptyset \Leftrightarrow A_{11} = \emptyset$ oder $A_{21} = \emptyset$.

5. $A_{11} \times A_{21} \subset A_{12} \times A_{22} \Leftrightarrow A_{11} \subset A_{12}$, falls $A_{21} \neq \emptyset$ und $A_{21} \subset A_{22}$, falls $A_{11} \neq \emptyset$.

SPRECHWEISE: S_j σ-Algebra über Ω_j, $j = 1, 2$; dann heißt $S(\{A_1 \times A_2 : A_j \in S_j, j = 1, 2\})$ Produkt-σ-Algebra von $S_1 \otimes S_2$ (in Zeichen: $S_1 \otimes S_2$).

BEISPIEL: $\mathcal{B}^2 = \mathcal{B} \otimes \mathcal{B}$, wobei $\mathcal{B}^2$ durch $\{(a, b] : a, b \in \mathbb{R}^2, a < b\}$ bzw. durch die offenen Teilmengen von $\mathbb{R}^2$ erzeugt wird (analog zu $\mathcal{B}$).

BEMERKUNG:

1. $\mathcal{A}_j$ Algebren über Ω_j, $j = 1, 2$; dann gilt: $A(\{A_1 \times A_2 : A_j \in \mathcal{A}_j, \ j = 1, 2\}) = \{\sum_{i=1}^n A_{1j} \times A_{2j} : A_{ij} \in \mathcal{A}_i, \ j = 1, \ldots, n, \ i = 1, 2\}$, wenn man die Struktur von $A(\mathcal{E})$ für $\mathcal{E} \subset \mathcal{P}(\Omega)$ beachtet.

2. $\mathcal{E}_j \subset \mathcal{P}(\Omega_j)$, $j = 1, 2$; $\mathcal{E}_1 \times \mathcal{E}_2 := \{E_1 \times E_2 : E_j \in \mathcal{E}_j, \ j = 1, 2\}$. Dann gilt: $S(\mathcal{E}_1 \times \mathcal{E}_2) = S(\mathcal{E}_1) \otimes S(\mathcal{E}_2) \ \Leftrightarrow \ \Omega_1 \times E_2 \in S(\mathcal{E}_1 \times \mathcal{E}_2)$, $E_2 \in \mathcal{E}_2$, und $E_1 \times \Omega_2 \subset S(\mathcal{E}_1 \times \mathcal{E}_2)$, $E_1 \in \mathcal{E}_1$, denn: $\{A \in S(\mathcal{E}_1) : A \times \Omega_2 \in S(\mathcal{E}_1 \times \mathcal{E}_2)\}$ ist eine σ-Algebra über Ω_1, welche $\mathcal{E}_1$ enthält, falls $\Omega_1 \times E_2 \in S(\mathcal{E}_1 \times \mathcal{E}_2)$, $E_2 \in \mathcal{E}_2$, und daher mit $S(\mathcal{E}_1)$ übereinstimmt.

3. $\pi_j : \Omega_1 \times \Omega_2 \to \Omega_j$, $j = 1, 2$, Projektion; dann gilt π_j ist $(\mathcal{S}_1 \otimes \mathcal{S}_2, \mathcal{S}_j)$-meßbar, $j = 1, 2$.

4. $f : \Omega_1 \times \Omega_2 \to \Omega$ sei $(\mathcal{S}_1 \otimes \mathcal{S}_2, \mathcal{S})$-meßbar mit $\mathcal{S}_j$ als σ-Algebra über Ω_j und $\mathcal{S}$ als σ-Algebra über Ω, wobei $\mathcal{S}$ abzählbar erzeugt sei. Dann gibt es abzählbar erzeugte Teil-σ-Algebren $\mathcal{T}_j$ von $\mathcal{S}_j$, $j = 1, 2$, so daß f bereits $(\mathcal{T}_1 \otimes \mathcal{T}_2, \mathcal{S})$-meßbar ist, denn sei $\{E_1, E_2, \ldots\}$ ein Erzeuger von $\mathcal{S}$ und $f^{-1}(E_j) \in S(\{A_{j_n} \times B_{j_n} : A_{j_n} \in \mathcal{S}_1, \ B_{j_n} \in \mathcal{S}_2, \ n = 1, 2, \ldots\})$, $j = 1, 2, \ldots$, so daß f dann $(\mathcal{T}_1 \otimes \mathcal{T}_2, \mathcal{S})$-meßbar ist mit $\mathcal{T}_1 := S(\{A_{j_n} : j, n \in \mathbb{N}\})$, $\mathcal{T}_2 := S(\{B_{j_n} : j, n \in \mathbb{N}\})$, wegen $f^{-1}(E_j) \in \mathcal{T}_1 \otimes \mathcal{T}_2$, $j = 1, 2, \ldots$.

5. $A \in \mathcal{S}_1 \otimes \mathcal{S}_2$ Atom von $\mathcal{S}_1 \otimes \mathcal{S}_2 \ \Leftrightarrow \ A = A_1 \times A_2$, $A_j \in \mathcal{S}_j$ Atom von $\mathcal{S}_j$, $j = 1, 2$, denn ist $\mathcal{S}_1 \otimes \mathcal{S}_2$ abzählbar erzeugt, so ergibt sich für ein Atom $A \in \mathcal{S}$ von $\mathcal{S}$ die Beziehung $A = A_1 \times A_2$ mit $A_j \in \mathcal{S}_j$ als Atom von $\mathcal{S}_j$, $j = 1, 2$, aus der Struktur der Atome einer abzählbar erzeugten σ-Algebra, wobei man im nicht notwendig abzählbar erzeugten Fall für $\mathcal{S}_1 \otimes \mathcal{S}_2$ ein abzählbares Mengensystem $\{A_n \times B_n : A_n \in \mathcal{S}_1, \ B_n \in \mathcal{S}_2, \ n = 1, 2, \ldots\}$ finden kann mit $A \in S(\{A_n : n = 1, 2, \ldots\}) \otimes S(\{B_n : n = 1, 2, \ldots\})$, woraus wieder $A = A_1 \times A_2$ mit $A_j \in \mathcal{S}_j$ als Atom von $\mathcal{S}_j$, $j = 1, 2$, folgt. Umgekehrt folgt aus den nachfolgenden Eigenschaften von Schnittbildungen für Mengen aus $\mathcal{S}_1 \otimes \mathcal{S}_2$, daß $A_1 \times A_2$ mit $A_j \in \mathcal{S}_j$ als Atom von $\mathcal{S}_j$, $j = 1, 2$, ein Atom von $\mathcal{S}_1 \otimes \mathcal{S}_2$ ist.

Meßbarkeit von Schnittbildungen:

$A \in \mathcal{S}_1 \otimes \mathcal{S}_2 \ \Rightarrow \ A_{\omega_1} := \{\omega_2 \in \Omega_2 : (\omega_1, \omega_2) \in A\}$ (Schnitt von A an der Stelle $\omega_1 \in \Omega_1$) ist ein Element von $\mathcal{S}_2$, $\omega_1 \in \Omega_1$ (analog: $A_{\omega_2} \in \mathcal{S}_1$, $\omega_2 \in \Omega_2$), denn: $\{A \in \mathcal{S}_1 \otimes \mathcal{S}_2 : A_{\omega_1} \in \mathcal{S}_2\}$ ($\omega_1 \in \Omega_1$ fest) ist eine σ-Algebra über $\Omega_1 \times \Omega_2$, da die Schnittbildung mit den mengentheoretischen Operationen Vereinigung, Durchschnitt und Komplementbildung vertauschbar ist. Ferner gehört $A_1 \times A_2$ mit $A_j \in \mathcal{S}_j$, $j = 1, 2$, zu dieser σ-Algebra, wegen $(A_1 \times A_2)_{\omega_1} = \begin{cases} A_2, & \omega_1 \in A_1 \\ \emptyset, & \text{sonst} \end{cases}$, $\omega_1 \in \Omega_1$, so daß diese mit $\mathcal{S}_1 \otimes \mathcal{S}_2$ übereinstimmt.

BEMERKUNG: Man kann die Strukturaussage 5. für die Atome von Produkt-σ-Algebren auch allein mit Hilfe der Aussage über die Meßbarkeit von Schnittmengen meßbarer Mengen beweisen. Ist $A := A_1 \times A_2$ mit $A_j \in \mathcal{S}_j$ als Atom von $\mathcal{S}_j$, $j = 1, 2$, so gilt für $S \neq \emptyset$ mit $S \in \mathcal{S}_1 \otimes \mathcal{S}_2$ und $S \subset A$: Ist $(a_1, a_2) \in S$ fest und $(\omega_1, \omega_2) \in A$ beliebig, so trifft $a_2 \in S_{a_1} \subset A_2$ und damit $S_{a_1} = A_2$ sowie $\omega_2 \in S_{a_1}$ zu. Dies impliziert $a_1 \in S_{\omega_2} \subset A_1$, d. h. $S_{\omega_2} = A_1$. Hieraus resultiert schließlich $\omega_1 \in S_{\omega_2}$, d. h. $(\omega_1, \omega_2) \in S$, also $S = A$. Ist umgekehrt A ein Atom von $\mathcal{S}_1 \otimes \mathcal{S}_2$, dann gilt für jedes $(x_1, x_2) \in A$ und jedes $(y_1, y_2) \in A$ auch $(x_1, y_2) \in A$, denn $(x_1, x_2) \in (\Omega_1 \times A_{x_1}) \cap A \subset A$ impliziert $(\Omega_1 \times A_{x_1}) \cap A = A$. Daher trifft $A \subset \Omega_1 \times A_{x_1}$ und damit $y_2 \in A_{x_1}$ zu. Wegen $A \neq \emptyset$ gibt es $(a_1, a_2) \in A$ und daher ist $A = A_{a_2} \times A_{a_1}$, so daß noch $A_{a_2} \in \mathcal{S}_1$ als Atom von $\mathcal{S}_1$ nachzuweisen ist. Sei dazu $S_1 \in \mathcal{S}_1$ mit $S_1 \neq \emptyset$ und $S_1 \subset A_{a_2}$ sowie $x_1 \in S_1$. Hieraus ergibt sich $(x_1, a_2) \in (S_1 \times \Omega_2) \cap A \subset A$ und damit $A \subset S_1 \times \Omega_2$, also $A_{a_2} = S_1$.

BEMERKUNG: Aus $A_{\omega_j} \in \mathcal{S}_1 \otimes \mathcal{S}_2$, $\omega_j \in \Omega_j$, $j = 1, 2$, für $A \subset \Omega_1 \times \Omega_2$ folgt i.a. nicht $A \in \mathcal{S}_1 \otimes \mathcal{S}_2$, wie das folgende Beispiel zeigt.

BEISPIEL: $\Delta := \{(\omega, \omega) : \omega \in \Omega\}$ (Diagonale) ist ein Element von $\mathcal{S} \otimes \mathcal{S}$ mit $\mathcal{S}$ als σ-Algebra über Ω genau dann, wenn $\mathcal{S}$ abzählbar punktetrennend ist (topologisches Analogon: Ein topologischer Raum ist Hausdorffsch genau dann, wenn Δ eine abgeschlossene Teilmenge von $\Omega \times \Omega$ in der Produkttopologie von $\Omega \times \Omega$ ist), was z. B. für $\mathcal{S} := \{A \subset \Omega : A \text{ oder } A^c \text{ ist abzählbar}\}$ nicht zutrifft, falls Ω nicht abzählbar ist. Die obige Kennzeichnung von $\Delta \in \mathcal{S} \otimes \mathcal{S}$ kann man folgendermaßen begründen: Aus $\Delta \in \mathcal{S} \otimes \mathcal{S}$ folgt $\Delta \in \mathcal{S}' := S(\{A_n \times B_n : A_n, B_n \in \mathcal{S}, \ n = 1, 2, \ldots\})$, und daher existiert zu jedem $\omega \in \Omega$ ein Atom $A \in \mathcal{T} \otimes \mathcal{T}$ von $\mathcal{T} \otimes \mathcal{T}$ mit $(\omega, \omega) \in A \subset \Delta$, $\mathcal{T} := S(\{A_n : n \in \mathbb{N}\} \cup \{B_n : n \in \mathbb{N}\})$, d. h. $A_\omega = \{\omega\} \in \mathcal{T}$. Also ist $\{A_n : n = 1, 2, \ldots\} \cup \{B_n : n = 1, 2, \ldots\}$ punktetrennend. Umgekehrt folgt aus der Eigenschaft, daß $\{C_n : C_n \in \mathcal{S}, \ n = 1, 2, \ldots\}$ punktetrennend ist, $\Delta^c = \bigcup_{n=1}^{\infty}(C_n \times C_n^c) \cup \bigcup_{n=1}^{\infty}(C_n^c \times C_n) \in \mathcal{S} \otimes \mathcal{S}$.

BEMERKUNG:

1. Es trifft $\Delta \in \mathcal{P}(\Omega) \otimes \mathcal{P}(\Omega)$ genau dann zu, wenn $\text{card}(\Omega) \leq \text{card}(\mathbb{R})$ gilt, denn aus $\Delta \in \mathcal{P}(\Omega) \otimes \mathcal{P}(\Omega)$ folgt, daß es abzählbar viele Teilmengen A_n, $n = 1, 2, \ldots$, von Ω gibt, so daß $\{A_n : n \in \mathbb{N}\}$ punktetrennend ist. Insbesondere liegt dann jedes $\omega \in \Omega$ in genau einer der Mengen der Gestalt $\bigcap_{n=1}^{\infty} B_n$, $B_n \in \{A_n, A_n^c\}$, $n = 1, 2, \ldots$, woraus $\text{card}(\Omega) \leq \text{card}(\mathbb{R})$ folgt. Umgekehrt folgt aus $\text{card}(\Omega) \leq \text{card}(\mathbb{R})$, daß man ohne Einschränkung $\Omega \subset \mathbb{R}$ annehmen darf. Dann gilt aber $\Delta = \{(\omega, \omega) : \omega \in \Omega\} \in (\mathcal{B} \cap \Omega) \otimes (\mathcal{B} \cap \Omega)$, wegen $(\mathcal{B} \cap \Omega) \otimes (\mathcal{B} \cap \Omega) = (\mathcal{B} \otimes \mathcal{B}) \cap (\Omega \times \Omega)$, also $\Delta \in \mathcal{P}(\Omega) \otimes \mathcal{P}(\Omega)$.

2. Ist Ω ein topologischer (Hausdorff-) Raum, so gilt $\Delta \notin \mathcal{B}(\Omega) \otimes \mathcal{B}(\Omega)$ mit $\mathcal{B}(\Omega)$ als Borelsche σ-Algebra über Ω, falls $\text{card}(\Omega) > \text{card}(\mathbb{R})$ zutrifft. Insbesondere trifft in diesem Fall $\mathcal{B}(\Omega) \otimes \mathcal{B}(\Omega) \subsetneq \mathcal{B}(\Omega \times \Omega)$ zu. Dagegen gilt für topologische

Räume Ω_j, $j = 1, 2$, mit abzählbarer Basis $\mathcal{B}(\Omega_1) \otimes \mathcal{B}(\Omega_2) = \mathcal{B}(\Omega_1 \times \Omega_2)$ für die Borelschen σ-Algebren über Ω_1, Ω_2 bzw. $\Omega_1 \times \Omega_2$.

Existenz und Eindeutigkeit von Produktmaßen

Sind $(\Omega_j, \mathcal{S}_j, \mu_j)$ Maßräume mit μ_j als σ-endliche Maße, $j = 1, 2$, so wird durch $\mu_{12}(A) := \int \mu_2(A_{\omega_1})\mu_1(d\omega_1)$, $A \in \mathcal{S}_1 \otimes \mathcal{S}_2$, ein Maß μ_{12} auf $\mathcal{S}_1 \otimes \mathcal{S}_2$ definiert, daß durch $\mu_{12}(A_1 \times A_2) = \mu_1(A_1)\mu_2(A_2)$, $A_j \in \mathcal{S}_j$, $j = 1, 2$, eindeutig bestimmt ist. Dabei heißt μ_{12} das Produktmaß von μ_1, μ_2 (in Zeichen: $\mu_1 \otimes \mu_2$). Ferner gilt $(\mu_1 \otimes \mu_2)(A) = \int \mu_1(A_{\omega_2})\mu_2(d\omega_2)$, $A \in \mathcal{S}_1 \otimes \mathcal{S}_2$.

BEGRÜNDUNG: Es kann höchstens ein Maß μ_{12} auf $\mathcal{S}_1 \otimes \mathcal{S}_2$ geben mit $\mu_{12}(A_1 \times A_2) = \mu_1(A_1)\mu_2(A_2)$, $A_j \in \mathcal{S}_j$, $j = 1, 2$, denn es gibt $A_{ij} \in \mathcal{S}_i$, $j = 1, 2, \ldots$, paarweise disjunkt, $\mu_i(A_{ij}) < \infty$, $j = 1, 2, \ldots$, $\sum_{j=1}^{\infty} A_{ij} = \Omega_i$, $i = 1, 2$, und $\{A_1 \times A_2 : A_k \in \mathcal{S}_k, \ k = 1, 2\}$ ist ein durchschnittsstabiler Erzeuger von $\mathcal{S}_1 \otimes \mathcal{S}_2$. Zum Nachweis der Existenz ist zunächst die $\mathcal{S}_1$-Meßbarkeit von $\omega_1 \to \mu_2(A_{\omega_1})$, $\omega_1 \in \Omega_1$, $A \in \mathcal{S}_1 \otimes \mathcal{S}_2$ fest, zu beweisen. Wegen $\mu_2(A_{\omega_1}) = \sum_{n=1}^{\infty} \mu_2((A_{1n} \times A_{2n} \cap A)_{\omega_1})$, $\omega_1 \in \Omega_1$, $A \in \mathcal{S}_1 \otimes \mathcal{S}_2$, kann man μ_2 als endlich voraussetzen, so daß $\{A \in \mathcal{S}_1 \otimes \mathcal{S}_2 : \omega_1 \to \mu_2(A_{\omega_1}), \ \omega_1 \in \Omega_1, \text{ ist } \mathcal{S}_1\text{-meßbar}\}$ ein Dynkin-System über $\Omega_1 \times \Omega_2$ ist, das jede Rechteckmenge $A_1 \times A_2$ mit Seiten $A_j \in \mathcal{S}_j$, $j = 1, 2$, enthält, wegen $\mu_2((A_1 \times A_2)_{\omega_1}) = \mu_2(A_2)I_{A_1}(\omega_1)$, $\omega_1 \in A_1$, und daher mit $\mathcal{S}_1 \otimes \mathcal{S}_2$ übereinstimmt. Nun liefert die Linearität des Maßintegrals zusammen mit dem Satz von der monotonen Konvergenz, daß μ_{12} ein Maß ist mit $\mu_{12}(A_1 \times A_2) = \mu_1(A_1)\mu_2(A_2)$, $A_j \in \mathcal{S}_j$, $j = 1, 2$.

BEISPIEL: Das Lebesgue-Borelsche Maß λ^2 auf $\mathcal{B}^2$, welches durch $\lambda^2((a_1, a_2], (b_1, b_2]) = (b_1 - a_1)(b_2 - a_2)$, $a_j, b_j \in \mathbb{R}$, $j = 1, 2$, $a_1 \leq b_1$, $a_2 \leq b_2$, eindeutig als Maß auf $\mathcal{B}^2$ bestimmt ist, ist identisch mit $\lambda \otimes \lambda$.

BEMERKUNG:

1. Für nicht σ-endliche Maße μ_2 ist $\omega_1 \to \mu_2(A_{\omega_1})$, $\omega_1 \in \Omega_1$, $A \in \mathcal{S}_1 \otimes \mathcal{S}_2$ fest, i.a. nicht $\mathcal{S}_1$-meßbar, denn es gibt einen vollständigen, separablen, metrischen Raum Ω und eine abgeschlossene Teilmenge A von $\mathbb{R} \times \Omega$, so daß $\pi(A) \notin \mathcal{B}$ mit $\pi : \mathbb{R} \times \Omega \to \mathbb{R}$ als Projektion zutrifft. Ist nun μ das Zählmaß eingeschränkt auf die Borelsche σ-Algebra $\mathcal{B}(\Omega)$ von Ω, so gilt: $\mu(\{\omega_1 \in \mathbb{R} : \mu(A_{\omega_1}) > 0\}) = \pi(A) \notin \mathcal{B}$.

2. Sind $(\Omega_j, \mathcal{S}_j, \mu_j)$ beliebige Maßräume, $j = 1, 2$, so kann man $\mu_1 \otimes \mu_2$ gemäß $(\mu_1 \otimes \mu_2)(A) = \sup_{\substack{F_j \in \mathcal{F}_j \\ j=1,2}} (\mu_{1F_1} \otimes \mu_{2F_2})(A)$, $A \in \mathcal{S}_1 \otimes \mathcal{S}_2$, $\mathcal{F}_j := \{F_j \in \mathcal{S}_j : \mu_j(F_j) < \infty\}$, $j = 1, 2$, definieren, da $\{\mu_{1F_1} \otimes \mu_{2F_2} : F_j \in \mathcal{F}_j, j = 1, 2\}$ nach oben gerichtet ist. Ferner gilt $\mu_1 \otimes \mu_2 \leq \mu_{12}$ für jedes Maß μ_{12} auf $\mathcal{S}_1 \otimes \mathcal{S}_2$ mit $\mu_{12}(A_1 \times A_2) = \mu_1(A_1)\mu_2(A_2)$, $A_j \in \mathcal{S}_j$, $\mu_j(A_j) < \infty$, $j = 1, 2$, wobei $\mu_1 \otimes \mu_2$ auch diese Eigenschaft von μ_{12} hat und $\mu_1 \otimes \mu_2$ semifinit ist. Schließlich gilt für $\mu_1 \otimes \mu_2$, falls μ_1 σ-endlich ist und μ_2 semifinit ist

$(\mu_1 \otimes \mu_2)(A) = \int \mu_1(A_{\omega_2})\mu_2(d\omega_2)$, $A \in \mathcal{S}_1 \otimes \mathcal{S}_2$, wegen $(\mu_1 \otimes \mu_2)(A) = \sup_{F_2 \in \mathcal{F}_2} \int \mu_1(A_{\omega_2})\mu_{2F_2}(d\omega_2) = \int \mu_1(A_{\omega_2})\mu_2(d\omega_2)$, $A \in \mathcal{S}_1 \otimes \mathcal{S}_2$.

Satz von Fubini-Tonelli

Es seien $(\Omega_j, \mathcal{S}_j, \mu_j)$ Maßräume mit μ_j als σ-endliche Maße auf $\mathcal{S}_j$, $j = 1, 2$. Dann gilt für $X : \Omega_1 \times \Omega_2 \to \mathbb{R}$ als $(\mathcal{S}_1 \otimes \mathcal{S}_2)$-meßbare und nicht-negative bzw. $(\mu_1 \otimes \mu_2)$-integrierbare Funktion: $\int X \, d(\mu_1 \otimes \mu_2) = \int(\int X(\omega_1, \omega_2)\mu_1(d\omega_1))\mu_2(d\omega_2) = \int(\int X(\omega_1, \omega_2)\mu_2(d\omega_2))\mu_1(d\omega_1)$, wobei $|\int X(\omega_1, \omega_2)\mu_1(d\omega)| < \infty$ für μ_2-fast alle $\omega_2 \in \Omega_2$ und $|\int X(\omega_1, \omega_2)\mu_2(d\omega_2)| < \infty$ für μ_1-fast alle $\omega_1 \in \Omega_1$ im Fall $X \in \mathcal{L}_1(\Omega_1 \times \Omega_2, \mathcal{S}_1 \otimes \mathcal{S}_2, \mu_1 \otimes \mu_2)$ zutrifft.

BEGRÜNDUNG: Für $X := I_A$, $A \in \mathcal{S}_1 \otimes \mathcal{S}_2$, ergibt sich die Behauptung aus der Definition des Produktmaßes $\mu_1 \otimes \mu_2$. Für den Fall X nicht-negativ, $(\mathcal{S}_1 \otimes \mathcal{S}_2)$-meßbar und primitiv, verwendet man die Linearität des Maßintegrals, während für den Fall X nicht-negativ und $(\mathcal{S}_1 \otimes \mathcal{S}_2)$-meßbar mit dem Satz von der monotonen Konvergenz argumentiert wird. Der Fall $X \in \mathcal{L}_1(\Omega_1 \otimes \Omega_2, \mathcal{S}_1 \otimes \mathcal{S}_2, \mu_1 \otimes \mu_2)$ wird auf den vorangehenden Fall vermöge $X = X^+ - X^-$ zurückgeführt.

SPEZIALFÄLLE

1. Cavalierisches Prinzip im Zusammenhang mit der Bestimmung des Volumens eines dreidimensionalen Körpers.

2. Umordnungssatz für Doppelreihen.

BEISPIEL: (Geometrische Deutung des Maßintegrals)
Für $X \in \mathcal{L}_1(\Omega, \mathcal{S}, \mu)$ nicht-negativ mit $(\Omega, \mathcal{S}, \mu)$ als σ-endlicher Maßraum gilt $\int X \, d\mu = (\mu \otimes \lambda_{[0,\infty)})(\{(\omega, t) : X(\omega) \geq t\})$, denn die Projektion $\pi : \Omega \times [0, \infty) \to \Omega$ ist $(\mathcal{S} \otimes \mathcal{B}, \mathcal{S})$-meßbar, so daß $\{(\omega, t) : X(\omega) \geq t\} = \pi^{-1}(X^{-1}([t, \infty))) \in \mathcal{S} \otimes \mathcal{B}$ zutrifft. Der Satz von Fubini-Tonelli liefert $\int X(\omega)\mu(d\omega) = \int \lambda_{[0,\infty)}((\{(\omega, t) : X(\omega) \geq t\})_\omega)\mu(d\omega) = (\mu \otimes \lambda_{[0,\infty)})(\{(\omega, t) : X(\omega) \geq t\})$. Insbesondere gilt $\int X \, d\mu = \int \mu(\{X \geq t\})\lambda_{[0,\infty)}(dt)$, woraus sich speziell im Fall $X : \Omega \to \mathbb{N}_0$ ergibt $E(X) = \sum_{n=1}^{\infty} P(\{X \geq n\})$.

BEISPIEL: (Partielle Integration für das Maßintegral)
$f, g \in \mathcal{L}_1([a, b], \mathcal{B} \cap [a, b], \mu)$ mit μ als nicht notwendig σ-endliches Maß und $a, b \in \mathbb{R}, a < b$. Dann gilt mit $G(x) := \int_{[a,x]} g(y)\mu(dy)$, $x \in [a, b]$, $F(y) := \int_{[a,y]} f(x)\mu(dx)$, $y \in [a, b]$, $F(y-) := \int_{[a,y)} f(x)\mu(dx)$, $y \in [a, b]$, die Beziehung $\int f(x)G(x)\mu(dx) = F(b)G(b) - \int F(x-)g(x)\mu(dx)$, denn der Satz von Fubini-Tonelli liefert für $\int I_{\{(x,y):x \geq y\}}(x, y)f(x)g(y)(\mu \otimes \mu)(d(x, y)) = \int f(x)G(x)\mu(dx) = \int(\int_{[y,b]} f(x)\mu(dx))g(y)\mu(dy) = \int(F(b) - F(y-))g(y)\mu(dy)$. Dabei kann man, wegen der σ-Endlichkeit von $\mu_{\{f \neq 0\}}$ und $\mu_{\{g \neq 0\}}$ (d. h. $\mu_{\{f \neq 0\}}(B) := \mu(B \cap \{f \neq 0\})$, $B \in \mathcal{B} \cap [a, b]$, $\mu_{\{g \neq 0\}}$ analog), ohne Einschränkung der Allgemeinheit μ als σ-endlich voraussetzen.

BEMERKUNG: Ist $(\Omega, \mathcal{S}, \mu)$ ein Maßraum und hat $X : \Omega \times [a, b] \to \mathbb{R}$ die folgenden Eigenschaften: $X_t : \Omega \to \mathbb{R}$ ist $\mathcal{S}$-meßbar mit $|X_t| \le Y$, $t \in [a, b]$ ($a, b \in \mathbb{R}$, $a < b$) sowie $X_\omega : [a, b] \to \mathbb{R}$ stetig, $\omega \in \Omega$, so folgt die bereits bewiesene Beziehung $\int_a^b (\int X(\omega, t) \mu(d\omega)) = \int (\int_a^b X(\omega, t) dt) \mu(d\omega)$ auch aus dem Satz von Fubini-Tonelli, denn X ist $\mathcal{S} \otimes (\mathcal{B} \cap [a, b])$-meßbar, also $X \in \mathcal{L}_1(\Omega \times [a, b], \mathcal{S} \otimes (\mathcal{B} \cap [a, b]), \mu \otimes \lambda_{[a, b]})$, wobei man ohne Einschränkung μ als σ-endlich voraussetzen darf, da $\mu_{\{Y \neq 0\}}$ (d. h. $\mu_{\{Y \neq 0\}}(A) := \mu(A \cap \{Y \neq 0\})$, $A \in \mathcal{S}$) σ-endlich ist. Es bleibt noch die $(\mathcal{S} \otimes (\mathcal{B} \cap [a, b]))$-Meßbarkeit von X zu beweisen, die allgemeiner für $f : \Omega \times Z$ mit Z als topologischer Raum mit abzählbarer Basis und zugehöriger Borelscher σ-Algebra $\mathcal{B}(Z)$ bewiesen wird, wobei f_z für jedes $z \in Z$ eine $\mathcal{S}$-meßbare Funktion ist und f_ω für jedes $\omega \in \Omega$ stetig ist. Dann sieht man die $(\mathcal{S} \otimes \mathcal{B}(Z))$-Meßbarkeit von f wie folgt ein: Gilt zusätzlich $f \ge 0$, so liefert $f(\omega, z) = \sup_{O \in \mathcal{B}} \inf_{y \in O \cap A} f(\omega, z) I_O(x)$ mit A als abzählbarer, dichter Teilmenge von Z und $\mathcal{B}$ abzählbarer Basis von Z, die gewünschte Meßbarkeitsaussage, wobei die Ungleichung $\ge$ aus $f \ge 0$ und die Ungleichung $\le$ aus der Beobachtung folgt, daß es zu $z \in Z$, $\varepsilon > 0$ und $\omega \in \Omega$ ein $O \in \mathcal{B}$ mit $x \in O$ und $f(\omega, y) \ge f(\omega, z) - \varepsilon$, $y \in O \cap A$, gibt. Der allgemeine Fall folgt aus $f = f^+ - f^-$. Man kann auf die Annahme, daß Z ein topologischer Raum mit abzählbarer Basis ist, nicht ersatzlos verzichten, wie der Spezialfall $f(x, y) := \|x - y\|$, $x, y \in X$, mit X als Banachraum und $\operatorname{card}(X) > \operatorname{card}(\mathbb{R})$ zeigt. Dabei ist $\| \ \|$ die Norm von X. Dann ist f_x stetig, $x \in X$, und f_y stetig, $y \in X$. Also sind f_x, $x \in X$, und f_y, $y \in X$, bezüglich $\mathcal{B}(X)$ meßbar mit $\mathcal{B}(X)$ als Borelscher σ-Algebra von X. Wegen $\Delta = f^{-1}(\{0\}) \notin \mathcal{B}(X) \otimes \mathcal{B}(X)$ ist f aber nicht $(\mathcal{B}(X) \otimes \mathcal{B}(X))$-meßbar.

Endliche Produkte von σ-endlichen Maßräumen

Assoziativität im Zusammenhang mit σ-endlichen Maßräumen $(\Omega_j, \mathcal{S}_j, \mu_j)$, $j = 1, 2, 3$:
$(\Omega_1 \times \Omega_2) \times \Omega_3 = \Omega_1 \times (\Omega_2 \times \Omega_3)$, $(\mathcal{S}_1 \otimes \mathcal{S}_2) \otimes \mathcal{S}_3 = \mathcal{S}_1 \otimes (\mathcal{S}_2 \otimes \mathcal{S}_3)$, $(\mu_1 \otimes \mu_2) \otimes \mu_3 = \mu_1 \otimes (\mu_2 \otimes \mu_3)$.

BEISPIEL:

1. $\mathcal{B}^n = \mathcal{B} \otimes \ldots \otimes \mathcal{B}$, wobei $\mathcal{B}^n$ durch $\{(a, b] : a, b \in \mathbb{R}^n, a < b\}$ bzw. durch die offenen Teilmengen des $\mathbb{R}^n$ erzeugt wird (in Analogie zu $\mathcal{B}$).

2. $\lambda^n = \lambda \otimes \ldots \otimes \lambda$, wobei λ^n eindeutig durch $\lambda^n(((a_1, \ldots, a_n), (b_1, \ldots, b_n)]) = \prod_{j=1}^n (b_j - a_j)$, $a_j, b_j \in \mathbb{R}^n$, $a_j < b_j$, $j = 1, \ldots, n$, bestimmt ist.

ANWENDUNG: Existenz von Zufallsgrößen mit vorgegebenen Verteilungen $(\Omega_j, \mathcal{S}_j, P_j)$ Wahrscheinlichkeitsräume, $j = 1, \ldots, n$. Dann werden durch die Projektionen $X_j : \Omega_1 \times \ldots \times \Omega_n \to \Omega_j$, $j = 1, \ldots, n$, Zufallsgrößen erklärt, die jeweils $(\mathcal{S}_1 \otimes \ldots \otimes \mathcal{S}_n, \mathcal{S}_j)$-meßbar sind mit $P^{X_j} = P_j$, $j = 1, \ldots, n$ und $P := P_1 \otimes \ldots \otimes P_n$. Ferner gilt: $P^{(X_1, \ldots, X_n)} = P^{X_1} \otimes \ldots \otimes P^{X_n}$, d. h. $X_1, \ldots, X_n$ sind (unter P) stochastisch unabhängig gemäß der

SPRECHWEISE: $(\Omega, \mathcal{S}, P)$ Wahrscheinlichkeitsraum, $X_i : \Omega \to \Omega_{X_i}$ sei $(\mathcal{S}, \mathcal{S}_{X_i})$-

meßbar, $i \in I$ mit (Ω_{X_i}, S_{X_i}) als Meßräume, $i \in I$. Dann nennt man X_i, $i \in I$, stochastisch unabhängig (unter P), falls $P^{(X_{i_1}, \ldots, X_{i_n})} = P^{X_{i_1}} \otimes \ldots \otimes P^{X_{i_n}}$ für jede endliche Teilmenge $\{i_1, \ldots, i_n\}$von I zutrifft. Gilt zusätzlich $P^{X_i} = P^{X_j}$, $i, j \in I$, dann heißen die X_i, $i \in I$, stochastisch unabhängig und identisch verteilt (unter P).

BEMERKUNG: (Ω, S, P) Wahrscheinlichkeitsraum. Dann existieren (unter P) stochastisch unabhängige, identisch verteilte, reellwertige und S-meßbare Zufallsgrößen X_n, $n = 1, 2, \ldots$, wobei P^{X_1} keine Dirac-Verteilung ist, genau dann, wenn P atomlos ist, d. h. es gibt keine Menge $A \in S$ mit $P(A) > 0$ und der Eigenschaft, daß $B \subset A$ mit $B \in S$ impliziert $P(B) = 0$ oder $P(B) = P(A)$, denn: Ist P atomlos, so existieren zu $n \in \mathbb{N}$ paarweise disjunkte Mengen $A_{(\frac{k-1}{2^n}, \frac{k}{2^n}]}$, $k = 1, \ldots, 2^n$, mit $\Omega = \sum_{k=1}^n A_{(\frac{k-1}{2^n}, \frac{k}{2^n}]}$ und $P(A_{(\frac{k-1}{2^n}, \frac{k}{2^n}]}) = 2^{-n}$, $k = 1, \ldots, 2^n$, sowie $A_{(\frac{k-1}{2^n}, \frac{k}{2^n}]} = \sum_{\ell=(k-1)2^m+1}^{k2^m} A_{(\frac{\ell-1}{2^{n+m}}, \frac{\ell}{2^{n+m}}]}$, $k = 1, \ldots, 2^n$, $n \in \mathbb{N}$, $m \in \mathbb{N}_0$ (vgl. S. 65). Dann werden durch $X_n := I_{\sum_{\substack{1 \le k \le 2^n \\ k \text{ gerade}}} A_{(\frac{k-1}{2^n}, \frac{k}{2^n}]}}$, $n = 1, 2, \ldots$, (unter P) stochastisch unabhängige, identisch verteilte Zufallsgrößen erklärt mit P^{X_1} als $\mathcal{B}(1, \frac{1}{2})$-Verteilung. Sind nun X_n, $n = 1, 2, \ldots$, (unter P) stochastisch unabhängige, identisch verteilte Zufallsgrößen, die reellwertig und S-meßbar sind, wobei P^{X_1} keine Dirac-Verteilung ist, so besitzt P keine Atome, andernfalls folgt für ein P-Atom $A \in S$ die Beziehung $X_1 I_A = c$ P-f.ü. für ein $c \in \mathbb{R}$, da eine S-meßbare, reellwertige Funktion auf einem P-Atom P-f.ü. konstant ist. Da die X_n, $n = 1, 2, \ldots$, (unter P) identisch verteilt sind, gilt ferner $P(\{X_n = c\}) = P(\{X_1 = c\})$, $n = 1, 2, \ldots$. Schließlich impliziert die Eigenschaft von A ein P-Atom zu sein $I_A \le I_B$ P-f.ü. oder $I_A \le I_{B^c}$ P-f.ü. für jedes $B \in S$, so daß insbesondere gilt $I_A \le I_{\{X_{n_k} = c\}}$ P-f.ü. oder $I_A \le I_{\{X_{n_k} \ne c\}}$ P-f.ü. für unendlich viele $n_k \in \mathbb{N}$, $k = 1, 2, \ldots$. Nun folgt aber aus der stochastischen Unabhängigkeit von X_n, $n = 1, 2, \ldots$, der Widerspruch $P(A) \le \prod_{k=1}^\infty a_k = 0$, mit $a_k = P(\{X_{n_k} = c\})$, $k = 1, 2, \ldots$, bzw. $a_k = P(\{X_{n_k} \ne c\})$, $k = 1, 2, \ldots$, also $a_k = a_1$, $k = 1, 2, \ldots$, und $0 < a_1 < 1$, da P^{X_1} keine Dirac-Verteilung ist.

BEMERKUNG: Die obige wahrscheinlichkeitstheoretische Kennzeichnung atomloser Wahrscheinlichkeitsmaße beruht auf der Eigenschaft eines atomlosen Wahrscheinlichkeitsmaßes P auf einer σ-Algebra S über einer Menge Ω, daß es zu $\alpha \in [0, P(A)]$ mit $A \in S$ ein $B \in S$ mit $B \subset A$ und $P(B) = \alpha$ gibt. Lyapunoff hat hiervon die folgende mehrdimensionale Version gezeigt: Sind $P_1, \ldots, P_n$ atomlose Wahrscheinlichkeitsmaße auf der σ-Algebra S, dann ist der Wertebereich $\{(P_1(A), \ldots, P_n(A)), A \in S\}$ von $(P_1, \ldots, P_n)$ eine konvexe Teilmenge des $\mathbb{R}^n$. Dieser Satz von Lyapunoff läßt sich folgendermaßen anwenden: Ist P ein atomloses Wahrscheinlichkeitsmaß auf einer σ-Algebra über Ω und Q ein weiteres Wahrscheinlichkeitsmaß auf S mit denselben stochastisch unabhängigen Ereignissen, d. h. $P(A \cap B) = P(A)P(B)$ für $A, B \in S$ ist äquivalent mit $Q(A \cap B) = Q(A)Q(B)$, dann gilt bereits $P = Q$. Zum Beweis wählt man zunächst zu $A \in S$ mit $P(A) = \frac{1}{2}$ paarweise disjunkte Mengen $A_1, A_2, A_3, A_4 \in S$ mit $A_1 \cup A_2 = A$, $A_3 \cup A_4 = A^c$ und $P(A_j) = \frac{1}{4}$, $j = 1, 2, 3, 4$. Dann gilt für $B := A_1 \cup A_3$, daß A, B und A, $A \triangle B$ unter P stochastisch unabhängig sind. Daher trifft auch $Q(A \cap (A \Delta B)) = Q(A^c \cap B) = Q(B)Q(A \Delta B) = Q(B)Q(A \cap B^c) + Q(B)Q(A^c \cap B)$ zu, woraus, wegen $Q(A \cap B^c) = Q(A)Q(B^c)$ und $Q(A^c \cap B) = Q(A^c)Q(B)$, folgt $Q(A) = Q(A^c)$, denn Q und P haben dasselbe Nullmengensystem, so daß insbesondere $Q(A) > 0$, $Q(B^c) > 0$ zutrifft, d. h. aus $P(A) = \frac{1}{2}$ folgt $Q(A) = \frac{1}{2}$. Es bleibt noch zu begründen, daß P und Q dasselbe System von Nullmengen besitzen. Aus $Q(N) = 0$ für ein $N \in \mathcal{S}$ folgt, wegen $Q(N \cap N) = Q(N)Q(N)$, daß $P(N) = 1$ oder $P(N) = 0$ ist. Im Fall $P(N) = 1$ existiert aber eine Teilmenge $A \in \mathcal{S}$ von N mit $0 < P(A) < 1$, so daß, wegen $Q(A) = 0$, der Widerspruch $P(A) \in \{0,1\}$ resultiert. Daher folgt aus $Q(N) = 0$ für ein $N \in \mathcal{S}$ die Beziehung $P(N) = 0$, so daß insbesondere keine Menge $N \in \mathcal{S}$ mit $P(N) = 0$ und $Q(N) = 1$ existieren kann. Nach der obigen Überlegung gilt insbesondere $Q(N) \in \{0,1\}$ für $N \in \mathcal{S}$ mit $P(N) = 0$, also $Q(N) = 0$, d. h. P, Q haben dasselbe Nullmengensystem. Daher ist auch Q atomlos und im Fall $P(A) > \frac{1}{2}$ für ein $A \in \mathcal{S}$ existiert nach dem obigen Satz von Lyapunoff ein $B \in \mathcal{S}$ mit $(P(B), Q(B)) = \frac{1}{2P(A)}(P(A), Q(A)) = (\frac{1}{2}, \frac{Q(A)}{2P(A)})$, so daß $Q(B) = \frac{1}{2} = \frac{1}{2}\frac{Q(A)}{P(A)}$ nach den obigen Überlegungen zutrifft, d. h. $P(A) > \frac{1}{2}$ impliziert $P(A) = Q(A)$. Im Fall $P(A) < \frac{1}{2}$ für ein $A \in \mathcal{S}$ wendet man denselben Schluß auf A^c statt A an und erhält $P(A^c) = Q(A^c)$, also $P(A) = Q(A)$. Schließlich lehren die obigen Überlegungen, daß für zwei Wahrscheinlichkeitsmaße P, Q auf der σ-Algebra $\mathcal{S}$, mit der Eigenschaft, daß $P(A) = \frac{1}{2}$ mit $Q(A) = \frac{1}{2}$ äquivalent ist mit $A \in \mathcal{S}$, gilt $P = Q$, falls P oder Q atomlos ist. Denn für die Zerlegung $A_{(\frac{k-1}{2^n}, \frac{k}{2^n}]} \in \mathcal{S}$, $k = 1, \ldots, 2^n$, $n = 1, 2, \ldots$, von Ω mit $P(A_{(\frac{k-1}{2^n}, \frac{k}{2^n}]}) = \frac{1}{2^n}$, $k = 1, \ldots, 2^n$, $n = 1, 2, \ldots$, folgt $Q(A_{(\frac{k-1}{2^n}, \frac{k}{2^n}]}) = \frac{1}{2^n}$, $k = 1, \ldots, 2^n$, $n = 1, 2, \ldots$, wenn man die vorangehende Kennzeichnung atomloser Wahrscheinlichkeitsmaße durch die Existenz von stochastisch unabhängigen, identisch verteilten Zufallsgrößen mit einer $\mathcal{B}(1, \frac{1}{2})$-Verteilung beachtet. Insbesondere ist daher auch Q atomlos, so daß wieder der Satz von Lyapunoff angewendet werden kann mit dem Resultat $P = Q$.

Direkte Produkte von beliebig vielen Wahrscheinlichkeitsräumen

$(\Omega_i, \mathcal{S}_i, P_i)$ Wahrscheinlichkeitsraum, $i \in I$, $X_{i \in I}\Omega_i := \{f | f : I \to \bigcup_{i \in I} \Omega_i$ mit $f(i) \in \Omega_i, i \in I\}$, $(\omega_i)_{i \in I} \in X_{i \in I}\Omega_i$, speziell: $\Omega_i = \Omega$, $i \in I$. $X_{i \in I}\Omega_i = \{f | f : I \to \Omega\} =: \Omega^I$, $\bigotimes_{i \in I} \mathcal{S}_i := S(\bigcup_{i \in I} \pi_i^{-1}(\mathcal{S}_i))$, $\pi_i : X_{i \in I}\Omega_i \to \Omega_i$ Projektion, $i \in I$, speziell: $(\Omega_i, \mathcal{S}_i) = (\Omega, \mathcal{S})$, $i \in I$, $\bigotimes_{i \in I} \mathcal{S}_i =: \mathcal{S}^I$.

BEMERKUNG:

1. $\bigotimes_{i \in I} \mathcal{S}_i = S(\{\pi_J^{-1}(\bigotimes_{j \in J} \mathcal{S}_j) : J$ endliche Teilmenge von $I\})$, wobei $\{\pi_J^{-1}(\bigotimes_{j \in J} \mathcal{S}_j) : J$ endliche Teilmenge von $I\}$ eine Algebra über $X_{i \in I}\Omega_i$ ist und $\pi_J^{-1}(\mathcal{S}_i)$ Zylindermengen mit einer Basis aus $\bigotimes_{i \in I} \mathcal{S}_i$ heißen mit $\pi_J : X_{i \in I}\Omega_i \to X_{j \in J}\Omega_j$ als Projektion (für eine beliebige Teilmenge J von I).

2. $\bigotimes_{i \in I} S(\mathcal{E}_i) = S(\{\pi_J^{-1}(X_{j \in J}\mathcal{E}_j) : J$ endliche Teilmenge von $I\})$ mit $\mathcal{E}_i \subset$

$\mathcal{P}(\Omega_i)$, $\Omega_i \in \mathcal{E}_i$, $i \in I$.

Eigenschaften von $\bigotimes_{i \in I} \mathcal{S}_i$:

1. $\bigotimes_{i \in I} \mathcal{S}_i = \{\pi_J^{-1}(\bigotimes_{j \in J} \mathcal{S}_j) : J \text{ abzählbare Teilmenge von } I\}$. Insbesondere gibt es zu $A \in \bigotimes_{i \in I} \mathcal{S}_i$ eine abzählbare Teilmenge J_A von I mit: $\omega_i = \omega_i'$, $i \in J_A$, und $(\omega_i)_{i \in I} \in A$, $(\omega_i')_{i \in I} \in X_{i \in I}\Omega_i \Rightarrow (\omega_i')_{i \in I} \in A$. Daher ist $\bigotimes_{i \in I} \mathcal{S}_i$ atomlos, falls I nicht abzählbar ist und für höchstens abzählbar viele $i \in I$ gilt $\mathcal{S}_i = \{\emptyset, \Omega_i\}$.

2. $\Omega_i = \mathbb{R}$, $\mathcal{S}_i = \mathcal{B}$, $i \in I$ mit $I = [a, b]$ $(a, b \in \bar{\mathbb{R}}, a < b) \Rightarrow C([a, b]) := \{f | f : [a, b] \to \mathbb{R} \text{ stetig}\} \notin \mathcal{B}^{[a,b]}$, aber: $\mathcal{B}^{[a,b]} \cap C([a, b]) = \mathcal{B}(C[a, b]))$ mit $\mathcal{B}(C([a, b]))$ als Borelscher σ-Algebra von $C([a, b])$ bezüglich der Supremumsmetrik im Fall $a, b \in \mathbb{R}$, $a < b$.

3. $\mathcal{S}_i$, $i \in I$, punktetrennend $\Leftrightarrow \bigotimes_{i \in I} \mathcal{S}_i$ punktetrennend. Ist I zusätzlich nicht abzählbar, so ist $\bigotimes_{i \in I} \mathcal{S}_i$ zusätzlich nicht abzählbar erzeugt.

Direkte Produkte von beliebig vielen Wahrscheinlichkeitsmaßen:
$(\Omega_i, \mathcal{S}_i, P_i)$ Wahrscheinlichkeitsraum, $i \in I$. Dann ist durch $\bigotimes_{i \in I} P_i$ gemäß $\bigotimes_{i \in I} P_i(\pi_J^{-1}(S_J)) = (\bigotimes_{j \in J} P_j)(S_J)$, $S_J \in \bigotimes_{j \in J} \mathcal{S}_j$, J endliche Teilmenge von I, d. h. $(\bigotimes_{i \in I} P_i)^{\pi_J} = \bigotimes_{j \in J} P_j$, auf der Algebra $\{\pi_J^{-1}(\bigotimes_{j \in J} \mathcal{S}_j) : J \text{ endli-}$ che Teilmenge von $I\}$ wohldefiniert, nicht-negativ und σ-additiv, so daß nach dem Maßerweiterungssatz eindeutig ein Wahrscheinlichkeitsmaß $\bigotimes_{i \in I} P_i$ auf $\bigotimes_{i \in I} \mathcal{S}_i$ bestimmt wird, welches Produktwahrscheinlichkeitsmaß der P_i, $i \in I$, heißt (in Zeichen: $\bigotimes_{i \in I} P_i$).

BEGRÜNDUNG: Zu zeigen ist die Stetigkeit von oben für $\bigotimes_{i \in I} P_i$ auf $\{\pi_J^{-1}(\bigotimes_{j \in J} \mathcal{S}_j) : J \text{ endliche Teilmenge von } I\}$. Dazu sei $A_n \in \pi_{J_n}^{-1}(\bigotimes_{j \in J_n} \mathcal{S}_j)$, $n = 1, 2, \ldots$, mit $A_1 \supset A_2 \supset \ldots$ und $\bigcap_{n=1}^{\infty} A_n = \emptyset$. Ohne Einschränkung der Allgemeinheit kann man I als abzählbar voraussetzen, da $\bigcup_{n=1}^{\infty} J_n$ abzählbar ist. Insbesondere gilt dann $A_n = B_{k(n)} \times \bigotimes_{i=k(n)+1}^{\infty} \Omega_i$ mit $k(n) \geq n$, $n = 1, 2, \ldots$, $k(1) < k(2) < \ldots$, $B_{k(n)} \in \bigotimes_{i=1}^{n} \mathcal{S}_i$, $B_{k(n+1)} = B_{k(n)} \times \Omega_{n+1}$, $n = 1, 2, \ldots$. Nimmt man nun $(\bigotimes_{i=1}^{\infty} P_i)(A_n) \geq \varepsilon$ für ein $\varepsilon > 0$ und jedes $n \in \mathbb{N}$ an, so gilt wegen $(\bigotimes_{i=1}^{k(n)} P_i)(B_{k(n)}) = \int(\bigotimes_{i=m+1}^{k(n)} P_i)(B_{k(n)_{(\omega_1,\ldots,\omega_m)}}) (\bigotimes_{i=1}^{m} P_i)(d(\omega_1,\ldots,\omega_m))$, $1 \leq m < k(n)$, $n = 1, 2, \ldots$, für $C_m := \{(\omega_1, \ldots, \omega_m) \in X_{i=1}^{m}\Omega_i : (\bigotimes_{i=m+1}^{k(n)} P_i) (B_{k(n)_{(\omega_1,\ldots,\omega_m)}}) \not\to 0 \text{ für } n \to \infty\}$:

1. $(\bigotimes_{i=1}^{m} P_i)(C_m) > 0$, wegen $(\bigotimes_{i=1}^{k(n)} P_i)(B_{k(n)}) \geq \varepsilon$, $n = 1, 2, \ldots$.

2. Zu $(\omega_1, \ldots, \omega_m) \in C_m$ existiert $\omega_{m+1} \in \Omega_{m+1}$ mit $(\omega_1, \omega_2, \ldots, \omega_m, \omega_{m+1}) \in C_{m+1}$, da sonst $(\omega_1, \ldots, \omega_m) \notin C_m$ zutreffen würde.

3. $C_m \subset B_m$, wegen 1., und $B_{m+1} = B_m \times \Omega_{m+1}$, wenn man ohne Einschränkung

$k(n) = n$, $n = 1, 2, \ldots$, annimmt.

Hieraus resultiert die Existenz von $(\omega_m)_{m \in \mathbb{N}} \in \bigcap_{n=1}^{\infty} A_n$ im Widerspruch zu $\bigcap_{n=1}^{\infty} A_n = \emptyset$.

ANWENDUNG: Existenz von stochastisch unabhängigen Zufallsgrößen mit vorgegebenen Verteilungen

$(\Omega_i, \mathcal{S}_i, P_i)$ Wahrscheinlichkeitsräume, $i \in I$; dann sind die Projektionen X_i : $X_{i \in I} \Omega_i \to \Omega_i$, $i \in I$, unter $P := \bigotimes_{i \in I} P_i$ stochastisch unabhängig und jeweils $\mathcal{S}_i$-meßbar, $i \in I$, mit $P^{X_i} = P_i$, $i \in I$.

Kolmogoroffscher Konsistenzsatz

P_E Wahrscheinlichkeitsmaß auf $\mathcal{B}^{|E|}$, E endliche Teilmenge von I (I beliebige Indexmenge), $|E|$ Mächtigkeit von E), π_{21} : $\mathbb{R}^{|E_2|} \to \mathbb{R}^{|E_1|}$ Projektion, $E_1 \subset E_2$, E_1, E_2 endliche Teilmengen von I. Konsistenzbedingung: $P_{E_1} = P_{E_2}^{\pi_{21}}$.

Zu einer konsistenten Familie $\{P_E$: P_E Wahrscheinlichkeitsmaß auf $\mathcal{B}^{|E|}$, E endliche Teilmenge von $I\}$ gibt es genau ein Wahrscheinlichkeitsmaß auf $\mathcal{B}^I$ mit $P^{\pi_E} = P_E$, $\pi_E : \mathbb{R}^I \to \mathbb{R}^{|E|}$ Projektion, E endliche Teilmenge von I.

BEGRÜNDUNG: $\mathcal{B}^I = S(\{\pi_E^{-1}(\mathcal{B}^{|E|})$: E endliche Teilmenge von $I\})$ und $\{\pi_E^{-1}(\mathcal{B}^E)$: E endliche Teilmenge von $I\}$ Algebra über $\mathbb{R}^I$, so daß es nach dem Maßerweiterungssatz höchstens ein Wahrscheinlichkeitsmaß P auf $\mathcal{B}^I$ geben kann mit $P^{\pi_E} = P_E$, E endliche Teilmenge von I. Zur Existenz von P als Wahrscheinlichkeitsmaß auf $\mathcal{B}^I$ mit $P^{\pi_E} = P_E$, E endliche Teilmenge von I, stellt man die Wohldefiniertheit von P auf der Algebra $\{\pi_E^{-1}(\mathcal{B}^E)$: E endliche Teilmenge von $I\}$ gemäß $P(A) := P_E(B)$, $A = \pi_E^{-1}(B)$, $B \in \mathcal{B}^{|E|}$, E endliche Teilmenge von I fest, da $\{P_E$: P_E Wahrscheinlichkeitsmaß auf $\mathcal{B}^E$, E endliche Teilmenge von $I\}$ konsistent ist. Nach dem Maßerweiterungssatz bleibt für die Existenz nur noch die σ-Additivität von P auf der Algebra $\{\pi_E^{-1}(\mathcal{B}^E)$: E endliche Teilmenge von $I\}$ über $\mathbb{R}^I$ zu zeigen. Nimmt man an, daß es $B_n \in \mathcal{B}^{|E_n|}$ mit $\pi_{E_n}^{-1}(B_n) \uparrow \emptyset$ und $P(\pi_{E_n}^{-1}(B_n)) \geq \varepsilon_0$, $n \in \mathbb{N}$, gäbe für ein $\varepsilon_0 > 0$, so kann man $E_1 \subset E_2 \subset \ldots$ ohne Einschränkung der Allgemeinheit annehmen. Ferner gibt es kompakte Teilmengen K_n von B_n mit $P_{E_n}(B_n \cap K_n^c) \leq \frac{\varepsilon_0}{3^n}$, $n = 1, 2, \ldots$, also $P_{E_n}(B_n) - P_{E_n}(K_n) \leq P_{E_n}(B_n \cap K_n^c) \leq \frac{\varepsilon_0}{3^n}$, $n = 1, 2, \ldots$. Die abgeschlossene Teilmenge $C_n := \bigcap_{m=1}^{n} \pi_{n,m}^{-1}(K_m)$ von K_n ist kompakt, $n = 1, 2, \ldots$, und besitzt die Darstellung $C_n = K_n \cap (\bigcup_{m=1}^{n-1} \pi_{n,m}^{-1}(B_m \cap K_m^c))^c$, $n = 1, 2, \ldots$, so daß $P_{E_n}(C_n) \geq P_{E_n}(K_n) - P_{E_n}(\bigcup_{m=1}^{n-1} \pi_{n,m}^{-1}(B_m \cap K_m^c)) \geq P_{E_n}(B_n) - P_{E_n}(B_n \cap K_n^c) - \sum_{m=1}^{n-1} P_{E_m}(B_m \cap K_m^c) \geq \varepsilon_0 - \frac{\varepsilon_0}{2^n} - \sum_{m=1}^{n-1} \frac{\varepsilon_0}{2^m} \geq \varepsilon_0 - \frac{\varepsilon_0}{2} = \frac{\varepsilon_0}{2}$, $n = 1, 2, \ldots$, gilt. Hieraus resultiert $P_{E_n}(C_n) \geq \frac{\varepsilon_0}{2}$, $n = 1, 2, \ldots$, also $C_n \neq \emptyset$, $n = 1, 2, \ldots$. Wegen $\pi_{n,m} \circ \pi_{r,n} = \pi_{r,m}$, $r \geq n \geq m$ und der Surjektivität von Projektionen gilt ferner $\pi_{r,n}^{-1}(C_n) \supset C_r$, $r \geq n$, woraus $\pi_{r,n}(C_r) \subset C_n$, $r \geq n$, folgt. Allgemeiner gilt $\pi_{r+1,n}(C_{r+1}) \subset \pi_{r,n}(C_r)$, so daß nach dem Cantorschen Durschnittssatz für $D_n := \bigcap_{r=n}^{\infty} \pi_{r,n}(C_r) \neq \emptyset$ zutrifft, da $\pi_{r,n}(C_r)$, $r \geq n$, kompakt und nicht leer ist. Schließlich gilt $D_n \subset \pi_{n+1,n}(D_{n+1})$, $n = 1, 2, \ldots$, so daß man $x_1 \in D_1, \ldots, x_{n+1} \in D_{n+1}$ mit $\pi_{n+1,n}(x_{n+1}) = x_n$, $n = 1, 2, \ldots$ wählen kann. Hieraus ergibt sich die Existenz von $x \in \mathbb{R}^I$ mit $\pi_{E_n}(x) = x_n \in D_n$, $n = 1, 2, \ldots$, d. h.: $x \in \pi_{E_n}^{-1}(B_n)$, $n = 1, 2, \ldots$, was einen Widerspruch zu $\pi_{E_n}^{-1}(B_n) \downarrow \emptyset$ darstellt.

7 Maße mit Dichten und Satz von Radon-Nikodym

Stetige Wahrscheinlichkeitsmaße wie die Normalverteilung (Gammaverteilung, Beta-verteilung) werden über Dichten bezüglich des Lebesgue-Borelschen Maßes einge-führt, nämlich $\frac{1}{\sqrt{2\pi}\sigma} \int_B e^{-(x-\mu)^2/2\sigma^2} \lambda(dx)$, $B \in \mathcal{B}$, mit $\mu \in \mathbb{R}$, $\sigma^2 > 0$, als die zugehörigen Parameter der $\mathcal{N}(\mu, \sigma^2)$-Verteilung. Das Ziel ist es umgekehrt bei gege-benem Wahrscheinlichkeitsraum $(\Omega, \mathcal{S}, P)$ und σ-endlichem Maß μ auf $\mathcal{S}$ eine Dichte $f \in \mathcal{L}_1(\Omega, \mathcal{S}, \mu)$ von P bezüglich μ zu finden, d. h. $P(A) = \int_A f\, d\mu$, $A \in \mathcal{S}$. Dafür ist die Eigenschaft, daß $P(N) = 0$ für jede μ-Nullmenge $N \in \mathcal{S}$ zutrifft (in Zeichen $P \ll \mu$) notwendig.

BEMERKUNG: Ist ν ein endliches Maß und μ ein (beliebiges) Maß auf der σ-Algebra $\mathcal{S}$, dann gilt $\nu \ll \mu$ genau dann, wenn ν bezüglich μ absolut stetig ist, d. h. zu $\varepsilon > 0$ existiert ein $\delta > 0$ mit $\nu(A) \leq \varepsilon$ für $A \in \mathcal{S}$ mit $\mu(A) \leq \delta$, denn sonst existiert $A_n \in \mathcal{S}$ mit $\mu(A_n) \leq \frac{1}{2^n}$ und $\nu(A_n) \geq \varepsilon$, $n = 1, 2, \ldots$, für ein $\varepsilon > 0$. Also gilt $\mu(\bigcup_{n=m}^\infty A_n) \leq \frac{1}{2^{m-1}}$ und $\nu(\bigcup_{n=m}^\infty A_n) \geq \varepsilon$, $m = 1, 2, \ldots$, und daher $\mu(\bigcap_{m=1}^\infty \bigcup_{n=m}^\infty A_n) = 0$, aber $\nu(\bigcap_{m=1}^\infty \bigcup_{n=m}^\infty A_n) \neq 0$ aufgrund eines Arguments, Stetigkeit von oben betreffend. Dabei kann man nicht auf die Endlichkeit von ν verzichten, denn zu jedem σ-endlichen Maß λ auf $\mathcal{S}$ mit $\lambda(\Omega) = \infty$ gibt es ein endliches Maß μ auf $\mathcal{S}$ mit $\lambda \ll \mu$, aber λ ist nicht absolut stetig bezüglich μ. Zu diesem Zweck sei $\mu(A) := \sum_{n=1}^\infty \frac{1}{2^n} \frac{\lambda(A \cap A_n)}{\lambda(A_n)}$, $A \in \mathcal{S}$, mit $A_n \in \mathcal{S}$, $n = 1, 2, \ldots$, paarweise disjunkt, $\sum_{n=1}^\infty A_n = \Omega$, $0 < \lambda(A_n) < \infty$, $n = 1, 2, \ldots$. Dann gilt $\lambda(N) = 0$ für jede μ-Nullmenge $N \in \mathcal{S}$, aber $\lambda(\sum_{n=m}^\infty A_n) = \infty$, $m = 1, 2, \ldots$, und $\mu(\sum_{n=m}^\infty A_n) \to 0$, $m \to \infty$.

Es wird sich zeigen, daß die Bedingung $P \ll \mu$ für die Darstellung $P(A) = \int_A f\, d\mu$, $A \in \mathcal{S}$, vermöge einer Dichte $f \in \mathcal{L}_1(\Omega, \mathcal{S}, \mu)$ bezüglich μ auch hinreichend ist. Dieses Darstellungsproblem wird allgemeiner für signierte Maße anstelle von Wahrscheinlichkeitsmaßen gelöst.

SPRECHWEISE: $(\Omega, \mathcal{S})$ Maßraum; dann heißt $\lambda : \mathcal{S} \to \mathbb{R} \cup \{\infty\}$ oder $\mathbb{R} \cup \{-\infty\}$ signiertes Maß auf $\mathcal{S}$, wenn gilt: $\lambda(\emptyset) = 0$ und λ ist σ-additiv. Ist $\mathcal{A}$ eine Algebra über Ω, dann heißt $\lambda : \mathcal{A} \to \mathbb{R} \cup \{\infty\}$ oder $\mathbb{R} \cup \{-\infty\}$ signierter Inhalt auf $\mathcal{A}$, wenn gilt: $\lambda(\emptyset) = 0$ und λ ist endlich additiv. Dabei heißt ein signierter Inhalt λ auf $\mathcal{A}$ σ-additiv, wenn $\lambda(\sum_{i=1}^\infty A_i) = \sum_{i=1}^\infty \lambda(A_i)$, $A_n \in \mathcal{A}$, $n = 1, 2, \ldots$, paarweise disjunkt mit $\sum_{n=1}^{\infty} A_n \in \mathcal{A}$ gilt. (Insbesondere gilt also $\sum_{i=1}^{\infty} |\lambda(A_i)| < \infty$ bzw. $\sum_{i=1}^{\infty} |\lambda(A_i)| = \infty$ im Fall $|\sum_{i=1}^{\infty} \lambda(A_i)| < \infty$ bzw. $|\sum_{i=1}^{\infty} \lambda(A_i)| = \infty$.) Ferner heißt ein signiertes Maß λ auf $\mathcal{S}$ bzw. ein signierter Inhalt auf $\mathcal{A}$ endlich (bzw. beschränkt), wenn $\lambda(\mathcal{S}) \subset \mathbb{R}$ bzw. $\lambda(\mathcal{A}) \subset \mathbb{R}$ (bzw. $|\lambda(A)| \leq k$ für ein $k > 0$ und alle $A \in \mathcal{S}$ bzw. $A \in \mathcal{A}$) zutrifft.

BEMERKUNG: Ein endlicher, signierter Inhalt auf einer Algebra ist i.a. nicht beschränkt, während noch gezeigt werden wird, daß dies für endliche, signierte Maße auf σ-Algebren stets der Fall ist.

BEISPIEL: (Endlicher, nicht beschränkter, signierter Inhalt auf einer Algebra)
Ω nicht abzählbare Menge, $\mathcal{A} = \{A \subset \Omega : A \text{ oder } A^c \text{ endlich}\}$,
$$\lambda(A) := \begin{cases} |A|, & A \text{ endlich} \\ -|A^c|, & A^c \text{ endlich} \end{cases}, A \in \mathcal{A}; \text{ dann ist } \lambda \text{ ein endlicher, signierter Inhalt auf}$$
$\mathcal{A}$, der nicht beschränkt ist. Ferner ist λ sogar σ-additiv, da der Fall $A_n \in \mathcal{A}$, $n = 1, 2, \ldots$, paarweise disjunkt und nicht leer mit $\sum_{n=1}^{\infty} A_n \in \mathcal{A}$, nicht auftritt.

EIGENSCHAFTEN signierter Maße

1. Stetigkeit von unten: $\lambda(A_n) \to \lambda(\bigcup_{n=1}^{\infty} A_n)$ (i.a. keine monotone Konvergenz!) für $A_n \in \mathcal{S}$, $n = 1, 2, \ldots$, $A_1 \subset A_2 \subset \ldots$.

2. Stetigkeit von oben: $\lambda(A_n) \to \lambda(\bigcap_{n=1}^{\infty} A_n)$ (i.a. keine monotone Konvergenz!) für $A_n \in \mathcal{S}$, $n = 1, 2, \ldots$, $A_1 \supset A_2 \supset \ldots$ und $|\lambda(A_{n_0})| < \infty$ für ein $n_0 \in \mathbb{N}_0$.

Die Beweise verlaufen analog zum Fall von Maßen auf σ-Algebren.

3. Signierte Maße auf σ-Algebren nehmen das Supremum und Infimum ihrer Werte an: λ signiertes Maß auf einer σ-Algebra $\mathcal{S}$; dann gibt es $A_0 \in \mathcal{S}$ bzw. $A_1 \in \mathcal{S}$ mit $\lambda(A_0) = \sup\{\lambda(A) : A \in \mathcal{S}\}$ bzw. $\lambda(A_1) = \inf\{\lambda(A) : A \in \mathcal{S}\}$. Insbesondere ist ein endliches, signiertes Maß auf einer σ-Algebra beschränkt.

BEGRÜNDUNG: Ohne Beschränkung der Allgemeinheit $\infty \notin \lambda(\mathcal{S})$, da sonst die Existenz eines $A_0 \in \mathcal{S}$ mit $\lambda(A_0) = \sup\{\lambda(A) : A \in \mathcal{S}\}$ sofort klar ist. Sei also $s := \sup\{\lambda(A) : A \in \mathcal{S}\}$, $A_n \in \mathcal{S}$, $n = 1, 2, \ldots$, mit $\lambda(A_n) \to s$, $\Omega_0 := \bigcup_{n=1}^{\infty} A_n$, $\mathcal{S}_n :=$ kleinste σ-Algebra über Ω_0, die $A_1, \ldots, A_n$ enthält, $A_k^{(n)}$, $k = 1, \ldots, m_n$, Atome von $\mathcal{S}_n$. Dann gilt für $B_n := \bigcup_{\substack{k \in \{\ell \in \{1, \ldots, m_n\}: \\ \lambda(A_\ell^{(n)}) > 0\}}} A_k^{(n)}$ die Ungleichung

$\lambda(A_n) \leq \lambda(B_n) \leq \lambda(\bigcup_{j=n}^{\infty} B_j)$, $n = 1, 2, \ldots$, aufgrund der Stetigkeit von unten für signierte Maße, denn $0 \leq \lambda(B_n) \leq \lambda(\bigcup_{j=n}^{m} B_j) < \infty$, $m = n, n+1, \ldots$, $n = 1, 2, \ldots$. Mit $A_0 := \bigcap_{n=1}^{\infty} \bigcup_{m=n}^{\infty} B_m$, gilt schließlich $\lambda(A_1) = s = \sup\{\lambda(A) : A \in \mathcal{S}\}$ aufgrund der Stetigkeit von oben für signierte Maße. Ersetzt man λ durch $-\lambda$, so folgt die Existenz von $A_1 \in \mathcal{S}$ mit $\lambda(A_1) = \inf\{\lambda(A) : A \in \mathcal{S}\}$.

Jordan-Zerlegung für signierte Maße

λ signiertes Maß auf einer σ-Algebra $\mathcal{S}$ über Ω; dann werden durch $\lambda^+(A) :=$ $\sup\{\lambda(B) : B \subset A, B \in \mathcal{S}\}$, bzw. $\lambda^-(A) := \sup\{-\lambda(C) : C \subset A, C \in \mathcal{S}\}$, $A \in$ $\mathcal{S}$, Maße auf $\mathcal{S}$ mit λ^+ oder λ^- endlich und $\lambda = \lambda^+ - \lambda^-$ definiert. Dabei heißt λ^+ bzw. λ^- der Positiv- bzw. Negativteil der Jordan-Zerlegung von λ; $|\lambda| := \lambda^+ + \lambda^-$ heißt totale Variation von λ.

BEGRÜNDUNG: Man kann, wegen $(-\lambda)^+ = \lambda^-$ und $(-\lambda)^- = \lambda^+$, ohne Beschränkung der Allgemeinheit $\lambda(\mathcal{S}) \subset \mathbb{R} \cup \{\infty\}$ annehmen, so daß für $A^- \in \mathcal{S}$ mit $\lambda(A^-) = \inf\{\lambda(B) : B \in \mathcal{S}\}$ gilt:

1. $\lambda(A^- \cap B) \leq 0$ und $\lambda(A^{-c} \cap B) \geq 0$ für $B \in \mathcal{S}$, denn aus $\lambda(A^- \cap B_0) > 0$ für ein $B_0 \in \mathcal{S}$ resultiert $0 = \lambda(\emptyset) \geq \lambda(A^-) = \lambda(A^- \cap B_0) + \lambda(A^- \cap B_0^c)$, also $\lambda(A^- \cap B_0) < \infty$, wegen $\lambda(A^-) > -\infty$, so daß sich der Widerspruch $\lambda(A^-) >$ $\lambda(A^- \cap B_0^c)$ ergibt. Entsprechend erhält man zur Annahme $\lambda(A^{-c} \cap B_0) < 0$ für ein $B_0 \in \mathcal{S}$ den folgenden Widerspruch: $\lambda(A^- + B_0 \cap A^{-c}) = \lambda(A^-) + \lambda(B_0 \cap A^{-c})$ impliziert, wegen $\lambda(A^-) \in \mathbb{R}$ und $\lambda(A^{-c} \cap B_0) < 0$, die Ungleichung $\lambda(A^-) >$ $\lambda(A^- + B_0 \cap A^{-c})$.

2. $\lambda^+(B) = \lambda(A^{-c} \cap B)$, $\lambda^-(B) = -\lambda(A^- \cap B)$, $B \in \mathcal{S}$, denn für $B, C \in \mathcal{S}$ mit $C \subset B$ erhält man nach 1.: $\lambda(C) = \underbrace{\lambda(A^- \cap C)}_{\leq 0} + \lambda(A^{-c} \cap C) \leq \lambda(A^{-c} \cap C) \leq$
$\underbrace{\lambda(A^{-c} \cap (B \cap C^c))}_{\geq 0} + \lambda(A^{-c} \cap C) = \lambda(A^{-c} \cap B)$ wegen $C = B \cap C$, d. h.
$\sup\{\lambda(C) : C \subset B, C \in \mathcal{S}\} = \lambda(A^{-c} \cap B)$, $B \in \mathcal{S}$. Ferner gilt: $\lambda(C) = \lambda(A^- \cap C) + \underbrace{\lambda(A^{-c} \cap C)}_{\geq 0} \geq \lambda(A^- \cap C) \geq \lambda(A^{-c} \cap C) + \underbrace{\lambda(A^- \cap (C^c \cap B))}_{\leq 0} = \lambda(A^- \cap B)$,
wegen $C = C \cap B$, d. h. $\sup(\{-\lambda(C) : C \subset B, C \in \mathcal{S}\}) = -\lambda(A^- \cap B)$, $B \in$ $\mathcal{S}$. Insbesondere liefert $B := \Omega$ die Beziehung $\lambda^-(\Omega) = -\lambda(A^-) < \infty$, so daß λ^- endlich ist und $\lambda = \lambda^+ - \lambda^-$ zutrifft. Insbesondere resultiert hieraus die

Zerlegung von Hahn

λ signiertes Maß auf einer σ-Algebra $\mathcal{S}$ über Ω; dann gibt es Mengen $A^+, A^- \in \mathcal{S}$ mit $A^+ \cap A^- = \emptyset$, $A^+ + A^- = \Omega$, und $\lambda(A^+ \cap B) \geq 0$ bzw. $\lambda(A^- \cap B) \leq 0$, $B \in \mathcal{S}$.

BEMERKUNG: (Eindeutigkeit der Zerlegung von Jordan bzw. Hahn)
λ signiertes Maß auf einer σ-Algebra $\mathcal{S}$ über Ω; dann gilt:

a) $\lambda = \lambda_1 - \lambda_2$ mit λ_1, λ_2 als Maße auf $\mathcal{S}$, wobei λ_1 oder λ_2 endlich ist, zieht nach sich $\lambda^+ \leq \lambda_1$, $\lambda^- \leq \lambda_2$ (Minimaleigenschaft der Jordan-Zerlegung). Insbesondere gilt für ein endliches signiertes Maß λ die Beziehung $\lambda = \lambda_1 - \lambda_2$ mit λ_1, λ_2 als endliche Maße genau dann, wenn $\lambda_1 = \lambda^+ + \lambda_0$, $\lambda_2 = \lambda^- + \lambda_0$ für ein endliches Maß λ_0 zutrifft.

b) Für eine Menge $A_+ \in \mathcal{S}$ gilt $\lambda(A_+ \cap B) \geq 0$, $\lambda(A_+^c \cap B) \leq 0$, $B \in \mathcal{S}$, genau dann, wenn $|\lambda|(A^+ \triangle A_+) = 0$ zutrifft, denn $(\lambda^+ + \lambda^-)(A^+ \triangle A_+) = 0$ ist mit $\lambda^{(\pm)}(A^+ \cap A_+^c) = 0$, $\lambda^{(\pm)}(A^{+c} \cap A_+) = 0$ gleichwertig, wobei diese letzten beiden Gleichungen erfüllt sind, wenn $A_+ + A_+^c = \Omega$ eine Hahnsche Zerlegung bezüglich λ ist. Ferner folgt aus $\lambda^+(A^+ \cap A_+^c) = 0$ und $\lambda^-(A^{+c} \cap A_+) = 0$ für $A_+ \in \mathcal{S}$ die Beziehung $\lambda(A_+ \cap B) = \lambda(A_+ \cap A^+ \cap B) + \lambda(A_+ \cap A^{+c} \cap B) = \underbrace{\lambda^+(A_+ \cap A^+ \cap B)}_{\geq 0} + \underbrace{\lambda^-(A_+ \cap A^{+c} \cap B)}_{=0}$, $B \in \mathcal{S}$, und analog aus $\lambda^-(A^+ \cap A_+^c) = 0$ sowie $\lambda^+(A^{+c} \cap A_+) = 0$ die Beziehung $\lambda(A_+^c \cap B) \leq 0$, $B \in \mathcal{S}$.

BEMERKUNG: (Jordansche und Hahnsche Zerlegung für beschränkte, signierte Inhalte)

a) λ beschränkter, signierter Inhalt auf einer Algebra $\mathcal{A}$ über Ω; dann werden durch $\lambda^+(A) = \sup\{\lambda(B) : B \subset A, B \in \mathcal{A}\}$ bzw. $\lambda^-(A) = \sup\{-\lambda(B) : B \subset A, B \in \mathcal{A}\}$, $A \in \mathcal{A}$, endliche Inhalte auf $\mathcal{A}$ mit $\lambda = \lambda^+ - \lambda^-$ erklärt (λ^+ bzw. λ^- heißen Positiv- bzw. Negativteil der Jordanschen Zerlegung von λ).

b) λ endlicher signierter Inhalt auf einer Algebra $\mathcal{A}$ mit $\sup\{\lambda(A) : A \in \mathcal{A}\} < \infty$ oder $\sup\{-\lambda(A) : A \in \mathcal{A}\} < \infty$ (d. h. λ ist nach oben bzw. unten beschränkt). Dann gibt es zu jedem $\varepsilon > 0$ eine Menge $A_\varepsilon \in \mathcal{A}$ mit $\lambda(A \cap A_\varepsilon) \leq \varepsilon$ und $\lambda(A \cap A_\varepsilon^c) \geq -\varepsilon$, $A \in \mathcal{A}$, denn ohne Beschränkung der Allgemeinheit kann man $\sup\{\lambda(A) : A \in \mathcal{A}\} < \infty$ annehmen, so daß es zu $\varepsilon > 0$ eine Menge $A_\varepsilon \in \mathcal{A}$ gibt mit $\lambda(A_\varepsilon) \leq \lambda(B) + \varepsilon$, $B \in \mathcal{A}$, d. h. $\lambda(A_\varepsilon) \leq \lambda(A_\varepsilon \cap A^c) + \varepsilon$, $A \in \mathcal{A}$, woraus $\lambda(\underbrace{A_\varepsilon \backslash (A_\varepsilon \cap A^c)}_{=A_\varepsilon \cap A}) \leq \varepsilon$, $A \in \mathcal{A}$ resultiert. Ferner gilt: $\lambda(A_\varepsilon + A_\varepsilon^c \cap A) = \lambda(A_\varepsilon) + \lambda(A_\varepsilon^c \cap A) \geq \lambda(A_\varepsilon) - \varepsilon$, d. h. $\lambda(A_\varepsilon^c \cap A) \geq -\varepsilon$, $A \in \mathcal{A}$.

c) Der Spezialfall $\mathcal{A} = \{A \subset \Omega : A \text{ oder } A^c \text{ endlich}\}$ mit Ω nicht abzählbar, $\lambda(A) = \begin{cases} |A|, & A \text{ endlich} \\ -|A^c|, & A^c \text{ endlich} \end{cases}$, $A \in \mathcal{A}$, zeigt, daß eine Darstellung $\lambda = \lambda_1 - \lambda_2$ mit λ_1, λ_2 als Inhalte, wobei λ_1 oder λ_2 endlich ist, nicht möglich ist, da im Fall $\lambda_1(\Omega) < \infty$ der signierte Inhalt λ nach oben beschränkt wäre bzw. im Fall $\lambda_2(\Omega) < \infty$ nach unten beschränkt wäre. Ferner gibt es zu $\varepsilon > 0$ keine Menge $A_\varepsilon \in \mathcal{A}$ mit $\lambda(A \cap A_\varepsilon) \leq \varepsilon$ und $\lambda(A \cap A_\varepsilon^c) \geq -\varepsilon$, $A \in \mathcal{A}$, denn für $\varepsilon < 1$ ergibt sich, daß A_ε endlich ist, da andernfalls A_ε^c endlich wäre, also $|A_\varepsilon^c| \leq \varepsilon < 1$ gelten würde und damit $A_\varepsilon = \Omega$, d. h. $\lambda(A) \geq -\varepsilon$ für jedes $A \in \mathcal{A}$ im Widerspruch dazu, daß λ nicht nach unten beschränkt ist. Aus der Endlichkeit von A_ε zusammen mit $\lambda(A_\varepsilon^c \cap A) \leq \varepsilon$ für jedes $A \in \mathcal{A}$ ergibt sich aber $\lambda(A) = \lambda(A \cap A_\varepsilon^c) + \lambda(A \cap A_\varepsilon) \leq \varepsilon + |A \cap A_\varepsilon| \leq \varepsilon + |A_\varepsilon|$, $A \in \mathcal{A}$, d. h. λ wäre nach oben beschränkt, was nicht zutrifft. Schließlich zeigt der Spezialfall $\Omega := \mathbb{N}$, $\mathcal{A} := \{A \subset \mathbb{N} : A \text{ oder } A^c \text{ endlich}\}$, $\lambda(A) = \sum_{k \in A}(-\frac{1}{2})^k \delta_k$, $A \in \mathcal{A}$, daß man bei der approximativen Hahnschen Zerlegung für beschränkte, signierte

Inhalte auf Algebren nicht $\varepsilon = 0$ wie bei der Hahnschen Zerlegung für signierte Maße auf σ-Algebren wählen kann.

Zusammenhang zwischen Jordan-Zerlegung und approximativer Hahn-Zerlegung für beschränkte, signierte Inhalte

λ beschränkter, signierter Inhalt auf einer Algebra $\mathcal{A}$ über Ω; dann gilt $\lambda^+(A) = \sup_{\varepsilon>0} \lambda(A \cap A_\varepsilon)$, $A \in \mathcal{A}$, und $\lambda^-(A) = \sup_{\varepsilon>0}(-\lambda(A \cap A_\varepsilon^c))$, $A \in \mathcal{A}$, mit $\lambda(A \cap A_\varepsilon) \geq -\varepsilon$, und $\lambda(A \cap A_\varepsilon^c) \leq \varepsilon$, $A \in \mathcal{A}$, und $\varepsilon > 0$, denn: $\lambda^+(A) \geq \sup_{\varepsilon>0} \lambda(A \cap A_\varepsilon)$, $A \in \mathcal{A}$, aufgrund der Definition von λ^+, und $\lambda(A) = \lambda(A \cap A_\varepsilon) + \lambda(A \cap A_\varepsilon^c) \leq \lambda(A \cap A_\varepsilon) + \varepsilon$, $A \in \mathcal{A}$, impliziert $\lambda^+(A) \leq \sup_{\varepsilon>0} \lambda(A \cap A_\varepsilon)$, $A \in \mathcal{A}$. Also gilt $\lambda^-(A) = \lambda^+(A) - \lambda(A) = \sup_{\varepsilon>0}(-(\lambda(A) - \lambda(A \cap A_\varepsilon))) = \sup_{\varepsilon>0}(-\lambda(A \cap A_\varepsilon^c))$, $A \in \mathcal{A}$.

ANWENDUNG der approximativen Hahnschen Zerlegung: Darstellung der totalen Variation

λ beschränkter, signierter Inhalt auf einer Algebra $\mathcal{A}$; dann gilt: $|\lambda|(A) = \sup\{\sum_{k=1}^n |\lambda(A_k)| : A_k \in \mathcal{A}, k = 1,\ldots,n$, paarweise disjunkt, $A_1 + \ldots + A_n = A$, $n \in \mathbb{N}\}$, $A \in \mathcal{A}$, denn $|\lambda(A_k)| \leq \lambda^+(A_k) + \lambda^-(A_k) = |\lambda|(A_k)$, $A_k \in \mathcal{A}$, $k = 1,\ldots,n$, d. h. $|\lambda|(A) \geq \sup\{\sum_{k=1}^n |\lambda(A_k)| : A_k \in \mathcal{A}, k = 1,\ldots,n$, paarweise disjunkt, $A_1 + \ldots + A_n = A$, $n \in \mathbb{N}\}$, $A \in \mathcal{A}$. Zum Beweis von $|\lambda|(A) \leq \sup\{\sum_{k=1}^n |\lambda(A_k)| : A_k \in \mathcal{A}, k = 1,\ldots,n$, paarweise disjunkt, $A_1 + \ldots + A_n = A$, $n \in \mathbb{N}\}$, $A \in \mathcal{A}$, wählt man zu $\varepsilon > 0$ eine Menge $A_\varepsilon \in \mathcal{A}$ mit $\lambda(A \cap A_\varepsilon) \geq -\varepsilon$ und $\lambda(A \cap A_\varepsilon^c) \leq \varepsilon$ für jedes $A \in \mathcal{A}$. Hieraus resultiert $\lambda(B) - \lambda(A \cap A_\varepsilon) = \lambda(B \cap A_\varepsilon^c) - \lambda(A \cap B^c \cap A_\varepsilon) \leq 2\varepsilon$ für $A, B \in \mathcal{A}$ mit $B \subset A$, wegen $B = B \cap A_\varepsilon + B \cap A_\varepsilon^c$ und $A \cap A_\varepsilon = A \cap A_\varepsilon \cap B + A \cap A_\varepsilon \cap B^c = B \cap A_\varepsilon + A \cap A_\varepsilon \cap B^c$. Analog gilt $\lambda(B) - \lambda(A \cap A_\varepsilon^c) = \lambda(B \cap A_\varepsilon) - \lambda(A \cap B^c \cap A_\varepsilon^c) \geq -2\varepsilon$ für $A, B \in \mathcal{A}$ mit $B \subset A$. Also gilt $\lambda^+(A) \leq \lambda(A \cap A_\varepsilon) + 2\varepsilon$, $\lambda^-(A) \leq -\lambda(A \cap A_\varepsilon^c) + 2\varepsilon$, $A \in \mathcal{A}$.

Satz von Radon-Nikodym

$(\Omega, \mathcal{S}, \mu)$ Maßraum mit μ als σ-endliches Maß, λ signiertes Maß auf $\mathcal{S}$ mit $\lambda \ll \mu$, d. h. $\lambda(N) = 0$ für jede μ-Nullmenge $N \in \mathcal{S}$. Dann gibt es eine $\mathcal{S}$-meßbare Funktion $f : \Omega \to \bar{\mathbb{R}}$, die quasi-$\mu$-integrierbar ist, mit $\lambda(A) = \int_A f \, d\mu$, $A \in \mathcal{S}$, wobei f hierdurch μ-f.ü. eindeutig bestimmt ist. Dabei heißt jede Funktion f mit den obigen Eigenschaften eine Version der Radon-Nikodym-Ableitung von λ nach μ (in Zeichen: $\frac{d\lambda}{d\mu}$).

BEGRÜNDUNG: Eindeutigkeit

Es seien $f_j : \Omega \to \bar{\mathbb{R}}$ $\mathcal{S}$-meßbar, quasi-μ-integrabel mit $\int_A f_1 \, d\mu \leq \int_A f_2 \, d\mu$, $A \in \mathcal{S}$. Dann gilt $f_1 \leq f_2$ μ-f.ü., denn: Sei $A_n := \{f_1 \geq f_2 + \frac{1}{n}\} \cap \{|f_2| \leq n\}$, $B_n := \{f_2 = -\infty\} \cap \{f_1 \geq -n\}$, $n = 1, 2, \ldots$. Dann gilt: $\int_{A_n} f_2 \, d\mu \geq \int_{A_n} f_1 \, d\mu \geq \int_{A_n} f_2 \, d\mu + \frac{1}{n}\mu(A_n)$, woraus $\mu(A_n) = 0$, $n = 1, 2, \ldots$, resultiert, wegen $|\int_{A_n} f_2 \, d\mu| \leq \int_{A_n} |f_2| \, d\mu \leq n\mu(A_n) < \infty$, $n = 1, 2, \ldots$, da ohne Beschränkung der Allgemeinheit $\mu(\Omega) < \infty$ angenommen werden kann. Also gilt: $\mu(\bigcup_{n=1}^\infty A_n) = 0$ mit $\bigcup_{n=1}^\infty A_n = \{f_1 > f_2\} \cap \{-\infty < f_2 < \infty\} = \{f_1 > f_2\} \cap \{-\infty < f_2 \leq \infty\}$.

Ferner trifft zu: $-\infty\mu(B_n) = \int_{B_n} f_2\,d\mu \geq \int_{B_n} f_1\,d\mu \geq -n\mu(B_n)$, also $\mu(B_n) = 0$, $n = 1, 2, \ldots$, d. h. $\mu(\bigcup_{n=1}^{\infty} B_n) = 0$ mit $\bigcup_{n=1}^{\infty} B_n = \{f_2 = -\infty\} \cap \{f_1 > -\infty\}$ und damit $f_1 \leq f_2$ μ-f.ü.

Existenz

1. Fall: λ, μ endliche Maße auf der σ-Algebra $\mathcal{S}$

$\mathcal{F} := \{f \in \mathcal{L}_1(\Omega, \mathcal{S}, \mu) : f \geq 0 \text{ und } \int_A f\,d\mu \leq \lambda(A), \; A \in \mathcal{S}\}$ ist nicht leer, wegen $f :\equiv 0 \in \mathcal{F}$ und $\max\{f_1, f_2\} \in \mathcal{F}$ für $f_1, f_2 \in \mathcal{F}$. Insbesondere gibt es ein $f \in \mathcal{F}$ mit $\int f\,d\mu = \sup\{\int g\,d\mu : g \in \mathcal{F}\}$, denn sei $f_n \in \mathcal{F}$, $n = 1, 2, \ldots$, mit $\int f_n\,d\mu \to \sup\{\int g\,d\mu : g \in \mathcal{F}\}$, $n \to \infty$, wobei man aufgrund der Maximumstabilität von $\mathcal{F}$ annehmen kann $f_1 \leq f_2 \leq \ldots$, so daß $f := \sup\{f_n : n = 1, 2, \ldots\}$, wegen des Satzes von der monotonen Konvergenz, das Gewünschte leistet. Dabei kann man $f \in \mathcal{F}$ mit $\int f\,d\mu = \sup\{\int g\,d\mu : g \in \mathcal{F}\}$ auch mit Hilfe eines maximalen Elements von $\mathcal{F}$ bezüglich der Ordnung "$\leq$ μ-f.ü." vermöge des Lemmas von Zorn erhalten. Wäre nun $\int_A f\,d\mu = \lambda(A)$, $A \in \mathcal{S}$, nicht richtig, so würde $\nu(A) := \int_A f\,d\mu$, $A \in \mathcal{S}$, ein endliches Maß ν auf $\mathcal{S}$ sein, so daß $\rho := \lambda - \nu$ ein endliches Maß auf $\mathcal{S}$ mit $\rho(\Omega) > 0$ ist. Insbesondere existiert ein $r > 0$ mit $\mu(\Omega) - r\rho(\Omega) < 0$. Die Hahnsche Zerlegung bezüglich des signierten Maßes $\mu - r\rho$ liefert die Existenz von $A_0 \in \mathcal{S}$ mit: $\mu(A_0 \cap A) - r\rho(A_0 \cap A) \leq 0$, $A \in \mathcal{S}$, und $\mu(A_0^c \cap A) - r\rho(A_0^c \cap A) \geq 0$, $A \in \mathcal{S}$, woraus $\mu(A_0) > 0$ folgt, da sonst $\rho(A_0) = 0$ ist und damit ergibt sich der Widerspruch $\mu(A_0^c) - r\rho(A_0^c) = \mu(\Omega) - r\rho(\Omega) \geq 0$. Ferner gilt: $\int_A \frac{1}{r} I_{A_0}\,d\mu \leq \rho(A_0 \cap A) \leq \rho(A) = \lambda(A) - \nu(A)$, also $\int_A (f + \frac{1}{r} I_{A_0})\,d\mu \leq \lambda(A)$, $A \in \mathcal{S}$, im Widerspruch zu $\int f\,d\mu = \sup\{\int g\,d\mu : g \in \mathcal{F}\}$, wegen $\mu(A_0) > 0$.

2. Fall: λ, μ σ-endliche Maße auf der σ-Algebra $\mathcal{S}$

In diesem Fall gibt es $A_n \in \mathcal{S}$, $n = 1, 2, \ldots$, paarweise disjunkt mit $\sum_{n=1}^{\infty} A_n = \Omega$ und $\mu(A_n) < \infty$ sowie $\lambda(A_n) < \infty$, $n = 1, 2, \ldots$. Für μ_n bzw. λ_n mit $\mu_n(A) := \mu(A \cap A_n)$ bzw. $\lambda_n(A) := \lambda(A \cap A_n)$, $A \in \mathcal{S}$, $n = 1, 2, \ldots$, gilt $\lambda_n \ll \mu_n$, $n = 1, 2, \ldots$, so daß $\lambda_n(A) = \int_A f_n\,d\mu_n$, $A \in \mathcal{S}$, $f_n : \Omega \to \mathbb{R}$ nicht-negativ und $\mathcal{S}$-meßbar mit $f_n|A_n^c = 0$, $n = 1, 2, \ldots$, zutrifft, d. h. $\lambda_n(A) = \int_A f_n\,d\mu$, $A \in \mathcal{S}$, $n = 1, 2, \ldots$. Wegen $\lambda = \sum_{n=1}^{\infty} \lambda_n$ gilt also mit $f := \sum_{n=1}^{\infty} f_n$ nicht-negativ und $\mathcal{S}$-meßbar: $\lambda(A) = \int_A (\sum_{n=1}^{\infty} f_n)\,d\mu = \int_A f\,d\mu$, $A \in \mathcal{S}$, aufgrund des Satzes von der monotonen Konvergenz.

3. Fall: λ Maß und μ σ-endliches Maß auf der σ-Algebra $\mathcal{S}$

Sei $\{A_i \in \mathcal{S} : A_i, \; i \in I, \text{ paarweise disjunkt}, \lambda(A_i) < \infty, \mu(A_i) > 0, \; i \in I\}$ maximal bezüglich Inklusion unter allen Mengensystemen der obigen Gestalt, wobei ein solches maximales Mengensystem nach dem Lemma von Zorn existiert. Dann gilt: I ist abzählbar und $A \subset (\bigcup_{i \in I} A_i)^c$ mit $A \in \mathcal{S}$ impliziert $\lambda(A) = 0$ oder $\lambda(A) = \infty$ sowie $\mu(A) = 0$, falls $\lambda(A) = 0$. Daher gilt für $\lambda_1(A) := \lambda(A \cap \bigcup_{i \in I} A_i)$ bzw. $\lambda_2(A) := \lambda(A \cap (\bigcup_{i \in I} A_i)^c)$, $A \in \mathcal{S}$: λ_1 ist ein σ-endliches Maß auf $\mathcal{S}$, λ_2 ist ein $\{0, \infty\}$-wertiges Maß auf $\mathcal{S}$, $\lambda_j \ll \mu$, $j = 1, 2$, $\mu_{(\bigcup_{i \in I} A_i)^c} \ll \lambda_2$. Also existiert $f_1 : \Omega \to \mathbb{R}$ nicht-negativ und $\mathcal{S}$-meßbar mit $\lambda_1(A) = \int_A f_1\,d\mu$, $A \in \mathcal{S}$, $f_1|(\bigcup_{i \in I} A_i)^c = 0$, $\lambda_2(A) = \int_A f_2\,d\mu$, $A \in \mathcal{S}$, $f_2 := \infty I_{(\bigcup_{i=1}^{\infty} A_i)^c}$, d. h.

$f := f_1 + f_2$ ist nicht-negativ, $\mathcal{S}$-meßbar (und eventuell ($\mathbb{R} \cup \{\infty\}$)-wertig!) mit $\lambda(A) = \int_A f \, d\mu$, $A \in \mathcal{S}$. Dabei ist f genau dann zusätzlich reellwertig wählbar, wenn $\mu((\bigcup_{i \in I} A_i)^c) = 0$ zutrifft, also λ ein σ-endliches Maß ist. Schließlich ist $(\bigcup_{i \in I} A_i)^c = \Omega$, also $f \equiv \infty$, falls es keine Menge $A \in \mathcal{S}$ mit $\lambda(A) < \infty$ und $\mu(A) > 0$ gibt, da in diesem Fall λ bereits $\{0, \infty\}$-wertig ist und dasselbe Nullmengensystem wie μ besitzt.

4. Fall: λ signiertes Maß und μ σ-endliches Maß auf der σ-Algebra $\mathcal{S}$

Aus $\lambda \ll \mu$ folgt $\lambda^+ \ll \mu$, $\lambda^- \ll \mu$ und damit $\lambda^+(A) = \int_A f_1 \, d\mu$, $\lambda^-(A) = \int_A f_2 \, d\mu$, $A \in \mathcal{S}$, mit $f_j : \Omega \to \mathbb{R} \cup \{\infty\}$ nicht-negativ, $\mathcal{S}$-meßbar, $j = 1, 2$, und $f_1 \in \mathcal{L}_1(\Omega, \mathcal{S}, \mu)$ oder $f_2 \in \mathcal{L}_1(\Omega, \mathcal{S}, \mu)$, also f_1 oder f_2 als zusätzlich reellwertig wählbar, d. h. $f := f_1 - f_2$ ist eine wohldefinierte $\mathbb{R} \cup \{\infty\}$- bzw. $\mathbb{R} \cup \{-\infty\}$-wertige, $\mathcal{S}$-meßbare Funktion, die quasi-μ-integrierbar ist mit $\lambda(A) = \int_A f \, d\mu$, $A \in \mathcal{S}$.

BEMERKUNG:

1. λ, μ Maße auf $\mathcal{S}$ mit $\lambda \ll \mu$; dann ist λ genau dann σ-endlich, wenn es eine nicht-negative, reellwertige Version von $\frac{d\lambda}{d\mu}$ gibt, denn der Beweis für den Satz von Radon-Nikodym zeigt, daß im Fall λ, μ σ-endlich eine nicht-negative, reellwertige Version von $\frac{d\lambda}{d\mu}$ existiert und daß $\mu((\bigcup_{i \in I} A_i)^c) = 0$ zutreffen muß, also λ σ-endlich ist, falls es eine nicht-negative, reellwertige Version von $\frac{d\lambda}{d\mu}$ gibt. Dies sieht man aber auch folgendermaßen ein: Aus $\lambda(A) = \int_A f \, d\mu$, $A \in \mathcal{S}$, mit $f \geq 0$, f reellwertig und $\mathcal{S}$-meßbar, folgt mit $A_n \in \mathcal{S}$, $n = 1, 2, \ldots$, paarweise disjunkt, $\mu(A_n) < \infty$, $n = 1, 2, \ldots$, $\sum_{n=1}^\infty A_n = \Omega$, $B_n := \{n - 1 \leq f < n\}$, $n = 1, 2, \ldots$, daß $\lambda(B_n \cap A_m) \leq n\mu(A_m)$, $n, m \in \mathbb{N}$, und $\sum_{n,m=1}^\infty (B_n \cap A_m) = \Omega$ zutrifft.

2. Zu einem Maß λ auf $\mathcal{S}$ existiert ein σ-endliches Maß μ auf $\mathcal{S}$ mit $\lambda \ll \mu$ genau dann, wenn λ Σ-endlich ist, d. h. es existieren endliche Maße ν_n, $n = 1, 2, \ldots$, auf $\mathcal{S}$ mit $\lambda = \sum_{n=1}^\infty \nu_n$, denn ist λ bereits Σ-endlich, so gilt $\lambda \ll \mu$ mit $\mu := \sum_{n=1}^\infty \frac{1}{2^n} \frac{\nu_n}{\nu_n(\Omega)}$ als Wahrscheinlichkeitsmaß. Ferner zeigt der Beweis für den Satz von Radon-Nikodym im Fall λ Maß, μ σ-endliches Maß, daß $\lambda = \lambda_1 + \lambda_2$ mit λ_1 als endliches Maß, λ_2 als $\{0, \infty\}$-wertiges Maß, wobei λ_2 und $\mu_{(\bigcup_{i \in I} A_i)^c}$ dasselbe Nullmengensystem besitzen. Also ist λ bereits Σ-endlich. Insbesondere ist Σ-Endlichkeit eines Maßes λ mit der Zerlegungseigenschaft von λ gemäß $\lambda = \lambda_1 + \lambda_2$ äquivalent, wobei λ_1 ein σ-endliches Maß und λ_2 ein $\{0, \infty\}$-wertiges Maß mit demselben Nullmengensystem wie ein σ-endliches Maß ist.

3. Beim Satz von Radon-Nikodym kann man nicht ersatzlos auf die Annahme der σ-Endlichkeit von μ verzichten, wie der Spezialfall $\lambda = \mu =$ triviales Maß im Zusammenhang mit der Eindeutigkeitsaussage zeigt. Die Existenzfrage ist im Spezialfall $\lambda = \lambda\!\!\lambda$ und $\mu =$ Zählmaß eingeschränkt auf $\mathcal{B}$ negativ zu beantworten, da aus $\lambda(A) = \int_A f \, d\mu$, $A \in \mathcal{B}$, für eine nicht-negative, $\mathcal{B}$-meßbare Funktion f mit $A = \{x\}$, $x \in \mathbb{R}$, folgt $f(x) = 0$, $x \in \mathbb{R}$.

4. Nach Bochner gilt folgende approximative Version des Satzes von Radon-Nikodym für endliche Inhalte auf Algebren: Sind μ, ν endliche Inhalte auf einer Algebra $\mathcal{A}$, wobei μ bezüglich ν absolut stetig ist, d. h. zu $\varepsilon > 0$ existiert ein $\delta > 0$ mit $\nu(A) \le \delta$ für $A \in \mathcal{A}$ mit $\mu(A) \le \varepsilon$, dann gibt es zu jedem $\varepsilon > 0$ eine Funktion f der Gestalt $\sum_{i=1}^{n} a_i I_{A_i}$, $a_i \ge 0$, $A_i \in \mathcal{A}$, $i = 1, \ldots, n$, mit $|\nu(A) - \int_A f \, d\mu| \le \varepsilon$, $A \in \mathcal{A}$. Dabei kann man im Fall $\nu \le \mu$ und mit $\mathcal{A}$ als σ-Algebra $\mathcal{S}$ über Ω i.a. keine $\mathcal{S}$-meßbare Funktion $f : \Omega \to [0, 1]$ mit $\nu(A) = \int_A f \, d\mu$, $A \in \mathcal{S}$, finden, wie der folgende Spezialfall zeigt: $\Omega := \mathbb{N}$, $\mathcal{S} := \mathcal{P}(\mathbb{N})$, μ bzw. ν Fortsetzungen von μ' bzw. ν', $\mu'(A) := \begin{cases} \sum_{k \in A} 2^{-k}, & A \text{ endlich} \\ 1 + \sum_{k \in A} 2^{-k}, & A^c \text{ endlich} \end{cases}$ bzw.

$\nu'(A) := \begin{cases} 0, & A \text{ endlich} \\ 1, & A^c \text{ endlich} \end{cases}$ mit $A \in \mathcal{A} := \{A \subset \mathbb{N} : A \text{ oder } A^c \text{ endlich}\}$, zu Inhalten auf $\mathcal{P}(\mathbb{N})$ mit $\nu \le \mu$. Dann folgt aus $\nu(A) = \int_A f \, d\mu$, $A \in \mathcal{P}(\mathbb{N})$, für $A = \{n\}$ der Widerspruch $f(n) = 0$, $n \in \mathbb{N}$.

Rechenregeln für Radon-Nikodym-Ableitungen

1. **Kettenregel:** λ, μ, ν Maße, μ, ν σ-endlich, $\lambda \ll \mu \ll \nu$; dann gilt $\frac{d\lambda}{d\nu} = \frac{d\lambda}{d\mu} \cdot \frac{d\mu}{d\nu}$ ν-f.ü., wegen μ_j Maße auf einer σ-Algebra $\mathcal{S}$, $j = 1, 2$, μ_2 σ-endlich, $\mu_1 \ll \mu_2 \Rightarrow \int f \, d\mu_1 = \int f \frac{d\mu_1}{d\mu_2} d\mu_2$ für jede nicht-negative, $\mathcal{S}$-meßbare Funktion f.

2. **Produktregel:** λ_j, μ_j σ-endliche Maße auf einer σ-Algebra $\mathcal{S}_j$ mit $\lambda_j \ll \mu_j$, $j = 1, 2$. Dann gilt $\frac{d(\lambda_1 \otimes \lambda_2)}{d(\mu_1 \otimes \mu_2)} = \frac{d\lambda_1}{d\mu_1} \cdot \frac{d\lambda_2}{d\mu_2}$ $(\mu_1 \otimes \mu_2)$-f.ü., denn $\frac{d\lambda_1}{d\mu_1} \cdot \frac{d\lambda_2}{d\mu_2}$ ist $(\mathcal{S}_1 \otimes \mathcal{S}_2)$-meßbar und es gilt $(\mu_1 \otimes \mu_2)(A_1 \times A_2) = \int_{A_1 \times A_2} \frac{d\lambda_1}{d\mu_1} \cdot \frac{d\lambda_2}{d\mu_2} d(\mu_1 \otimes \mu_2)$, $A_j \in \mathcal{S}_j$, $j = 1, 2$. Hieraus resultiert $(\mu_1 \otimes \mu_2)(A) = \int_A \frac{d\lambda_1}{d\mu_1} \cdot \frac{d\lambda_1}{d\mu_2} d(\mu_1 \otimes \mu_2)$, $A \in \mathcal{S}_1 \otimes \mathcal{S}_2$, da $\{A_1 \times A_2 : A_j \in \mathcal{S}_j, j = 1, 2\}$ ein durchschnittsstabiler Erzeuger von $\mathcal{S}_1 \otimes \mathcal{S}_2$ ist und μ_j, $j = 1, 2$, σ-endlich sind.

3. **Summenregel:** λ_j, $j = 1, 2$, μ Maße mit $\lambda_j \ll \mu$ und μ σ-endlich, $j = 1, 2$; dann gilt: $\frac{d(\lambda_1 + \lambda_2)}{d\mu} = \frac{d\lambda_1}{d\mu} + \frac{d\lambda_2}{d\mu}$ μ-f.ü. aufgrund der Linearität des Maßintegrals.

4. **Minimum/Maximum-Regel:** μ_j Maße auf einer σ-Algebra $\mathcal{S}$, $j = 1, 2$, $\mu_1 \vee \mu_2$: kleinste obere Schranke von μ_1, μ_2 bezüglich der natürlichen Ordnung $\le$ mengenweise $\mu_1 \wedge \mu_2$: größte untere Schranke von μ_1, μ_2.
Darstellung: $(\mu_1 \vee \mu_2)(A) = \sup\{\mu_1(A_1) + \mu_2(A_2) : A_j \in \mathcal{S}, j = 1, 2, A_1 \cap A_2 = \emptyset, A_1 + A_2 = A\}$, $A \in \mathcal{S}$, $(\mu_1 \wedge \mu_2)(A) = \inf\{\mu_1(A_1) + \mu_2(A_2) : A_j \in \mathcal{S}, j = 1, 2, A_1 \cap A_2 = \emptyset, A_1 + A_2 = A\}$, $A \in \mathcal{S}$. Mit μ als σ-endliches Maß auf $\mathcal{S}$ und $\mu_j \ll \mu$, $j = 1, 2$, gilt $\frac{d(\mu_1 \vee \mu_2)}{d\mu} = \max\{\frac{d\mu_1}{d\mu}, \frac{d\mu_2}{d\mu}\}$ μ-f.ü. und $\frac{d(\mu_1 \wedge \mu_2)}{d\mu} = \min\{\frac{d\mu_1}{d\mu}, \frac{d\mu_2}{d\mu}\}$ μ-f.ü., wegen: λ_j Maße auf $\mathcal{S}$, $j = 1, 2$; dann gilt $\lambda_1 \le \lambda_2$ genau dann, wenn $\frac{d\lambda_1}{d\mu} \le \frac{d\lambda_2}{d\mu}$ μ-f.ü. zutrifft, mit μ als σ-endliches Maß auf $\mathcal{S}$ nach der Vorbetrachtung zur Eindeutigkeitsaussage des Satzes von Radon-Nikodym.

5. Zusammenhang der Radon-Nikodym-Ableitungen von λ und $|\lambda|$: λ signiertes Maß und μ σ-endliches Maß auf σ-Algebra $\mathcal{S}$; dann gilt $\frac{d|\lambda|}{d\mu} = |\frac{d\lambda}{d\mu}|$ μ-f.ü., denn mit $A^+ := \{\frac{d\lambda}{d\mu} \geq 0\}$, $A^- := \{\frac{d\lambda}{d\mu} < 0\}$ gilt $\lambda^+(A) = \lambda(A \cap A^+)$, $A \in \mathcal{S}$, $\lambda^-(A) = -\lambda(A \cap A^-)$, $A \in \mathcal{S}$, so daß zutrifft: $\int_A |\frac{d\lambda}{d\mu}| d\mu = \int_{A \cap A^+} \frac{d\lambda}{d\mu} d\mu + \int_{A \cap A^-} \frac{d\lambda}{d\mu} d\mu = \int_A (\frac{d\lambda}{d\mu})^+ d\mu + \int_A (\frac{d\lambda}{d\mu})^- d\mu = \lambda(A \cap A^+) + \lambda(A \cap A^-) = |\lambda|(A)$, $A \in \mathcal{S}$.

ANWENDUNG: Die Menge der endlichen, signierten Maße auf einer σ-Algebra als Banach-Raum

$M(\Omega, \mathcal{S}) := \{\lambda : \lambda$ endliches, signiertes Maß auf $\mathcal{S}\}$, $\mathcal{S}$ σ-Algebra über Ω, Norm: $\|\lambda\| = |\lambda|(\Omega) = \int |\frac{d\lambda}{d\mu}| d\mu$ für ein σ-endliches Maß μ auf $\mathcal{S}$ mit $\lambda \ll \mu$. Dann ist $M(\Omega, \mathcal{S})$ ein Banach-Raum, d. h. normvollständig, denn ist $\lambda_n \in M(\Omega, \mathcal{S})$, $n = 1, 2, \ldots$, eine Cauchy-Folge, d. h. zu $\varepsilon > 0$ existiert $n_0 = n_0(\varepsilon) \in \mathbb{N}$ mit $\|\lambda_n - \lambda_m\| \leq \varepsilon$, $n, m \geq n_0$, so erhält man auf folgende Weise ein $\lambda_0 \in M(\Omega, \mathcal{S})$ mit $\|\lambda_n - \lambda_0\| \to 0$ für $n \to \infty$: Mit $\mu := \sum_{n=1}^{\infty} \frac{1}{2^n} \frac{|\lambda_n|}{(\|\lambda\|_n + 1)}$ als endliches Maß auf $\mathcal{S}$ gilt $\lambda_n \ll \mu$, $n = 1, 2, \ldots$, und daher $\|\frac{d\lambda_n}{d\mu} - \frac{d\lambda_m}{d\mu}\|_1 = \|\lambda_n - \lambda_m\|$, $n, m \in \mathbb{N}$, mit $\|f\|_1 := \int |f| d\mu$, $f \in \mathcal{L}_1(\Omega, \mathcal{S}, \mu)$. Die Vollständigkeit von $L_1(\Omega, \mathcal{S}, \mu)$ liefert nun ein $f_0 \in \mathcal{L}_1(\Omega, \mathcal{S}, \mu)$ mit $\|\frac{d\lambda_n}{d\mu} - f_0\|_1 \to 0$, für $n \to \infty$. Für $\lambda_0(A) := \int_A f_0 d\mu$, $A \in \mathcal{S}$, gilt dann $\|\lambda_n - \lambda_0\| = \|\frac{d\lambda_n}{d\mu} - \frac{d\lambda_0}{d\mu}\|_1 \to 0$, $n \to \infty$, d. h. $M(\Omega, \mathcal{S})$ ist normvollständig. Wegen $\sup_{A \in \mathcal{S}} |\lambda(A)| \leq \|\lambda\| \leq 2 \sup_{A \in \mathcal{S}} |\lambda(A)|$ ist $\|\lambda_n - \lambda_0\| \to 0$, $n \to \infty$, mit $|\lambda_n(A) - \lambda_0(A)| \to 0$, $n \to \infty$, gleichmäßig in $A \in \mathcal{S}$ äquivalent.

BEMERKUNG: Ordnungsvollständigkeit von $M(\Omega, \mathcal{S})$

$M(\Omega, \mathcal{S})$ ist ordnungsvollständig, d. h. für jede nicht-leere, nach oben beschränkte Teilmenge Λ von $M(\Omega, \mathcal{S})$, d. h. $\lambda \leq \lambda_0$, $\lambda \in \Lambda$, für ein $\lambda_0 \in M(\Omega, \mathcal{S})$, bzw. nach unten beschränkte Teilmenge Λ von $M(\Omega, \mathcal{S})$, d. h. $\lambda \geq \lambda_1$, $\lambda \in \Lambda$, für ein $\lambda_1 \in M(\Omega, \mathcal{S})$ gibt es eine kleinste obere Schranke (in Zeichen: $\sup_{\lambda \in \Lambda} \lambda$) bzw. größte untere Schranke (in Zeichen: $\inf_{\lambda \in \Lambda} \lambda$) von Λ bezüglich der natürlichen Ordnung "$\leq$ mengenweise". Es gilt: $(\sup_{\lambda \in \Lambda} \lambda)(A) = \sup\{\lambda_1(A_1) + \ldots + \lambda_n(A_n) : \lambda_k \in \Lambda$, $A_k \in \mathcal{S}$ paarweise disjunkt, $k = 1, 2, \ldots, n$, $A_1 + \ldots + A_n = A$, $n \in \mathbb{N}\}$, $A \in \mathcal{S}$, und $(\inf_{\lambda \in \Lambda} \lambda)(A) = \inf\{\lambda_1(A_1) + \ldots + \lambda_n(A_n) : \lambda_k \in \Lambda$, $A_k \in \mathcal{S}$ paarweise disjunkt, $k = 1, \ldots, n$, $A_1 + \ldots + A_n = A$, $n \in \mathbb{N}\}$, $A \in \mathcal{S}$. Ist Λ nach oben bzw. unten gerichtet, d. h. zu $\lambda_1, \lambda_2 \in \Lambda$ existiert $\lambda_3 \in \Lambda$ mit $\lambda_j \leq \lambda_3$ bzw. $\lambda_3 \leq \lambda_j$, $j = 1, 2$, so gilt $(\sup_{\lambda \in \Lambda}) \lambda(A) = \sup\{\lambda(A) : \lambda \in \Lambda\}$ bzw. $(\inf_{\lambda \in \Lambda}) \lambda(A) = \inf\{\lambda(A) : \lambda \in \Lambda\}$, $A \in \mathcal{S}$.

FOLGERUNG: Ordnungsvollständigkeit von $L_1(\Omega, \mathcal{S}, \mu)$

Wegen $f_1 \leq f_2$ μ-f.ü. mit $f_j \in \mathcal{L}_1(\Omega, \mathcal{S}, \mu)$, $j = 1, 2$, genau dann, wenn $\int_A f_1 d\mu \leq \int_A f_2 d\mu$, $A \in \mathcal{S}$, zutrifft und der Ordnungsvollständigkeit von $M(\Omega, \mathcal{S})$ ist der normvollständige Raum $L_1(\Omega, \mathcal{S}, \mu)$ ordnungsvollständig, d. h. jede nach oben beschränkte bzw. nach unten beschränkte, nicht-leere Teilmenge $\mathcal{F}$ von $\mathcal{L}_1(\Omega, \mathcal{S}, \mu)$, also $f \leq f_0$ μ-f.ü., $f \in \mathcal{F}$, für ein $f_0 \in \mathcal{L}_1(\Omega, \mathcal{S}, \mu)$ bzw. $f_1 \leq f$ μ-f.ü., $f \in \mathcal{F}$, für ein $f_1 \in \mathcal{L}_1(\Omega, \mathcal{S}, \mu)$, besitzt eine kleinste obere bzw. größte untere Schranke bezüglich der Ordnung "μ-f.ü.". Man hat bei der Anwendung des Satzes von Radon-Nikodym zu beachten, daß man ohne Einschränkung der Allgemeinheit μ bereits als σ-endlich annehmen kann, da $\mu_{\{f_0 \neq 0\}}$ σ-endlich ist, wobei der Fall $f_1 \leq f$ μ-f.ü., $f \in \mathcal{F}$, wegen $-f \leq -f_1$ μ-f.ü., $f \in \mathcal{F}$, auf den eben betrachteten Fall der Existenz einer kleinsten oberen Schranke zurückführbar ist. Dabei ist bemerkenswert, daß die kleinste obere Schranke bzw. größte untere Schranke von $\mathcal{F}$ durch $\sup_{n \in \mathbb{N}} f_n$ bzw. $\inf_{n \in \mathbb{N}} f_n$ mit $\{f_n : n = 1, 2, \ldots\}$ als einer geeigneten abzählbaren Teilmenge von $\mathcal{F}$ beschrieben werden kann, die man im Fall einer kleinsten oberen Schranke von $\mathcal{F} = \{f_i : i \in I\}$ wie folgt erhalten kann: Es sei J_n abzählbare Teilmenge von I, $n = 1, 2, \ldots$, mit $\int \inf_{j \in J_n}(f_0 - f_j) d\mu \to \inf\{\int \inf_{k \in K}(f_0 - f_k) d\mu : K$ abzählbare Teilmenge von $I\}$ für $n \to \infty$, dann leistet $J := \bigcup_{n=1}^{\infty} J_n$ das Verlangte, wegen $\int \inf_{j \in J}(f_0 - f_j) d\mu = \inf\{\int \inf_{k \in K}(f_0 - f_k) d\mu : K$ abzählbare Teilmenge von $I\}$ und $\inf_{k \in K}(f_0 - f_k) = f_0 - \sup_{k \in K} f_k$, K abzählbare Teilmenge von I. Bei dieser Konstruktion wird nicht die σ-Endlichkeit von μ benutzt. Ist aber μ σ-endlich, dann existiert zu beliebiger Teilmenge $\mathcal{F}$ von $\mathcal{L}_1(\Omega, \mathcal{S}, \mu)$ eine abzählbare Teilmenge $\{f_1, f_2, \ldots\}$ von $\mathcal{F}$ mit $\sup_{k \in \mathbb{N}} f_k \geq f$ μ-f.ü. für jedes $f \in \mathcal{F}$. Zur Begründung kann man ohne Einschränkung der Allgemeinheit μ als endlich voraussetzen, so daß zu jedem $n \in \mathbb{N}$ eine abzählbare Teilmenge $\{f_{n_1}, f_{n_2}, \ldots\}$ von $\mathcal{F}$ existiert mit $\sup_{j \in \mathbb{N}} f_{n_j} I_{\{f_{n_j} | \leq n\}} f I_{\{f \leq n\}}$ μ-f.ü. für jedes $f \in \mathcal{F}$. Dann ist auch $\bigcup_{n \in \mathbb{N}} \{f_{n_1}, f_{n_2}, \ldots\}$ eine abzählbare Teilmenge $\{f_1, f_2, \ldots\}$ von $\mathcal{F}$ mit $\sup_{j \in \mathbb{N}} f_j \geq f I_{\{|f| \leq n\}}$ μ-f.ü. für jedes $f \in \mathcal{F}$ und $n \in \mathbb{N}$, so daß für $n \to \infty$ die Behauptung $\sup_{j \in \mathbb{N}} f_j \geq f$ μ-f.ü. für jedes $f \in \mathcal{F}$ folgt. Der Spezialfall des Zählmaßes auf der Borelschen σ-Algebra über $\mathbb{R}$ und $\mathcal{F} := \{I_{\{\omega\}} : \omega \in \mathbb{R}\}$ zeigt, daß man hier nicht auf die σ-Endlichkeit des Maßes μ ersatzlos verzichten kann.

ANWENDUNG der Ordnungsvollständigkeit von $L_1(\Omega, \mathcal{S}, \mu)$: Kurzer Beweis für die Darboux-Eigenschaft atomloser Wahrscheinlichkeitsmaße

$(\Omega, \mathcal{S}, P)$ Wahrscheinlichkeitsraum mit P als atomloses Wahrscheinlichkeitsmaß. Dann gibt es zu $\alpha \in [0, P(A)]$ mit $A \in \mathcal{S}$ fest, ein $B \in \mathcal{S}$ mit $P(B) = \alpha$ und $B \subset A$ (Darboux-Eigenschaft), denn: Wegen der Ordnungsvollständigkeit von $L_1(\Omega, \mathcal{S}, P)$ besitzt jede vollständig geordnete Teilmenge von $\{I_C : C \in \mathcal{S}, C \subset A, P(C) \leq \alpha\}$ bezüglich der Ordnung "$\leq P$-f.ü." eine obere Schranke in $\{I_C : C \in \mathcal{S}, C \subset A, P(C) \leq \alpha\}$, so daß diese Menge nach dem Lemma von Zorn ein maximales Element I_B, $B \subset A$, $P(B) \leq \alpha$, bezüglich der Ordnung "$\leq P$-f.ü." besitzt. Wäre $P(B) < \alpha$, so gäbe es $C \in \mathcal{S}$ mit $C \subset A \backslash B$ und $P(C) > 0$, $P(C) \leq \alpha - P(B)$, da P atomlos ist, so daß $P(B \cup C) \leq \alpha$, $B \cup C \subset A$ und $P(B \cup C) > P(B)$ zutreffen würde im Widerspruch zur Maximalität von I_B.

Anwendung des Satzes von Radon-Nikodym

Existenz bedingter Erwartungswerte

$(\Omega, \mathcal{S}, P)$ Wahrscheinlichkeitsraum und $\mathcal{T}$ Teil-σ-Algebra von $\mathcal{S}$; dann gibt es zu $X \in$

$\mathcal{L}_1(\Omega, \mathcal{S}, P)$ ein $Y \in \mathcal{L}_1(\Omega, \mathcal{S}, P)$, so daß Y bereits $\mathcal{T}$-meßbar ist und $\int_T Y \, dP = \int_T X \, dP, T \in \mathcal{T}$, zutrifft, nämlich Y als Version von $\frac{d \int_{\cdot} X \, dP}{d(P|\mathcal{T})}$, wobei $\int_{\cdot} X \, dP$ als signiertes Maß auf $\mathcal{T}$ zu interpretieren ist. Hierbei ist $\int Y \, dP = \int Y \, d(P|\mathcal{T})$ zu beachten. Ferner ist jedes $\mathcal{T}$-meßbare $Y \in \mathcal{L}_1(\Omega, \mathcal{S}, P)$ mit $\int_T Y \, dP = \int_T X \, dP$, $T \in \mathcal{T}$, eine Version von $\frac{d \int_{\cdot} X \, dP}{d(P|\mathcal{T})}$ und wird als Version des bedingten Erwartungswertes von X unter $\mathcal{T}$ (bezüglich P) bezeichnet (in Zeichen: $E(X|\mathcal{T})$ oder $E_P(X|\mathcal{T})$). Erweitert man den Begriff des Erwartungswertes $E(X)$ (oder auch $E_P(X)$) auf $\mathcal{S}$-meßbare, quasi-P-integrierbare $X : \Omega \to \bar{\mathbb{R}}$, so heißt jede Version von $\frac{d \int_{\cdot} X \, dP}{d(P|\mathcal{T})}$ eine Version des bedingten Erwartungswertes von X (unter P), wobei $E(X|\mathcal{T})$ oder auch $E_P(X|\mathcal{T})$ wieder für die Menge aller Versionen steht.

BEISPIEL: Explizite Darstellung bedingter Erwartungswerte bei endlichen Teil-σ-Algebren

$(\Omega, \mathcal{S}, P)$ Wahrscheinlichkeitsraum mit $\mathcal{T}$ als endlicher Teil-σ-Algebra von $\mathcal{S}$, $X \in \mathcal{L}_1(\Omega, \mathcal{S}, P)$. Dann gilt für jede Version Y von $E(X|\mathcal{T})$: $Y = \sum_{n=1}^m E(X|T_n) I_{T_n}$ P-f.ü. mit T_n, $n = 1, \dots, m$, als Atome von $\mathcal{T}$ mit $P(T_n) > 0$, $n = 1, \dots, m$, und $E(X|T_n)$ als elementarer bedingter Erwartungswert (unter der Bedingung) T_n, d. h. $E(X|T_n) := \int X \, dP_n$, P_n elementare bedingte Wahrscheinlichkeit unter (der Bedingung) T_n (also: $P_n(A) = \frac{P(A \cap T_n)}{P(T_n)}$, $A \in \mathcal{S}$), denn: $Y = \sum_{i=1}^M a_i I_{T_i}$ P-f.ü., mit $\{T_1, \dots, T_m, T_{m+1}, \dots, T_M\}$ als Menge aller Atome von $\mathcal{T}$, da eine $\mathcal{T}$-meßbare, reellwertige Funktion auf Atomen von $\mathcal{T}$ konstant ist. Hieraus resultiert $\int_{T_n} \alpha_n \, dP = \int_{T_n} X \, dP$, $n = 1, \dots, m$, also $\alpha_n = \int_{T_n} X_n \, dP / P(T_n) = E(X|T_n)$, $n = 1, \dots, m$. Insbesondere erhält man im Fall $\mathcal{T} = \{\emptyset, \Omega\}$, daß $E(X|\mathcal{T})$ mit $E(X)$ übereinstimmt. Dies trifft auch auf eine nicht-notwendig endliche Teil-σ-Algebra $\mathcal{T}$ von $\mathcal{S}$ zu mit der Eigenschaft, daß $P|\mathcal{T}$ bereits $\{0, 1\}$-wertig ist, da für jede Version Y von $E(X|\mathcal{T})$ in diesem Fall $Y = c$ P-f.ü. für ein $c \in \mathbb{R}$ zutrifft, denn Ω ist hier ein $(P|\mathcal{T})$-Atom und eine $\mathcal{T}$-meßbare, reellwertige Funktion ist auf einem $(P|\mathcal{T})$-Atom $(P|\mathcal{T})$-f.ü. konstant. Wegen $E(X) = E(Y)$ (dies folgt aus $\int_T Y \, dP = \int_T X \, dP$, $T \in \mathcal{T}$, für $T = \Omega$) trifft $Y = E(X)$ P-f.ü. zu. Hieraus resultiert insbesondere die folgende Kennzeichnung aller Teil-σ-Algebren $\mathcal{T}$ von $\mathcal{S}$ mit $Y = E(X)$ P-f.ü. für jede Version von $E(X|\mathcal{T})$ mit $X \in \mathcal{L}_1(\Omega, \mathcal{S}, P)$, wofür man auch $E(X|\mathcal{T}) = E(X)$ P-f.ü. schreibt, wobei $X \in \mathcal{L}_1(\Omega, \mathcal{S}, P)$ beliebig ist, durch die Eigenschaft, daß $P|\mathcal{T}$ bereits $\{0, 1\}$-wertig ist. Aus $E(X|\mathcal{T}) = E(X)$ P-f.ü. für $X := I_{T_0}$, $T_0 \in \mathcal{T}$ fest, folgt, wegen $E(I_{T_0}|\mathcal{T}) = \frac{d \int_{\cdot} I_{T_0} \, dP}{d(P|\mathcal{T})} = I_{T_0}$ P-f.ü., die Beziehung $I_{T_0} = P(T_0)$ P-f.ü., also $P(T_0) \in \{0, 1\}$, für jedes $T_0 \in \mathcal{T}$.

BEISPIEL: Explizite Bestimmung bedingter Erwartungswerte für invariante Teil-σ-Algebren unter endlichen Transformationsgruppen

$(\Omega, \mathcal{S}, P)$ Wahrscheinlichkeitsraum, G endliche Gruppe von bijektiven, $(\mathcal{S}, \mathcal{S})$-meßbaren Abbildungen $g : \Omega \to \Omega$ mit $P = P^g$, $g \in G$ (G-Invarianz von P; z. B. kann man im Fall $(\Omega^n, \mathcal{S}^n, P^n)$, $n \in \mathbb{N}$ fest, anstelle von $(\Omega, \mathcal{S}, P)$

die Gruppe der (S^n, S^n)-meßbaren, bijektiven Abbildungen $g_\pi : \Omega^n \to \Omega^n$ mit $g_\pi(\omega_1, \ldots, \omega_n) = (\omega_{\pi(1)}, \ldots, \omega_{\pi(n)})$, $(\omega_1, \ldots, \omega_n) \in \Omega^n$, $\pi : \{1, \ldots, n\} \to \{1, \ldots, n\}$ Permutation, wählen), $\mathcal{T} := \{A \in S : g(A) = A, g \in G\}$ (Teil-σ-Algebra der G-invarianten, S-meßbaren Teilmengen von Ω). Dann ist $Y := \frac{1}{|G|} \sum_{g \in G} X \circ g$ mit $X \in \mathcal{L}_1(\Omega, S, P)$, $|G|$ Anzahl der Elemente von G, eine Version von $E(X|\mathcal{T})$, denn: Y ist $\mathcal{T}$-meßbar, wegen $Y \circ g = Y$, $g \in G$ (G-Invarianz von Y), da eine S-meßbare, reellwertige Funktion genau dann $\mathcal{T}$-meßbar ist, wenn diese G-invariant ist. Ferner gilt nach der Transformationsformel für das Maßintegral: $\int_T Y \, dP = \frac{1}{|G|} \sum_{g \in G} \int_T X \circ g \, dP = \frac{1}{|G|} \sum_{g \in G} \int_T X \, dP$, $T \in \mathcal{T}$, da $I_T \circ g = I_T$, $g \in G$, gilt. Wegen $P^g = P$, $g \in G$, trifft schließlich $\int X \, dP^g = \int X \, dP$, $g \in G$, zu, d. h. $\int_T Y \, dP = \int_T X \, dP$, $T \in \mathcal{T}$. Bemerkenswert ist ferner, daß Y nicht von dem G-invarianten Wahrscheinlichkeitsmaß P abhängt. Ferner kann man zeigen, daß $\mathcal{T} = S(\{\bigcup_{g \in G} g(A) : A \in \mathcal{A}\})$ zutrifft mit $\mathcal{A}$ als einer Algebra über Ω mit $S = S(\mathcal{A})$. (Im Spezialfall $(\Omega, S) = (\mathbb{R}^n, \mathcal{B}^n)$ und G als Gruppe der Permutationen $g_\pi : \mathbb{R}^n \to \mathbb{R}^n$, $g_\pi(x_1, \ldots, x_n) = (x_{\pi(1)}, \ldots, x_{\pi(n)})$, $(x_1, \ldots, x_n) \in \mathbb{R}^n$, $\pi : \{1, \ldots, n\} \to \{1, \ldots, n\}$ Permutation, erhält man hiermit für die Teil-σ-Algebra $\mathcal{T}$ der permutationsinvarianten, Borelschen Teilmengen des $\mathbb{R}^n$: $\mathcal{T} = T^{-1}(\mathcal{B}^n)$ mit T als sogenannte Ordnungsstatistik, d. h. $T : \mathbb{R}^n \to \mathbb{R}^n$, $T(x_1, \ldots, x_n) = (x_{[1]}, \ldots, x_{[n]})$, $(x_1, \ldots, x_n) \in \mathbb{R}^n$, und mit $(x_{[1]}, \ldots, x_{[n]})$ als das der Größe nach geordnete n-Tupel von $(x_1, \ldots, x_n)$, also: $x_{[k]} = \min\{\max\{x_{ij} : j = 1, \ldots, k\} : \{i_1, \ldots, i_k\}$ k-elementige Teilmenge von $\{1, \ldots, n\}\}$, $k = 1, \ldots, n$, so daß T insbesondere $(\mathcal{B}^n, \mathcal{B}^n)$-meßbar ist.)

EIGENSCHAFTEN bedingter Erwartungswerte:

1. Linearität: $E((\alpha_1 X_1 + \alpha_2 X_2)|\mathcal{T}) = \alpha_1 E(X_1|\mathcal{T}) + \alpha_2 E(X_2|\mathcal{T})$ P-f.ü., $\alpha_j \in \mathbb{R}$, $X_j \in \mathcal{L}_1(\Omega, S, P)$, $j = 1, 2$, wegen der Summenregel für Radon-Nikodym-Ableitungen.

2. Isotonie: $E(X_1|\mathcal{T}) \leq E(X_2|\mathcal{T})$ P-f.ü., $X_j \in \mathcal{L}_1(\Omega, S, P)$, $j = 1, 2$, mit $X_1 \leq X_2$, wegen $E(X|\mathcal{T}) = \frac{d \int X \, dP}{d(P|\mathcal{T})} \geq 0$ P-f.ü. für $X \in \mathcal{L}_1(\Omega, S, P)$ mit $X \geq 0$.

3. Satz von der monotonen Konvergenz: $X_n \in \mathcal{L}_1(\Omega, S, P)$ mit $0 \leq X_1 \leq X_2 \leq \ldots$; dann gilt $\lim_{n \to \infty} E(X_n|\mathcal{T}) = E(X_0|\mathcal{T})$ P-f.ü. mit $X_0 := \lim_{n \to \infty} X_n$, denn: $\lambda_1 \leq \lambda_2 \leq \ldots$ endliche Maße auf einer σ-Algebra S mit $\lambda_n \ll \mu$, $n = 1, 2, \ldots$, und mit μ als σ-endliches Maß auf S. Dann gilt: $\lim_{n \to \infty} \frac{d\lambda_n}{d\mu} = \frac{d\lambda_0}{d\mu} \mu$-f.ü. mit $\lambda_0(A) := \lim_{n \to \infty} \lambda_n(A)$, $A \in S$, wegen: $0 \leq \frac{d\lambda_1}{d\mu} \leq \frac{d\lambda_2}{d\mu} \leq \ldots \mu$-f.ü. und dem Satz von der monotonen Konvergenz gilt $\lim_{n \to \infty} \int_A \frac{d\lambda_n}{d\mu} d\mu = \int_A \lim_{n \to \infty} \frac{d\lambda_n}{d\mu} d\mu$, $A \in S$. Ferner liefert $\int_A \frac{d\lambda_n}{d\mu} d\mu = \lambda_n(A) \to \lambda_0(A)$, $A \in S$, schließlich $\int_A \frac{d\lambda_0}{d\mu} d\mu = \int_A \lim_{n \to \infty} \frac{d\lambda_n}{d\mu} d\mu$, $A \in S$, also $\lim_{n \to \infty} \frac{d\lambda_n}{d\mu} = \frac{d\lambda_0}{d\mu} \mu$-f.ü. Beachtet man nun $E(X_n|\mathcal{T}) = \frac{d \int X_n \, d\mu}{d(P|\mathcal{T})}$ P-f.ü., $n = 0, 1, 2, \ldots$, so erhält man

die Behauptung.

4. Lemma von Fatou: $X_n \in \mathcal{L}_1(\Omega, \mathcal{S}, P)$, $n = 1, 2, \ldots$ mit $X_n \leq Y$ P-f.ü., $n = 1, 2, \ldots$, $Y \in \mathcal{L}_1(\Omega, \mathcal{S}, P)$, bzw. $Z \leq X_n$ P-f.ü., $n = 1, 2, \ldots$, $Z \in \mathcal{L}_1(\Omega, \mathcal{S}, P)$. Dann gilt $\limsup_{n \to \infty} E(X_n | \mathcal{T}) \leq E(\limsup_{n \to \infty} X_n | \mathcal{T})$ P-f.ü. bzw.
$\liminf_{n \to \infty} E(X_n | \mathcal{T}) \geq E(\liminf_{n \to \infty} X_n | \mathcal{T})$ P-f.ü., wobei der Beweis analog zum nicht-bedingten Fall unter Verwendung des Satzes von der monotonen Konvergenz im bedingten Fall verläuft. Die gleiche Begründung trifft auch zu auf:

5. Satz von der majorisierten Konvergenz nach Lebesgue: $X_n \in \mathcal{L}_1(\Omega, \mathcal{S}, P)$ mit $|X_n| \leq Y \in \mathcal{L}_1(\Omega, \mathcal{S}, P)$, $n = 1, 2, \ldots$, und $\lim_{n \to \infty} X_n = X_0$. Dann gilt $\lim_{n \to \infty} E(X_n | \mathcal{T}) = E(X_0 | \mathcal{T})$ P-f.ü.

6. Vertauschungsregel: $\mathcal{T}_1, \mathcal{T}_2$ Teil-σ-Algebren der σ-Algebra $\mathcal{S}$ mit $\mathcal{T}_1 \subset \mathcal{T}_2$, $X \in \mathcal{L}_1(\Omega, \mathcal{S}, P)$. Dann gilt: $E(E(X | \mathcal{T}_1) | \mathcal{T}_2) = E(E(X | \mathcal{T}_2) | \mathcal{T}_1)$ P-f.ü., denn:

$$E(E(X | \mathcal{T}_1) | \mathcal{T}_2) = \frac{d \int \frac{d \int X\, dP}{d(P | \mathcal{T}_1)}\, dP}{d(P | \mathcal{T}_2)} = \frac{d \int X\, dP}{d(P | \mathcal{T}_1)} = E(X | \mathcal{T}_1) \quad P\text{-f.ü., denn}$$

$\frac{d \int X\, dP}{d(P | \mathcal{T}_1)}$ ist $\mathcal{T}_1$-meßbar und daher auch $\mathcal{T}_2$-meßbar. Ferner gilt: $E(E(X | \mathcal{T}_2) | \mathcal{T}_1) =$

$\frac{d \int \frac{d \int X\, dP}{d(P | \mathcal{T}_2)}\, dP}{d(P | \mathcal{T}_1)}$ P-f.ü. und $\int_{T_1} \frac{d \int X\, dP}{d(P | \mathcal{T}_2)}\, dP = \int_{T_1} X\, dP$, $T_1 \in \mathcal{T}_1$, wegen $\mathcal{T}_1 \subset \mathcal{T}_2$, also $E(E(X | \mathcal{T}_2) | \mathcal{T}_1) = \frac{d \int X\, dP}{d(P | \mathcal{T}_1)} = E(X | \mathcal{T}_1)$ P-f.ü.

Der bedingte Erwartungswert als Glättungsoperator bzw. als Projektion

1. Glättungseigenschaft: $X, Y \in \mathcal{L}(\Omega, \mathcal{S}, P)$ mit $XY \in \mathcal{L}_1(\Omega, \mathcal{S}, P)$, Y sei $\mathcal{T}$-meßbar mit $\mathcal{T}$ als Teil-σ-Algebra von $\mathcal{S}$. Dann gilt: $E(XY | \mathcal{T}) = Y E(X | \mathcal{T})$ P-f.ü., denn im Fall $Y := I_{T_0}$, $T_0 \in \mathcal{T}$, erhält man mit Hilfe der Kettenregel für Radon-Nikodym-Ableitungen $E(X I_{T_0} | \mathcal{T}) = \frac{d(\int I_{T_0} X\, dP)}{d(P | \mathcal{T})} = \frac{d \int I_{T_0} X\, dP}{d(P_{T_0} | \mathcal{T})} \cdot$
$\frac{d(P_{T_0} | \mathcal{T})}{d(P | \mathcal{T})} = \frac{d \int X\, dP}{d(P | \mathcal{T})} I_{T_0} = I_{T_0} E(X | \mathcal{T})$ P-f.ü. mit $P_{T_0}(A) = P(A \cap T_0)$, $A \in \mathcal{S}$. Der Fall $Y = \sum_{i=1}^{n} a_i I_{T_i}$, $a_i \geq 0$, $T_i \in \mathcal{T}$, $i = 1, \ldots, n$, folgt aus dem oben betrachteten Fall $Y = I_{T_0}$, $T_0 \in \mathcal{T}$, aufgrund der Linearität bedingter Erwartungswerte und der Fall $Y \geq 0$ wird mit dem Satz von der monotonen Konvergenz für bedingte Erwartungswerte behandelt. Auf diesen Fall läßt sich der allgemeine Fall vermöge $Y = Y^+ - Y^-$ zurückführen.

2. Für $X \in \mathcal{L}_1(\Omega, \mathcal{S}, P)$ bzw. $X \in \mathcal{L}_2(\Omega, \mathcal{S}, P)$ gilt $E(E(X | \mathcal{T})) = E(X)$ bzw. $\text{Var}(E(X | \mathcal{T})) \leq \text{Var}(X)$, wobei das Gleichheitszeichen genau dann eintritt, wenn $X = E(X | \mathcal{T})$ P-f.ü. zutrifft, denn: $E(E(X | \mathcal{T})) = E(X)$ folgt aus $\int_T E(X | \mathcal{T}) dP = \int_T X\, dP$, $T \in \mathcal{T}$, mit $T := \Omega$. Zum Nachweis von $\text{Var}(E(X | \mathcal{T})) \leq \text{Var}(X)$ wird zunächst von $E(X | \mathcal{T}) \in \mathcal{L}_2(\Omega, \mathcal{S}, P)$ mit $X \in \mathcal{L}_2(\Omega, \mathcal{S}, P)$ ausgegangen und die Beziehung $\text{Var}(X) = \text{Var}(E(X | \mathcal{T})) + E(\text{Var}(X | \mathcal{T}))$ mit $\text{Var}(X | \mathcal{T}) := E(X^2 | \mathcal{T}) - E^2(X | \mathcal{T})$ als bedingte Varianz

von X unter $\mathcal{T}$ bewiesen. Diese Gleichung folgt aus $E((X - E(X|\mathcal{T}))^2|\mathcal{T}) = E(X^2|\mathcal{T}) - 2E(X\,E(X|\mathcal{T})|\mathcal{T}) + E(E^2(X|\mathcal{T})|\mathcal{T}) = E(X^2|\mathcal{T}) - 2E^2(X|\mathcal{T}) + E^2(X|\mathcal{T}) = \mathrm{Var}(X|\mathcal{T})$ P-f.ü., wobei hier die Linearität und die Glättungseigenschaft bedingter Erwartungswerte benutzt worden ist. Wegen $E(\mathrm{Var}(X|\mathcal{T})) = E((X - E(X|\mathcal{T}))^2)$ ergibt sich nun $\mathrm{Var}(E(X|\mathcal{T})) \leq \mathrm{Var}(X)$, wobei das Gleichheitszeichen genau dann eintritt, wenn $X = E(X|\mathcal{T})$ P-f.ü. gilt. Der Nachweis von $E(X|\mathcal{T}) \in \mathcal{L}_2(\Omega, \mathcal{S}, P)$ für $X \in \mathcal{L}_2(\Omega, \mathcal{S}, P)$ ergibt sich aus den obigen Überlegungen mit $X_n := |X|I_{\{|X|\leq n\}}$, $n = 1, 2, \ldots$, anstelle von X unter Beachtung von $\lim_{n\to\infty} X_n = |X|$ und $E(E^2(X_n|\mathcal{T})) \leq E(X_n^2)$, $n = 1, 2, \ldots$, aufgrund der obigen Überlegungen.

3. $(\Omega, \mathcal{S}, P)$ Wahrscheinlichkeitsraum, $\mathcal{T}$ Teil-σ-Algebra von $\mathcal{S}$, $X \in \mathcal{L}_2(\Omega, \mathcal{S}, P)$. Dann gilt $\inf\{E((X - Z)^2) : Z \in \mathcal{L}_2(\Omega, \mathcal{S}, P)$ ist $\mathcal{T}$-meßbar$\} = E((X - E(X|\mathcal{T}))^2)$, denn:

$$
\begin{aligned}
E((X - Z)^2) = &\; E((X - E(X|\mathcal{T}))^2) \\
&+ 2E((X - E(X|\mathcal{T}))(E(X|\mathcal{T}) - Z)) \\
&+ E((E(X|\mathcal{T}) - Z)^2)
\end{aligned}
$$

und die Glättungseigenschaft für bedingte Erwartungswerte liefert

$$E((X - E(X|\mathcal{T}))(E(X|\mathcal{T}) - Z)) = E((E(X|\mathcal{T}) - Z)(E(X|\mathcal{T}) - E(X|\mathcal{T})) = 0.$$

Beachtet man, daß durch $< X_1, X_2 > := \int X_1 X_2 \, dP$, $X_j \in \mathcal{L}_2(\Omega, \mathcal{S}, P)$, $j = 1, 2$, ein Skalarprodukt erklärt wird, so erhält man wieder mit Hilfe der Glättungseigenschaft, daß $X - E(X|\mathcal{T})$ und Z orthogonal sind gemäß $< X - E(X|\mathcal{T}), Z > = E((X - E(X|\mathcal{T}))Z) = E((E(X|\mathcal{T}) - E(X|\mathcal{T}))Z) = 0$, d. h. $E(X|\mathcal{T})$ kann als Projektion von $L_2(\Omega, \mathcal{S}, P)$ auf $L_2(\Omega, \mathcal{T}, P|\mathcal{T})$ gedeutet werden.

4. $(\Omega, \mathcal{S}, P)$ Wahrscheinlichkeitsraum, $\mathcal{T}$ Teil-σ-Algebra von $\mathcal{S}$, $X \in \mathcal{L}_2(\Omega, \mathcal{S}, P)$. Dann gilt für den Korrelationskoeffizienten: $\sup\{\rho^2(X, Z) : Z \in \mathcal{L}_2(\Omega, \mathcal{S}, P)$ ist $\mathcal{T}$-meßbar$\} = \rho^2(X, E(X|\mathcal{T}))$, denn ersetzt man X durch $X - E(X)$, so kann ohne Beschränkung der Allgemeinheit $E(X) = 0$ angenommen werden, so daß insbesondere gilt: $\rho^2(X, E(X|\mathcal{T})) = \frac{E^2(X\,E(X|\mathcal{T}))}{\mathrm{Var}(X)\mathrm{Var}(E(X|\mathcal{T}))} = \frac{\mathrm{Var}(E(X|\mathcal{T}))}{\mathrm{Var}(X)}$, wenn man die Glättungseigenschaft bedingter Erwartungswerte beachtet. Ferner liefert die Cauchy-Schwarzsche Ungleichung zusammen mit der Glättungseigenschaft für bedingte Erwartungswerte $E^2(X(Z - E(Z))) = E^2(E(X|\mathcal{T})(Z - E(Z))) \leq E(E^2(X|\mathcal{T})) \cdot \mathrm{Var}(Z)$, also $\rho^2(X, Z) = \frac{E^2(X(Z - E(Z)))}{\mathrm{Var}(X)\mathrm{Var}(Z)} \leq \frac{\mathrm{Var}(E(X|\mathcal{T}))}{\mathrm{Var}(X)} = \rho^2(X, E(X|\mathcal{T}))$.

Ungleichungen für bedingte Erwartungswerte

1. **Ungleichung von Jensen:** $(\Omega, \mathcal{S}, P)$ Wahrscheinlichkeitsraum, $\mathcal{T}$ Teil-σ-Algebra von $\mathcal{S}$, X und $f \circ X \in \mathcal{L}_1(\Omega, \mathcal{S}, P)$ mit $f : \mathbb{R} \to \mathbb{R}$ konvex. Dann gilt: $E(f \circ X | \mathcal{T}) \geq f \circ (E(X | \mathcal{T}))$ P-f.ü., denn: Es existiert die rechtsseitige Ableitung f'_r (ebenso auch die linksseitige Ableitung) von f, wobei zu jedem $x_0 \in \mathbb{R}$ reelle Zahlen a, b mit $f(x) \geq a + bx$, $x \in \mathbb{R}$, und $a + bx_0 = f(x_0)$ mit $b = f'_r(x_0)$, also $a = f(x_0) - x_0 f'_r(x_0)$ existieren. Ferner ist f bzw. f'_r eine Borelfunktion, so daß hieraus $E(f \circ X | \mathcal{T}) \geq a + bE(X | \mathcal{T})$ P-f.ü. aufgrund der Isotonie und der Glättungseigenschaft bedingter Erwartungswerte folgt, wenn man $a := a(\omega) := f(E(X | \mathcal{T})(\omega)) - E(X | \mathcal{T})(\omega) f'_r(E(X | \mathcal{T})(\omega))$ und $b := b(\omega) := f'_r(E(X | \mathcal{T})(\omega))$, $\omega \in \Omega$ fest, wählt und zunächst X als zusätzlich beschränkt voraussetzt sowie die Monotonie von f'_r beachtet, d. h. es gilt $a + bE(X | \mathcal{T}) = f \circ (E(X | \mathcal{T}))$ P-f.ü., woraus die Ungleichung von Jensen folgt. Ist X nicht notwendig beschränkt, so ersetzt man X durch $X_{n,m} := X I_{\{-m \leq X \leq n\}} + n I_{\{X > n\}} - m I_{\{-m < X\}}$, $n, m \in \mathbb{N}$, so daß die Stetigkeit der konvexen Funktion f zusammen mit dem Satz von der majorisierten Konvergenz den Schluß von $E(f \circ X_{n,m} | \mathcal{T}) \geq f \circ (E(X_{n,m} | \mathcal{T}))$ P-f.ü., $n, m \in \mathbb{N}$, auf $E(f \circ X | \mathcal{T}) \geq f \circ (E(X | \mathcal{T}))$ P-f.ü. erlaubt.

2. **Ungleichung von Hölder:** $X_1 \in \mathcal{L}_p(\Omega, \mathcal{S}, P)$, $X_2 \in \mathcal{L}_q(\Omega, \mathcal{S}, P)$, $p, q > 1$ mit $\frac{1}{p} + \frac{1}{q} = 1$ und mit $(\Omega, \mathcal{S}, P)$ als Wahrscheinlichkeitsraum sowie $\mathcal{T}$ als Teil-σ-Algebra von $\mathcal{S}$. Dann gilt: $E(|X_1 X_2| | \mathcal{T}) \leq E^{1/p}(|X_1|^p | \mathcal{T}) \cdot E^{1/q}(|X_2|^q | \mathcal{T})$ P-f.ü., wegen: $\frac{|x_1|^p}{p} + \frac{|x_2|^q}{q} \geq |x_1 x_2|$, $x_1, x_2 \in \mathbb{R}$, wobei diese Ungleichung aus der Konvexität der Funktion $x \to -lnx$, $x \in (0, \infty)$ folgt, denn $-ln(\frac{|x_1|^p}{p} + \frac{|x_2|^q}{q}) \geq -\frac{1}{p} ln(|x_1|^p) - \frac{1}{q} ln|x_2|^q = -ln(|x_1 x_2|)$. Hieraus resultiert

$$\frac{1}{p} \frac{|X_1|^p I_{T_1}}{(E^{1/p}(|X_1|^p | \mathcal{T}))^p} + \frac{1}{q} \frac{|X_2|^q I_{T_2}}{(E^{1/q}(|X_2|^q | \mathcal{T}))^q}$$
$$\geq \frac{|X_1 X_2| I_{T_1 \cap T_2}}{E^{1/p}(|X_1|^p | \mathcal{T}) E^{1/q}(|X_2|^q | \mathcal{T})} \quad P\text{-f.ü.},$$

mit $T_1 := \{E(|X_1|^p | \mathcal{T}) > 0\}$, $T_2 := \{E(|X_2|^q | \mathcal{T}) > 0\}$. Hieraus resultiert aufgrund der Isotonie und der Glättungseigenschaft bedingter Erwartungswerte

$$\frac{1}{p} + \frac{1}{q} \geq \frac{E(|X_1 X_2| | \mathcal{T})}{E^{1/p}(|X_1|^p | \mathcal{T}) E^{1/q}(|X_2|^q | \mathcal{T})} \quad P\text{-f.ü.}$$

auf $T_1 \cap T_2$. Beachtet man schließlich noch $\int_{T_1} E(|X_1|^p | \mathcal{T}) dP = 0 = \int_{T_1} |X_1|^p dP$, also $|X_1| = 0$ P-f.ü. auf T_1 und analog $|X_2| = 0$ P-f.ü. auf T_2, so erhält man schließlich die Ungleichung von Hölder für bedingte Erwartungswerte.

BEISPIEL: $(\Omega, \mathcal{S}, P)$ Wahrscheinlichkeitsraum, $\mathcal{T}$ Teil-σ-Algebra von $\mathcal{S}$, $X \in \mathcal{L}_p(\Omega, \mathcal{S}, P)$ und nicht negativ. Dann gilt: $E(I_{\{X>0\}}|\mathcal{T}) \geq \frac{E^q(X|\mathcal{T})}{E^{q/p}(X^p|\mathcal{T})} I_{\{E(X^p|\mathcal{T})>0\}}$ P-f.ü., denn die Ungleichung von Hölder für bedingte Erwartungswerte liefert $E(X|\mathcal{T}) = E(XI_{\{X>0\}}|\mathcal{T}) \leq E^{1/p}(X^p|\mathcal{T})E^{1/q}(I_{\{X>0\}}|\mathcal{T})$ P-f.ü., woraus die Behauptung folgt.

Regularität bedingter Wahrscheinlichkeiten

SPRECHWEISE: $(\Omega, \mathcal{S}, P)$ Wahrscheinlichkeitsraum mit $\mathcal{T}$ als Teil-σ-Algebra von $\mathcal{S}$; dann heißt jede Version von $E(I_A|\mathcal{T})$, $A \in \mathcal{S}$, eine Version der bedingten Wahrscheinlichkeit von A unter $\mathcal{T}$ (in Zeichen: $P(A|\mathcal{T})$). Man nennt eine Version $P(A|\mathcal{T})$ regulär, wenn $A \to P(A|\mathcal{T})(\omega)$, $A \in \mathcal{S}$, für jedes feste $\omega \in \Omega$ ein Wahrscheinlichkeitsmaß auf $\mathcal{S}$ ist und die Abbildung $\omega \to P(A|\mathcal{T})(\omega)$, $\omega \in \Omega$, für jedes $A \in \mathcal{S}$ fest, $\mathcal{T}$-meßbar ist.

So ist z. B. die Version $\frac{1}{|G|}\sum_{g \in G} I_A \circ g$ von $P(A|\mathcal{T})$, $A \in \mathcal{S}$, im Fall einer endlichen Gruppe von $(\mathcal{S}, \mathcal{S})$-meßbaren bijektiven Abbildungen $g : \Omega \to \Omega$ mit G-invariantem Wahrscheinlichkeitsmaß P auf der σ-Algebra $\mathcal{S}$, d. h. $P = P^g$, $g \in G$, und mit $\mathcal{T}$ als Teil-σ-Algebra von $\mathcal{S}$ der G-invarianten Mengen $A \in \mathcal{S}$, d. h. $g(A) = A$, $g \in G$, regulär, wegen $(\frac{1}{|G|}\sum_{g \in G} I_A \circ g)(\omega) = \frac{1}{|G|}\sum_{g \in G} \delta_\omega(g^{-1}(A))$, $\omega \in \Omega$. Allerdings existieren i.a. keine regulären Versionen für bedingte Wahrscheinlichkeiten.

Nicht-Existenz von regulären, bedingten Wahrscheinlichkeiten

VORBETRACHTUNG: $(\Omega, \mathcal{S}, P)$ Wahrscheinlichkeitsraum, $\mathcal{T}$ abzählbar erzeugte Teil-σ-Algebra von $\mathcal{S}$ mit $\{\omega\} \in \mathcal{T}$, $\omega \in \Omega$. Dann gibt es genau dann eine reguläre Version $P(A|\mathcal{T})$, $A \in \mathcal{S}$, wenn es eine P-Nullmenge $N \in \mathcal{T}$ gibt, so daß $I_{A \cap N^c}$, $A \in \mathcal{S}$, eine Version von $P(A|\mathcal{T})$, $A \in \mathcal{S}$, ist. Insbesondere gilt $\mathcal{S} \cap N^c = \mathcal{T} \cap N^c$.

BEGRÜNDUNG: Bezeichnet $\mathcal{A}$ eine abzählbare Algebra $\mathcal{A}$ über Ω, welche $\mathcal{T}$ erzeugt, und ist $N := \bigcup_{T \in \mathcal{A}} N_T$ mit $P(T|\mathcal{T})(\omega) = I_T(\omega)$, $\omega \in N_T^c$, mit $N_T \in \mathcal{T}$ und $P(N_T) = 0$, so gilt nach der Eindeutigkeitsaussage des Maßerweiterungssatzes $P(T|\mathcal{T})(\omega) = I_T(\omega)$, $\omega \in N^c$, falls $P(A|\mathcal{T})$, $A \in \mathcal{T}$, eine reguläre Version ist, wegen $I_T(\omega) = \delta_\omega(T)$, $T \in \mathcal{T}$, $\omega \in \Omega$. Aus $P(T|\mathcal{T})(\omega) = \delta_\omega(T)$, $T \in \mathcal{T}$, $\omega \in N^c$, folgt aber $P(S|\mathcal{T})(\omega) = \delta_\omega(S)$, $S \in \mathcal{S}$, $\omega \in N^c$, da $\delta_\omega|\mathcal{T}$ eindeutig zu $\delta_\omega|\mathcal{S}$ als Wahrscheinlichkeitsmaß fortsetzbar ist, wegen $\{\omega\} \in \mathcal{T}$, $\omega \in \Omega$, und $P(\cdot|\mathcal{T})(\omega)$ für jedes $\omega \in \Omega$ ein Wahrscheinlichkeitsmaß auf $\mathcal{S}$ ist. Daher gilt $P(A|\mathcal{T})I_{N^c} = I_{A \cap N^c}$, so daß $A \cap N^c \in \mathcal{T}$, $A \in \mathcal{S}$, zutrifft, da $\omega \to P(A|\mathcal{T})(\omega)$, $\omega \in \Omega$, $A \in \mathcal{S}$ fest, $\mathcal{T}$-meßbar ist. Daher ist $I_{A \cap N^c}$, $A \in \mathcal{S}$, eine Version von $P(A|\mathcal{T})$, $A \in \mathcal{S}$. Umgekehrt ist $I_{A \cap N^c}$, $A \in \mathcal{S}$, eine Version von $P(A|\mathcal{T})$ im Fall $\mathcal{S} \cap N^c = \mathcal{T} \cap N^c$ mit $N \in \mathcal{T}$, $P(N) = 0$.

BEISPIEL: (Nicht-Existenz regulärer, bedingter Wahrscheinlichkeiten bei Adjunktion einer Menge)
$(\Omega, \mathcal{S}, P)$ Wahrscheinlichkeitsraum, so daß die Vervollständigung $\mathcal{S}_P$ von $\mathcal{S}$ bezüglich P verschieden von $\mathcal{P}(\Omega)$ ist. Ferner möge $\mathcal{S}$ abzählbar erzeugt sein mit $\{\omega\} \in$

S, $\omega \in \Omega$, wobei alle Bedingungen im Fall $(\Omega, S, P) = ([0,1], B \cap [0,1], \lambda_{[0,1]})$ erfüllt sind. Schließlich sei Q das auf $S' := S(S \cup \{A_0\})$ mit $A_0 \notin S_P$ definierte Wahrscheinlichkeitsmaß $Q(A_1 \cap A_0 + A_2 \cap A_0^c) := Q^*(A_1 \cap A_0) + Q_*(A_2 \cap A_0^c)$, $A_j \in S$, $j = 1, 2$, mit Q^* bzw. Q_* als äußeres bzw. inneres Maß von Q. Aus der Existenz einer regulären Version von $Q(A|S)$, $A \in S'$, folgt dann nach den obigen Betrachtungen $S' \cap N^c = S \cap N^c$ mit $N \in S$ als P-Nullmenge. Hieraus resultiert $A_0 = A_0 \cap N^c + A_0 \cap N$ mit $A_0 \cap N^c \in S \cap N^c \subset S$ und $A_0 \cap N \in S_P$, d. h. der Widerspruch $A_0 \in S_P$.

BEISPIEL: (Nicht-Existenz regulärer, bedingter Wahrscheinlichkeiten bei Vervollständigungen)
Es sei $(\Omega, S, P) = ([0,1], \mathcal{L} \cap [0,1], \bar{\lambda}_{[0,1]})$ und $\mathcal{T} := B \cap [0,1]$. Aus der Existenz einer regulären Version von $P(A|\mathcal{T})$, $A \in S$, folgt nach der obigen Vorbetrachtung $\mathcal{T} \cap N^c = S \cap N^c$ mit $N \in \mathcal{T}$ als P-Nullmenge. Nun enthält aber N^c eine Menge $A \in S$, die nicht zu $\mathcal{T}$ gehört im Widerspruch zu $\mathcal{T} \cap N^c = S \cap N^c$. Ersetzt man $\mathcal{T} \cap [0,1]$ durch $B_u \cap [0,1]$ mit B_u als σ-Algebra der universell meßbaren Teilmengen von $\mathbb{R}$, d. h. B_u ist der Durchschnitt über alle Vervollständigungen B_P mit P als beliebiges Wahrscheinlichkeitsmaß auf B, so existiert auch in diesem Fall keine reguläre Version von $P(A|\mathcal{T})$, $A \in S$, da zu jeder P-Nullmenge $N \in \mathcal{T}$ eine abgeschlossene Menge $A \subset N^c$ mit $P(A) > 0$ existiert, die eine (analytische) Teilmenge B von A enthält mit $B \in B_u \cap [0,1]$ und $B \notin B \cap [0,1]$, im Widerspruch zu $\mathcal{T} \cap N^c = S \cap N^c$. Diese Überlegung lehrt zusätzlich, daß B_u nicht abzählbar erzeugt ist, wegen

Existenz regulärer, bedingter Wahrscheinlichkeiten

VORBETRACHTUNG: Q Wahrscheinlichkeitsinhalt auf einer σ-Algebra $\mathcal{A}$ über Ω, $\mathcal{K} \subset \mathcal{P}(\Omega)$ kompakt, d. h. für jede Teilmenge $\{K_n : n = 1, 2, \ldots\}$ von $\mathcal{K}$ mit der endlichen Durchschnittseigenschaft $\bigcap_{j=1}^{m} K_{n_j} \neq \emptyset$ für jede endliche Teilmenge $\{K_{n_1}, \ldots, K_{n_m}\}$ von $\{K_n : n = 1, 2, \ldots\}$ gilt $\bigcap_{n=1}^{\infty} K_n \neq \emptyset$, Q kompakt bezüglich eines kompakten Systems $\mathcal{K} \subset \mathcal{A}$, d. h. $Q(A) = \sup\{Q(K) : K \subset A, K \in \mathcal{K}\}$, $A \in \mathcal{A}$. Dann gilt: Q ist σ-additiv.

BEGRÜNDUNG: Es sei $A_n \in \mathcal{A}$, $n = 1, 2, \ldots$, mit $A_1 \supset A_2 \supset \ldots$ und $\bigcap_{n=1}^{\infty} A_n = \emptyset$. Dann genügt es, $Q(A_n) \to 0$ für $n \to \infty$ zu zeigen. Wähle zu $\varepsilon > 0$ und $n \in \mathbb{N}$ ein $K_n \in \mathcal{K}$ mit $K_n \subset A_n$ und $Q(A_n \setminus K_n) \leq \frac{\varepsilon}{2^n}$, woraus $Q(A_n \setminus \bigcap_{m=1}^{n} K_m) \leq \sum_{m=1}^{\infty} Q(A_m \setminus K_m) \leq \varepsilon$, wegen $A_n \setminus \bigcap_{m=1}^{n} K_m = (\bigcap_{m=1}^{n} A_m) \setminus (\bigcap_{m=1}^{n} K_m) \subset \bigcup_{m=1}^{n} (A_m \setminus K_m)$, $n = 1, 2, \ldots$, folgt. Insbesondere gilt, wegen $\bigcap_{n=1}^{\infty} A_n \supset \bigcap_{n=1}^{\infty} \bigcap_{m=1}^{n} K_m = \bigcap_{n=1}^{\infty} K_n$, daß $\bigcap_{n=1}^{\infty} K_n = \emptyset$ zutrifft, so daß $K_1 \cap \ldots \cap K_{n_0} = \emptyset$ für ein $n_0 \in \mathbb{N}$ gilt, d. h. $Q(A_{n_0}) \leq \varepsilon$, woraus $Q(A_n) \to 0$ für $n \to \infty$ resultiert.

BEMERKUNG:

1. Ist das kompakte System $\mathcal{K} \subset S$ zusätzlich durchschnittsstabil, so zeigt die obige Vorbetrachtung, daß man die endliche Durchschnittseigenschaft von $\mathcal{K}$ ersetzen kann durch die Forderung, daß aus $K_1 \supset K_2 \supset \ldots$ mit $K_n \in \mathcal{K}$ und $K_n \neq \emptyset$, $n =$

$1, 2, \ldots$, auf $\bigcap_{n=1}^{\infty} K_n \neq \emptyset$ geschlossen werden kann, um aus der Kompaktheit von Q bezüglich $\mathcal{K}$ die σ-Additivität von Q zu erhalten.

2. Ist $\mathcal{K} \subset \mathcal{P}(\Omega)$ ein kompaktes, durchschnittsstabiles Mengensystem, so folgt aus $K_0 \subset \bigcup_{i \in I} K_i^c$ mit K_0, $K_i \in \mathcal{K}$, $i \in I$, I abzählbar, die Existenz einer endlichen Teilmenge J von I mit $K_0 \subset \bigcup_{j \in J} K_j^c$, denn aus $K_0 \subset \bigcup_{i \in I} K_i^c$ resultiert $K_0 \cap \bigcap_{i \in I} K_i = \emptyset$.

Existenz von regulären, bedingten Wahrscheinlichkeiten für kompakte Wahrscheinlichkeitsmaße

$(\Omega, \mathcal{S}, P)$ Wahrscheinlichkeitsraum mit $\mathcal{S}$ als abzählbar erzeugte σ-Algebra über Ω und P als kompaktes Wahrscheinlichkeitsmaß bezüglich eines kompakten Mengensystems $\mathcal{K} \subset \mathcal{S}$. Dann existiert eine reguläre Version der bedingten Wahrscheinlichkeiten $P(A|\mathcal{T})$, $A \in \mathcal{S}$, bei beliebiger Teil-σ-Algebra $\mathcal{T}$ von $\mathcal{S}$.

BEGRÜNDUNG: Es sei $\mathcal{A}$ eine abzählbare Algebra über Ω, welche $\mathcal{S}$ erzeugt und $\mathcal{A}_1$ die Algebra über Ω, welche von $\mathcal{A}$ und $\{K_n^A : A \in \mathcal{A}, n \in \mathbb{N}\}$ erzeugt wird mit $K_n^A \in $, $n = 1, 2, \ldots$, $K_n^A \subset A$ und $P(A \backslash K_n^A) \leq \frac{1}{n}$, $n = 1, 2, \ldots$, $A \in \mathcal{A}$. Dann gibt es eine Version $Q_1 : \mathcal{A}_1 \times \Omega \to \mathbb{R}$ von $P(\mathcal{A}_1|\mathcal{T})$, $A_1 \in \mathcal{A}_1$, so daß $A_1 \to P(A_1|\mathcal{T})(\omega)$, $A_1 \in \mathcal{A}_1$, $\omega \in \Omega$ fest, ein Wahrscheinlichkeitsinhalt auf $\mathcal{A}_1$ ist und $\omega \to P(A_1|\mathcal{T})(\omega)$, $\omega \in \Omega$, $A_1 \in \mathcal{A}_1$ fest, $\mathcal{T}$-meßbar ist, denn $\mathcal{A}_1$ ist abzählbar, da das Erzeugendensystem von $\mathcal{A}_1$ abzählbar ist, so daß es eine P-Nullmenge $N \in \mathcal{T}$ gibt mit $P(\Omega|\mathcal{T})(\omega) = 1$, $\omega \in N^c$, $P(A|\mathcal{T})(\omega) \geq 0$, $A \in \mathcal{A}_1$, $\omega \in N^c$, $P(A_1 + A_2|\mathcal{T})(\omega) = P(A_1|\mathcal{T})(\omega) + P(A_2|\mathcal{T})(\omega)$, $\omega \in N^c$, $A_1, A_2 \in \mathcal{A}_1$, $A_1 \cap A_2 = \emptyset$. Ferner sei $Q_2(A, \omega) := \sup\{Q_1(K_n^A, \omega) : n = 1, \ldots\}$, $A \in \mathcal{A}$, $\omega \in \Omega$, so daß $Q_2(A, \omega) \leq Q_1(A, \omega)$, $A \in \mathcal{A}$, $\omega \in \Omega$, und damit $\int_T I_A dP = \int_T Q_1(A, \omega) P(d\omega) \geq \int_T Q_2(A, \omega) P(d\omega)$, $A \in \mathcal{A}$, $T \in \mathcal{T}$, zutrifft. Schließlich gilt $\int Q_2(A, \omega) P(d\omega) \geq \int_T I_A dP$, wegen $\int |I_A - I_{K_n^A}| dP \to 0$, $n \to \infty$, $A \in \mathcal{A}$, also $\int_T Q_2(A, \omega) P(d\omega) = \int_T I_A dP$, $T \in \mathcal{T}$, $A \in \mathcal{A}$, d. h. $Q_2 : \mathcal{A} \times \Omega \to \mathbb{R}$ ist eine Version von $P(A|\mathcal{T})$, $A \in \mathcal{A}$, denn $\omega \to Q_2(A|\mathcal{T})(\omega)$, $\omega \in \Omega$, $A \in \mathcal{A}$ fest, ist eine $\mathcal{T}$-meßbare Funktion. Insbesondere gibt es eine P-Nullmenge $N_0 \in \mathcal{T}$ mit $Q_1(A, \omega) = Q_2(A, \omega)$, $A \in \mathcal{A}$, $\omega \in N_0^c$, da bedingte Erwartungswerte P-f.ü. eindeutig bestimmt sind. Nach der Vorbetrachtung zur Existenz regulärer, bedingter Wahrscheinlichkeiten hat daher $Q_0 : \mathcal{A} \times N_0^c \to \mathbb{R}$ mit $Q_0(A, \omega) := Q_1(A, \omega) = Q_2(A, \omega)$, $A \in \mathcal{A}$, $\omega \in N_0^c$, die Eigenschaft, daß $A \to Q_0(A, \omega)$, $A \in \mathcal{A}$, $\omega \in N_0^c$ fest, bereits σ-additiv ist. Definiert man also $Q_0(A, \omega) := P_0(A)$, $A \in \mathcal{A}$, $\omega \in N_0$, mit P_0 als ein (beliebiges) Wahrscheinlichkeitsmaß auf $\mathcal{S}$, so läßt sich $Q_0(\cdot, \omega)$ für jedes $\omega \in \Omega$ eindeutig zu einem Wahrscheinlichkeitsmaß $Q(\cdot, \omega)$ auf $\mathcal{S}$ fortsetzen. Ferner ist das System der Mengen $A \in \mathcal{S}$, so daß $Q(A, \cdot)$ eine Version von $P(A|\mathcal{T})$ ist, d. h. $\omega \to Q(A, \omega)$, $\omega \in \Omega$, $A \in \mathcal{S}$ fest, ist $\mathcal{T}$-meßbar und es gilt $\int_T Q(A, \omega) P(d\omega) = \int_T I_A dP$, $T \in \mathcal{T}$, ein Dynkin-System über Ω, und stimmt daher mit $\mathcal{S}$ überein. Also ist $Q : \mathcal{S} \times \Omega \to \mathbb{R}$ eine reguläre Version von $P(A|\mathcal{T})$, $A \in \mathcal{S}$.

BEMERKUNG:

1. Die vorangehenden Beispiele zur Nicht-Existenz regulärer, bedingter Wahrscheinlichkeiten zeigen, daß man nicht auf die Annahme der Separabilität der zugrundeliegenden σ-Algebra und der Kompaktheit des zugrundeliegenden Wahrscheinlichkeitsmaßes ersatzlos verzichten kann.

2. Wahrscheinlichkeitsmaße P auf der Borelschen σ-Algebra $\mathcal{B}(\Omega)$ eines vollständigen, separablen, metrischen Raumes Ω sind kompakt bezüglich des kompakten
   Systems der kompakten Teilmengen von Ω und $\mathcal{B}(\Omega)$ ist abzählbar erzeugt, so daß
   nach den obigen Überlegungen bei beliebiger Teil-σ-Algebra $\mathcal{T}$ von $\mathcal{B}(\Omega)$ reguläre
   Versionen von $P(A|\mathcal{T})$, $A \in \mathcal{B}(\Omega)$, existieren.

Bedingte Erwartungswerte und reguläre, bedingte Wahrscheinlichkeiten

$(\Omega, \mathcal{S}, P)$ Wahrscheinlichkeitsraum, $\mathcal{T}$ Teil-σ-Algebra von $\mathcal{S}$, $X \in \mathcal{L}_1(\Omega, \mathcal{S}, P)$.
Existiert eine reguläre Version $Q : \mathcal{S} \times \Omega \to \mathbb{R}$ der bedingten Wahrscheinlich-
keiten $P(A|\mathcal{T})$, $A \in \mathcal{S}$, so gilt $E(X|\mathcal{T}) = \int XQ(d\omega, \cdot)$ P-f.ü. und $E(X) =$
$\int \int XQ(d\omega, \cdot)dP$, denn im Fall $X = I_A$, $A \in \mathcal{S}$ fest, trifft $E(I_A|\mathcal{T}) = Q(A, \cdot)$ P-
f.ü. zu, wobei die Beziehung $E(X|\mathcal{T}) = \int XQ(d\omega, \cdot)$ im Fall $X = \sum_{i=1}^{n} a_i I_{A_i}$, $a_i \geq$
0, $A_i \in \mathcal{S}$, $i = 1, \ldots, n$, aus der Linearität des Maßintegrals bzw. bedingter Erwar-
tungswerte folgt. Im Fall $X \in \mathcal{L}_1(\Omega, \mathcal{S}, P)$ mit $X \geq 0$ folgt $E(X|\mathcal{T}) = \int XQ(d\omega, \cdot)$
aus dem Satz von der monotonen Konvergenz für das Maßintegral bzw. für bedingte
Erwartungswerte. Der allgemeine Fall $X \in \mathcal{L}_1(\Omega, \mathcal{S}, P)$ ergibt sich mit Hilfe von
$X = X^+ - X^-$. Wegen $E(X) = E(E(X|\mathcal{T}))$ folgt nun $E(X) = \int \int XQ(d\omega, \cdot)dP$,
d. h. es gilt insbesondere $P(A) = \int Q(A, \cdot)dP$, $A \in \mathcal{S}$.

Übergangswahrscheinlichkeitsmaße und der Satz von Fubini-Tonelli

Reguläre Versionen $Q : \mathcal{S} \times \Omega \to \mathbb{R}$ von bedingten Wahrscheinlichkeiten
$P(A|\mathcal{T})$, $A \in \mathcal{S}$, sind Spezialfälle von Übergangswahrscheinlichkeitsmaßen gemäß
der folgenden

SPRECHWEISE: $(\Omega_j, \mathcal{S}_j)$ Meßräume, $j = 1, 2$; dann heißt $P : \mathcal{S}_1 \times \Omega_2 \to \mathbb{R}$ ein
Übergangswahrscheinlichkeitsmaß, falls $A_1 \to P(A_1, \omega_2)$, $A_1 \in \mathcal{S}_1$, $\omega_2 \in \Omega_2$ fest,
ein Wahrscheinlichkeitsmaß auf $\mathcal{S}_1$ ist und $\omega_2 \to P(A_1, \omega_2)$, $\omega_2 \in \Omega_2$, $A_1 \in \mathcal{S}_1$ fest,
eine $\mathcal{S}_2$-meßbare Abbildung ist.

BEISPIELE: (Für Übergangswahrscheinlichkeitsmaße)

1. $(\Omega, \mathcal{S})$ Meßraum; dann wird durch $P(A, \omega) := I_A(\omega)$, $A \in \mathcal{S}$, $\omega \in \Omega$, wegen
   $I_A(\omega) = \delta_\omega(A)$, $A \in \mathcal{S}$, $\omega \in \Omega$, ein Übergangswahrscheinlichkeitsmaß definiert.

2. $(\mathbb{R}, \mathcal{B}, P)$ Wahrscheinlichkeitsraum; dann wird durch $P(B, x) := P(B - x)$, $B \in$
   $\mathcal{B}$, $x \in \mathbb{R}$, $B - x = \{b - x : b \in B\}$, ein Übergangswahrscheinlichkeitsmaß
   erklärt, denn $x \to P(B - x)$, $x \in \mathbb{R}$, $B \in \mathcal{B}$, ist eine Borelfunktion. Dies
   folgt aus der Beobachtung, daß $\{B \in \mathcal{B} : x \to P(B - x)$, $x \in \mathbb{R}$, ist eine

Borelfunktion} ein Dynkin-System über $\mathbb{R}$ ist, welches alle Mengen der Gestalt $(-\infty, a]$, $a \in \mathbb{R}$, enthält, denn $x \to P((-\infty, a] - x) = P((-\infty, a - x])$, $x \in \mathbb{R}$, $a \in \mathbb{R}$ fest, ist als monotone Funktion eine Borelfunktion.

Interpretation von Übergangswahrscheinlichkeitsmaßen
$(\Omega_j, \mathcal{S}_j)$ Meßräume, $j = 1, 2$; $P : \mathcal{S}_1 \times \Omega_2 \to \mathbb{R}$ Übergangswahrscheinlichkeitsmaß; dann interpretiert man $P(A_1, \omega_2)$ wahrscheinlichkeitstheoretisch als Wahrscheinlichkeit, daß aufgrund der Beobachtung von $\omega_2 \in \Omega_2$ eine weitere Beobachtung $\omega_1 \in \Omega_1$ Element von $A_1 \in \mathcal{S}_1$ ist. Statistisch wird $P(A_1, \omega_2)$ als die Wahrscheinlichkeit dafür interpretiert, daß die Entscheidung für einen Schätzwert eines Parameters aufgrund der Beobachtung von $\omega_2 \in \Omega_2$ in einen Bereich von $A_1 \in \mathcal{S}_1$ von möglichen Schätzwerten fällt. Physikalisch wird $P(A_1, \omega_2)$ als Wahrscheinlichkeit dafür gedeutet, daß eine physikalische Meßung in einen Bereich $A_1 \in \mathcal{S}_1$ fällt, wenn sich das physikalische System in einem Zustand $\omega_2 \in \Omega_2$ befindet.

BEMERKUNG: $(\Omega_j, \mathcal{S}_j)$ Meßräume, $j = 1, 2$. Dann heißt $\mu : \mathcal{S}_1 \times \Omega_2 \to \bar{\mathbb{R}}$ ein Übergangsmaß, falls $A_1 \to \mu(A_1, \omega_2)$, $A_1 \in \mathcal{S}_1$, $\omega_2 \in \Omega_2$ fest, ein Maß ist und $\omega_2 \to \mu(A_1, \omega_2)$, $\omega_2 \in \Omega_2$, $A_1 \in \mathcal{S}_1$ fest, eine $\mathcal{S}_2$-meßbare Funktion ist. Das Übergangsmaß μ heißt endlich, falls $\mu : \mathcal{S}_1 \times \Omega_2 \to \mathbb{R}$ zutrifft.

Übergangswahrscheinlichkeitsmaße und der Satz von Fubini-Tonelli
$(\Omega_j, \mathcal{S}_j)$ Meßräume, $j = 1, 2$, $P_1 : \mathcal{S}_1 \times \Omega_2 \to \mathbb{R}$ Übergangswahrscheinlichkeitsmaß, $P_2 : \mathcal{S}_2 \to \mathbb{R}$ Wahrscheinlichkeitsmaß; dann wird durch $P(A) := \int P_1(A_{\omega_2}, \omega_2) P_2(d\omega_2)$, $A \in \mathcal{S}_1 \otimes \mathcal{S}_2$, ein Wahrscheinlichkeitsmaß definiert, wobei für jedes $X \in \mathcal{L}_1(\Omega_1 \times \Omega_2, \mathcal{S}_1 \otimes \mathcal{S}_2, P)$ gilt: $\int \int X dP = \int \int X(\omega_1, \omega_2) P_1(d\omega_1, \omega_2) P_2(d\omega_2)$, denn: $\{A \in \mathcal{S}_1 \otimes \mathcal{S}_2 : \omega_2 \to P_1(A_{\omega_2}, \omega_2)$ ist eine $\mathcal{S}_2$-meßbare Funktion$\}$ ist ein Dynkin-System über $\Omega_1 \times \Omega_2$, welches, wegen $P((A_1 \times A_2)_{\omega_2}, \omega_2) = P(A_1, \omega_2) I_{A_2}(\omega_2)$, $A_j \in \mathcal{S}_j$, $j = 1, 2$, $\omega_2 \in \Omega_2$, alle Mengen der Gestalt $A_1 \times A_2$, $A_j \in \mathcal{S}_j$, $j = 1, 2$, enthält und daher mit $\mathcal{S}_1 \otimes \mathcal{S}_2$ übereinstimmt. Die endliche Additivität von P ergibt sich dann aus der Linearität des Maßintegrals und die σ-Additivität aus dem Satz von der monotonen Konvergenz. Die Beziehung $\int X dP = \int \int X(\omega_1, \omega_2) P_1(d\omega_1, \omega_2) P_2(d\omega_2)$ ergibt sich aus der Definition von P im Fall $X = I_A$, $A \in \mathcal{S}_1 \otimes \mathcal{S}_2$, und der allgemeine Fall $X \in \mathcal{L}_1(\Omega_1 \times \Omega_2, \mathcal{S}_1 \otimes \mathcal{S}_2, P)$ folgt über den Aufbau des Maßintegrals vermöge primitiver, nicht-negativer und $(\mathcal{S}_1 \otimes \mathcal{S}_2)$-meßbarer Funktionen mit Hilfe monotoner Approximation für nicht-negative, $(\mathcal{S}_1 \otimes \mathcal{S}_2)$-meßbare Funktionen durch primitive, nicht-negative und $(\mathcal{S}_1 \otimes \mathcal{S}_2)$-meßbare Funktionen.

Bedingte Erwartungswerte bezüglich Teil-σ-Algebren, die durch meßbare Abbildungen induziert werden
$(\Omega, \mathcal{S}, P)$ Wahrscheinlichkeitsraum, $Y : \Omega \to \Omega_Y$ sei $(\mathcal{S}, \mathcal{S}_Y)$-meßbar mit $(\Omega_Y, \mathcal{S}_Y)$ als Meßraum, $\mathcal{T} := Y^{-1}(\mathcal{S}_Y)$ Teil-σ-Algebra von $\mathcal{S}$. Dann gibt es nach der Faktorisierbarkeit von reellwertigen Abbildungen, die bezüglich einer σ-Algebra meßbar ist, welche durch eine meßbare Abbildung induziert wird, bei gegebenem $X \in \mathcal{L}_1(\Omega, \mathcal{S}, P)$ eine Funktion $f : \Omega_Y \to \mathbb{R}$, welche $\mathcal{S}_Y$-meßbar ist, mit $E(X|\mathcal{T}) =$

$f \circ Y$ P-f.ü. Dabei heißt $f(y)$, $y \in \Omega_Y$, bedingter Erwartungswert von X unter (der Bedingung) $Y = y$ (bzgl. P) (in Zeichen: $E(X|y)$). Insbesondere ist also $y \to E(X|y), y \in \Omega_Y$, $\mathcal{S}_Y$-meßbare Lösung von $\int_{Y^{-1}(B)} E(X|y) P^Y(dy) = \int_{Y^{-1}(B)} X \, dP$, $B \in \mathcal{S}_Y$. Ferner ist $E(X|Y)$ durch $f \circ Y$ erklärt und damit eine andere Schreibweise für $E(X|Y^{-1}(\mathcal{S}_Y))$. Ersetzt man X durch $I_{X^{-1}(B)}$ mit $X : \Omega \to \Omega_X$ als $(\mathcal{S}, \mathcal{S}_X)$-meßbar und $(\Omega_X, \mathcal{S}_X)$ als Meßraum, $B \in \mathcal{S}_X$, so schreibt man für $P(X^{-1}(B)|y)$ $(= E(I_{X^{-1}(B)}|y))$ auch $P^{X|y}(B)$ und spricht von der bedingten Wahrscheinlichkeit von X unter (der Bedingung) $Y = y$ (bzgl. P), wobei $(B, y) \to P^{X|y}(B)$, $B \in \mathcal{S}_X$, $y \in \Omega_Y$, als Übergangswahrscheinlichkeitsmaß wählbar ist, wenn $(\Omega_X, \mathcal{S}_X) = (\mathbb{R}^n, \mathcal{B}^n)$ zutrifft. Sind X, Y (unter P) stochastisch unabhängig, so gilt insbesondere $P^{X|y}(B) = P^X(B)$ für P^Y-fast alle $y \in \Omega_Y$, denn $y \to P^{X|y}(B)$, $y \in \Omega_Y$, $B \in \mathcal{S}_X$, ist $\mathcal{S}_Y$-meßbare Lösung von $\int_{Y^{-1}(C)} P^{X|y}(B) P^Y(dy) = \int_{Y^{-1}(C)} I_{X^{-1}(B)} dP$, $C \in \mathcal{S}_Y$, wobei $P(X^{-1}(B) \cap Y^{-1}(C)) = P^X(B) P^Y(C)$, wegen der stochatischen Unabhängigkeit von X, Y (unter P) zutrifft. Hieraus resultiert $\int_{Y^{-1}(C)} I_{X^{-1}(B)} dP = \int_{Y^{-1}(C)} P^X(B) dP$, $C \in \mathcal{S}_Y$, also $P^{X|y}(B) = P^X(B)$ für fast alle $y \in \Omega_Y$. Insbesondere gilt im Fall $X \in \mathcal{L}_1(\Omega, \mathcal{S}, P)$ sowie X, Y stochastisch unabhängig die Beziehung $E(X|y) = E(X)$ für P^Y-fast alle $y \in \Omega_Y$, wegen: $E(X|y) = \int x \, dP^{X|y}(x)$ für P^Y-fast alle $y \in \Omega_Y$ im Fall $X \in \mathcal{L}_1(\Omega, \mathcal{S}, P)$. Insbesondere resultiert, wegen $E(X) = \int E(X|y) P^Y(dy)$, hieraus $E(X) = \int (\int x \, dP^{X|y}(x)) P^Y(dy)$ im Fall $X \in \mathcal{L}_1(\Omega, \mathcal{S}, P)$.

BEISPIEL: (Bedingte Wahrscheinlichkeiten im diskreten Fall)
$(\Omega, \mathcal{S}, P)$ Wahrscheinlichkeitsraum, $(\Omega_X, \mathcal{S}_X)$, $(\Omega_Y, \mathcal{S}_Y)$ Meßräume, $X : \Omega \to \Omega_X$ $(\mathcal{S}, \mathcal{S}_X)$-meßbar, $Y : \Omega \to \Omega_Y$ $(\mathcal{S}, \mathcal{S}_Y)$-meßbar mit $\{y\} \in \mathcal{S}_Y$, $y \in \Omega_Y$, P^Y diskretes Wahrscheinlichkeitsmaß auf $\mathcal{S}_Y$. Dann gilt: $P^{X|y}(B) = P(X^{-1}(B) \cap Y^{-1}(\{y\}))/P(Y^{-1}(\{y\}))$, $B \in \mathcal{S}_X$ und $y \in \Omega_Y$ mit $P^Y(\{y\}) > 0$, also $P^{X|y}(B) = P(X^{-1}(B)|Y^{-1}(\{y\}))$, $B \in \mathcal{S}_X$, $y \in \Omega_Y$ mit $P^Y(\{y\}) > 0$ (elementare bedingte Wahrscheinlichkeit), denn: $E(I_B \circ X \cdot I_S \circ Y) = \sum_{x \in B, y \in S} P(X^{-1}(\{x\}) \cap Y^{-1}(\{y\})) = \sum_{y \in \Omega_{pY}} P(X^{-1}(B)|Y^{-1}(\{y\})) \cdot P\{Y^{-1}(\{y\})\}$ mit $\Omega_{PY} := \{y \in \Omega_Y : P^Y(\{y\}) > 0\}$, $S \in \mathcal{S}_Y$, also $E(I_B \circ X \cdot I_S \circ Y) = E(P^{X|\cdot}(B) I_S)$, $S \in \mathcal{S}_Y$, $B \in \mathcal{S}_X$ fest.

BEMERKUNG: Die Ungleichungen von Jensen und Hölder für bedingte Erwartungswerte lassen sich direkt auf den nicht bedingten Fall mit Hilfe von regulären Versionen von bedingten Wahrscheinlichkeiten zurückführen.

BEISPIEL: Kennzeichnung der Gültigkeit des Gleichheitszeichens in der Ungleichung von Jensen für bedingte Erwartungswerte
$(\Omega, \mathcal{S}, P)$ Wahrscheinlichkeitsraum, $X \in \mathcal{L}_1(\Omega, \mathcal{S}, P)$, $f : \mathbb{R} \to \mathbb{R}$ konvex mit $f \circ X \in \mathcal{L}_1(\Omega, \mathcal{S}, P)$, $Y : \Omega \to \Omega_Y$ $(\mathcal{S}, \mathcal{S}_Y)$-meßbar mit $(\Omega_Y, \mathcal{S}_Y)$ als Meßraum. Dann gilt $E(f \circ X|Y) \geq f \circ E(X|Y)$ P-f.ü., wobei $E(f \circ X|Y) = f \circ E(X|Y)$ P-f.ü. unter der zusätzlichen Annahme, daß f streng konvex ist und $(\Omega_Y, \mathcal{S}_Y) = (\mathbb{R}^n, \mathcal{B}^n)$ zutrifft, genau dann gilt, wenn $X = E(X|Y)$ P-f.ü. zutrifft.

BEGRÜNDUNG: $E(f \circ X|Y) \geq f \circ E(X|Y)$ P-f.ü. folgt unmittelbar aus der Ungleichung von Jensen im nicht bedingten Fall, wenn man beachtet, daß $E(f \circ X|y) = \int f(x) P^{X|y}(dx)$ für P^Y-fast alle $y \in \Omega_Y$ gilt. Ist f zusätzlich streng konvex, so folgt aus den Überlegungen zur Gültigkeit der Ungleichung von Jensen im nicht bedingten Fall, daß $E(f \circ X|y) = f(E(X|y))$ für P^Y-fast alle $y \in \Omega_Y$ genau dann zutrifft, wenn $P^{X|y} = \delta_{E(X|y)}$ für P-fast alle $y \in \Omega_Y$ gilt. Ferner folgt aus $P^{X|y} = \delta_{E(X|y)}$ für P-fast alle $y \in \Omega_Y$ (unter Beachtung der weiter unten behandelten Substitutionsregel für bedingte Erwartungswerte)

$$E(|X - E(X|Y)|) = \int \left(\int |x - E(X|y)| P^{X|y}(dx) \right) P^Y(dy) = 0,$$

also $X = E(X|Y)$ P-f.ü. und diese letzte Gleichung impliziert unmittelbar $E(f \circ X|Y) = f \circ E(X|Y)$ P-f.ü.

ANWENDUNG: $(\Omega, \mathcal{S}, P)$ Wahrscheinlichkeitsraum, $X, Y \in \mathcal{L}_1(\Omega, \mathcal{S}, P)$ mit $Y = E(X|Y) P$-f.ü. und $X = E(Y|X)$ P-f.ü. Dann gilt $X = Y$ P-f.ü., denn ist $f : \mathbb{R} \to \mathbb{R}$ streng konvex mit $f \circ X$, $f \circ Y \in \mathcal{L}_1(\Omega, \mathcal{S}, P)$ (z. B. $f : \mathbb{R} \to \mathbb{R}$ mit $f(x) := \frac{x^2}{1+|x|}$, $x \in \mathbb{R}$, wegen $f''(x) = \frac{2}{(1+|x|)^3} > 0$, $x \in \mathbb{R}$, und $|f(x)| \leq |x|$, $x \in \mathbb{R}$), so gilt nach der Ungleichung von Jensen für bedingte Erwartungswerte $E(f \circ X) = E(E(f \circ X|Y)) \geq E(f \circ E(X|Y)) = E(f \circ Y)$, wegen $Y = E(X|Y)$ P-f.ü. Analog liefert $X = E(Y|X)$ P-f.ü. $E(f \circ Y) \geq E(f \circ X)$, also $E(f \circ X) = E(f \circ Y)$ und damit $E(f \circ X|Y) = f \circ E(X|Y)$ P-f.ü. Die strenge Konvexität von f ergibt schließlich $X = E(X|Y)$ P-f.ü. und damit $X = Y$ P-f.ü. Im Fall $X, Y \in \mathcal{L}_2(\Omega, \mathcal{S}, P)$ kann man viel einfacher gemäß $E(XY) = E(E(XY|Y)) = E(Y E(X|Y)) = E(Y^2)$ und analog $E(XY) = E(X^2)$ auf $E((X - Y)^2) = 0$, d. h. $X = Y$ P-f.ü. schließen.

BEMERKUNG: Die Aussage des vorangehenden Beispiels kann man auch folgendermaßen begründen: Mit $t \in \mathbb{R}$ gilt

$$0 \leq \int_{\{X>t \geq Y\}} (X - Y) dP = \int_{\{X>t\}} (X - Y) dP - \int_{\{X>t, Y>t\}} (X - Y) dP$$

$$= \underbrace{\int_{\{X>t\}} X \, dP - \int_{\{X>t\}} E(Y|X) dP}_{= \int_{\{X>t\}} X \, dP} - \int_{\{X>t, Y>t\}} (X - Y) dP$$

$$= - \int_{\{X>t, Y>t\}} (X - Y) dP$$

$$= - \int_{\{Y>t\}} (X - Y) dP + \int_{\{Y>t \geq X\}} (X - Y) dP$$

$$= \int_{\{Y>t \geq X\}} (X - Y) dP \leq 0$$

aufgrund der analogen Überlegung mit vertauschten Rollen von X, Y. Damit gilt $\int_{\{X > t \geq Y\}}(X - Y)dP = 0$, also $P(\{X > t \geq Y\}) = 0$, $t \in \mathbb{R}$, d. h. $P(\{X > Y\}) = P(\bigcup_{\rho \in \mathbb{Q}}\{X > \rho \geq Y\}) = 0$ und entsprechend $P(\{Y > X\}) = 0$, also $X = Y$ P-f.ü. wie behauptet.

Substitutionsregel für bedingte Erwartungswerte

$(\Omega, \mathcal{S}, P)$ Wahrscheinlichkeitsraum mit $X : \Omega \to \Omega_X(\mathcal{S}, \mathcal{S}_X)$-meßbar, $Y : \Omega \to \Omega_Y(\mathcal{S}, \mathcal{S}_Y)$-meßbar, $(\Omega_X, \mathcal{S}_X)$, $(\Omega_Y, \mathcal{S}_Y)$ Meßräume, so daß für $P^{(X,Y)|y}$ und $P^{X|y}$, $y \in \Omega_Y$, reguläre Versionen existieren, wobei dies insbesondere für $\Omega_X := \mathbb{R}^n$, $\mathcal{S}_X := \mathcal{B}^n$, $\Omega_Y := \mathbb{R}^m$, $\mathcal{S}_Y := \mathcal{B}^m$, zutrifft. Dann ist $S \times \Omega_Y \to P^{X|y}(S_y)$, $S \in \mathcal{S}_X \otimes \mathcal{S}_Y$, $y \in \Omega_Y$, ein Übergangswahrscheinlichkeitsmaß und es gibt eine P^Y-Nullmenge $N \in \mathcal{S}_Y$ mit $P^{(X,Y)|y}(S) = P^{(X,y)|y}(S)(:= P^{X|y}(S_y))$, $y \in N^c$, falls $\mathcal{S}_X$ und $\mathcal{S}_Y$ abzählbar erzeugt sind. Insbesondere gilt für jede $(\mathcal{S}_X \otimes \mathcal{S}_Y)$-meßbare Funktion $f : \Omega_X \times \Omega_Y \to \mathbb{R}$ mit $f \circ (X, Y) \in \mathcal{L}_1(\Omega, \mathcal{S}, P)$ die Beziehung: $E(f \circ (X, Y)|y) = E(f \circ (X, y)|y)$, $y \in N^c$, wenn man die bedingten Erwartungswerte bezüglich der entsprechenden regulären bedingten Wahrscheinlichkeiten berechnet, also $E(f \circ (X, Y)|y) = \int f(x, z)dP^{(X,Y)|y}(x, z)$ und $E(f \circ (X, y)|y) = \int f(x, y)dP^{X|y}(x)$, $x \in \Omega_Y$.

BEGRÜNDUNG: Nach Voraussetzung ist $A \times \Omega_Y \to P^{X|y}(A)$, $A \in \mathcal{S}_X$, $y \in \Omega_Y$, ein Übergangswahrscheinlichkeitsmaß, woraus mit Hilfe eines Dynkin-System-Arguments folgt, daß $y \to P^{X|y}(S_y)$, $y \in \Omega_Y$, $S \in \mathcal{S}_X \otimes \mathcal{S}_Y$ fest, eine $\mathcal{S}_Y$-meßbare Funktion ist, so daß $S \times \Omega_Y \to P^{X|y}(S_y)$, $S \in \mathcal{S}_X$, $y \in \Omega_Y$, auch ein Übergangswahrscheinlichkeitsmaß ist. Da nach der Glättungseigenschaft für bedingte Erwartungswerte $P^{(X,Y)|y}(A \times B) = P^{X|y}((A \times B)_y)$ für P^Y-fast alle $y \in \Omega_Y$ zutrifft mit $A \in \mathcal{S}_X$ fest, $B \in \mathcal{S}_Y$ fest, gibt es eine P^Y-Nullmenge $N \in \mathcal{S}_Y$ mit $P^{(X,Y)|y}(C) = P^{X|y}(C_y)$, $y \in N^c$, $A \in \mathcal{A}$ mit $\mathcal{A}$ als abzählbarer Algebra über $\Omega_X \times \Omega_Y$, welche $\mathcal{S}_X \otimes \mathcal{S}_Y$ erzeugt, da $\mathcal{S}_X$ und $\mathcal{S}_Y$ abzählbar erzeugt sind. Ein Dynkin-System-Argument liefert dann $P^{(X,Y)|y}(S) = P^{(X,y)}(S)$, $y \in N^c$, $S \in \mathcal{S}_X \otimes \mathcal{S}_Y$.

Anwendungen der Substitutionsregel

1. Multiplikationssatz für stochastisch unabhängige Zufallsgrößen:
   $X, Y \in \mathcal{L}_1(\Omega, \mathcal{S}, P)$ stochastisch unabhängig (unter P) mit $(\Omega, \mathcal{S}, P)$ als Wahrscheinlichkeitsraum. Dann gilt $XY \in \mathcal{L}_1(\Omega, \mathcal{S}, P)$ mit $E(XY) = E(X)E(Y)$, denn die Substitutionsregel liefert: $E(XY) = \int E(XY|y)P(dy) = \int yE(X|y)P^Y(dy) = E(X)\int yP^Y(dy)$, wenn man $E(X|y) = E(X)$ für P^Y-fast alle $y \in \Omega_Y$ aufgrund der stochastischen Unabhängigkeit von X, Y (unter P) berücksichtigt. Die Existenz von $E(XY)$ folgt aus der obigen Überlegung durch Ersetzen von X, Y durch $|X|, |Y|$.
   Analog gilt: $X_k \in \mathcal{L}_1(\Omega, \mathcal{S}, P)$, $k = 1, \ldots, n$ $(n \geq 2)$, stochastisch unabhängig, impliziert $X_1 \cdot \ldots \cdot X_n \in \mathcal{L}_1(\Omega, \mathcal{S}, P)$ und $E(X_1 \cdot \ldots \cdot X_n) = E(X_1) \cdot \ldots \cdot E(X_n)$.

2. Faltungen von Wahrscheinlichkeitsverteilungen:

(Ω, S, P) Wahrscheinlichkeitsraum, $X, Y : \Omega \to \mathbb{R}$ S-meßbar und stochastisch unabhängig (unter P). Dann gilt für $P^X * P^Y := P^{X+Y}$ (Faltung der Wahrscheinlichkeitsverteilungen P^X, P^Y): $P^X * P^Y(B) = \int P^X(B - y)P^Y(dy)$ $(= \int P^Y(B - x)P^X(dx))$, $B \in B$, denn die Substitutionsregel zusammen mit der stochastischen Unabhängigkeit von X, Y liefert $P^{X+Y}(B) = \int P^{X+Y|y}(B)P^Y(dy) = \int P^{X+y|y}(B)P^Y(dy) = \int P^{X|y}(B - y)P^Y(dy) = \int P^X(B - y)P^Y(dy)$, $B \in B$. Gilt zusätzlich $P^X \ll \lambda$, $P^Y \ll \lambda$, so erhält man mit Hilfe des Satzes von Fubini-Tonelli zusammen mit der Translationsinvarianz von λ : $P^{X+Y}(B) = \int(\int_{B-y} \frac{dP^X}{d\lambda}(\zeta) \frac{dP^Y}{d\lambda}(y)d\lambda(\zeta))d\lambda(y) = \int_B(\int \frac{dP^X}{d\lambda}(\zeta - y)\frac{dP^Y}{d\lambda}(y)d\lambda(y))d\lambda(\zeta) = \int_B \frac{dP^{X+Y}}{d\lambda}(\zeta)d\lambda(\zeta)$, $B \in B$, also $\frac{d(P^X * P^Y)}{d\lambda}(\zeta) = \int \frac{dP^X}{d\lambda}(\zeta - y)\frac{dP^Y}{d\lambda}(y)d\lambda(y)$ für λ-fast alle $\zeta \in \mathbb{R}$. Im Fall $P^X = \mathcal{N}(\mu_1, \sigma_1^2)$-Verteilung, $P^Y = \mathcal{N}(\mu_2, \sigma_2^2)$-Verteilung, erhält man, daß $P^X * P^Y$ eine $\mathcal{N}(\mu_1 + \mu_2, \sigma_1^2 + \sigma_2^2)$-Verteilung ist, wegen

$$\frac{d(P^X * P^Y)}{d\lambda}(x) = \frac{1}{\sqrt{2\pi}\sigma_1} \cdot \frac{1}{\sqrt{2\pi}} \int_{-\infty}^{\infty} \exp -\frac{1}{2}[(\frac{\sigma_2\zeta - x + \mu_1 + \mu_2}{\sigma_1})^2 + \zeta^2]d\zeta$$

für λ-fast alle $x \in \mathbb{R}$. Der Ansatz $(\alpha\zeta + A)^2 + \zeta^2 = (\beta\zeta + B)^2 + C$ mit $\alpha := \frac{\sigma_2}{\sigma_1}$, $A := -\frac{x-\mu_1-\mu_2}{\sigma_1}$ liefert $\beta^2 = 1 + \alpha^2$, $\beta B = \alpha A$, $C = A^2 - B^2$, also $C = \frac{A^2}{1+\alpha^2}$. Daher erhält man schließlich

$$\frac{d(P^X * P^Y)}{d\lambda}(x) = \frac{e^{-C/2}}{\sqrt{2\pi}\sigma_1\beta} = \frac{1}{\sqrt{2\pi}\sqrt{\sigma_1^2 + \sigma_2^2}} \exp -\frac{1}{2}\frac{(x - \mu_1 - \mu_2)^2}{\sigma_1^2 + \sigma_2^2}$$

für λ-fast alle $x \in \mathbb{R}$.

3. Zusammenhang zwischen Normalverteilung und Cauchy-Verteilung:

X, Y stochastisch unabhängig und identisch verteilt (unter P) mit P^X als $\mathcal{N}(0, 1)$-Verteilung. Dann ist $P^{\frac{X}{Y}}$ eine Cauchy-Verteilung, denn mit Hilfe der Substitutionsregel erhält man: $P^{\frac{X}{Y}}((-\infty, x]) = \int P(\{X \le xy, y > 0\})P^Y(dy) + \int P(\{X \ge xy, y < 0\})P^Y(dy)$, $x \in \mathbb{R}$, und

$$\int P(\{X \le xy, y > 0\})P^Y(dy) = \int_0^{\infty}(\int_{-\infty}^{xy} \frac{1}{\sqrt{2\pi}}e^{-\frac{\xi^2}{2}}d\xi)\frac{e^{-\frac{y^2}{2}}}{\sqrt{2\pi}}dy$$

$$= \int_0^{\infty}(\int_{-\infty}^{x} \frac{y}{\sqrt{2\pi}}e^{-\frac{\xi'^2 y^2}{2}}d\xi')\frac{e^{-\frac{y^2}{2}}}{\sqrt{2\pi}}dy$$

$$= \int_{-\infty}^{x}(\int_0^{\infty} \frac{y}{\sqrt{2\pi}} \cdot \frac{1}{\sqrt{2\pi}} \cdot e^{-(1+\xi'^2)y^2/2}dy)d\xi' = \frac{1}{2\pi} \int_{-\infty}^{x} \frac{d\xi'}{1 + \xi'^2}, \quad x \in \mathbb{R},$$

wenn man die Substitution $\xi = \xi'x$, den Satz von Fubini-Tonelli, sowie

$\int_0^\infty y e^{-\alpha \frac{y^2}{2}} dy = \frac{1}{\alpha}(-e^{-\alpha y^2/2})|_{y=0}^\infty = \frac{1}{\alpha}$ mit $\alpha := 1 + \xi'^2$ berücksichtigt.

Analog erhält man $\int P(\{X \geq xy, y < 0\}) P^Y(dy) = \frac{1}{2\pi} \int_{-\infty}^x \frac{d\zeta'}{1+\zeta'^2}$, also

$P^{\frac{X}{Y}}((-\infty, x]) = \frac{1}{\pi} \int_{-\infty}^x \frac{d\zeta'}{1+\zeta'^2}$, $x \in \mathbb{R}$, d. h. $P^{\frac{X}{Y}}$ ist eine Cauchy-Verteilung.

4. Buffonsches Nadelproblem (1777):

Auf ein Parallelensystem mit Abstand $L > \ell$ wird eine Nadel der Länge ℓ geworfen. Die Zufallsgröße X beschreibe den Abstand des unteren Nadelendes von der nächsten oberen Parallelen und die Zufallsgröße Y den Winkel zwischen Nadel und der Richtung der Parallelen. Unter der Modellannahme: X, Y stochastisch unabhängig (unter P) mit $P^X = \mathcal{R}(0, L)$-Verteilung, $P^Y = \mathcal{R}(0, \pi)$-Verteilung erhält man für die Wahrscheinlichkeit $P^{(X,Y)}(A)$, $A := \{(x, y) \in [0, L] \times [0, \pi] : x \leq \ell \sin y\}$, daß die Nadel das Parallelensystem schneidet (unter Verwendung der Substitutionsregel):

$$P^{(X,Y)}(A) = \int_{[0,\pi]} P^{(X,Y)|y}(A) P^Y(dy) = \int_{[0,\pi]} P^{(X,y)|y}(A) P^Y(dy)$$

$$= \int_{[0,\pi]} P^{X|y}(A_y) P^Y(dy) = \int_{[0,\pi]} P^X(Ay) P^Y(dy)$$

$$= \frac{1}{\pi} \int_{[0,\pi]} \frac{\ell \sin y}{L} dy = \frac{2\ell}{\pi L}(-\cos y)|_{y=0}^{\frac{\pi}{2}} = \frac{2\ell}{\pi L}.$$

BEMERKUNG: Die vorangehenden Beispiele 1 bis 4 können, wegen der betreffenden stochastischen Unabhängigkeit der zugrundeliegenden Zufallsgrößen, auch einfacher mit dem Satz von Fubini-Tonelli behandelt werden und sollen hier zur Illustration der Substitutionsregel für bedingte Erwartungswerte dienen.

8 Konvergenz von Zufallsgrößen und Verteilungen

Schwaches Gesetz der großen Zahlen von Bernoulli (1774):
$(\Omega, \mathcal{S}, P)$ Wahrscheinlichkeitsraum, $X_n \in \mathcal{L}_1(\Omega, \mathcal{S}, P)$, $n = 1, 2, \ldots$, stochastisch unabhängig (unter P) mit P^{X_n} als $\mathcal{B}(1, p_n)$-Verteilung, $n = 1, 2, \ldots$. Dann gilt $\sum_{k=1}^n X_k/n - \sum_{k=1}^n p_k/n \xrightarrow{P} 0$ für $n \to \infty$. Insbesondere trifft $\sum_{k=1}^n X_k/n \xrightarrow{P} p$ für $n \to \infty$ zu, falls X_n, $n = 1, 2, \ldots$, stochastisch unabhängig und identisch verteilt (unter P) sind mit P^{X_1} als $\mathcal{B}(1, p)$-Verteilung.

VORBETRACHTUNG ZUR BEGRÜNDUNG: Sind $Y_k \in \mathcal{L}_2(\Omega, \mathcal{S}, P)$, $k = 1, \ldots, n$ ($n \geq 2$), so gilt die Gleichung von Bienaymé: $\mathrm{Var}(\sum_{k=1}^n Y_k) = \sum_{k=1}^n \mathrm{Var}(Y_k) + 2 \sum_{1 < k < m \leq n} \mathrm{Kov}(Y_k, Y_m)$, wobei $\mathrm{Kov}(Y_k, Y_m) = 0$, $1 \leq k < m \leq n$, nach dem Multiplikationssatz für stochastisch unabhängige Zufallsgrößen zutrifft, falls Y_k, $k = 1, \ldots, n$, zusätzlich stochastisch unabhängig sind. Hieraus resultiert nach der Ungleichung von Tschebycheff

$$P\{|\frac{\sum_{k=1}^n X_k}{n} - \frac{\sum_{k=1}^n p_k}{n}| \geq \varepsilon\} \leq \frac{\frac{1}{n^2}\sum_{k=1}^n \mathrm{Var}(X_k)}{\varepsilon^2} \leq \frac{1}{4n\varepsilon^2} \to 0$$

für $n \to \infty$ und jedes $\varepsilon > 0$, also $\frac{\sum_{k=1}^n X_k}{n} - \frac{\sum_{k=1}^n p_k}{n} \xrightarrow{P} 0$ für $n \to \infty$.

BEMERKUNG: Wegen $P(\{\sum_{k=1}^n X_k = m\}) = \sum_{\substack{m_j \in \{0,1\}, j=1,\ldots,n \\ m_1 + \ldots + m_n = m}} P(\{X_1 = m_1, \ldots, X_n = m_n\}) = \sum_{\substack{m_j \in \{0,1\}, j=1,\ldots,n \\ m_1 + \ldots + m_n = m}} P(\{X_1 = m_1\}) \cdot \ldots \cdot P(\{X_n = m_n\}) = \binom{n}{m} p^k (1 - p)^{n-k}$ ist $P^{\sum_{k=1}^n X_k}$ eine $\mathcal{B}(n, p)$-Verteilung, also $\mathrm{Var}(\sum_{k=1}^n X_k) = np(1 - p)$, wegen $\mathrm{Var}(X_1) = p(1 - p)$, falls X_n, $n = 1, 2, \ldots$, stochastisch unabhängig und identisch verteilt (unter P) sind mit P^{X_1} als $\mathcal{B}(1, p)$-Verteilung.

Starkes Gesetz der großen Zahlen von Borel (1901):
$(\Omega, \mathcal{S}, P)$ Wahrscheinlichkeitsraum, $X_n \in \mathcal{L}_1(\Omega, \mathcal{S}, P)$, $n = 1, 2, \ldots$, stochastisch unabhängig (unter P) mit $P^{X_n} = \mathcal{B}(1, p_n)$-Verteilung, $n = 1, 2, \ldots$. Dann gilt $\frac{X_1 + \ldots + X_n}{n} - \frac{p_1 + \ldots + p_n}{n} \to 0 \ [P]$ für $n \to \infty$. Insbesondere trifft $\frac{X_1 + \ldots + X_n}{n} \to p \ [P]$ für $n \to \infty$ zu, falls X_n, $n = 1, 2, \ldots$, zusätzlich identisch verteilt (unter P) sind, also $p_n = p$, $n = 1, 2, \ldots$.

BEGRÜNDUNG: Die Markoffsche Ungleichung liefert

$$P(\{|\frac{\sum_{k=1}^{n}(X_k - p_k)}{n}| \geq \varepsilon\}) \leq \frac{1}{n^4\varepsilon^4} E((\sum_{k=1}^{n}(X_k - p_k))^4), \ \varepsilon > 0.$$

Aus dem Multiplikationssatz für stochastisch unabhängige Zufallsgrößen und dem Multiplikationssatz ergibt sich ferner

$$E((\sum_{k=1}^{n}(X_k - p_k))^4) = \sum_{\substack{k_j \in \mathbb{N}_0 \\ j = 1, \ldots, n \\ k_1 + \ldots + k_n = 4}} \frac{4!}{k_1! \ldots k_n!} E((X_1 - p_1)^{k_1}) \ldots E((X_n - p_n)^{k_n}),$$

woraus, wegen $E(X_k - p_k) = 0$, $E((X_k - p_k)^2) \leq 1$, $E((X_k - p_k)^4) \leq 1$, $k = 1, \ldots, n$, folgt $E((\sum_{k=1}^{n}(X_k - p_k))^4) \leq \binom{n}{2}\frac{4!}{2!2!} + \binom{n}{1}\frac{4!}{4!} \leq cn^2$ für ein $c > 0$, $n = 1, 2, \ldots$, und damit $\sum_{n=1}^{\infty} P(\{|\frac{\sum_{k=1}^{n}(X_k - p_k)}{n}| \geq \varepsilon\}) < \infty$, $\varepsilon > 0$. Nach den Überlegungen zum Abschnitt über Konvergenzbegriffe ist ferner $\frac{\sum_{k=1}^{n}(X_k - p_k)}{n} \to 0$ [P] für $n \to \infty$ äquivalent mit $P(\bigcup_{n=m}^{\infty}\{\frac{\sum_{k=1}^{n}(X_k - p_k)}{n} \geq \varepsilon\}) \to \infty$ für $n \to \infty$, $\varepsilon > 0$. Wegen

$$P(\bigcup_{n=m}^{\infty}\{\frac{\sum_{k=1}^{n}(X_k - p_k)}{n} \geq \varepsilon\}) \leq \sum_{n=m}^{\infty} P(\{\frac{\sum_{k=1}^{n}(X_k - p_k)}{n} \geq \varepsilon\}) \to 0$$

für $m \to \infty$, $\varepsilon > 0$, folgt die Behauptung. Insbesondere ist gezeigt worden, daß $\frac{\sum_{k=1}^{n}X_k}{n} - \frac{\sum_{k=1}^{n}p_k}{n}$ (unter P) vollständig gegen 0 konvergiert gemäß der

SPRECHWEISE: $(\Omega, \mathcal{S}, P)$ Wahrscheinlichkeitsraum, $X_n : \Omega \to \mathbb{R}$ $\mathcal{S}$-meßbar, $n = 0, 1, \ldots$. Dann konvergiert X_n, $n = 1, 2, \ldots$, vollständig gegen X_0 (unter P), wenn gilt $\sum_{n=1}^{\infty} P(\{|X_n - X_0| \geq \varepsilon\}) < \infty$, $\varepsilon > 0$. Im Fall $X_n \in \mathcal{L}_1(\Omega, \mathcal{S}, P)$, $n = 0, 1, \ldots$, mit $\sum_{n=1}^{\infty} E(|X_n - X_0|) < \infty$ trifft, nach der Ungleichung von Markoff, vollständige Konvergenz der X_n, $n = 1, 2, \ldots$, gegen X_0 (unter P) zu, wobei aus der vollständigen Konvergenz der X_n, $n = 1, 2, \ldots$ gegen X_0 (unter P) die Konvergenz P-f.ü. folgt, da diese gleichwertig ist mit $P(\bigcup_{n=m}^{\infty}\{|X_n - X_0| \geq \varepsilon\}) \to 0$ für $m \to \infty$, $\varepsilon > 0$. Insbesondere gilt das

Lemma von Borel-Cantelli:
$(\Omega, \mathcal{S}, P)$ Wahrscheinlichkeitsraum, $A_n \in \mathcal{S}$, $n = 1, 2, \ldots$, mit $\sum_{n=1}^{\infty} P(A_n) < \infty$. Dann gilt $P(\limsup_{n \to \infty} A_n) = 0$, denn die obige Überlegung zur vollständigen Konvergenz lehrt $I_{A_n} \to 0$ [P] für $n \to \infty$.

BEISPIEL: $(\Omega, \mathcal{S}, P)$ Wahrscheinlichkeitsraum, $X_n \in \mathcal{L}_1(\Omega, \mathcal{S}, P)$, $n = 1, 2, \ldots$, identisch verteilt (unter P). Dann gilt: $\limsup_{n \to \infty} \frac{|X_n|}{n} = 0$ P-f.ü., denn: $\{\limsup_{n \to \infty} \frac{|X_n|}{n} = 0\} = \bigcap_{k=1}^{\infty} \liminf_{n \to \infty} A^c_{n,1/k}$ mit $A_{n,\varepsilon} := \{|X_n| \geq n\varepsilon\}$, $n = 1, 2, \ldots$, $\varepsilon > 0$. Ferner folgt aus $\infty > E(|X_1|) = \sum_{n=0}^{\infty} \int_{\{n \leq X_1 < n+1\}} |X_1| dP \geq$

$\sum_{n=0}^{\infty} P\{|X_1| \geq n\}) - \sum_{n=0}^{\infty} nP(\{|X_1| \geq n+1\}) = \sum_{n=1}^{\infty} P(\{|X_1| \geq n\})$ nach dem Lemma von Borel-Cantelli $P(\limsup_{n\to\infty} A_{n,1}) = 0$. Ersetzt man nun X_n durch X_n/ε, $n = 1, 2, \ldots$, $\varepsilon > 0$, so erhält man schließlich $P(\limsup_{n\to\infty} A_{n,\varepsilon}) = 0$, $\varepsilon > 0$, und daher $P(\{\limsup_{n\to\infty} \frac{|X_n|}{n} = 0\}) = 1$.

BEMERKUNG:

1. Nach Hsu-Robbins-Erdös (1947/1949) gilt: $(\Omega, \mathcal{S}, P)$ Wahrscheinlichkeitsraum, $X_n \in \mathcal{L}_1(\Omega, \mathcal{S}, P)$, $n = 1, 2, \ldots$, stochastisch unabhängig und identisch verteilt. Dann gilt $\sum_{n=1}^{\infty} P(\{|\frac{X_1+\ldots+X_n}{n} - E(X_1)| \geq \varepsilon\}) < \infty$, $\varepsilon > 0$ genau dann, wenn $X_1 \in \mathcal{L}_2(\Omega, \mathcal{S}, P)$ zutrifft.

2. Verallgemeinerte Version des starken Gesetzes der großen Zahlen nach Kolmogoroff (1981): $(\Omega, \mathcal{S}, P)$ Wahrscheinlichkeitsraum, $X_n \in \mathcal{L}_1(\Omega, \mathcal{S}, P)$, paarweise stochastisch unabhängig und identisch verteilt (unter P). Dann gilt: $\frac{X_1+\ldots+X_n}{n} \to E(X_1)$ $[P]$, wobei die ursprüngliche Version des starken Gesetzes der großen Zahlen von Kolmogoroff (1933) stochastische Unabhängigkeit statt paarweise stochastische Unabhängigkeit verlangt.

Umkehrung des Lemmas von Borel-Cantelli:
$(\Omega, \mathcal{S}, P)$ Wahrscheinlichkeitsraum, $A_n \in \mathcal{S}$, $n = 1, 2, \ldots$, paarweise stochastisch unabhängig (unter P) mit $\sum_{n=1}^{\infty} P(A_n) = 1$. Dann gilt $P(\limsup_{n\to\infty} A_n) = 1$.

BEGRÜNDUNG: Es wird die Ungleichung von Cantelli $P(\{X > 0\}) \geq \frac{E^2(X)}{E(X^2)}$ für $X \in \mathcal{L}_2(\Omega, \mathcal{S}, P)$ mit $E(X^2) > 0$ und X nicht-negativ benutzt, die sich unmittelbar aus der Cauchy-Schwarzschen Ungleichung $E^2(X) = E^2(X I_{\{X>0\}}) \leq E(X^2) E(I_{\{X>0\}})$ ergibt. Setzt man nämlich $X := \sum_{i=k}^{n} I_{A_i}$, $1 \leq k \leq n$, so erhält man

$$P(\bigcup_{i=k}^{n} A_i) \geq \frac{(\sum_{i=k}^{n} P(A_i))^2}{\sum_{k \leq i,j \leq n} P(A_i \cap A_j)}$$

$$= \frac{(\sum_{i=k}^{n} P(A_i))^2}{(\sum_{i=k}^{n} P(A_i))^2 - \sum_{i=k}^{n} P^2(A_i) + \sum_{i=k}^{n} P(A_i)}$$

$$\geq \frac{(\sum_{i=k}^{n} P(A_i))^2}{(\sum_{i=k}^{n} P(A_i))^2 + \sum_{i=k}^{n} P(A_i)} = \frac{1}{1 + \frac{1}{\sum_{i=k}^{n} P(A_i)}}$$

und daher $P(\bigcup_{i=k}^{\infty} A_i) = 1$, $k = 1, 2, \ldots$, also $P(\bigcap_{k=1}^{\infty} \bigcup_{i=k}^{\infty} A_i) = 1$.

BEISPIEL: $(\Omega, \mathcal{S}, P)$ Wahrscheinlichkeitsraum, $X_n : \Omega \to \mathbb{R}$ $\mathcal{S}$-meßbar, $n = 1, 2, \ldots$ paarweise stochastisch unabhängig und identisch verteilt (unter P) mit $E(|X_1|) = \infty$. Dann gilt: $\limsup_{n\to\infty} \frac{|X_n|}{n} = \infty$ P-f.ü., denn: $\{\limsup_{n\to\infty} \frac{|X_n|}{n} = \infty\} = \bigcap_{k=1}^{\infty} \limsup_{n\to\infty} A_{n,k}$ mit $A_{n,\varepsilon} := \{|X_n| \geq n\varepsilon\}$, $n = 1, 2, \ldots$, $\varepsilon > 0$. Ferner gilt $\infty = \sum_{n=0}^{\infty} \int_{\{n \leq X_1 < n+1\}} |X_1| dP \leq \sum_{n=0}^{\infty} (n+1) P\{|X_1| \geq n\} - \sum_{n=0}^{\infty} (n+1) P(\{|X_1| \geq n+1\}) = \sum_{n=0}^{\infty} P(\{|X_1| \geq n\})$, woraus nach der Umkehrung des

Lemmas von Borel-Cantelli folgt $P(\limsup_{n\to\infty} A_{n,1}) = 1$. Ersetzt man X_n durch X_n/ε, $n = 1, 2, \ldots$, $\varepsilon > 0$, so erhält man $P(\limsup_{n\to\infty} A_{n,\varepsilon}) = 1$, $\varepsilon > 0$, und damit $P(\{\limsup_{n\to\infty} \frac{|X_n|}{n} = \infty\}) = 1$.

ANWENDUNG des starken Gesetzes der großen Zahlen von Borel: Normale Zahlen
Es sei $\Omega := [0, 1)$, $\mathcal{S} := \mathcal{B} \cap [0, 1)$, $P := \lambda_{[0,1)}$ und $x = \sum_{i=1}^{\infty} \frac{x_i}{2^i}$, $x_i \in \{0, 1\}$, $i = 1, 2, \ldots$, wobei kein $i_0 \in \mathbb{N}$ mit $x_i = 1$ für $i \geq i_0$ existiert, die eindeutige binäre Darstellung von $x \in [0, 1)$. Dann heißt $x \in [0, 1)$ normal, wenn $\frac{x_1 + \ldots + x_n}{n} \to \frac{1}{2}$ für $n \to \infty$ zutrifft, wobei $\lambda_{[0,1)}$-fast alle $x \in [0, 1)$ normal sind nach dem starken Gesetz der großen Zahlen von Borel, so daß insbesondere die auftretende Ausnahmenullmenge beim starken Gesetz der großen Zahlen nicht leer ist.

BEGRÜNDUNG: Die Zufallsgrößen $X_n : \Omega \to \mathbb{R}$ mit $X_n(x) = x_n$, $n = 1, 2, \ldots$, sind (unter P) stochastisch unabhängig und identisch verteilt mit $P^{X_1} = \mathcal{B}(1, \frac{1}{2})$-Verteilung, wegen $P^{(X_1, \ldots, X_n)}(\{(x_1, \ldots, x_n)\}) = \lambda([\sum_{i=1}^{n} \frac{x_i}{2^i}, \sum_{i=1}^{n} \frac{x_i}{2^i} + \frac{1}{2^n})) = \frac{1}{2^n} = P^{X_1}(\{x_1\}) \cdot \ldots \cdot P^{X_n}(\{x_n\})$, $x_j \in \{0, 1\}$, $i = 1, \ldots, n$, $n \in \mathbb{N}$, aufgrund von $P^{X_n}(\{x_n\}) = 2^{n-1}\frac{1}{2^n} = \frac{1}{2}$, $x_n \in \{0, 1\}$, $n \in \mathbb{N}$.

Im folgenden soll bei gegebenem Wahrscheinlichkeitsraum $(\Omega, \mathcal{S}, P)$ und stochastisch unabhängigen, identisch verteilten, $\mathcal{S}$-meßbaren $X_n \in \mathcal{L}_2(\Omega, \mathcal{S}, P)$, $n = 1, 2, \ldots$, mit $\mathrm{Var}(X_1) > 0$ gezeigt werden, daß $\sqrt{n}(\frac{X_1 + \ldots + X_n}{n} - E(X_1))$ für $n \to \infty$ nach Verteilung (unter P) gegen eine $\mathcal{N}(0, \sigma^2)$-Verteilung konvergiert mit $\sigma^2 := \mathrm{Var}(X_1)$, also

$$P^{\sqrt{n}\sum_{k=1}^{n}(X_k - E(X_k))/n\sigma}(B) \to \frac{1}{\sqrt{2\pi}} \int_B e^{-x^2/2} d\lambda(x), \; B \in \mathcal{B} \quad \text{mit}$$

$$\frac{1}{\sqrt{2\pi}} \int_{\partial B} e^{-x^2/2} d\lambda(x) = 0 \quad \text{für} \quad n \to \infty \quad \text{(Zentraler Grenzwertsatz)}.$$

Zu diesem Zweck werden Aussagen über charakteristische Funktionen (Fourier-Transformationen) benötigt.

SPRECHWEISE: $(\Omega, \mathcal{S}, P)$ Wahrscheinlichkeitsraum, $X : \Omega \to \mathbb{R}$ $\mathcal{S}$-meßbar. Dann heißt $\varphi : \mathbb{R} \to \mathbb{C}$ mit $\varphi(t) := \int e^{itX} dP \; (= \int e^{itx} P^X(dx))$, $t \in \mathbb{R}$, charakteristische Funktion von X (unter P) bzw. Fourier-Transformation von P^X. Wegen $|\cos tX| \leq 1$, $|\sin tX| \leq 1$, $t \in \mathbb{R}$, ist φ wohldefiniert. Existiert $E(e^{tX})$ für $t \in U(0)$ mit $U(0)$ als Umgebung des Nullpunktes, so heißt $m(t) := \int e^{tX} dP$, $t \in U(0)$, momenterzeugende Funktion von X (unter P) bzw. Laplace-Transformation von P^X.

BEMERKUNG:

1. $(\Omega, \mathcal{S}, \mu)$ Maßraum, $X_j \in \mathcal{L}_1(\Omega, \mathcal{S}, \mu)$, $j = 1, 2$, $X := X_1 + iX_2$, $\int X \, d\mu := \int X_1 \, d\mu + i \int X_2 \, d\mu$. Dann gilt: $|\int X \, d\mu| \leq \int |X| d\mu$, denn mit $\zeta := \frac{|\int X \, d\mu|}{\int X \, d\mu}$ im Fall $\int X \, d\mu \neq 0$ erhält man $|\int X \, d\mu| = \int \zeta X \, d\mu = \mathrm{Re} \int \zeta X \, d\mu = \int \mathrm{Re} \zeta X \, d\mu \leq \int |\zeta X| d\mu = \int |X| d\mu$, wegen $|\zeta| = 1$. Eine andere Be-

gründung von $\int |X| d\mu \geq |\int X \, d\mu|$ erhält man aufgrund der Gleichwertigkeit mit $(\int \sqrt{X_1^2 + X_2^2} d\mu)^2 \geq (\int |X_1| d\mu)^2 + (\int |X_2| d\mu)^2$. Die letzte Ungleichung ist äquivalent mit $\int(\sqrt{X_1^2 + X_2^2} + |X_1|) d\mu \int(\sqrt{X_1^2 + X_2^2} - |X_1|) d\mu \geq (\int |X_2| d\mu)^2$. Schließlich liefert die Ungleichung von Cauchy-Schwarz $\int(\sqrt{X_1^2 + X_2^2} + |X_1|) d\mu \cdot \int(\sqrt{X_1^2 + X_2^2} - |X_1|) d\mu \geq (\int(\sqrt{X_1^2 + X_2^2} + |X_1|)^{1/2}$ $(\sqrt{X_1^2 + X_2^2} - |X_1|)^{1/2} d\mu)^2 = (\int |X_2| d\mu)^2$.

2. Ein Taylor-Reihen-Argument liefert

$$|e^{itx} - \sum_{k=0}^{n} \frac{(itx)^k}{k!}| \leq \min\{\frac{|tx|^{n+1}}{(n+1)!}, \frac{2|tx|^n}{n!}\}, \; t, x \in \mathbb{R}, \; n \in \mathbb{N}_0,$$

woraus im Fall $E(|X|^k) < \infty$

$$|\varphi(t) - \sum_{k=0}^{n} \frac{(it)^k}{k!} E(X^k)| \leq E(\min\{\frac{|tX|^{n+1}}{(n+1)!}, \frac{2|tX|^n}{n!}\}), \; t \in \mathbb{R},$$

folgt. Insbesondere ergibt sich aus $E(e^{tX}) < \infty$, $t \in U(0)$, die Reihendarstellung: $\varphi(t) = \sum_{k=0}^{\infty} \frac{(it)^k}{k!} E(X^k)$, $t \in U(0)$, wegen $m(t) = \sum_{k=0}^{\infty} \frac{t^k}{k!} E(X^k)$, $t \in U(0)$, denn $e^{|tX|} \leq e^{tX} + e^{-tX} \in \mathcal{L}_1(\Omega, \mathcal{S}, P)$, $t \in U(0)$, mit $\sum_{k=0}^{\infty} \frac{|tX|^k}{k!} = e^{|tX|}$, $t \in U(0)$, also $E(e^{t|X|}) = \sum_{k=0}^{\infty} \frac{|t|^k}{k!} E(|X|^k)$, $t \in U(0)$. Insbesondere gilt also $\frac{d^k}{dt^k} m(t)|_{t=0} = E(X^k)$, $k \in \mathbb{N}$, und $\frac{d^k}{dt^k} \varphi(t)|_{t=0} = i^k E(X^k)$, falls $E(|X|^k) < \infty$ für $k \in \mathbb{N}$, fest. Im Fall $k = 1$ gilt nämlich

$$|\frac{\varphi(t + h) - \varphi(t)}{h}| \leq \min\{E(|hX|), 2\}/|h|, \; t, h \in \mathbb{R}, \; h \neq 0,$$

so daß der Satz von der majorisierten Konvergenz für den Real- bzw. Imaginärteil von $\frac{\varphi(t+h) - \varphi(t)}{h}$, $t \in \mathbb{R}$, $h \in \mathbb{R} \backslash \{0\}$, für $h \to \infty$ die Beziehung $\frac{d}{dt} \varphi(t) = E(iX e^{itX})$, $t \in \mathbb{R}$, also speziell $E(X) = \frac{1}{i} \frac{d}{dt} \varphi(t)|_{t=0}$ liefert. Den allgemeinen Fall für beliebiges $k \in \mathbb{N}$ behandelt man mit Hilfe vollständiger Induktion.

Als Anwendung kann man die Existenz einer Umgebung $U(0)$ des Nullpunktes mit $E(e^{tX}) < \infty$, $t \in U(0)$, als gleichwertig damit nachweisen, daß sich $\varphi : \mathbb{R} \to \mathbb{C}$ mit $\varphi(t) = E(e^{itX})$, $t \in \mathbb{R}$, als komplex differenzierbare (holomorphe) Funktion $\psi : \{\tau + it : \tau \in U(0), t \in \mathbb{R}\} \to \mathbb{C}$ fortsetzen läßt. Aus $E(e^{tX}) < \infty$, $t \in U(0)$, erhält man, wegen $E((e^{(t+h)X} - e^{tX})/h) \leq e^{tX} |(e^{hX} - 1)/h| \leq e^{tX} \sum_{k=1}^{\infty} \frac{|h|^{k-1} |X|^k}{k!} \leq e^{tX} \frac{e^{\delta |X|}}{\delta} \leq e^{tX} (e^{\delta X} + e^{-\delta X})/\delta \in \mathcal{L}_1(\Omega, \mathcal{S}, P)$ für $h \in \mathbb{R}$ mit $|h| \leq \delta$ und $t \pm \delta \in U(0)$ für ein $\delta > 0$, also $\frac{d}{dt} m(t) = E(X e^{tX})$, $t \in U(0)$ (und analog $\frac{d^k}{dt^k} m(t) = E(X^k e^{tX})$, $k \in \mathbb{N}$). Dabei gilt auch $\frac{d}{d\zeta} E(e^{\zeta X}) = E(X e^{\zeta X})$, $\zeta = \tau + it$, $\tau \in U(0)$, $t \in \mathbb{R}$, wegen $|e^{\zeta X}| \leq e^{\tau X}$, d. h. $\psi : \{\tau + it : \tau \in U(0), t \in \mathbb{R}\} \to \mathbb{C}$ ist eine komplex differenzierbare Funktion mit $\psi/\mathbb{R} = \varphi$. Umgekehrt folgt aus der Existenz einer komplex-differenzierbaren Funktion $\psi : \{\tau + it : \tau \in U(0), t \in \mathbb{R}\} \to \mathbb{C}$ mit $\psi/\mathbb{R} = \varphi$, daß φ beliebig häufig differenzierbar ist, und damit die Existenz von $E(X^k)$, $k = 1, 2, \ldots$, weil aus der Existenz von $\frac{d^k}{dk}\varphi(t)|_{t=0}$ die Existenz von $E(|X|^k)$ für $k \in \mathbb{N}$ folgt, falls k gerade ist. Dies sieht man für $k = 2$ folgendermaßen ein, wobei der allgemeine Fall mit Hilfe vollständiger Induktion folgt: Nach dem Lemma von Fatou zusammen mit $\lim_{t\to\infty} \frac{2(1-\cos tx)}{t^2} \to x^2$, $x \in \mathbb{R}$, ergibt sich

$$\int X^2 \, dP \leq \liminf_{t\to\infty} E\left(\frac{2(1-\cos(tX))}{t^2}\right) = \liminf_{t\to 0}\left(-E\left(\frac{e^{itX} - 2 + e^{-itX}}{t^2}\right)\right)$$

$$= \liminf_{t\to 0}\left(-\frac{\varphi(t) - 2\varphi(0) + \varphi(-t)}{t^2}\right) = \lim_{t\to 0} \frac{\varphi'(t) - \varphi'(-t)}{2t} = \varphi'(0),$$

da $\varphi''(0)$ existiert, also $E(X^2) < \infty$. Ein Taylor-Reihen-Argument für komplex-differenzierbare Funktionen zusammen mit dem Eindeutigkeitssatz für solche Funktionen liefert dann $\varphi = f|\mathbb{R}$ mit $f(\zeta) := \sum_{k=0}^\infty \frac{\zeta^k}{k!} E(X^k)$, $\zeta = \tau + it$, $\tau \in U(0)$, so daß $E(e^{\tau X})$, $\tau \in U(0)$, existiert, wegen $e^{\tau X} = \sum_{k=0}^\infty \frac{\tau^k}{k!} X^k$ und $|\sum_{k=0}^\infty \frac{\tau^k}{k!} E(X^k)| < \infty$, $\tau \in U(0)$.

Eindeutigkeitssatz für charakteristische Funktionen

P_j Wahrscheinlichkeitsmaße auf $\mathcal{B}$, $j = 1, 2$, mit $\int e^{itx} P_1(dx) = \int e^{itx} P_2(dx)$, $t \in \mathbb{R}$. Dann gilt $P_1 = P_2$.

VORBETRACHTUNG ZUR BEGRÜNDUNG: Nach dem Satz von Fubini-Tonelli gilt, wegen $e^{-i\tau t}\varphi_1(t) = \int e^{it(x-\tau)} P_1(dx)$, $t, \tau \in \mathbb{R}$, die Parsevalsche Identität $\int e^{-it\tau}\varphi_1(t) dP_2(t) = \int \varphi_2(x - \tau) P_1(dx)$, $\tau \in \mathbb{R}$ mit $\varphi_j(t) := \int e^{itx} P_j(dx)$, $t \in \mathbb{R}$, P_j beliebige Wahrscheinlichkeitsmaße auf $\mathcal{B}$, $j = 1, 2$. Wählt man speziell $P_2 = \mathcal{N}(0, \sigma^2)$-Verteilung mit $\sigma^2 > 0$, so gilt $\varphi_2(t) = e^{-t^2/2 \cdot \frac{1}{\sigma^2}}$, $t \in \mathbb{R}$, und daher:

$$\int e^{-i\tau t}\varphi_1(t) \frac{-t^2/2\sigma^2}{2\pi} d\lambda(t) = \int \frac{e^{-(x-\tau)^2/2 \cdot \frac{1}{\sigma^2}}}{\sqrt{2\pi} 1/\sigma} P_1(dx), \quad \tau \in \mathbb{R}.$$

Hieraus resultiert für jede beschränkte Borelfunktion $f : \mathbb{R} \to \mathbb{R}$, die außerhalb eines Intervalls der Gestalt $[-\alpha, \alpha]$ für ein $\alpha > 0$ verschwindet:

$$\int \left(\int f(\tau) e^{-i\tau t}\varphi_1(t) \frac{e^{-t^2/2\sigma^2}}{2\pi} d\lambda(t)\right) d\lambda(\tau)$$

$$= \int \left(\int f(\tau) \frac{e^{-(x-\tau)^2/2 \cdot \frac{1}{\sigma^2}}}{\sqrt{2\pi} \cdot \frac{1}{\sigma}} d\lambda(\tau)\right) P_1(dx)$$

$$= \int \left(\int f(x - \frac{y}{\sigma}) \frac{e^{-y^2/2}}{\sqrt{2\pi}} d\lambda(y)\right) P_1(dx) \quad \text{(Substitution } (x - \tau)\sigma = y)$$

mit $\int f(x - \frac{y}{\sigma})\frac{e^{-y^2/2}}{\sqrt{2\pi}} d\lambda(y) \to f(x)$ für $\sigma \to \infty$, falls f zusätzlich stetig ist, also:

$$\int f(x)P_1(dx) = \lim_{\sigma \to \infty} \int (\int f(\tau)e^{-i\tau t}\varphi_1(t)\frac{e^{-t^2/2\sigma^2}}{2\pi}d\lambda(t))d\lambda(\tau).$$

Daher bestimmt φ_1 den Integralwert $\int f(x)P_1(dx)$ für jede beschränkte, stetige Funktion $f : \mathbb{R} \to \mathbb{R}$, welche außerhalb eines Intervalls $[-\alpha, \alpha]$ mit $\alpha > 0$ verschwindet. Wählt man nun zu $a, b \in \mathbb{R}$, $a < b$, $\varepsilon > 0$ die Funktion f_ε mit $f_\varepsilon(x) = 0$ für $x \leq a - \varepsilon$ oder $x \geq b + \varepsilon$, $f_\varepsilon(x) = 1$ für $x \in [a, b]$, $f_\varepsilon(x) = \frac{1}{\varepsilon}x + 1 - \frac{a}{\varepsilon}$ für $x \in [a-\varepsilon, a]$, $f_\varepsilon(x) = -\frac{1}{\varepsilon}x + 1 + \frac{b}{\varepsilon}$, $x \in [b, b+\varepsilon]$, so gilt $f_\varepsilon \to I_{[a,b]}$ für $\varepsilon \to 0$ und daher, nach dem Satz von der majorisierten Konvergenz, $\int f_\varepsilon(x)P_1(dx) \to P_1([a, b])$, so daß φ_1 das zugehörige Wahrscheinlichkeitsmaß P_1 eindeutig bestimmt.

BEMERKUNG:

1. Für ein Wahrscheinlichkeitsmaß P auf $\mathcal{B}$ mit zugehöriger charakteristischer Funktion φ gilt die Umkehrformel: $P([a, b]) = \frac{1}{2\pi}\lim_{c \to \infty} \int_{-c}^{c} \frac{e^{-itb} - e^{-ita}}{it}\varphi(t)dt$ für alle $a, b \in \mathbb{R}$ mit $P(\{a\}) = P(\{b\}) = 0$.
   Begründung: Wählt man in der Parsevalschen Identität $P_2 = \mathcal{R}(-c, c)$-Verteilung, $c > 0$, so erhält man, wegen $\varphi_2(t) = \frac{1}{2c}\int_{-c}^{c}e^{itx}dx = \frac{1}{2c}\frac{e^{itc} - e^{-itc}}{it} = \frac{\sin(tc)}{tc}$, $t \in \mathbb{R}$, die Gleichung

$$\frac{1}{2}\int_{-c}^{c}\frac{e^{-ita} - e^{-itb}}{it}\varphi_1(t)dt = \int(\int_{-c}^{c}I_{[a,b]}(\tau)\frac{\sin((x - \tau)c)}{x - \tau}d\tau)P_1(dx)$$

$$= \int(\int_{(x-c)c}^{(x+c)c}I_{[a+\frac{y}{c},b+\frac{y}{c}]}(x) \cdot \frac{\sin y}{y}dy)P_1(dx),$$

wenn man die Substitution $y = (x - \tau)c$, also $\tau = x - \frac{y}{c}$, $x, y, \tau \in \mathbb{R}$, wählt. Wegen $\lim_{c \to \infty} I_{[a+\frac{y}{c},b+\frac{y}{c}]}(x) = I_{[a,b]}(x)$ für alle $x \in \mathbb{R}\backslash\{a, b\}$ erhält man nach dem Satz von der majorisierten Konvergenz:

$$\lim_{c \to \infty}\frac{1}{2}\int_{-c}^{c}\frac{e^{-ita} - e^{-itb}}{it}\varphi_1(t)dt = P([a, b])\int_{-\infty}^{\infty}\frac{\sin y}{y}dy,$$

wenn man beachtet, daß $P(\{a\}) = P(\{b\}) = 0$ gilt. Nach dem Residuen-Kalkül gilt schließlich $\int_{-\infty}^{\infty}\frac{\sin y}{y}dy = 2\int_{0}^{\infty}\frac{\sin y}{y}dy = \pi$ und damit folgt die zu beweisende Umkehrformel.

2. Ist P ein Wahrscheinlichkeitsmaß auf $\mathcal{B}$, so daß für die zugehörige charakteristische Funktion $|\varphi| \in \mathcal{L}_1(\mathbb{R}, \mathcal{B}, \lambda)$ zutrifft, so erhält man mit Hilfe des Satzes von der majorisierten Konvergenz für die zu P gehörende eindimensionale Verteilungsfunktion F: $F'(x) = \frac{1}{2\pi}\int e^{-ixt}\varphi(t)d\lambda(t)$ für alle $x \in C(F) := \{x \in \mathbb{R} : x \text{ Stetigkeitsstelle von } F\}$ und $|F'(x)| \leq \frac{1}{2\pi}\int|\varphi(t)|d\lambda(t) <$

∞, $x \in C(F)$. Ferner liefert der Satz von Fubini-Tonelli $\int_{[a,b]} F'(x)d\lambda(x) = \frac{1}{2\pi} \int \frac{e^{-itb}-e^{-ita}}{it} \varphi(t)d\lambda(t)$ für alle $a, b \in \mathbb{R}$, $a < b$, also $\int_a^b F'(x)d\lambda(x) = F(b) - F(a)$, falls $a, b \in C(F)$ zutrifft. Aus Stetigkeitsgründen ergibt sich dann $\int_a^b F'(x)d\lambda(x) = F(b) - F(a)$ für alle $a, b \in \mathbb{R}$, $a < b$, d. h. $G(x) := F'(x)$, $x \in C(F)$, $G(x) = 0$, $x \in \mathbb{R}\backslash C(F)$ ist eine Version von $\frac{dP}{d\lambda}$, wobei G beschränkt ist.

ANWENDUNG: Eindeutigkeitssatz für momenterzeugende Funktionen
P_j Wahrscheinlichkeitsmaße auf $\mathcal{B}$ mit $m_j(t) = \int e^{tx} P_j(dx) < \infty$, $t \in U(0)$, $j = 1, 2$, mit $U(0)$ als eine Umgebung des Nullpunktes. Dann folgt aus $m_1(t) = m_2(t)$, $t \in U(0)$, daß $P_1 = P_2$ zutrifft.
BEGRÜNDUNG: $m_j(t + i\tau) := \int e^{(t+i\tau)x} P_1(dx)$, $t \in U(0)$, $\tau \in \mathbb{R}$, $j = 1, 2$, sind komplex-differenzierbar und stimmen, wegen $m_1(t) = m_2(t)$, $t \in U(0)$, nach dem Identitätssatz für komplex-differenzierbare Funktionen überein. Für $t = 0$ erhält man $\varphi_1(\tau) = \varphi_2(\tau)$, $\tau \in \mathbb{R}$, mit $\varphi_j(\tau) = \int e^{i\tau x} dP_j(x)$, $\tau \in \mathbb{R}$, so daß der Eindeutigkeitssatz für charakteristische Funktionen $P_1 = P_2$ liefert.

BEISPIEL: Faltung von Normalverteilungen
$(\Omega, \mathcal{S}, P)$ Wahrscheinlichkeitsraum, $X_j : \Omega \to \mathbb{R}$ $\mathcal{S}$-meßbar, stochastisch unabhängig (unter P) mit P^{X_j} als $\mathcal{N}(\mu_j, \sigma_j^2)$-Verteilung, $j = 1, 2$. Dann besitzt $P^{X_1+X_2} = P^{X_1} * P^{X_2}$ nach dem Multiplikationssatz für stochastisch unabhängige Zufallsgrößen die charakteristische Funktion $\varphi_1\varphi_2$ mit φ_j als charakteristische Funktion von P^{X_j}, also

$$\varphi_j(t) = e^{it\mu_j - t^2\sigma_j^2/2}, \ t \in \mathbb{R}, \ j = 1, 2, \text{d. h. } \varphi_1(t)\varphi_2(t) = e^{it(\mu_1+\mu_2)-t^2\cdot\frac{\sigma_1^2+\sigma_2^2}{2}}, \ t \in$$
$\mathbb{R}$. Also ist $P^{X_1+X_2} = P^{X_1} * P^{X_2}$ eine $\mathcal{N}(\mu_1 + \mu_2, \sigma_1^2 + \sigma_2^2)$-Verteilung.

BEISPIEL: Faltung von Cauchy-Verteilungen
$(\Omega, \mathcal{S}, P)$ Wahrscheinlichkeitsraum, $X : \Omega \to \mathbb{R}$ $\mathcal{S}$-meßbar mit P^X als Cauchy-Verteilung. Dann erhält man mit Hilfe des Residuenkalküls $\int e^{itx} P^X(dx) = e^{-|t|}$, $t \in \mathbb{R}$. Sind also $X_j : \Omega \to \mathbb{R}$, $j = 1, \dots, n$, stochastisch unabhängig und identisch verteilt mit P^{X_1} als Cauchy-Verteilung, so ist $P^{(X_1+\dots+X_n)/n}$ ebenfalls eine Cauchy-Verteilung, da nach dem Multiplikationssatz für stochastisch unabhängige Zufallsgrößen gilt $\int e^{itx} P^{(X_1+\dots+X_n)/n}(dx) = e^{-|t|}$, $t \in \mathbb{R}$. Da der Erwartungswert von X_1 nicht existiert, liegt mit $P^{(X_1+\dots+X_n)/n}$ als Cauchy-Verteilung kein Widerspruch gegen das starke Gesetz der großen Zahlen vor.

ANWENDUNG: Satz von Pompeju
Jede Menge $B \in \mathcal{B}$ mit $\lambda(B) < \infty$ und der Eigenschaft, daß $N_B := \{t \in \mathbb{R} : \int_B e^{it\vartheta} \lambda(d\vartheta) \neq 0\}$ eine dichte Teilmenge von $\mathbb{R}$ ist, läßt folgende bemerkenswerte Eindeutigkeitsaussage zu: Gilt für zwei Wahrscheinlichkeitsmaße P_j auf $\mathcal{B}$, $j = 1, 2$, die Beziehung $P_1(B+\vartheta) = P_2(B+\vartheta)$, $\vartheta \in \mathbb{R}$, so stimmen P_1 und P_2 bereits überein. Dies sieht man folgendermaßen ein: Für ein beliebiges Wahrscheinlichkeitsmaß P auf

$\mathcal{B}$ gilt, aufgrund des Satzes von Fubini-Tonelli:

$$\int P(B + \vartheta)e^{i\vartheta t}\lambda(d\vartheta) = \int (\int I_{B+\vartheta}(x)e^{i\vartheta t}d\lambda(\vartheta))dP(x)$$

$$= \int I_B(\vartheta')e^{i\vartheta' t}d\lambda(\vartheta)\int e^{-itx}dP(x), \; t \in \mathbb{R}$$

mit Hilfe der Substitution $\vartheta' = x - \vartheta$, $x, \vartheta \in \mathbb{R}$. Hieraus ergibt sich aus $P_1(B + \vartheta) = P_2(B + \vartheta)$, $\vartheta \in \mathbb{R}$, die Beziehung $\int e^{-itx}dP_1(x) = \int e^{-itx}dP_2(x)$, $t \in \mathbb{R}$, und damit nach dem Eindeutigkeitssatz für charakteristische Funktionen $P_1 = P_2$. Der Eindeutigkeitssatz für momenterzeugende Funktionen zeigt, daß für jede Menge $B \in \mathcal{B}$ mit $\lambda(B) > 0$ und mit $\int_B e^{\vartheta\tau}d\lambda(\tau) < \infty$, $\vartheta \in U(0)$, wobei $U(0)$ eine Umgebung von $0 \in \mathbb{R}$ ist, die zugehörige Menge $N_B = \{t \in \mathbb{R} : \int_B e^{it\vartheta}\lambda(d\vartheta) \neq 0\}$ dicht in $\mathbb{R}$ ist. Andernfalls existiert nämlich ein $t_0 \in \mathbb{R}$ und eine Umgebung $U(t_0)$ von t_0 mit $\int_B e^{(\tau+it)\vartheta}d\lambda(\vartheta) = 0$, $t \in U(t_0)$, da $\tau + it \to \int_B e^{(\tau+it)\vartheta}d\lambda(\vartheta)$, $\tau \in U(0)$, $t \in \mathbb{R}$, komplex differenzierbar ist, und daher aus $\int_B e^{it\vartheta}d\lambda(\vartheta) = 0$, $t \in U(t_0)$, folgt $\int_B e^{(\tau+it)\vartheta}d\lambda(\vartheta) = 0$, $t \in U(t_0)$, $\tau \in U(0)$. Insbesondere resultiert hieraus $\int_B e^{\tau\vartheta}(\cos t\vartheta)^+d\lambda(\vartheta) = \int_B e^{\tau\vartheta}(\cos t\vartheta)^-d\lambda(\vartheta)$, $t \in U(t_0)$, $\tau \in U(0)$, d. h. speziell $\int_B(\cos t\vartheta)^+d\lambda(\vartheta) = \int_B(\cos t\vartheta)^-d\lambda(\vartheta)$, $t \in U(t_0)$, woraus sich $\int_B(\cos t\vartheta)^+d\lambda(\vartheta) = 0$, $t \in U(t_0)$, ergibt und damit der Widerspruch $\lambda(B) = 0$. Die Annahme $\int_B(\cos t\vartheta)^+d\lambda(\vartheta) > 0$ für ein $t \in U(t_0)$ liefert nämlich für die beiden Wahrscheinlichkeitsmaße P_{jt} auf $\mathcal{B}$, $j = 1, 2$, mit

$$P_{1t}(B) := \int_{B'\cap B}(\cos t\vartheta)^+d\lambda(\vartheta)/\int_B(\cos t\vartheta)^+d\lambda(\vartheta),$$

$$P_{2t}(B') := \int_{B'\cap B}(\cos t\vartheta)^-d\lambda(\vartheta)/\int_B(\cos t\vartheta)^-d\lambda(\vartheta), \; B' \in \mathcal{B},$$

die Gleichung $\int e^{\tau\vartheta}dP_{1t}(\vartheta) = \int e^{\tau\vartheta}dP_{2t}(\vartheta)$, $\tau \in U(0)$. Daher folgt, aus dem Eindeutigkeitssatz für momenterzeugende Funktionen, schließlich $P_{1t} = P_{2t}$, woraus $\int_{B'} I_B(\vartheta)(\cos t\vartheta)d\lambda(\vartheta) = 0$, $B' \in \mathcal{B}$, also $(\cos t\vartheta)I_B(\vartheta) = 0$ für λ-fast alle $\vartheta \in \mathbb{R}$ resultiert und damit der Widerspruch $\lambda(B) = 0$.

Mehrdimensionale Version für charakteristische Funktionen

$(\Omega, \mathcal{S}, P)$ Wahrscheinlichkeitsraum, $X : \Omega \to \mathbb{R}^n$ $\mathcal{S}$-meßbar. Dann heißt φ mit $\varphi(t) = E(e^{i<t,X>})$, $t \in \mathbb{R}^n$, und $< , >$ als Skalarprodukt, charakteristische Funktion oder auch Fourier-Transformation von X (unter P) bzw. von P^X. Es gilt, wie im eindimensionalen Fall, der Eindeutigkeitssatz für charakteristische Funktionen: P_j Wahrscheinlichkeitsmaße auf $\mathcal{B}^n$, $j = 1, 2$, mit $\int e^{i<t,x>}P_1(dx) = \int e^{i<t,x>}P_2(dx)$, $t \in \mathbb{R}^n$. Dann gilt: $P_1 = P_2$.

Die Begründung verläuft analog zum eindimensionalen Fall vermöge einer entsprechenden Parsevalschen Identität, bei der für einen der beiden auftretenden Wahrscheinlichkeitsmaße statt einer $\mathcal{N}(0, \sigma^2)$-Verteilung wie im eindimensionalen Fall das n-fache direkte Produkt von $\mathcal{N}(0, \sigma^2)$-Verteilungen mit derselben Streuung $\sigma^2 > 0$ gewählt wird.

BEISPIEL: Mehrdimensionale Normalverteilung

Die n-dimensionale Normalverteilung, in Zeichen $\mathcal{N}(\mu_1, \ldots, \mu_n, C)$-Verteilung, mit $(\mu_1, \ldots, \mu_n) \in \mathbb{R}^n$, als Mittelwertvektor und mit C als symmetrischer und positiv definiter $n \times n$-Matrix, die Kovarianzmatrix heißt, ist ein Wahrscheinlichkeitsmaß $P_{(\mu_1, \ldots, \mu_n), C}$ auf $\mathcal{B}^n$ mit der λ^n-Dichte

$$\frac{dP_{(\mu_1, \ldots, \mu_n), C}}{d\lambda^n}(x_1, \ldots, x_n)$$

$$= (\frac{1}{\sqrt{2\pi}})^n (\operatorname{Det} C)^{-1/2} \exp -\frac{1}{2} \sum_{1 \le i \le j \le n} d_{ij}(x_i - \mu_i)(x_j - \mu_j),$$

$(x_1, \ldots, x_n) \in \mathbb{R}^n$, $C^{-1} = (d_{ij})_{1 \le i,j \le n}$. Mit $P_{(\mu_1, \ldots, \mu_n), C} = P^X$, $(\Omega, \mathcal{S}, P)$ Wahrscheinlichkeitsraum, $X = (X_1, \ldots, X_n) : \Omega \to \mathbb{R}^n$ $\mathcal{S}$-meßbar, gilt $C = (c_{ij})_{1 \le i,j \le n}$, $c_{ij} = \operatorname{Kov}(X_i, X_j) (= E(X_i - \mu_i)(X_j - \mu_j))$. Im Spezialfall $n = 2$ gilt:

$$\frac{dP^{(X_1, X_2)}}{d\lambda^2}(x_1, x_2) = \frac{1}{2\pi \sigma_1 \sigma_2 \sqrt{1 - \rho^2}} \exp -\frac{1}{2(1 - \rho^2)} (\frac{(X_1 - \mu_1)^2}{\sigma_1^2}$$

$$-2\rho \frac{(X_1 - \mu_1)(X_2 - \mu_2)}{\sigma_1 \sigma_2} + \frac{(X_2 - \mu_2)^2}{\sigma_2^2}),$$

$$(x_1, x_2) \in \mathbb{R}^2, \quad \text{mit} \quad \mu_j = E(X_j),$$

$$\sigma_j^2 = \operatorname{Var}(X_j), \ j = 1, 2, \ \rho^2 = \frac{\operatorname{Kov}(X_1, X_2)}{\sigma_1 \sigma_2}$$

(Korrelationskoeffizient von X_1, X_2), wobei insbesondere aus $\rho = 0$ folgt, daß X_1, X_2 (unter P) stochastisch unabhängig sind. Beachtet man, daß $C = B \cdot B$ mit B als positiv definiter, symmetrischer $n \times n$-Matrix zutrifft, so erhält man vermöge der Substitution $y = Bx$, $x, y \in \mathbb{R}^n$, für die charakteristische Funtion φ einer $\mathcal{N}(\mu_1, \ldots, \mu_n, C)$-Verteilung: $\varphi(t) = e^{i<t,\mu> - \frac{1}{2}<t,Ct>}$, $t \in \mathbb{R}^n$.

ANWENDUNG: Eindeutigkeitssatz für Radon-Transformationen

P Wahrscheinlichkeitsmaß auf $\mathcal{B}^n$, $\vartheta \in \mathbb{R}^n$ mit $< \vartheta, \vartheta >= 1$; dann heißt $\vartheta \to P_\vartheta$ mit P_ϑ als Wahrscheinlichkeitsmaß auf $\mathcal{B}$ gemäß $P_\vartheta(B) := P(\{x \in \mathbb{R}^n :< x, \vartheta >\in B\})$, $B \in \mathcal{B}$, Radon-Transformation von P, welche P eindeutig bestimmt, denn: $P_\vartheta = P^{<\cdot,\vartheta>}$ liefert nach der Transformationsformel für das Maßintegral $\int e^{it\zeta} P_\vartheta(d\zeta) = \int e^{it<x,\vartheta>} P(dx) = \int e^{i<x,t\vartheta>} P(dx)$, $t \in \mathbb{R}$, d. h. die charakteristische Funktion $\tau \to \int e^{i<x,\tau>} P(dx)$, $\tau \in \mathbb{R}^n$, von P ist durch $\vartheta \to \int e^{it\zeta} P_\vartheta(d\zeta)$, $\vartheta \in \mathbb{R}^n$, $< \vartheta, \vartheta >= 1$, $t \in \mathbb{R}$, eindeutig bestimmt.

BEISPIEL: Radon-Transformation für die mehrdimensionale Normalverteilung
Die Überlegungen zur Eindeutigkeit der Radon-Transformation liefern im Fall
$P = \mathcal{N}(\mu, C)$-Verteilung mit $\mu \in \mathbb{R}^k$ und C als symmetrische, positiv definite
$k \times k$-Matrix für die Radon-Transformation $\vartheta \to P_\vartheta$, $\vartheta \in \mathbb{R}^k$, $< \vartheta, \vartheta >= 1$,
eindimensionale Normalverteilungen, nämlich $P_\vartheta = \mathcal{N}(< \vartheta, \mu >, < C\vartheta, \vartheta >)$-
Verteilung, $\vartheta \in \mathbb{R}^k$, $< \vartheta, \vartheta >= 1$. Man hat hierzu die Gestalt $e^{i<\mu,t>-\frac{1}{2}<Ct,t>}$, $t \in$
$\mathbb{R}^k$, der charakteristischen Funktion von $P = \mathcal{N}(\mu, C)$-Verteilung zu beachten,
woraus sich $e^{it<\vartheta,\mu>-\frac{t^2}{2}<C\vartheta,\vartheta>}$, $t \in \mathbb{R}$, für die charakteristische Funktion von
P_ϑ, $\vartheta \in \mathbb{R}^k$, $< \vartheta, \vartheta >= 1$, ergibt.

ANWENDUNG: Kennzeichnung der stochastischen Unabhängigkeit von endlich vielen
reellwertigen Zufallsgrößen
$(\Omega, \mathcal{S}, P)$ Wahrscheinlichkeitsraum, $X_j : \Omega \to \mathbb{R}$ $\mathcal{S}$-meßbar, $j = 1, \ldots, n$. Dann ist
$P^{(X_1,\ldots,X_n)}$ eindeutig durch die Wahrscheinlichkeitsmaße $P^{\sum_{i=1}^{n} t_j X_j}$, $t_j \in \mathbb{R}$, $j =$
$1, \ldots, n$, auf $\mathcal{B}$ bestimmt. Insbesondere sind $X_1, \ldots, X_n$ (unter P) stochastisch
unabhängig, genau dann, wenn gilt: $E(e^{i \sum_{j=1}^{n} t_j X_j}) = \prod_{j=1}^{n} E(e^{it_j X_j})$, $t_j \in \mathbb{R}$, $j =$
$1, \ldots, n$.

BEISPIEL: $(\Omega, \mathcal{S}, P)$ Wahrscheinlichkeitsraum, $X_j : \Omega \to \mathbb{R}$, $j = 1, \ldots, n$, $(n \geq$
$2)$, $\mathcal{S}$-meßbar, stochastisch unabhängig und identisch verteilt (unter P) mit P^{X_1} als
$\mathcal{N}(\mu, \sigma^2)$-Verteilung. Dann sind $\sum_{j=1}^{n} X_j$, $X_1 - X_n, \ldots, X_{n-1} - X_n$ (unter P)
stochastisch unabhängig genau dann, wenn $n = 2$ gilt, denn: Der Multiplikationssatz
für stochastisch unabhängige Zufallsgrößen liefert:

$$E(e^{it \sum_{j=1}^{n} X_j} e^{i \sum_{j=1}^{n-1} s_j(X_j - X_n)}) = E(e^{i \sum_{j=1}^{n-1}(t+s_j)X_j} e^{i(t-\sum_{j=1}^{n-1} s_j)X_n})$$

$$= \prod_{j=1}^{n-1} E(e^{i(t+s_j)X_j}) E(e^{i(t-\sum_{j=1}^{n-1} s_j)X_n}) = \prod_{j=1}^{n-1} e^{i(t+s_j)\mu - \frac{1}{2}(t+s_j)^2\sigma^2}$$

$$= e^{i(t-\sum_{j=1}^{n-1} s_j)\mu - \frac{1}{2}(t-\sum_{j=1}^{n-1} s_j)^2\sigma^2} = e^{int\mu - \frac{1}{2}[nt^2 + \sum_{j=1}^{n-1} s_j^2 + (\sum_{j=1}^{n-1} s_j)^2]\sigma^2}$$

$$= e^{itn\mu - \frac{1}{2}t^2 n\sigma^2} e^{-\frac{1}{2}(\sum_{j=1}^{n} s_j^2 + (\sum_{j=1}^{n-1} s_j)^2)\sigma^2} \quad \text{und}$$

$$E(e^{it \sum_{j=1}^{n} X_j}) = e^{itn\mu - \frac{1}{2}t^2 n\sigma^2} \quad \text{sowie}$$

$$E(e^{i \sum_{j=1}^{n-1} s_j(X_j - X_n)}) = e^{-\sum_{j=1}^{n} s_j^2 \sigma^2}, \quad t, s_j \in \mathbb{R}, \quad j = 1, \ldots, n-1,$$

so daß $\sum_{j=1}^{n} X_j, X_1 - X_n, \ldots, X_{n-1} - X_n$ genau dann (unter P) stochastisch
unabhängig sind, wenn $\sum_{j=1}^{n-1} s_j^2 = (\sum_{j=1}^{n-1} s_j)^2$, $s_j \in \mathbb{R}$, $j = 1, \ldots, n-1$, zutrifft,
also $n = 2$ gilt.

BEMERKUNG: Für $X_j \in \mathcal{L}_2(\Omega, \mathcal{S}, P)$, $j = 1, 2$, stochastisch unabhängig und
identisch verteilt (unter P) mit $\text{Var}(X_1) > 0$ sind $X_1 + X_2$, $X_1 - X_2$ genau
dann (unter P) stochastisch unabhängig, wenn P^{X_1} eine $\mathcal{N}(\mu, \sigma^2)$-Verteilung ist
mit $\mu := E(X_1)$, $\sigma^2 = \text{Var}(X_1) > 0$, denn es ist bereits durch das vorangehende
Beispiel gezeigt worden, daß $X_1 + X_2$, $X_1 - X_2$ (unter P) stochastisch unabhängig

sind, falls zusätzlich $P^{X_1} = \mathcal{N}(\mu, \sigma^2)$-Verteilung zutrifft. Umgekehrt folgt aus der stochastischen Unabhängigkeit von $X_1 + X_2$, $X_1 - X_2$ (unter P) nach dem Multiplikationssatz für stochastisch unabhängige Zufallsgrößen

$$E(e^{is(X_1+X_2)+it(X_1-X_2)}) = E(e^{is(X_1+X_2)})E(e^{it(X_1-X_2)})$$
$$= E(e^{isX_1})E(e^{isX_2})E(e^{itX_1})E(e^{it(-X_2)}), \quad s,t \in \mathbb{R}.$$

Wählt man $\varepsilon > 0$ mit $|\varphi(u)| \neq 0$, $|u| \leq \varepsilon$, so gilt für $f : [-\varepsilon, \varepsilon] \to \mathbb{C}$ mit $f(u) := \ell n \varphi(u)$, $|u| \leq \varepsilon$, die Gleichung

$$\frac{f(s+t) - 2f(s) + f(s-t)}{t^2} = \frac{f(t) + f(-t)}{t^2}$$

für $s, t \in \mathbb{R}$, $t \neq 0$, mit $|s| \leq \varepsilon$. Ferner ist f, wegen $X_1, X_2 \in \mathcal{L}_2(\Omega, \mathcal{S}, P)$, zweimal stetig differenzierbar und die Regel von Hospital liefert daher

$$\lim_{t \to 0} \frac{f(s+t) - 2f(s) + f(s-t)}{t^2} = f''(s),$$

$s \in \mathbb{R}$ mit $|s| \leq \varepsilon$, d. h. $f''(s) = f''(0)$, $s \in \mathbb{R}$ mit $|s| \leq \varepsilon$. Damit trifft $\varphi(t) = e^{at^2+bt+c}$ zunächst für $t \in \mathbb{R}$ mit $|t| \leq \varepsilon$ und $a, b, c \in \mathbb{C}$ zu, wobei diese Beziehung für alle $t \in \mathbb{R}$ gilt, da $\zeta \to e^{a\zeta^2+b\zeta+c}$, $\zeta \in \mathbb{C}$, eine komplex differenzierbare Funktion ist. Schließlich liefert $E(X_1^k) = (\frac{1}{i})^k \varphi^{(k)}(0)$, $k = 0, 1, 2$, daß $a = -\frac{1}{2} \operatorname{Var}(X_1)$, $b = iE(X_1)$, $c = 0$ gilt, d. h. P^{X_1} ist eine $\mathcal{N}(\mu, \sigma^2)$-Verteilung mit $\mu = E(X_1)$, $\sigma^2 = \operatorname{Var}(X_1) > 0$.

Kennzeichnung bedingter Erwartungswerte

$(\Omega, \mathcal{S}, P)$ Wahrscheinlichkeitsraum, $X \in \mathcal{L}_1(\Omega, \mathcal{S}, P)$, $f : \mathbb{R}^n \to \mathbb{R}$ Borelfunktion mit $f \circ Y \in \mathcal{L}_2(\Omega, \mathcal{S}, P)$. Dann gilt $f \circ Y = E(X|Y)$ P-f.ü. genau dann, wenn $E(f \circ Y e^{i<t,Y>}) = E(X e^{i<t,Y>})$, $t \in \mathbb{R}^k$, zutrifft, denn mit $f \circ Y = E(X|Y)$ P-f.ü. gilt $E(E(X|Y)e^{i<t,Y>}) = E(X e^{i<t,Y>})$, $t \in \mathbb{R}^k$, da ein bedingter Erwartungswert iteriert berechnet werden kann. Umgekehrt folgt aus $E(f \circ Y e^{i<t,Y>}) = E(X e^{i<t,Y>})$, $t \in \mathbb{R}^k$, für $Z := f \circ Y - E(X|Y)$ die Beziehung $E(Z e^{i<t,Y>}) = 0$, $t \in \mathbb{R}^k$. Ferner gilt $E(X|Y) = g \circ Y$ P-f.ü. für eine Borelfunktion $g : \mathbb{R}^k \to \mathbb{R}$ und damit $Z = h \circ Y$ P-f.ü. mit $h := f - g \in \mathcal{L}_1(\mathbb{R}^k, \mathcal{B}^k, P^Y)$. Damit trifft $\int h(y) e^{i<t,y>} P^Y(dy) = 0$, $t \in \mathbb{R}^k$, zu, so daß für die durch $Q_1(B) := \int_B h^+ dP^Y / \int h^+ dP^Y$, $Q_2(B) := \int_B h^- dP^Y / \int h^- dP^Y$, $B \in \mathcal{B}^k$, definierten Wahrscheinlichkeitsmaße auf $\mathcal{B}^k$ gilt $\int e^{i<t,y>} Q_1(dy) = \int e^{i<t,y>} Q_2(dy)$, $t \in \mathbb{R}^k$, woraus, nach der mehrdimensionalen Version des Eindeutigkeitssatzes für charakteristische Funktionen, $Q_1 = Q_2$, also $\int_B h^+ dP^Y = \int_B h^- dP^Y$, $B \in \mathcal{B}^k$, und damit der Widerspruch $h = 0$ P^Y-f.ü., d. h. $f \circ Y = E(X|Y)$ P-f.ü. folgt, wenn man $\int h^+ dP (= \int h^- dP) > 0$ annimmt.

BEISPIEL: Kennzeichnung der Normalverteilung
$(\Omega, \mathcal{S}, P)$ Wahrscheinlichkeitsraum, $X_j \in \mathcal{L}_2(\Omega, \mathcal{S}, P)$, $j = 1, \ldots, n$ ($n \geq 3$),

stochastisch unabhängig und identisch verteilt (unter P) mit $\mathrm{Var}(X_1) > 0$. Dann ist P^{X_1} eine $\mathcal{N}(0, \sigma^2)$-Verteilung für ein $\sigma^2 > 0$ genau dann, wenn gilt $E(X_1 + \ldots + X_n | (X_1 - X_n, \ldots, X_{n-1} - X_n)) = 0$ P-f.ü.

BEGRÜNDUNG: Nach der vorangehenden Kennzeichnung bedingter Erwartungswerte ist $E(X_1 + \ldots + X_n | (X_1 - X_n, \ldots, X_{n-1} - X_n)) = 0$ P-f.ü. äquivalent mit $E((X_1 + \ldots + X_n)e^{i\sum_{j=1}^{n-1} s_j(X_j - X_n)}) = 0$, $s_j \in \mathbb{R}$, $j = 1, \ldots, n - 1$, wobei man aufgrund von $E(X_1 e^{is_1 X_1}) = \frac{1}{i}\frac{d}{ds_1}e^{-s_1^2\sigma^2/2}$ und $E(e^{is_1 X_1}) = e^{-s_1^2\sigma^2/2}$, $s_1 \in \mathbb{R}$, im Fall $P^{X_1} = \mathcal{N}(0, \sigma^2)$-Verteilung, die Gültigkeit dieser Gleichung leicht nachprüft. Im allgemeinen Fall folgt aus dieser Gleichung mit Hilfe des Multiplikationssatzes für stochastisch unabhängige Zufallsgrößen:

$$E((X_1 + \ldots + X_{n-1})e^{i(s_1 X_1 + \ldots + s_{n-1} X_{n-1})}) \cdot E(e^{-i\sum_{j=1}^{n} s_j X_n})$$
$$+ E(X_n e^{-i\sum_{j=1}^{n-1} s_j X_n})E(e^{i\sum_{j=1}^{n-1} s_j X_j})$$
$$= \sum_{j=1}^{n-1}\frac{E(X_j e^{is_j X_j})}{E(e^{is_j X_j})}\prod_{j=1}^{n-1}E(e^{is_j X_j}) \cdot E(e^{-i\sum_{j=1}^{n-1} s_j X_n})$$
$$+ E(X_n e^{-\sum_{j=1}^{n-i} s_j X_n})\prod_{j=1}^{n-1}E(e^{is_j X_j}) = 0,$$

$s_j \in U(0)$, $j = 1, \ldots, n$, für eine Umgebung $U(0)$ des Nullpunktes. Hieraus resultiert für die charakteristische Funktion φ von P^{X_1}:

$$\sum_{j=1}^{n-1}\frac{\varphi'(s_j)}{\varphi(s_j)} = -\frac{\varphi'(-\sum_{j=1}^{n-1} s_j)}{\varphi(-\sum_{j=1}^{n-1} s_j)}, \quad s_j \in U(0), \quad j = 1, \ldots, n - 1,$$

d. h. es gilt $\sum_{j=1}^{n-1}(ln\varphi(s_j))' = (ln\varphi(\sum_{j=1}^{n-1} s_j))'$, $s_j \in U(0)$, $j = 1, \ldots, n - 1$, wegen $(ln\varphi(s))' = (ln\varphi(-s))'$, $s \in U(0)$. Aus $n \geq 3$ ergibt sich also $(ln\varphi(s))'' = \alpha$, $s \in U(0)$, für eine komplexe Zahl α, wobei φ'', wegen $X_1 \in \mathcal{L}_2(\Omega, \mathcal{S}, P)$, existiert und stetig ist. Damit erhält man schließlich $\varphi(s) = e^{\alpha\frac{s^2}{2}+\beta s}$ für alle $s \in \mathbb{R}$ aufgrund des Identitätssatzes für komplex-differenzierbare Funktionen. Insbesondere gilt $E(X_1) = \beta = 0$, wegen $E(X_1 + \ldots + X_n) = nE(X_1) = 0$ und $E(X_1^2) = \alpha > 0$, d. h. P^{X_1} ist eine $\mathcal{N}(0, \sigma^2)$-Verteilung mit $\sigma^2 := \alpha$.

BEMERKUNG: $(\Omega, \mathcal{S}, P)$ Wahrscheinlichkeitsraum, $X_j : \Omega \to \mathbb{R}$, $j = 1, 2$, $\mathcal{S}$-meßbar, stochastisch unabhängig und identisch verteilt (unter P) mit $\int e^{tX_1}dP < \infty$ für $t \in U(0)$, und mit $U(0)$ als eine Umgebung des Nullpunktes. Dann ist $E(X_1 + X_2 | X_1 - X_2) = 0$ P-f.ü. mit $P^{X_1} = P^{-X_1}$, d. h. mit der Symmetrie von P^{X_1} bezüglich des Nullpunktes gleichwertig, denn nach der obigen Kennzeichnung bedingter Erwartungswerte ist $E(X_1 + X_2 | X_1 - X_2) = 0$ P-f.ü. äquivalent mit $E((X_1 + X_2)e^{it(X_1-X_2)}) = 0$, $t \in \mathbb{R}$, d. h. $E(X_1 e^{it X_1})E(e^{-it X_2}) +$

$E(X_2 e^{-it\,X_2}) E(e^{it\,X_1}) = 0$, $t \in \mathbb{R}$, also $\frac{\varphi'(t)}{\varphi(t)} + \frac{\varphi'(-t)}{\varphi(-t)} = 0$ für $t \in U(0)$ mit $\varphi(t) \neq 0$, da die charakteristische Funktion φ von $P^{X_1} = P^{X_2}$ in einer Umgebung des Nullpunktes von $\mathbb{C}$ als komplex differenzierbare Funktion fortsetzbar ist, wegen $\int e^{it\,X_1} dP < \infty$, $t \in U(0)$. Schließlich ist $(ln\,\varphi(t))' = (ln\,\varphi(-t))'$, $t \in U(0)$, daher mit $\varphi(t) = \varphi(-t)$, $t \in \mathbb{R}$, also $P^{X_1} = P^{-X_1}$ gleichwertig.

Stetigkeitssatz für charakteristische Funktionen

P_n Wahrscheinlichkeitsmaße auf $\mathcal{B}$, $n = 1, 2, \ldots$, mit zugehöriger charakteristischer Funktion φ_n, also $\varphi_n(t) = \int e^{itx} P_n(dx)$, $t \in \mathbb{R}$, $n = 1, 2, \ldots$. Dann folgt aus der Existenz von $\lim_{n \to \infty} \varphi_n(t) = \psi(t)$, $t \in \mathbb{R}$, daß ψ charakteristische Funktion eines Wahrscheinlichkeitsmaßes P auf $\mathcal{B}$ ist, also $\psi(t) = \int e^{itx} P(dx)$, $t \in \mathbb{R}$, und daß $\lim_{n \to \infty} P_n(B) = P(B)$, $B \in \mathcal{B}$ mit $P(\partial B) = 0$ zutrifft, falls ψ in 0 stetig ist.

BEGRÜNDUNG: Nach dem Auswahlsatz von Helly gibt es eine Teilfolge $(P_{n_k})_{k=1,2,\ldots}$ von $(P_n)_{n=1,2,\ldots}$ und ein endliches Maß Q auf $\mathcal{B}$, so daß $\lim_{k \to \infty} \int g\, dP_{n_k} = \int g\, dQ$ für alle $g : \mathbb{R} \to \mathbb{C}$ stetig mit $\lim_{|x| \to \pm\infty} g(x) = 0$ gilt. Dies folgt aus einem Argument mit Hilfe des Satzes von Heine-Borel und der Beobachtung $P_{n_k}((-\infty, x]) \to Q((-\infty, x])$ für alle $x \in \mathbb{R}$, so daß $Q(\{x\}) = 0$, $x \in \mathbb{R}$, zutrifft, indem man zunächst zu $\varepsilon > 0$ ein $a > 0$ wählt mit $|g(x)| \leq \varepsilon$, $|x| > a$. Ferner kann man zu jedem $x \in [-a, a]$ ein offenes Intervall $I(x)$ finden mit $\sup\{|g(x_1) - g(x_2)| : x_1, x_2 \in I(x)\} \leq \varepsilon$, da g stetig ist, wobei die Endpunkte von $I(x)$ als einelementige Teilmengen unter Q das Maß Null besitzen, denn es gibt höchstens abzählbar viele $y \in \mathbb{R}$ mit $Q(\{y\}) > 0$. Schließlich liefert eine endliche Teilüberdeckung der Überdeckung $I(x)$, $x \in [-a, a]$, von $[-a, a]$ nach dem Satz von Heine-Borel die Behauptung. Speziell für $g : \mathbb{R} \to \mathbb{C}$ mit $g(x) := e^{-(x-\tau)^2/2\cdot\frac{1}{\sigma^2}} \cdot \frac{1}{\sqrt{2\pi\frac{1}{\sigma}}}$, $x \in \mathbb{R}$, $\tau \in \mathbb{R}$ fest, $\sigma^2 > 0$ fest, erhält man also:

$$\int \frac{e^{-(x-\tau)^2/2\cdot\frac{1}{\sigma^2}}}{\sqrt{2\pi 1/\sigma}} P_{n_k}(dx) \to \int \frac{e^{-(x-\tau)^2/2\cdot\frac{1}{\sigma^2}}}{\sqrt{2\pi 1/\sigma}} Q(dx)$$

für $k \to \infty$, $\tau \in \mathbb{R}$. Ferner liefert der Satz von der majorisierten Konvergenz:

$$\int e^{-it\tau} \varphi_{n_k}(t) \frac{e^{-t^2/2\sigma^2}}{2\pi} d\lambda(t) \to \int e^{-it\tau} \psi(t) \frac{e^{-t^2/2\sigma^2}}{2\pi} d\lambda(t)$$

für $k \to \infty$, denn ψ ist eine Borelfunktion mit $|\psi(t)| \leq 1$, $t \in \mathbb{R}$, als Grenzwert einer Folge stetiger Funktionen φ_n mit $|\varphi_n(t)| \leq 1$, $n = 1, 2, \ldots$, $t \in \mathbb{R}$.

Nach den auf der Parsevalschen Identität beruhenden Überlegungen zum Eindeutigkeitssatz erhält man ferner:

$$\int \frac{e^{-(x-\tau)^2/2\cdot\frac{1}{\sigma^2}}}{\sqrt{2\pi}} Q(dx) = \int e^{-it\tau} \psi(t) \frac{e^{-\frac{t^2}{2\sigma^2}}}{2\pi\sigma} d\lambda(t)$$

$$= \frac{1}{\sqrt{2\pi}} \int e^{it\tau\sigma} \psi(t\sigma) \frac{e^{-\frac{t^2}{2}}}{\sqrt{2\pi}} d\lambda(t) \to \frac{\psi(0)}{\sqrt{2\pi}}$$

für $\sigma \to 0$ aufgrund des Satzes von der majorisierten Konvergenz, da ψ in 0 stetig ist. Nochmalige Anwendung des Satzes von der majorisierten Konvergenz liefert schließlich

$$\int \frac{e^{-(x-\tau)^2/2 \cdot \frac{1}{\sigma^2}}}{\sqrt{2\pi}} Q(dx) \to \frac{Q(\mathbb{R})}{\sqrt{2\pi}}$$

für $\sigma \to 0$, d. h. $Q(\mathbb{R}) = 1$, wegen $\psi(0) = 1$, da $\varphi_n(0) = 1$, $n = 1, 2, \ldots$, zutrifft. Also ist Q ein Wahrscheinlichkeitsmaß P auf $\mathcal{B}$, welches analog zu den Überlegungen zum Eindeutigkeitssatz für charakteristische Funktionen eindeutig durch ψ bestimmt ist. Daher gilt $\lim_{n\to\infty} P_n(B) = P(B)$ für alle $B \in \mathcal{B}$ mit $P(\partial B) = 0$. Hieraus resultiert ferner, wegen $\lim_{n\to\infty} \int f \, dP_n = \int f \, dP$ für alle $f : \mathbb{R} \to \mathbb{R}$ stetig und beschränkt, daß ψ charakteristische Funktion von P ist.

ANWENDUNG des Stetigkeitssatzes für charakteristische Funktionen: Der zentrale Grenzwertsatz

$(\Omega, \mathcal{S}, P)$ Wahrscheinlichkeitsraum, $X_n \in \mathcal{L}_2(\Omega, \mathcal{S}, P)$, $n = 1, 2, \ldots$, stochastisch unabhängig und identisch verteilt mit $\mathrm{Var}(X_1) > 0$. dann gilt:

$$P^{\frac{(\sum_{j=1}^n X_j - E(\sum_{j=1}^n X_j))}{\sqrt{\mathrm{Var}(\sum_{j=1}^n X_j)}}}(B) \to \frac{1}{\sqrt{2\pi}} \int_B e^{-x^2/2} d\lambda(x),$$

$B \in \mathcal{B}$ mit $\frac{1}{\sqrt{2\pi}} \int_{\partial B} e^{-x^2/2} d\lambda = 0$ für $n \to \infty$.

BEGRÜNDUNG: Bezeichnet φ die charakteristische Funktion von X_1 (unter P), so folgt aus $|\varphi(t) - (1 + itE(X_1) - \frac{t^2}{2}E(X_1^2))| \leq t^2 E(\min\{\frac{|t|E(|X_1|^3)}{3!}, 2\frac{E(X_1^2)}{2!}\}) \leq t^2 E(X_1^2)$ und $E(\min\{|t|\frac{E(|X_1|^3)}{3!}, 2\frac{E(X_1^2)}{2!}\}) \to 0$ für $t \to \infty$ die asymptotische Beziehung $\varphi(t) = 1 + itE(X_1) - \frac{t^2}{2}E(X_1^2) + o(t^2)$. Hieraus resultiert für die charakteristische Funktion φ_n von

$$\frac{\sum_{j=1}^n X_j - E(\sum_{j=1}^n X_j)}{\sqrt{\mathrm{Var}(\sum_{j=1}^n X_j)}} = \frac{\sum_{j=1}^n (X_j - \mu)}{\sqrt{n}\sigma}$$

mit $\mu := E(X_1)$, $\sigma^2 = \mathrm{Var}(X_1)$ mit Hilfe des Multiplikationssatzes für stochastisch unabhängige Zufallsgrößen: $\varphi_n(t) = (1 - \frac{t^2}{2n} + o(\frac{1}{n}))^n \to e^{-t^2/2}$, $t \in \mathbb{R}$, für $n \to \infty$, und damit nach dem Stetigkeitssatz für charakteristische Funktionen die Behauptung. Man hat dabei noch $\ln(1 + z) = \sum_{k=1}^\infty (-1)^{k+1} \frac{z^k}{k!}$, $z \in \mathbb{C}$, $|z| < 1$, zu beachten, woraus insbesondere $(1 - \frac{t^2}{2n} + o(\frac{1}{n}))^n \to e^{-t^2/2}$ für $n \to \infty$ folgt.

BEMERKUNG: Mehrdimensionale Version des Stetigkeitssatzes für charakteristische Versionen

P_n Wahrscheinlichkeitsmaße auf $\mathcal{B}^k$, $n = 1, 2, \ldots$, mit zugehöriger charakteristischer Funktion φ_n, also $\varphi_n(t) = \int e^{i<t,x>} P_n(dx)$, $t \in \mathbb{R}^k$, $n = 1, 2, \ldots$. Dann folgt aus $\lim_{n\to\infty} \varphi_n(t) = \psi(t)$, $t \in \mathbb{R}$, daß ψ charakteristische Funktion eines Wahrscheinlichkeitsmaßes P auf $\mathcal{B}^k$ ist, also $\psi(t) = \int e^{i<t,x>} P(dx)$, $t \in \mathbb{R}^k$, und daß $\lim_{n\to\infty} P_n(B) = P(B)$, $B \in \mathcal{B}^k$ mit $P(\partial B) = 0$ zutrifft, falls ψ in 0 stetig ist.

Die Begründung verläuft unter Verwendung einer mehrdimensionalen Version des Auswahlsatzes von Helly analog zum eindimensionalen Fall.

ANWENDUNG: Mehrdimensionale Version des zentralen Grenzwertsatzes

$(\Omega, \mathcal{S}, P)$ Wahrscheinlichkeitsraum, $X_n = (X_{1n}, \ldots, X_{kn})$, $n = 1, 2, \ldots$, stochastisch unabhängig und identisch verteilt (unter P) mit $X_{in} \in \mathcal{L}_2(\Omega, \mathcal{S}, P)$, $i = 1, \ldots, k$, $n \in \mathbb{N}$. Dann gilt:

$$\lim_{n\to\infty} P^{\frac{X_1 + \ldots + X_n - n\mu}{\sqrt{n}}}(B)$$
$$= (\frac{1}{\sqrt{2\pi}})^k (\operatorname{Det} C)^{-1} \int_B e^{-\frac{1}{2}\sum_{1 \le i \le j \le k} d_{ij}(x_i - \mu_i)(x_j - \mu_j)} \lambda^k(d(x_1, \ldots, x_k)),$$

$B \in \mathcal{B}^k$ mit $(\frac{1}{\sqrt{2\pi}})^k (\operatorname{Det} C)^{-1} \int_{\partial B} e^{-\frac{1}{2}\sum_{1 \le i < j \le k} d_{ij}(x_i - \mu_i)(x_j - \mu_j)} \lambda^k(d(x_1, \ldots, x_k)) = 0$, mit $\mu = (\mu_1, \ldots, \mu_k)$, $\mu_i := E(X_{i1})$, $i = 1, \ldots, k$, $C = (\operatorname{Kov}(X_{i1}, X_{j1}))_{1 \le i, j \le k}$, $C^{-1} = (d_{ij})_{1 \le i, j \le k}$, falls C positiv definit ist.

BEGRÜNDUNG: Nach der eindimensionalen Version des zentralen Grenzwertsatzes gilt

$$\lim_{n\to\infty} P^{<\frac{X_1 + \ldots + X_n - n\mu}{\sqrt{n}}, t>}(B) = \frac{1}{\sqrt{2\pi}\sigma_t} \int_B e^{-\frac{x^2}{2\sigma_t^2}} d\lambda(x),$$

$B \in \mathcal{B}$ mit $\sigma_t^2 := \operatorname{Var}(<X_1, t>) > 0$, $t \in \mathbb{R}^k$ und $t \ne 0$, da C positiv definit ist. Nach der mehrdimensionalen Version des Stetigkeitssatzes folgt hieraus, wegen $<Ct, t> = \operatorname{Var}(<X_1, t>)$, $t \in \mathbb{R}^n$, also

$$\lim_{n\to\infty} E(e^{i<\frac{X_1 + \ldots + X_n - n\mu}{\sqrt{n}}, t>}) = e^{-\frac{1}{2}<Ct, t>}, \quad t \in \mathbb{R},$$

die Behauptung.

9 Gleichmäßig beste erwartungstreue Schätzer

Schätzen der unbekannten Trefferwahrscheinlichkeit in Bernoulli-Experimenten

Aufgrund von Beobachtungen $x_1, \ldots, x_n \in \{0, 1\}$ eines Bernoulli-Experiments vom Umfang n mit unbekannter Trefferzahl $p \in [0, 1]$ soll p geschätzt werden, d. h. gesucht ist eine reelle Zahl $d(x_1, \ldots, x_n) \approx p$, z. B. $d(x_1, \ldots, x_n) = \frac{x_1 + \ldots + x_n}{n}$ (relative Häufigkeit), wobei diese Wahl des Schätzwertes folgendermaßen begründbar ist: Es sei $(\Omega, \mathcal{S}, P)$ ein Wahrscheinlichkeitsraum und $X_j : \Omega \to \{0, 1\}$, $j = 1, \ldots, n$, $\mathcal{S}$-meßbar, stochastisch unabhängig und identisch verteilt (unter P) mit P^{X_1} als $\mathcal{B}(1, p)$-Verteilung. Dann hat die relative Häufigkeit (Stichprobenmittel) als Schätzer folgende Eigenschaften:

1. Konsistenter Schätzer: $\frac{X_1 + \ldots + X_n}{n} \to p \, [P]$;

2. Erwartungstreuer Schätzer: $E(\frac{X_1 + \ldots + X_n}{n}) = p$;

3. Optimaler linearer, erwartungstreuer Schätzer: $\mathrm{Var}(\sum_{i=1}^{n} a_i X_i) \geq \mathrm{Var}(\frac{1}{n} \sum_{i=1}^{n} X_i)$, $a_i \in \mathbb{R}$, $i = 1, \ldots, n$, $\sum_{i=1}^{n} a_i = 1$, denn: Die Optimalität der relativen Häufigkeit als erwartungstreuer Schätzer unter allen linearen, erwartungstreuen Schätzern, d. h. $E(\sum_{i=1}^{n} a_i X_i) - p = \sum_{i=1}^{n} a_i p$, $p \in [0, 1]$, also $\sum_{i=1}^{n} a_i = 1$, ergibt sich unmittelbar aus der Ungleichung von Cauchy-Schwarz in dem Spezialfall $\sum_{i=1}^{n} a_i^2 \cdot n \geq (\sum_{i=1}^{n} a_i)^2$, wobei das Gleichheitszeichen genau im Fall $a_i = 1/n$, $i = 1, \ldots, n$, eintritt. Dabei ist $\sum_{i=1}^{n} a_i^2 \cdot n \geq (\sum_{i=1}^{n} a_i)^2$, also $\sum_{i=1}^{n} a_i^2 \cdot \frac{1}{n} \geq (\sum_{i=1}^{n} a_i \frac{1}{n})^2$ auch eine unmittelbare Folgerung aus $\mathrm{Var}(X) = E(X^2) - E^2(X) \geq 0$ mit $X : \Omega \to \mathbb{R}$ $\mathcal{S}$-meßbar und $X(\Omega) = \{a_1, \ldots, a_n\}$, $P(\{a_i\}) = \frac{1}{n}$, $i = 1, \ldots, n$, wobei $\mathrm{Var}(X) = 0$ mit $P^X = \delta_{E(X)}$, also $a_i = \frac{1}{n}$, $i = 1, \ldots, n$, äquivalent ist.

4. Maximum-Likelihood-Schätzer: $\sup\{p^{\sum_{i=1}^{n} x_i}(1 - p)^{n - \sum_{i=1}^{n} x_i} : p \in [0, 1]\} = (\frac{\sum_{i=1}^{n} x_i}{n})^{\sum_{i=1}^{n} x_i}(1 - \frac{\sum_{i=1}^{n} x_i}{n})^{n - \sum_{i=1}^{n} x_i}$ mit $p^{\sum_{i=1}^{n} x_i}(1-p)^{n - \sum_{i=1}^{n} x_i} = P^{(X_1, \ldots, X_n)}(\{x_1, \ldots, x_n\})$, $x_i \in \{0, 1\}$, $i = 1, \ldots, n$, $p \in [0, 1]$, denn: Die Ableitung von $(\sum_{i=1}^{n} x_i) \ell n \, p + (n - \sum_{i=1}^{n} x_i) \ell n (1 - p)$ nach $p \in (0, 1)$ liefert für eine Stelle $\hat{p}$ als lokaler Extremwert die Gleichung $\frac{1}{p} \sum_{i=1}^{n} x_i - \frac{1}{1-\hat{p}}(n - \sum_{i=1}^{n} x_i) = 0$, also $(1 - \hat{p}) \sum_{i=1}^{n} x_i - (n - \sum_{i=1}^{n} x_i)\hat{p} = 0$ und damit $\hat{p} = \frac{\sum_{i=1}^{n} x_i}{n}$. Die zweite Ablei-

tung liefert für $p = \hat{p} \in (0,1)$ den Wert $-\frac{1}{\hat{p}^2}\sum_{i=1}^{n}x_i - \frac{1}{(1-\hat{p})^2}(n - \sum_{i=1}^{n}x_i) < 0$, so daß, wegen $\sum_{i=1}^{n}x_i \ell n p + (n - \sum_{i=1}^{n}x_i)\ell n(1-p) \to -\infty$ für $p \to 0$ bzw. $p \to 1$, für $\hat{p} = \frac{\sum_{i=1}^{n}x_i}{n}$ ein globales Maximum vorliegt (auch im Fall $\hat{p} = \frac{\sum_{i=1}^{n}x_i}{n} \in \{0,1\}$).

Kennzeichnung der erwartungstreu schätzbaren Parameterfunktionen in Bernoulli-Experimenten

$(\Omega, \mathcal{S}, P)$ Wahrscheinlichkeitsraum, $X_j : \Omega \to \{0,1\}$ $\mathcal{S}$-meßbar, $j = 1,\ldots,n$, stochastisch unabhängig und identisch verteilt (unter P) mit $P^{X_1} =: P_p^{X_1}$ als $\mathcal{B}(1,p)$-Verteilung. Dann ist $d : \{0,1\}^n \to \mathbb{R}$ ein erwartungstreuer Schätzer für $f : [0,1] \to \mathbb{R}$, d. h. $f(p) = E_P(d \circ (X_1,\ldots,X_n)) = E_{P_p(X_1,\ldots,X_n)}(d)$, $P_p^{(X_1,\ldots,X_n)} := P^{(X_1,\ldots,X_n)}$, $p \in [0,1]$, genau dann, wenn f ein Polynom in $p \in [0,1]$ höchstens vom Grad n ist, denn: $E_{P_p(X_1,\ldots,X_n)}(d) = \sum_{\substack{x_j \in \{0,1\} \\ j=1,\ldots,n}} d(x_1,\ldots,x_n)p^{\sum_{i=1}^{n}x_i}(1-p)^{n-\sum_{i=1}^{n}x_i}$ ist ein Polynom höchstens vom Grad n. Umgekehrt ist jedes Polynom $f : [0,1] \to \mathbb{R}$ in $p \in [0,1]$ höchstens vom Grad n erwartungstreu schätzbar, denn $d : \{0,1\}^n \to \mathbb{R}$, $d(x_1,\ldots,x_n) := \left(\sum_{i=1}^{n}x_i \atop r\right)/\binom{n}{r}$, $(x_1,\ldots,x_n) \in \{0,1\}^n$ hat die Eigenschaft $E_{P_p(X_1,\ldots,X_n)}(d) = p^r$, $r = 0,1,\ldots,n$, wegen $E_P(t^{\sum_{j=1}^{n}X_j}) = (pt + 1 - p)^n$, $t \in \mathbb{R}$, also $\frac{d^r}{dt^r}E_P(t^{\sum_{j=1}^{n}X_j})|_{t=1} = E_P((\sum_{j=1}^{n}X_j \atop r)r!) = \binom{n}{r}r!p^r$. Insbesondere ist also $f : [0,1] \to \mathbb{R}$, $f(p) = p^{n+1}$, $p \in [0,1]$, nicht erwartungstreu schätzbar. Dies kann man sich wahrscheinlichkeitstheoretisch damit erklären, daß p^{n+1} die Wahrscheinlichkeit dafür ist, daß in einem Bernoulli-Experiment vom Umfang $n+1$ jedesmal Treffer auftritt.

Kennzeichnung gleichmäßig bester, erwartungstreuer Schätzer durch die Kovarianzmethode

SPRECHWEISE: $(\Omega, \mathcal{S}, \mathcal{P})$ mit $\mathcal{S}$ als σ-Algebra über Ω und $\mathcal{P}$ als (nicht-leere) Menge von Wahrscheinlichkeitsmaßen P auf $\mathcal{S}$ heißt statistischer Raum oder statistisches Experiment. Ferner heißt $\delta : \mathcal{P} \to \mathbb{R}$ (reellwertige) Parameterfunktion und $d \in \bigcap_{P \in \mathcal{P}} \mathcal{L}_1(\Omega, \mathcal{S}, P)$ erwartungstreuer Schätzer (Schätzfunktion) für δ, wenn $E_P(d) = \delta(P)$, $P \in \mathcal{P}$, zutrifft. Schließlich heißt $d^* \in \bigcap_{P \in \mathcal{P}} \mathcal{L}_2(\Omega, \mathcal{S}, P)$ gleichmäßig bester, erwartungstreuer Schätzer für δ (bezüglich $\mathcal{P}$), wenn gilt $d^* \in D_\delta$ und $\text{Var}_P(d^*) = \inf\{\text{Var}_P(d) : d \in D_\delta\}$, $P \in \mathcal{P}$, mit $D_\delta := (D_\delta(\mathcal{P}) :=)\{d \in \bigcap_{P \in \mathcal{P}} \mathcal{L}_2(\Omega, \mathcal{S}, P) : d$ erwartungstreu für $\delta\}$. Im Fall $\delta_0 : \mathcal{P} \to \mathbb{R}$, $\delta_0(P) = 0$, $P \in \mathcal{P}$, heißt jedes Element d_0 von $D_0 := (D_0(\mathcal{P}) :=)D_{\delta_0}(=: D_{\delta_0}(\mathcal{P}))$ Nullschätzer.

Kovarianzmethode: $(\Omega, \mathcal{S}, \mathcal{P})$ statistisches Experiment, $\delta : \mathcal{P} \to \mathbb{R}$ Parameterfunktion. Dann ist $d^* \in D_\delta$ gleichmäßig bester, erwartungstreuer Schätzer für δ genau dann, wenn gilt: $\text{Kov}_P(d^*, d_0) = 0$, $d_0 \in D_0$, $P \in \mathcal{P}$, denn ist $d^* \in D_\delta$ gleichmäßig bester, erwartungstreuer Schätzer für δ, so gilt für alle $d_0 \in D_0$ und $\alpha \in \mathbb{R}$ die Ungleichung $\text{Var}_P(d^*) \leq \text{Var}_P(d^* + \alpha d_0)$, $P \in \mathcal{P}$, wegen $d^* + \alpha d_0 \in D_\delta$. Schließlich impliziert $\text{Var}_P(d^* + \alpha d_0) = \text{Var}_P(d^*) + 2\alpha \text{Kov}_P(d^*, d_0) + \alpha^2 \text{Var}_P(d_0)$

die Ungleichung $0 \leq 2\,\mathrm{Kov}_P(d^*, d_0) + \alpha\,\mathrm{Var}_P(d_0)$, $P \in \mathcal{P}$, $d_0 \in D_0$, $\alpha > 0$, woraus für $\alpha \to 0$ folgt $\mathrm{Kov}_P(d^*, d_0) \geq 0$, $P \in \mathcal{P}$, $d_0 \in D_0$. Wegen $-d_0 \in D_0$ für $d_0 \in D_0$ resultiert hieraus $\mathrm{Kov}_P(d^*, d_0) = 0$, $P \in \mathcal{P}$, $d_0 \in D_0$. Umgekehrt folgt aus $\mathrm{Kov}_P(d^*, d_0) = 0$, $d_0 \in D_0$, $P \in \mathcal{P}$, für ein $d^* \in D_\delta$ und jedes $d \in D_\delta$ die Beziehung $\mathrm{Kov}_P(d^*, d - d^*) = 0$, $P \in \mathcal{P}$, wegen $d - d^* \in D_0$ und daher $\mathrm{Var}_P(d) = \mathrm{Var}_P(d^* + (d - d^*)) = \mathrm{Var}_P(d^*) + \mathrm{Var}_P(d - d^*) + 2\,\mathrm{Kov}_P(d^*, d - d^*) \geq \mathrm{Var}_P(d^*)$, $P \in \mathcal{P}$. Man kann $\mathrm{Var}_P(d^*) \leq \mathrm{Var}_P(d)$, $P \in \mathcal{P}$, $d \in D_\delta$, auch aus $E_P(d^{*2}) = E_P(d^*d)$, $P \in \mathcal{P}$, vermöge der Ungleichung von Cauchy-Schwarz schließen gemäß $E_P(d^{*2}) \leq (E_P(d^{*2})E_P(d^2))^{1/2}$, $P \in \mathcal{P}$, also $E_P(d^2) \geq E_P(d^{*2})$, woraus wegen $E_P(d) = E_P(d^*) = \delta(P)$, $P \in \mathcal{P}$, resultiert $\mathrm{Var}_P(d) \geq \mathrm{Var}_P(d^*)$, $P \in \mathcal{P}$.

BEMERKUNG: $(\Omega, \mathcal{S}, \mathcal{P})$ statistisches Experiment; dann heißt $d^* \in \bigcap_{P \in \mathcal{P}} \mathcal{L}_2(\Omega, \mathcal{S}, P)$ gleichmäßig bester, erwartungstreuer Schätzer (bezüglich $\mathcal{P}$), wenn d^* gleichmäßig bester, erwartungstreuer Schätzer für δ mit $\delta : \mathcal{P} \to \mathbb{R}$, $\delta(P) := E_P(d^*)$, $P \in \mathcal{P}$, ist.

Eigenschaften gleichmäßig bester, erwartungstreuer Schätzer

$(\Omega, \mathcal{S}, \mathcal{P})$ statistisches Experiment. Dann gilt:

1. Eindeutigkeit: $d_j^* \in \bigcap_{P \in \mathcal{P}} \mathcal{L}_2(\Omega, \mathcal{S}, P)$, $j = 1, 2$, gleichmäßig bester erwartungstreuer Schätzer, mit $E_P(d_1^*) = E_P(d_2^*)$. Dann gilt $d_1^* = d_2^*$ P-f.ü. für alle $P \in \mathcal{P}$, d. h. ein gleichmäßig bester, erwartungstreuer Schätzer d^* ist für jedes $P \in \mathcal{P}$ P-fast überall eindeutig durch die Schar der ersten beiden Momente $E_P(d^*)$ und $E_P(d^{*2})$, $P \in \mathcal{P}$, bestimmt, denn: $E_P((d_1^* - d_2^*)^2) = E_P(d_1^*(d_1^* - d_2^*)) - E_P(d_2^*(d_1^* - d_2^*)) = 0$, $P \in \mathcal{P}$, wegen $d_1^* - d_2^* \in D_0$ unter Berücksichtigung der Kovarianzmethode.

2. Linearität: $d_j^* \in \bigcap_{P \in \mathcal{P}} \mathcal{L}_2(\Omega, \mathcal{S}, P)$, $\alpha_j \in \mathbb{R}$, $j = 1, 2$, gleichmäßig bester erwartungstreuer Schätzer. Dann gilt $\alpha_1 d_1^* + \alpha_2 d_2^* \in \bigcap_{P \in \mathcal{P}} \mathcal{L}_2(\Omega, \mathcal{S}, P)$ mit $\alpha_1 d_1^* + \alpha_2 d_2^*$ als gleichmäßig bester, erwartungstreuer Schätzer, denn nach der Kovarianzmethode erhält man $E_P((\alpha_1 d_1^* + \alpha_2 d_2^*)d_0) = \alpha_1 E_P(d_1^* d_0) + \alpha_2 E_P(d_2^* d_0) = 0$, $P \in \mathcal{P}$, $d_0 \in D_0$.

3. Multiplikativität: $d_j^* \in \bigcap_{P \in \mathcal{P}} \mathcal{L}_2(\Omega, \mathcal{S}, P)$, $j = 1, 2$, wobei d_1^* oder d_2^* beschränkt ist. Dann gilt $d_1^* d_2^* \in \bigcap_{P \in \mathcal{P}} \mathcal{L}_2(\Omega, \mathcal{S}, P)$ und $d_1^* d_2^*$ ist ein gleichmäßig bester, erwartungstreuer Schätzer, falls d_1^* und d_2^* gleichmäßig beste erwartungstreue Schätzer sind, denn: Ist d_1^* beschränkt, so gilt $d_1^* d_0 \in \bigcap_{P \in \mathcal{P}} \mathcal{L}_2(\Omega, \mathcal{S}, P)$ sowie $d_1^* d_0 \in D_0$ nach der Kovarianzmethode für alle $d_0 \in D_0$. Nochmalige Anwendung der Kovarianzmethode liefert $E_P(d_2^*(d_1^* d_0)) = 0$, $P \in \mathcal{P}$, $d_0 \in D_0$, d. h. $d_1^* d_2^*$ ist gleichmäßig bester erwartungstreuer Schätzer.

4. Abgeschlossenheit: $d_n^* \in \bigcap_{P \in \mathcal{P}} \mathcal{L}_2(\Omega, \mathcal{S}, P)$, $n = 1, 2, \ldots$, gleichmäßig bester, erwartungstreuer Schätzer mit $\int |d_n^* - d^*|^2 dP \to 0$ für $n \to \infty$, $P \in \mathcal{P}$, sowie $d^* \in \bigcap_{P \in \mathcal{P}} \mathcal{L}_2(\Omega, \mathcal{S}, P)$. Dann ist auch d^* ein gleichmäßig bester

erwartungstreuer Schätzer. Dabei kann man $\int |d_n^* - d^*|^2 dP \to 0$ für $n \to \infty$ ersetzen durch $\int |d_n^* - d^*| f \, dP$ für jedes $f \in \bigcap_{P \in \mathcal{P}} \mathcal{L}_2(\Omega, \mathcal{S}, P)$, $P \in \mathcal{P}$, denn: Die Ungleichung von Cauchy-Schwarz liefert speziell für $f := d_0 \in D_0$ die Beziehung $|\int (d_n^* - d^*) d_0 \, dP| \leq (\int (d_n^* - d^*)^2 dP \int d_0^2 dP)^{1/2} \to 0$ für $n \to \infty$, $P \in \mathcal{P}$, d. h. $E_P(d^* d_0) = 0$, $P \in \mathcal{P}$, $d_0 \in D_0$, wegen $E_P(d_n^* d_0) = 0$, $n \in \mathbb{N}$, $P \in \mathcal{P}$, $d_0 \in D_0$. Also ist d^* gleichmäßig bester erwartungstreuer Schätzer.

ANWENDUNG: Kennzeichnung aller gleichmäßig besten, erwartungstreuen Schätzer und aller Nullschätzer in Bernoulli-Experimenten
$\Omega := \{0,1\}^n$, $\mathcal{S} := \mathcal{P}(\Omega)$, $\mathcal{P} = \{P_p : p \in (0,1)\}$, P_p Wahrscheinlichkeitsmaß auf $\mathcal{S}$ mit $P_p(\{(x_1, \ldots, x_n)\}) := p^{\sum_{j=1}^n x_j}(1-p)^{n-\sum_{j=1}^n x_j}$, $(x_1, \ldots, x_n) \in \{0,1\}^n$, $p \in (0,1)$. Dann gilt für jedes $d^* : \{0,1\}^n \to \mathbb{R}$ natürlich $d^* \in \bigcap_{P \in \mathcal{P}} \mathcal{L}_2(\Omega, \mathcal{S}, P)$, wobei zutrifft: d^* gleichmäßig bester erwartungstreuer Schätzer genau dann, wenn eine der beiden Eigenschaften erfüllt ist:

1. d^* ist ein Polynom in $\sum_{i=1}^n x_i$, $x_i \in \{0,1\}$, $i = 1, \ldots, n$, höchstens vom Grad n.

2. d^* ist symmetrisch (permutationsinvariant), d. h. $d^*(x_1, \ldots, x_n) = d^*(x_{\pi(1)}, \ldots, x_{\pi(n)})$, $x_j \in \{0,1\}$, $j = 1, \ldots, n$, $\pi : \{1, \ldots, n\} \to \{1, \ldots, n\}$ Permutation.

BEGRÜNDUNG: Es wird als Vorbetrachtung zunächst gezeigt, daß $d_r^* : \{0,1\}^n \to \mathbb{R}$ mit $d_r^*(x_1, \ldots, x_n) := \left(\sum_{j=1}^n x_j\right)/\binom{n}{r}$, $x_j \in \{0,1\}$, $j = 1, \ldots, n$, $r = 0, 1, \ldots, n$, gleichmäßig bester, erwartungstreuer Schätzer für δ_r mit $\delta_r : \mathcal{P} \to \mathbb{R}$, $\delta_r(P_p) := p^r$, $p \in (0,1)$, ist, wobei bereits $d_r^* \in D_{\delta_r}$, $r = 0, 1, \ldots, n$, bewiesen worden ist. Zu diesem Zweck sei $d_0 \in D_0$, also $\sum_{\substack{x_j \in \{0,1\} \\ j=1,\ldots,n}} d_0(x_1, \ldots, x_n) \, p^{\sum_{j=1}^n x_j}(1 - p)^{n-\sum_{j=1}^n x_j} = 0$, $p \in (0,1)$, d. h. $\sum_{\substack{x_j \in \{0,1\} \\ j=1,\ldots,n}} d_0(x_1, \ldots, x_n) x^{\sum_{j=1}^n x_j} = 0$ für alle $x(:= \frac{p}{1-p}) > 0$. Die r-fache Ableitung, $r = 0, 1, \ldots, n$, nach x zusammen mit der Multiplikation mit $(1-p)^n \cdot x^r \cdot \frac{1}{\binom{n}{r}} \cdot \frac{1}{r!}$ führt zu $\sum_{\substack{x_j \in \{0,1\} \\ j=1,\ldots,n}} d_r^*(x_1, \ldots, x_n) d_0(x_1, \ldots, x_n) p^{\sum_{j=1}^n x_j}(1 - p)^{n-\sum_{j=1}^n x_i} = 0$, $p \in (0,1)$, also $\text{Kov}_{P_p}(d_r^*, d_0) = 0$, $p \in (0,1)$, d. h. d_r^*, $r = 0, 1, \ldots, n$, ist gleichmäßig bester, erwartungstreuer Schätzer für δ_r. Die Eindeutigkeit und Linearität gleichmäßig bester, erwartungstreuer Schätzer liefern dann, zusammen mit der Tatsache, daß hier genau alle Polynome in $p \in (0,1)$ höchstens vom Grad n erwartungstreu schätzbar sind, daß ein gleichmäßig bester, erwartungstreuer Schätzer d^* hier von der Gestalt $d^*(x_1, \ldots, x_n) = \sum_{r=0}^n a_r \left(\sum_{j=1}^n x_j\right)/\binom{n}{r}$, $x_j \in \{0,1\}$, $j = 1, \ldots, n$, ist, also ein Polynom in $\sum_{j=1}^n x_j$, $x_j \in \{0,1\}$, $j = 1, \ldots, n$, höchstens vom Grad n. Ein solches Polynom ist natürlich symmetrisch, so daß nur noch zu zeigen bleibt, daß $d^* : \{0,1\}^n \to \mathbb{R}$ symmetrisch ein gleichmäßig bester erwartungstreuer Schätzer ist. Zu diesem Zweck wird für jedes $d^* : \{0,1\}^n \to \mathbb{R}$ symmetrisch die Darstellung $d^*(x_1, \ldots, x_n) = \sum_{r=0}^n a_r (\sum_{j=1}^n x_j)^r$, $x_j \in \{0,1\}$, $j = 1, \ldots, n$, als Polynom in $\sum_{j=1}^n x_j$, $x_j \in \{0,1\}$, $j = 1, \ldots, n$, höchstens vom Grad n bewiesen. Dieser Ansatz führt, unter Beachtung der Symmetrie von d^*, auf das lineare Gleichungssystem $d^*(1, \ldots, 1, 0, \ldots, 0)$ (k-mal "1") $= \sum_{r=0}^n a_r k^r$, $k = 0, \ldots, n$, für die Koeffizienten $a_r \in \mathbb{R}$, $r = 0, \ldots, n$, also insbesondere $a_0 = d^*(0, \ldots, 0)$. Die Koeffizienten a_r, $r = 1, \ldots, n$, sind ebenfalls eindeutig bestimmt, da die Koef-fizentenmatrix $(k^r)_{1 \leq r, k \leq n}$ als Vandermondesche Matrix invertierbar ist. Schließlich bilden d_r^*, $r = 0, \ldots, n$, eine Basis des $(n+1)$-dimensionalen Vektorraums der Polynome in $\sum_{j=1}^n x_j$, $x_j \in \{0,1\}$, $j = 1, \ldots, n$, höchstens vom Grad n, denn $\sum_{r=0}^n b_r d_r^*(x_1, \ldots, x_n) = 0$, $x_j \in \{0,1\}$, $j = 1, \ldots, n$, für $b_r \in \mathbb{R}$, $r = 0, \ldots, n$, liefert $\sum_{r=0}^n b_r E_{P_p}(d_r^*) = \sum_{r=0}^n b_r p^r = 0$, $p \in (0,1)$, also $b_r = 0$, $r = 0, \ldots, n$. Daher führt die Darstellung $d^*(x_1, \ldots, x_n) = \sum_{r=0}^n a_r (\sum_{j=1}^n x_j)^r$, $x_j \in \{0,1\}$, $j = 1, \ldots, n$, auf $d^*(x_1, \ldots, x_n) = \sum_{r=0}^n c_r d_r^*(x_1, \ldots, x_n)$, $x_j \in \{0,1\}$, $j = 1, \ldots, n$, mit geeigneten $c_r \in \mathbb{R}$, $r = 0, \ldots, n$. Also ist gezeigt wor-den, daß jedes $d^* : \{0,1\}^n \to \mathbb{R}$ symmetrisch gleichmäßig bester, erwartungstreuer Schätzer ist.

Zur Kennzeichnung der Nullschätzer in Bernoulli-Experimenten wird noch der Be-griff der Symmetrisierung d_s von $d : \{0,1\}^n \to \mathbb{R}$ gemäß $d_s(x_1, \ldots, x_n) := \frac{1}{n!} \sum_{\pi \text{Permutation}} d(x_{\pi(1)}, \ldots, x_{\pi(n)})$, $x_j \in \{0,1\}$, $j = 1, \ldots, n$, benötigt. Es gilt: $d_0 : \{0,1\}^n \to \mathbb{R}$ ist genau dann ein Nullschätzer in Bernoulli-Experimenten vom Umfang n mit unbekannter Trefferwahrscheinlichkeit p, wenn für die Symmetrisie-rung d_{0s} von d_0 gilt: $d_{0s}(x_1, \ldots, x_n) = 0$, $x_j \in \{0,1\}$, $j = 1, \ldots, n$.

BEGRÜNDUNG: Wegen der Symmetrieeigenschaft $p^{\sum_{i=1}^n x_i} (1-p)^{n - \sum_{i=1}^n x_i} = p^{\sum_{i=1}^n x_{\pi(i)}} (1-p)^{n - \sum_{i=1}^n x_{\pi(i)}}$, $\pi : \{1, \ldots, n\} \to \{1, \ldots, n\}$ Permutation, gilt für jedes $d : \{0,1\}^n \to \mathbb{R}$ die Beziehung $E_{P_p}(d) = E_{P_p}(d_s)$, $p \in (0,1)$. Insbe-sondere gilt mit $d_0 \in D_0$ auch $d_{0s} \in D_0$. Nach der Kennzeichnung gleichmäßig bester, erwartungstreuer Schätzer ist dann d_{0s} gleichmäßig bester, erwartungstreuer Schätzer. Wegen der Kovarianzmethode gilt also $E_{P_p}(d_{0s}^2) = 0$, $p \in (0,1)$, und daher $d_{0s}(x_1, \ldots, x_n) = 0$, $x_j \in \{0,1\}$, $j = 1, \ldots, n$. Umgekehrt folgt für jedes $d : \{0,1\}^n \to \mathbb{R}$ mit $d_s(x_1, \ldots, x_n) = 0$, $x_j \in \{0,1\}$, $j = 1, \ldots, n$, $E_{P_p}(d_s) = 0 = E_{P_p}(d)$, $p \in (0,1)$, also $d \in D_0$.

BEMERKUNG: Bezeichnet D den Vektorraum aller $d : \{0,1\}^n \to \mathbb{R}$, D_s bzw. $D_s^\perp$ den Untervektorraum $\{d \in D : d = d_s\}$ bzw. $\{d \in D : d_s \equiv 0\}$, so gilt: $D = D_s \oplus D_s^\perp$ mit $\dim D = 2^n$, $\dim D_s = n+1$, $\dim D_s^\perp = 2^n - n - 1$, denn: Jedes $d \in D$ läßt sich eindeutig gemäß $d = d_1 + d_2$ mit $d_1 \in D_s$, $d_2 \in D_s^\perp$ zerlegen, nämlich $d_1 := d_s$, $d_2 := d - d_s$. Insbesondere gilt dann $d_{2s} = (d - d_s)_s = d_s - d_s = 0$, also $d_2 \in D_s^\perp$, während $d_1 \in D_s$ offensichtlich ist. Ferner trifft $D_s \cap D_s^\perp = \{0\}$ zu, woraus die Eindeutigkeit der Zerlegung von $d \in D$ gemäß $d = d_1 + d_2$, $d_1 \in D_s$, $d_2 \in D_s^\perp$, resultiert. Ferner gilt $\dim D = 2^n$, da $I_{\{(x_1, \ldots, x_n)\}}$, $x_j \in \{0,1\}$, $j = 1, \ldots, n$, eine Basis von D ist, sowie $\dim D_s = n+1$, da D_s nach der Kennzeichnung gleichmäßig bester, erwartungstreuer Schätzer in Bernoulli-Experimenten vom Umfang n mit dem

Vektorraum aller Polynome in $\sum_{i=1}^{n} x_i$, $x_i \in \{0,1\}$, $i = 1, \ldots, n$, höchstens vom Grad n identifiziert werden kann. Somit trifft dim $D_s^{\perp} = 2^n - n - 1$ zu.

BEISPIEL: Im Zusammenhang mit einem Bernoulli-Experiment vom Umfang n und unbekannter Trefferwahrscheinlichkeit p soll das k-te zentrale Moment $\delta_k : \mathcal{P} \to \mathbb{R}$, $\delta_k(P_p) := \sum_{x \in \{0,1\}} (x-p)^k p^x (1-p)^{1-x} = (1-p)^k p + (-p)^k (1-p)$, $p \in (0,1)$, durch einen gleichmäßig besten erwartungstreuen Schätzer $d_k^* : \{0,1\}^n \to \mathbb{R}$ geschätzt werden mit $k \in \{0,1,\ldots,n-1\}$. Wegen $\delta_k(P_p) = (1-p)^k - (1-p)^{k+1} + (-1)^k p^k + (-1)^{k+1} p^{k+1}$ und der Tatsache, daß aus $P^X = \mathcal{B}(1,p)$-Verteilung folgt $P^{1-X} = \mathcal{B}(1,1-p)$-Verteilung, ergibt sich nach den vorangehenden Überlegungen über gleichmäßig beste, erwartungstreue Schätzer in Bernoulli-Experimenten vom Umfang n für d_k^* die Gestalt $d_k^*(x_1, \ldots, x_n) = \binom{n - \sum_{j=1}^{n} x_j}{k} - \binom{n - \sum_{j=1}^{n} x_j}{k+1} + (-1)^k \binom{\sum_{j=1}^{n} x_j}{k} + (-1)^{k+1} \binom{\sum_{j=1}^{n} x_j}{k+1}$, $x_j \in \{0,1\}$, $j = 1, \ldots, n$. Im Fall $k = 2$ ist $\delta_2(P_p) = p(1-p)$ und $d_2^*(x_1, \ldots, x_n) = \frac{1}{n-1}(\sum_{i=1}^{n} x_i^2 - n(\frac{\sum_{i=1}^{n} x_i}{n})^2) = \frac{1}{n-1} \sum_{i=1}^{n} (x_i - \sum_{j=1}^{n} x_j/n)^2$, $x_i \in \{0,1\}$, $i = 1, \ldots, n$ (Stichprobenvarianz).

Weitere Anwendung der Kovarianzmethode: Gleichmäßig beste, erwartungstreue Schätzer für die Parameter einer Multinomialverteilung

$\Omega := \{(x_1, \ldots, x_m) \in \{0,1,\ldots,n\} : x_1 + \ldots + x_m = n\}$, $\mathcal{S} := \mathcal{P}(\Omega)$, $\mathcal{P} = \{P_{p_1, \ldots, p_m} := \mathcal{M}(n, p_1, \ldots, p_m)$-Verteilung: $0 \leq p_j \leq 1$, $j = 1, \ldots, m$, $\sum_{j=1}^{m} p_j = 1\}$ $(m \geq 2)$. Dann gilt für $d_0 \in D_0$ die Beziehung $\sum_{(x_1, \ldots, x_m) \in \Omega} d_0(x_1, \ldots, x_m) \frac{n!}{x_1! \ldots x_m!} p_1^{x_1} \cdot \ldots \cdot p_m^{x_m} = 0$, $0 < p_j < 1$, $j = 1, \ldots, m$, $\sum_{j=1}^{m} p_j = 1$. Setzt man $\xi_j = \frac{p_j}{1 - p_1 - \ldots - p_{m-1}}$, $j = 1, \ldots, m-1$, so gilt also $\xi_j = p_1 \xi_j + \ldots + p_{j-1} \xi_j + p_j(\xi_j + 1) + p_{j+1}\xi_j + \ldots + p_{m-1}\xi_j$, $j = 1, \ldots, m-1$, wobei die Koeffizientenmatrix

$$\begin{pmatrix} \xi_1 + 1, \xi_1, \ldots, \xi_1 \\ \ldots\ldots\ldots\ldots\ldots\ldots\ldots \\ \xi_{m-1}, \xi_{m-1}, \ldots, \xi_{m-1} + 1 \end{pmatrix}$$

für $\xi_j = 0$, $j = 1, \ldots, m-1$, als Einheitsmatrix invertierbar ist. Also gibt es $\varepsilon > 0$, so daß $p_j = f_j(\xi_1, \ldots, \xi_{m-1})$, $0 < \xi_j \leq \varepsilon$, $j = 1, \ldots, m-1$, mit $f_j : [0,\varepsilon]^{m-1} \to \mathbb{R}$ stetig, $j = 1, \ldots, m-1$ zutrifft. Zusammen mit der stetigen Beziehung $\xi_j = \frac{p_j}{1 - p_1 - \ldots - p_{m-1}}$, $j = 1, \ldots, m-1$, zwischen ξ_j und $p_1, \ldots, p_{m-1}$, $j = 1, \ldots, m-1$, gilt also $\sum_{(x_1, \ldots, x_m) \in \Omega} d_0(x_1, \ldots, x_m) \frac{n!}{x_1! \ldots x_m!} \xi_1^{x_1} \cdots \xi_{m-1}^{x_{m-1}} = 0$, $\xi_j \in (0, \varepsilon)$, $j = 1, \ldots, m$, woraus man durch Differentiation nach ξ_1 bzw. ξ_2 die Beziehungen $\sum_{x_1, \ldots, x_m \in \Omega} d_0(x_1, \ldots, x_m) f(x_1, x_2) \frac{n!}{x_1! \ldots x_m!} \xi_1^{x_1} \cdots \xi_m^{x_m} = 0$, $\xi_j \in (0, \varepsilon)$, $j = 1, \ldots, m-1$, erhält mit $f(x_1, x_2) = x_1$ bzw. $= x_1(x_1 - 1)$ bzw. $= x_1 x_2$. Schließlich folgt aus $\sum_{(x_1, \ldots, x_m) \in \Omega} t_1^{x_1} \cdot \ldots \cdot t_m^{x_m} \frac{n!}{x_1! \ldots x_m!} p_1^{x_1} \cdot \ldots \cdot p_m^{x_m} = (t_1 p_1 + \ldots + t_m p_m)^n$, $t_j \in \mathbb{R}$, $j = 1, \ldots, m$ durch Differentiation nach t_1 bzw. t_2 die Beziehung $\sum_{(x_1, \ldots, x_m) \in \Omega} f(x_1, x_2) \frac{n!}{x_1! \ldots x_m!} p_1^{x_1} \cdot \ldots \cdot p_m^{x_m} = np_1$ bzw. $n(n-1)p_1^2$ bzw. $= n(n-1)p_1 p_2$ für $f(x_1, x_2) = x_1$, bzw. $= x_1(x_1 - 1)$ bzw. $= x_1 x_2$, daß $d^*(x_1, \ldots, x_m) = $

$\frac{x_1}{n}$ bzw. $\frac{x_1(x_1-1)}{n(n-1)}$ bzw. $\frac{x_1 x_2}{n(n-1)}$, $(x_1, \ldots, x_m) \in \Omega$, einen gleichmäßig besten, erwartungstreuen Schätzer d^* für δ mit $\delta : \mathcal{P} \to \mathbb{R}$, $\delta(P_{p_1,\ldots,p_m}) := p_1$ bzw. p_1^2 bzw. $p_1 p_2$, $0 \leq p_j \leq 1$, $j = 1, \ldots, m$, $\sum_{j=1}^{m} p_j = 1$, ist. Man muß allerdings noch den Identitätssatz für Potenzreihen oder den Fundamentalsatz der Algebra anwenden, um das Verschwinden der entsprechenden Kovarianz nach der Kovarianzmethode für alle $p_j \in [0,1]$, $j = 1, \ldots, m$, $\sum_{j=1}^{m} p_j = 1$, zu erzielen. Der Spezialfall $m = 4$ ist im Zusammenhang mit der n-maligen Wiederholung eines Versuchs, in dem nur zwei Ereignisse A und B, welche sich nicht notwendig ausschließen, auftreten können, von Interesse. Dann ist das Auftreten der Häufigkeiten $H_{AB}, H_{AB^c}, H_{A^c B}, H_{A^c B^c}$ für die Ereignisse $A \cap B$, $A \cap B^c$, $A^c \cap B$, $A^c \cap B^c$, durch die $\mathcal{M}(n, p_{AB}, p_{AB^c}, p_{A^c B}, p_{A^c B^c})$-Verteilung geregelt. Dabei bezeichnen $p_{AB}, p_{AB^c}, p_{A^c B}, p_{A^c B^c}$ die (unbekannten) Wahrscheinlichkeiten für die Ereignisse $A \cap B$, $A \cap B^c$, $A^c \cap B$, $A^c \cap B^c$. Wegen $p_A = p_{AB} + p_{AB^c}$, $p_B = p_{AB} + p_{A^c B}$ mit p_A, p_B als Wahrscheinlichkeit für die Ereignisse A, B, erhält man als gleichmäßig besten, erwartungstreuen Schätzer für $p_{AB} - p_A \cdot p_B = p_{AB} - (p_{AB}^2 + p_{AB} p_{A^c B} + p_{AB} p_{AB^c} + p_{AB^c} p_{A^c B})$ den Ausdruck $\frac{1}{n} H_{AB} - \frac{1}{n(n-1)}(H_{AB}(H_{AB}-1) + H_{AB} H_{A^c B} + H_{AB} H_{AB^c} + H_{AB^c} H_{A^c B}) = \frac{n}{n-1}(h_{AB} - h_A h_B)$ mit h_{AB}, h_A, h_B als die relativen Häufigkeiten $\frac{H_{AB}}{n}$, $\frac{H_A}{n}$, $\frac{H_B}{n}$, wobei $H_A := H_{AB} + H_{AB^c}$, $H_B := H_{AB} + H_{A^c B}$ ist.

Der hier zu behandelnde Spezialfall $m = 3$ läßt sich nicht auf den allgemeinen Fall zurückführen, da die Parameter p_1, p_2, p_3 hier neben der Bedingung $p_1 + p_2 + p_3 = 1$ noch eine weitere Bedingung erfüllen. Ausgangspunkt sind die (unbekannten) Wahrscheinlichkeiten p, $1 - p$, für die biologischen Merkmale a, b (z. B. die Blütenfarben weiß, rot), wobei sich für die zugehörigen Genotypwahrscheinlichkeiten im Zusammenhang mit den Ausprägungen aa, $ab(= ba)$, bb (im Spezialfall von Blütenfarben weiß und rot also weiß, rosa, rot), die Werte p^2, $2p(1-p)$, $(1-p)^2$. Es soll nun bei insgesamt n Beobachtungen mit den Häufigkeiten H_{aa}, H_{ab}, H_{bb} für die Ausprägungen aa, ab, bb, die Wahrscheinlichkeit p für das Auftreten des Merkmals a durch einen gleichmäßig besten, erwartungstreuen Schätzer geschätzt werden. Zu diesem Zweck beachtet man zunächst, daß für $d_0 \in D_0$ die Beziehung $\sum_{(x_1,x_2,x_3) \in \Omega} d_0(x_1, x_2, x_3) \frac{n!}{x_1! x_2! x_3!} (p^2)^{x_1} (2pq)^{x_2} (q^2)^{x_3} = 0$, $p \in (0,1)$, zutrifft, wobei $x_1 = H_{aa}$, $x_2 = H_{ab}$, $x_3 = H_{bb}$ und $q = 1 - p$ gilt. Hierfür kann man auch $\sum_{(x_1,x_2,x_3) \in \Omega} d_0(x_1, x_2, x_3) \frac{n!}{x_1! x_2! x_3!} \xi^{2x_1+x_2} 2^{x_2} q^{2n} = 0$ für jedes $\xi := \frac{p}{1-p}$ schreiben, wenn man $x_1 + x_2 + x_3 = n$ beachtet. Differenzieren nach ξ liefert also $\sum_{(x_1,x_2,x_3) \in \Omega} (2x_1 + x_2) d_0(x_1, x_2, x_3) \frac{n!}{x_1! x_2! x_3!} (p^2)^{x_1} (2pq)^{x_2} (q^2)^{x_3} = 0$, $p \in (0,1)$. Wegen $\sum_{(x_1,x_2,x_3)} (2x_1 + x_2) \frac{n!}{x_1! x_2! x_3!} (p^2)^{x_1} (2pq)^{x_2} (q^2)^{x_3} = 2np^2 + 2npq = 2np$ unter Beachtung, daß die eindimensionalen Randverteilungen einer $\mathcal{M}(n, p_1, \ldots, p_m)$-Verteilung jeweils $\mathcal{B}(n, p_j)$-Verteilungen, $j = 1, \ldots, m$, sind, wird daher durch $\frac{2H_{aa} + H_{ab}}{2n}$ ein gleichmäßig bester, erwartungstreuer Schätzer für p definiert.

Modifikation der Kovarianzmethode

$(\Omega, \mathcal{S}, \mathcal{P})$ statistisches Experiment, $\delta : \mathcal{P} \to \mathbb{R}$, $C_\delta (= C_\delta(\mathcal{P}))$ Teilmenge von $D_\delta (= D_\delta(\mathcal{P}))$, $k(C_\delta)(= k(C_\delta(\mathcal{P})))$ konvexe Hülle von C_δ, also $k(C_\delta)(= k(C_\delta(\mathcal{P})) = \{\sum_{j=1}^n \alpha_j d_j : \alpha_j \in [0,1], d_j \in C_\delta(= C_\delta(\mathcal{P})), j = 1, \ldots, n, \sum_{j=1}^n \alpha_j = 1, n \in \mathbb{N}\}$. Dann heißt $d^* \in C_\delta(= C_\delta(\mathcal{P}))$ gleichmäßig bester, erwartungstreuer Schätzer für δ bezüglich $k(C_\delta)$ (und $\mathcal{P}$) bzw. bezüglich $k(C_\delta(\mathcal{P}))$, wenn gilt $\operatorname{Var}_P(d^*) \leq \operatorname{Var}_P(d)$, $P \in \mathcal{P}$, $d \in k(C_\delta)$. Insbesondere gilt nach der modifizierten Kovarianzmethode: $d^* \in C_\delta$ gleichmäßig bester erwartungstreuer Schätzer für δ bezüglich $k(C_\delta) \Leftrightarrow \operatorname{Kov}_P(d^*, d^* - d) \leq 0$, $P \in \mathcal{P}$, $d \in C_\delta$, denn: Ist $d^* \in C_\delta$ gleichmäßig bester, erwartungstreuer Schätzer für δ bezüglich $k(C_\delta)$, so gilt für alle $\alpha \in [0,1]$ die Ungleichung $\operatorname{Var}_P(d^*) \leq \operatorname{Var}_P(\alpha d + (1 - \alpha)d^*)$, $P \in \mathcal{P}$, $d \in C_\delta$, woraus, wegen $\operatorname{Var}_P(\alpha d + (1 - \alpha)d^*) = \operatorname{Var}_P(d^* + \alpha(d - d^*)) = \operatorname{Var}_P(d^*) + 2\alpha \operatorname{Kov}_P(d^*, d - d^*) + \alpha^2 \operatorname{Var}_P(d - d^*)$, die Beziehung $0 \leq 2 \operatorname{Kov}_P(d^*, d - d^*) + \alpha \operatorname{Var}_P(d - d^*)$, $P \in \mathcal{P}$, $d \in C_\delta$, $\alpha \in (0,1]$, folgt. Schließlich liefert $\alpha \to 0$ die Ungleichung $\operatorname{Kov}_P(d^*, d - d^*) \geq 0$, $P \in \mathcal{P}$, $d \in C_\delta$, also die Behauptung. Umgekehrt folgt aus $\operatorname{Kov}_P(d^*, d^* - d) \leq 0$, $P \in \mathcal{P}$, $d \in C_\delta$ für ein $d^* \in C_\delta$ auch $\operatorname{Kov}_P(d^*, d^* - d) \leq 0$, $P \in \mathcal{P}$, $d \in k(C_\delta)$, denn für $d_j \in C_\delta$ mit $\operatorname{Kov}_P(d^*, d^* - d_j) \leq 0$, $P \in \mathcal{P}$, $j = 1, \ldots, n$, ergibt sich für $\alpha_j \geq 0$, $j = 1, \ldots, n$, $\sum_{j=1}^n \alpha_j = 1$, die Beziehung $\sum_{j=1}^n \alpha_j \operatorname{Kov}_P(d^*, d^* - d_j) = \operatorname{Kov}_P(d^*, \sum_{j=1}^n \alpha_j d^* - \sum_{j=1}^n \alpha_j d_j) = \operatorname{Kov}_P(d^*, d^* - \sum_{j=1}^n \alpha_j d_j) \leq 0$, $P \in \mathcal{P}$. Daher gilt $\operatorname{Var}_P(d) = \operatorname{Var}_P(d^* + d - d^*) = \operatorname{Var}_P(d^*) + \operatorname{Var}_P(d - d^*) + 2 \operatorname{Kov}_P(d^*, d - d^*) \geq \operatorname{Var}_P(d^*)$, $P \in \mathcal{P}$, $d \in k(C_\delta)$, d. h. $d^* \in C_\delta$ ist gleichmäßig bester, erwartungstreuer Schätzer für δ bezüglich $k(C_\delta)$.

FOLGERUNG: Eindeutigkeit gleichmäßig bester erwartungstreuer Schätzer für δ bezüglich $k(C_\delta)$

$(\Omega, \mathcal{S}, \mathcal{P})$ statistisches Experiment, $\delta : \mathcal{P} \to \mathbb{R}$, $C_\delta \subset D_\delta$, $d_j^* \in C_\delta$, $j = 1, 2$, gleichmäßig beste, erwartungstreue Schätzer für δ bezüglich $k(C_\delta)$. Dann gilt: $d_1^* = d_2^*$ P-f.ü., $P \in \mathcal{P}$, denn nach der modifizierten Kovarianzmethode gilt: $\operatorname{Var}_P(d_1^* - d_2^*) = E_P(d_1^*(d_1^* - d_2^*)) + E_P(d_2^*(d_2^* - d_1^*)) \leq 0$, $P \in \mathcal{P}$, woraus $d_1^* = d_2^*$ P-f.ü., $P \in \mathcal{P}$, folgt.

FOLGERUNG: Konvexität gleichmäßig bester, erwartungstreuer Schätzer für δ bezüglich $k(C_\delta)$

Es gelte $C_{\delta_1} + \lambda(C_{\delta_2} - C_{\delta_2}) \subset C_{\delta_1}$ und $C_{\delta_2} + \lambda(C_{\delta_1} - C_{\delta_1})$ für jedes $\lambda > 0$ mit $\delta_j : \mathcal{P} \to \mathbb{R}$, $j = 1, 2$. Dann trifft für jedes $\alpha \in [0,1]$ und $d_j^* \in C_{\delta_j}$ als gleichmäßig bester, erwartungstreuer Schätzer für δ_j bezüglich $k(C_{\delta_j})$, $j = 1, 2$, zu: $\alpha d_1^* + (1 - \alpha)d_2^*$ ist gleichmäßig bester, erwartungstreuer Schätzer für $\alpha \delta_1 + (1 - \alpha)\delta_2$ bezüglich $k(\alpha C_{\delta_1} + (1 - \alpha)C_{\delta_2})$. Es ist $E_P(\alpha d_1^* + (1 - \alpha)d_2^*, \alpha d_1^* + (1 - \alpha)d^* - d) \leq 0$, $P \in \mathcal{P}$, für jedes $d \in \alpha C_{\delta_1} + (1 - \alpha)C_{\delta_2}$ zu zeigen. Wählt man zu diesem Zweck $d_1 := \frac{1}{\alpha}(d - (1 - \alpha)d_2^*) \in C_{\delta_1}$ in $E_P(d_1^*(d_1^* - d_1)) \leq 0$, $P \in \mathcal{P}$, bzw. $d_2 := \frac{1}{1-\alpha}(d - \alpha d_1^*) \in C_{\delta_2}$ in $E_P(d_2^*(d_2^* - d_2)) \leq 0$, $P \in \mathcal{P}$, mit $\alpha \in (0,1)$, so erhält man $E_P(\alpha d_1^*(\alpha d_1^* + (1 - \alpha)d_2^* - d)) \leq 0$ und $E_P((1 - \alpha)d_2^*(\alpha d_1^* + (1 - \alpha)d_2^* - d) \leq$

0, $P \in \mathcal{P}$, woraus $E_P(\alpha d_1^* + (1-\alpha)d_2^*, \ \alpha d_1^* + (1-\alpha)d_2^* - d) \leq 0$, $P \in \mathcal{P}$, folgt.

FOLGERUNG: Abgeschlossenheit gleichmäßig bester, erwartungstreuer Schätzer für δ bezüglich $k(C_\delta)$

Es gelte $E_P((d_n^* - d^*)^2) \to 0$ für $n \to \infty$, $P \in \mathcal{P}$, und $d_n^* \in C_{\delta_n}$, $n \in \mathbb{N}$, für ein $d^* \in \bigcap_{P \in \mathcal{P}} \mathcal{L}_2(\Omega, \mathcal{S}, P)$. Ferner existiere zu $d \in C_\delta$ eine Folge $(d_n)_{n \in \mathbb{N}}$ mit $d_n \in C_{\delta_n}$, $n \in \mathbb{N}$, so daß $E_P((d_n - d)^2) \to 0$ für $n \to \infty$, $P \in \mathcal{P}$, zutrifft. Dann ist d^* gleichmäßig bester, erwartungstreuer Schätzer für δ bezüglich $k(C_\delta)$. Es ist $E_P(d^*(d^* - d)) \leq 0$, $P \in \mathcal{P}$, $d \in C_\delta$, zu zeigen. Aus den obigen Voraussetzungen ergibt sich $E_P(d_n^{*2}) \to E_P(d^{*2})$ für $n \to \infty$, $P \in \mathcal{P}$, und $E_P(d_n^* d_n) \to E_P(d^* d)$ für $n \to \infty$, $P \in \mathcal{P}$ mit Hilfe der Ungleichung von Cauchy-Schwarz, woraus $E_P(d^*(d^* - d)) \leq 0$, $P \in \mathcal{P}$, $d \in C_\delta$, resultiert.

BEMERKUNG: Gilt für C_δ die Beziehung $2C_\delta - C_\delta$ ($:= \{2d_1 - d_2 : d_j \in C_\delta, \ j = 1, 2\}) \subset C_\delta$, so ist $d^* \in D_\delta$ genau dann gleichmäßig bester, erwartungstreuer Schätzer für δ bezüglich $k(C_\delta)$, wenn $\mathrm{Kov}_P(d^*, d^* - d) = 0$, $P \in \mathcal{P}$, $d \in C_\delta$, zutrifft, denn man darf in der Ungleichung $\mathrm{Kov}_P(d^*, d^* - d) \leq 0$, $P \in \mathcal{P}$, $d \in C_\delta$, mit d^* als gleichmäßig bester, erwartungstreuer Schätzer für δ bezüglich $k(C_\delta)$ mit $2C_\delta - C_\delta \subset C_\delta$ für d auch $2d^* - d$ mit $d \in C_\delta$ wählen.

BEISPIELE für Teilmengen C_δ von D_δ

1. $C_\delta := \{d \in D_\delta : d \text{ beschränkt}\}$

2. $C_\delta := \{d \in D_\delta : d \text{ meßbar bezüglich einer Teil-}\sigma\text{-Algebra von } \mathcal{S}\}$

3. $C_\delta := \{d \in D_\delta : d \text{ linear}\}$, $\Omega := \mathbb{R}^n$, $\mathcal{S} := \mathcal{B}^n$, $\mathcal{P} := \mathcal{Q}^n := \{P \otimes \ldots \otimes P \ (n\text{-mal}) : P \in \mathcal{Q}\}$ mit $\mathcal{Q}$ als (nicht-leere) Menge von Wahrscheinlichkeitsmaßen P auf $\mathcal{B}$ mit $\int x^2 P(dx) < \infty$, wobei mindestens ein $P \in \mathcal{Q}$ existieren soll, so daß $\int x \, dP(x) \neq 0$ zutrifft. Dann ist d^* mit $d^*(x_1, \ldots, x_n) := \sum_{j=1}^n x_j/n$, $(x_1, \ldots, x_n) \in \mathbb{R}^n$ gleichmäßig bester, erwartungstreuer Schätzer für $\delta : \mathcal{P} \to \mathbb{R}$, $\delta(P \otimes \ldots \otimes P) = \int x \, P(dx)$, $P \in \mathcal{Q}$, bezüglich $C_\delta (:= \{d \in D_\delta : d \text{ linear}\})$, denn für $d : \mathbb{R}^n \to \mathbb{R}$ mit $d^*(x_1, \ldots, x_n) := \sum_{j=1}^n a_j x_j$, $(x_1, \ldots, x_n) \in \mathbb{R}^n$, $a_j \in \mathbb{R}$, $j = 1, \ldots, n$, mit $d \in D_\delta$, also $\sum_{j=1}^n a_j = 1$, wegen $\int x \, P(dx) \neq 0$ für mindestens ein $P \in \mathcal{Q}$, gilt für $d_0 := d^* - d$ die Beziehung $d_0(x_1, \ldots, x_n) = \sum_{j=1}^n b_j x_j$, $(x_1, \ldots, x_n) \in \mathbb{R}^n$, $b_j := \frac{1}{n} - a_j$, $j = 1, \ldots, n$, also $\sum_{j=1}^n b_j = 0$ und damit $\mathrm{Kov}_{P^n}(d^*, d_0) = \frac{1}{n} \sum_{j=1}^n b_j \int ((\xi - \int x \, dP(x))^2 dP(\xi)) = 0$, $P \in \mathcal{Q}$, aufgrund des Multiplikationssatzes für stochastisch unabhängige Zufallsgrößen.

4. $C_\delta := \{d \in D_\delta : d \text{ äquivariant}\}$ mit $\Omega := \mathbb{R}^n$, $\mathcal{S} := \mathcal{B}^n$, wobei $f : \mathbb{R}^n \to \mathbb{R}$ äquivariant heißt, falls gilt: $f(x_1 + \vartheta, \ldots, x_n + \vartheta) = \vartheta + f(x_1, \ldots, x_n)$, $(x_1, \ldots, x_n) \in \mathbb{R}^n$, $\vartheta \in \mathbb{R}$. Setzt man $\vartheta := -x_1 \in \mathbb{R}$, so ist die Äquivarianz von f äquivalent mit $f(x_1, \ldots, x_n) = g(x_2 - x_1, \ldots, x_n - x_1) + x_1$, $(x_1, \ldots, x_n) \in \mathbb{R}^n$, mit $g : \mathbb{R}^{n-1} \to \mathbb{R}$, wobei mit f als äquivarianter Borelfunktion auch g Borelfunktion ist. Ferner heißt $f : \mathbb{R}^n \to \mathbb{R}$

lokationsinvariant, wenn $f(x_1 + \vartheta, \ldots, x_n + \vartheta) = f(x_1, \ldots, x_n)$, $(x_1, \ldots, x_n)$ $\in \mathbb{R}^n$, $\vartheta \in \mathbb{R}$, gilt. Dabei ist h genau dann lokationsinvariant, wenn $h(x_1, \ldots, x_n) = k(x_2 - x_1, \ldots, x_n - x_1)$, $(x_1, \ldots, x_n) \in \mathbb{R}^n$ für eine Funktion $k : \mathbb{R}^{n-1} \to \mathbb{R}$ gilt, wobei k eine Borelsche Funktion ist, falls h eine Borelsche Funktion ist. Hieraus folgt, daß die Teil-σ-Algebra $\mathcal{T}_n = \{\mathcal{B} \in \mathcal{B}^n : I_B \text{ lokationsinvariant}\}$ von $\mathcal{B}^n$ durch die Abbildung $T : \mathbb{R}^n \to \mathbb{R}^{n-1}$, $T(x_1, \ldots, x_n) := (x_2 - x_1, \ldots, x_n - x_1)$, $(x_1, \ldots, x_n) \in \mathbb{R}^n$, induziert wird, d. h. es gilt: $\mathcal{T}_n = T^{-1}(\mathcal{B}^n)$, wobei $\mathcal{T}_n$ die σ-Algebra der lokationsinvarianten Borelschen Teilmengen des $\mathbb{R}^n$ heißt. Ist $\mathcal{P}$ zusätzlich eine (nicht-leere) Menge von Wahrscheinlichkeitsmaßen auf $\mathcal{B}^n$ und $\delta : \mathcal{P} \to \mathbb{R}$, so heißt $d^* \in C_\delta$ gleichmäßig bester, äquivarianter Schätzer für δ, wenn d^* gleichmäßig bester, erwartungstreuer Schätzer für δ bezüglich C_δ ist. Die Eigenschaft von $d^* \in C_\delta$, gleichmäßig bester äquivarianter Schätzer zu sein, kann durch $\mathrm{Kov}_P(d^*, d_0) = 0$, $P \in \mathcal{P}$, für alle lokationsinvarianten $d_0 \in D_0$ charakterisiert werden, denn $d^* - d$ ist für jedes äquivariante $d \in D_\delta$ ein lokationsinvariantes $d_0 \in D_0$ und umgekehrt stellt $d := d^* + d_0$ mit $d_0 \in D_0$ lokationsinvariant ein äquivariantes $d \in D_\delta$ dar. Ist nun speziell $\mathcal{P}$ die Menge aller Wahrscheinlichkeitsmaße P_ϑ^n auf $\mathcal{B}^n$ mit $P_\vartheta^n = P_\vartheta \otimes \ldots \otimes P_\vartheta$ (n-faches direktes Produkt von P_ϑ mit $P_\vartheta(B) := P_0(B - \vartheta)$, $B \in \mathcal{B}$, $\vartheta \in \mathbb{R}$ Lokationsparameter, P_0 Wahrscheinlichkeitsmaß auf $\mathcal{B}$ mit $\int x^2 P_0(dx) < \infty$ und ohne Einschränkung der Allgemeinheit $\int x P_0(dx) = 0$), so läßt sich eine Version des P_ϑ^n-f.ü., $\vartheta \in \mathbb{R}$, eindeutig bestimmten, gleichmäßig besten, äquivarianten Schätzers d^* für δ mit $\delta : \mathcal{P} \to \mathbb{R}$, $\delta(P_\vartheta^n) := \vartheta$, $\vartheta \in \mathbb{R}$, folgendermaßen darstellen: $d^* = \bar{d} - E_{P_0^n}(\bar{d}|\mathcal{T}_n)$ mit $\mathcal{T}_n$ als Teil-σ-Algebra von $\mathcal{B}^n$ der lokationsinvarianten Borelschen Mengen B des $\mathbb{R}^n$, und $\bar{d} : \mathbb{R}^n \to \mathbb{R}$, $\bar{d}(x_1, \ldots, x_n) := \frac{1}{n} \sum_{j=1}^n x_j$, $(x_1, \ldots, x_n) \in \mathbb{R}^n$.

BEGRÜNDUNG: Für $d_0 \in D_0$ lokationsinvariant gilt nach der Transformationsformel für das Maßintegral: $E_{P_\vartheta^n}(d^* d_0) = E_{P_0^n}((d^* + \vartheta)d_0) = E_{P_0^n}(d^* d_0) = E_{P_0^n}(\bar{d} d_0) - E_{P_0^n}(d_0 E_{P_0^n}(\bar{d}|\mathcal{T}_n)) = E_{P_0^n}(\bar{d} d_0) - E_{P_0^n}(E_{P_0^n}(d_0 \bar{d}|\mathcal{T}_n)) = E_{P_0^n}(\bar{d} d_0) - E_{P_0^n}(\bar{d} d_0) = 0$, $\vartheta \in \mathbb{R}$, wobei $d^* \in D_\delta$ zutrifft.

BEMERKUNG: Übereinstimmung von gleichmäßig besten, erwartungstreuen und gleichmäßig besten äquivarianten Schätzern

Existiert ein gleichmäßig bester, erwartungstreuer Schätzer d^{**} für δ mit $\delta : \mathcal{P} \to \mathbb{R}$, $\delta(P_\vartheta^n) := \vartheta$, $\vartheta \in \mathbb{R}$ (Lokationsparameter), so gilt $P_\vartheta^n(\{d^{**} = d^*\}) = 1$, $\vartheta \in \mathbb{R}$, mit d^* als gleichmäßig bester, äquivarianter Schätzer für δ.

BEGRÜNDUNG: $d \in D_\delta$ ist hier aufgrund der Transformationsformel für das Maßintegral äquivalent mit $E_{P_0^n}(d_\vartheta) = 0$, $\vartheta \in \mathbb{R}$, wobei $d_\vartheta : \mathbb{R}^n \to \mathbb{R}$ gemäß $d_\vartheta(x_1, \ldots, x_n) := d(x_1 + \vartheta, \ldots, x_n + \vartheta) - \vartheta$, $(x_1, \ldots, x_n) \in \mathbb{R}^n$, $\vartheta \in \mathbb{R}$, definiert ist. Hieraus resultiert $\inf\{\mathrm{Var}_{P_\vartheta^n}(d) : d \in D_\delta\} = \inf\{\mathrm{Var}_{P_0^n}(d) : d \in D_\delta\}$, $\vartheta \in \mathbb{R}$, so daß insbesondere $\mathrm{Var}_{P_0^n}(d_\vartheta^{**}) = \mathrm{Var}_{P_\vartheta^n}(d^{**}) = \mathrm{Var}_{P_0^n}(d^{**})$, also $d^{**} = d_\vartheta^{**}$ P_0^n-f.ü. und damit $d^{**} = d^*$ P_0^n-f.ü. zutrifft. Ersetzt man schließlich P_0^n durch P_ϑ^n, $\vartheta \in \mathbb{R}$, so folgt die Behauptung.

Explizite Darstellung des gleichmäßig besten, äquivarianten Schätzers

Trifft zusätzlich $P_0 \ll \lambda$ zu, so gilt $d^*(x_1, \ldots, x_n) = \dfrac{\int u \frac{dP_0^n}{d\lambda^n}(x_1-u, \ldots, x_n-u)\lambda(du)}{\int \frac{dP_0^n}{d\lambda^n}(x_1-u, \ldots, x_n-u)\lambda(du)}$ für P_0^n-fast alle $(x_1, \ldots, x_n) \in \mathbb{R}^n$ mit $\int \frac{dP_0^n}{d\lambda^n}(x_1 - u, \ldots, x_n - u)\lambda(du) < \infty$ und mit d^* als gleichmäßig bester, äquivarianter Schätzer für ϑ, der in dieser Gestalt auch Pitman-Schätzer genannt wird.

BEGRÜNDUNG: Nach den obigen Überlegungen kann man, wegen der P_ϑ^n-fast überall eindeutigen Bestimmtheit eines gleichmäßig besten, äquivarianten Schätzers d^* für δ, statt $d^* = \bar{d} - E_{P_0^n}(\bar{d}|\mathcal{T}_n)$ mit $\bar{d}$ als Stichprobenmittel auch $d^* = \pi - E_{P_0^n}(\pi|\mathcal{T}_n)$ auf $A := \{(x_1, \ldots, x_n) \in \mathbb{R}^n : \int \frac{dP_0^n}{d\lambda^n}(x_1 - u, \ldots, x_n - u)d\lambda(u) < \infty\}$ schreiben mit $\pi : \mathbb{R}^n \to \mathbb{R}$ als Projektion $\pi(x_1, \ldots, x_n) = x_1, (x_1, \ldots, x_n) \in \mathbb{R}^n$. Bezeichnet $\hat{d}$ den obigen Pitman-Schätzer, so ist also $\hat{d} = \pi - E_{P_0^n}(\pi|\mathcal{T}_n)$ P_0^n-f.ü. (und daher P_ϑ^n-f.ü., $\vartheta \in \mathbb{R}$) auf A, d. h. $E_{P_0^n}((\pi - \hat{d})I_{A \cap T}) = E_{P_0^n}(\pi I_{A \cap T})$ für alle $T \in \mathcal{T}_n$ zu zeigen, wobei nach dem Satz von Fubini-Tonelli für $B := \{(x_1, \ldots, x_n) \in \mathbb{R}^n : \int \frac{dP_0^n}{d\lambda^n}(x_1 - u, \ldots, x_n - u)d\lambda(u) = 0\}$ gilt: $\int (\int_B \frac{dP_0^n}{d\lambda^n}(x_1 - u, \ldots, x_n - u)d\lambda^n(x_1, \ldots, x_n))d\lambda(u) = 0 = P_0^n(B)\lambda^n(\mathbb{R})$, also $P_0^n(B) = 0$ und damit $P_\vartheta^n(B) = 0$, $\vartheta \in \mathbb{R}$, wegen $B \in \mathcal{T}_n$. Es gilt nun

$$E_{P_0^n}((\pi - \hat{d})I_{A \cap T})$$

$$= \int \int \frac{I_T(x_1, \ldots, x_n)(x_1 - u)\frac{dP_0^n}{d\lambda^n}(x_1 - u, \ldots, x_n - u)d\lambda(u)}{\int \frac{dP_0^n}{d\lambda^n}(x_1 - u', \ldots, x_n - u')d\lambda(u')}$$

$$\cdot I_A(x_1, \ldots, x_n)\frac{dP_0^n}{d\lambda^n}(x_1, \ldots, x_n)d\lambda^n(x_1, \ldots, x_n),$$

wobei die Substitution $x_i' = x_i - u$, $i = 1, \ldots, n$, und die Vertauschung der Integrationsreihenfolge nach dem Satz von Fubini-Tonelli liefert:

$$E_{P_0^n}((\pi - \hat{d})I_{A \cap T}) = \int \int \frac{I_T(x_1', \ldots, x_n')x_1'\frac{dP_0^n}{d\lambda^n}(x_1', \ldots, x_n')}{\int \frac{dP_0^n}{d\lambda^n}(x_1' + u - u', \ldots, x_n' + u - u')d\lambda(u')}$$

$$I_A(x_1', \ldots, x_n')\frac{dP_0^n}{d\lambda^n}(x_1' + u, \ldots, x_n' + u)d\lambda^n(x_1', \ldots, x_n')d\lambda(u)$$

$$= E_{P_0^n}(\pi I_{A \cap T}),$$

wenn man nochmals den Satz von Fubini-Tonelli anwendet und beachtet, daß das Lebesguemaß λ spiegelungsinvariant ist, d. h. $\lambda(B) = \lambda(-B)$, $B \in \mathcal{B}$, zutrifft, und translationsinvariant ist. Hieraus resultiert $\hat{d} = d^*$ P_0^n-fast überall auf A.

BEMERKUNG: Modifikation des Pitman-Schätzers

Ersetzt man $\delta : \mathcal{P} \to \mathbb{R}$, $\delta(P_\vartheta^n) = \vartheta$, $\vartheta \in \mathbb{R}$, durch $\delta_f : \mathcal{P} \to \mathbb{R}$, $\delta_f(P_\vartheta^n) = f(\vartheta)$, $\vartheta \in \mathbb{R}$, mit $f : \mathbb{R} \to \mathbb{R}$ Borelfunktion, so ist $d_f^* = f \circ \pi - E_{P_0^n}(f \circ \pi | \mathcal{T}_n)$ eine Version des gleichmäßig besten, äquivarianten Schätzers für δ_f. In der Darstellung als Pitman-Schätzer ist dann der Faktor u im Integranden des Zählers durch $f(u)$ zu ersetzen.

BEISPIELE:

1. Im Fall $P_\vartheta = \mathcal{N}(\vartheta, \sigma^2)$-Verteilung, $\vartheta \in \mathbb{R}$, wobei $\sigma^2 > 0$ fest ist, erhält man für den Pitman-Schätzer $d^*(x_1, \ldots, x_n) = \frac{\sum_{i=1}^n x_i}{n}$, $(x_1, \ldots, x_n) \in \mathbb{R}^n$. Es wird noch später gezeigt werden, daß d^* sogar ein gleichmäßig bester, erwartungstreuer Schätzer ist.

2. Im Fall $P_\vartheta = \mathcal{R}(\vartheta - \frac{1}{2}b, \vartheta + \frac{1}{2}b)$, $\vartheta \in \mathbb{R}$, wobei $b > 0$ fest ist, erhält man für den Pitman-Schätzer $d^*(x_1, \ldots, x_n) = (\min_{1 \le i \le n} x_i + \max_{1 \le i \le n} x_i)/2$, $(x_1, \ldots, x_n) \in \mathbb{R}^n$. Man kann zeigen, daß es in diesem Fall keinen gleichmäßig besten, erwartungstreuen Schätzer für $\delta : \mathcal{P} \to \mathbb{R}$ mit $\delta(P_\vartheta^n) = \vartheta$, $\vartheta \in \mathbb{R}$, gibt. Im Fall $n > 2$ gilt $\mathrm{Var}_{P_\vartheta^n}(d^*) = \frac{b^2}{2(n+1)(n+2)} < \mathrm{Var}_{P_\vartheta^n}(\bar{d}) = \frac{b^2}{12n}$, $\vartheta \in \mathbb{R}$, mit $\bar{d}$ als Stichprobenmittel.

BEMERKUNG: Äquivariante Schätzer im Skalenparametermodell

$\Omega := \mathbb{R}^n$, $\mathcal{S} := \mathcal{B}^n$, $\mathcal{P} := \{P_\sigma^n : \sigma > 0\}$ mit P_1 als Wahrscheinlichkeitsmaß auf $\mathcal{B}$ mit $P_1 \ll \lambda$ und $\int x^2 P_1(dx) < \infty$, $P_\sigma(B) := P_1(\frac{1}{\sigma}B)$, $B \in \mathcal{B}$, $\sigma > 0$, $P_\sigma^n := P_\sigma \otimes \ldots \otimes P_\sigma$ (n-mal), $\sigma > 0$, wobei σ Skalenparameter heißt. Ferner heißt $d : \mathbb{R}^n \to \mathbb{R}$ äquivariant, wenn gilt $d(\sigma x_1, \ldots, \sigma x_n) = \sigma d(x_1, \ldots, x_n)$, $(x_1, \ldots, x_n) \in \mathbb{R}^n$, $\sigma > 0$. Darüber hinaus heißt $f : \mathbb{R}^n \to \mathbb{R}$ skaleninvariant, wenn $f(\sigma x_1, \ldots, \sigma x_n) = f(x_1, \ldots, x_n)$, $(x_1, \ldots, x_n) \in \mathbb{R}^n$, $\sigma > 0$, zutrifft. Schließlich bezeichnet $\mathcal{T}_n$ die Teil-σ-Algebra von $\mathcal{B}^n$, die aus allen $B \in \mathcal{B}^n$ mit I_B skaleninvariant besteht. Dann gilt: $d^* := \bar{d}\frac{E_{P_1^n}(\bar{d}|\mathcal{T}_n)}{E_{P_1^n}(\bar{d}^2|\mathcal{T}_n)}/A$, $A := E_{P_1^n}(\bar{d}\frac{E_{P_1^n}(\bar{d}|\mathcal{T}_n)}{E_{P_1^n}(\bar{d}^2|\mathcal{T}_n)})$, $\bar{d} : \mathbb{R}^n \to \mathbb{R}$, $\bar{d}(x_1, \ldots, x_n) = (\sum_{i=1}^n x_i)/n$, $(x_1, \ldots, x_n) \in \mathbb{R}^n$, ist gleichmäßig bester, erwartungstreuer Schätzer für $\delta : \mathcal{P} \to \mathbb{R}$, $\delta(P_\sigma^n) := \sigma$, $\sigma > 0$, bezüglich $C_\delta := \{d \in D_\delta : d \text{ äquivariant}\}$, denn d^* ist äquivariant und es gilt $d^* \in \mathcal{L}_2(\mathbb{R}^n, \mathcal{B}^n, P_1^n)$ (und damit $d^* \in \mathcal{L}_2(\mathbb{R}^n, \mathcal{B}^n, P_\vartheta^n)$, $\vartheta \in \mathbb{R}$) sowie für jedes $d_0 \in D_0$ äquivariant: $E_{P_1^n}(d^* d_0) = \frac{1}{A} E_{P_1^n}(\bar{d}^2 E_{P_1^n}(\frac{d_0}{\bar{d}}\bar{d} I_{\{\bar{d} \neq 0\}}|\mathcal{T}_n)/E_{P_1^n}(\bar{d}^2|\mathcal{T}_n))$, da $\frac{d_0}{\bar{d}}I_{\{\bar{d} \neq 0\}}$ skaleninvariant und daher $\mathcal{T}_n$-meßbar ist. Hieraus resultiert $E_{P_1^n}(d^* d_0) = \frac{1}{A} E_{P_1^n}(E_{P_1^n}(\bar{d}^2|\mathcal{T}_n) E_{P_1^n}(\frac{d_0}{\bar{d}}\bar{d} I_{\{\bar{d} \neq 0\}}|\mathcal{T}_n)/E_{P_1^n}(\bar{d}^2|\mathcal{T}_n)) = \frac{1}{A} E_{P_1^n}(d_0 I_{\{\bar{d} \neq 0\}}) = \frac{1}{A} E_{P_1^n}(d_0) = 0$, denn $P_1^n(\{\bar{d} = 0\}) = (P_1 \otimes \ldots \otimes P_1)^{n\bar{d}}(\{0\}) = 0$, wegen $P_1 * \ldots * P_1 = (P_1 \otimes \ldots \otimes P_1)^{n\bar{d}} \ll \lambda$ aufgrund von $P_1 \ll \lambda$. Hieraus ergibt sich $E_{P_\vartheta^n}(d^* d_0) = 0$, $\vartheta \in \mathbb{R}$, $d_0 \in D_0$ äquivariant, so daß d^* gleichmäßig bester, äquivarianter Schätzer für δ ist. Dabei kann man im Fall $P_1(\mathbb{R}^+) = 1$ mit

$\mathbb{R}^+ := \{x \in \mathbb{R} : x > 0\}$ den Skalenparameterfall auf den Lokationsparameterfall gemäß $T : (\mathbb{R}^+)^n \to \mathbb{R}^n$ mit $T(x_1, \ldots, x_n) := (\ell n\, x_1, \ldots, \ell n\, x_n)$, $(x_1, \ldots, x_n) \in (\mathbb{R}^+)^n$, zurückführen, so daß also $(P_\sigma^n)^T = Q_\vartheta^n$, $\vartheta = \ell n\, \sigma$, $\sigma > 0$, mit Q_0 als Wahrscheinlichkeitsmaß auf $\mathcal{B}$ und $Q_\vartheta(B) = Q_0(B - \vartheta)$, $B \in \mathcal{B}$, zutrifft. Somit ergibt sich für den Pitman-Schätzer als gleichmäßig bester, äquivarianter Schätzer für δ_f mit $\delta_f(Q_\vartheta^n) := f(\vartheta) := e^\vartheta = \sigma$, die folgende explizite Darstellung für den gleichmäßig besten, äquivarianten Schätzer d^* im Skalenparameterfall:

$$d^*(x_1, \ldots, x_n) = \frac{\int_{\mathbb{R}^+} \vartheta^{-n} \frac{dP_1^n}{d\lambda^n}(x_1/\vartheta, \ldots, x_n/\vartheta)\, d\lambda(\vartheta)}{\int_{\mathbb{R}^+} \vartheta^{-(n+1)} \frac{dP_1^n}{d\lambda^n}(x_1/\vartheta, \ldots, x_n/\vartheta)\, d\lambda(\vartheta)} \quad \text{für } P_1^n\text{-fast alle } (x_1, \ldots, x_n) \in$$

$(\mathbb{R}^+)^n$ mit $\int_{\mathbb{R}^+} \vartheta^{-(n+1)} \frac{dP_1^n}{d\lambda^n}(x_1/\vartheta, \ldots, x_n/\vartheta)\, d\lambda(\vartheta) < \infty$.

10 Lokal optimale Schätzer

Es sei $(\Omega, \mathcal{S}, \mathcal{P})$ ein statistisches Experiment, $P_0 \in \mathcal{P}$, $\delta : \mathcal{P} \to \mathbb{R}$, und es bezeichne $D_\delta(P_0)$ die Menge aller $d \in \bigcap_{P \in \mathcal{P}} \mathcal{L}_1(\Omega, \mathcal{S}, P) \cap \mathcal{L}_2(\Omega, \mathcal{S}, P_0)$ mit $E_P(d) = \delta(P)$, $P \in \mathcal{P}$. Dann heißt $d^* \in D_\delta(P_0)$ bei P_0 lokal optimaler, erwartungstreuer Schätzer für δ, wenn $\mathrm{Var}_{P_0}(d^*) = \inf\{\mathrm{Var}_{P_0}(d) : d \in D_\delta(P_0)\}$ zutrifft. Nach den Überlegungen zur Kovarianzmethode für gleichmäßig beste, erwartungstreue Schätzer ist $d^* \in D_\delta(P_0)$ genau dann bei P_0 lokal optimaler, erwartungstreuer Schätzer für δ, wenn $\mathrm{Kov}_{P_0}(d^*, d_0) = 0$ für alle $d_0 \in D_0(P_0)$ mit $D_0(P_0) := D_{\delta_0}(P_0)$, $\delta_0 : \mathcal{P} \to \mathbb{R}$, $\delta_0(P) := 0$, $P \in \mathcal{P}$, zutrifft.

Führt man analog zu gleichmäßig besten, erwartungstreuen Schätzern den Begriff des bei P_0 lokal optimalen, erwartungstreuen Schätzers $d^* \in \bigcap_{P \in \mathcal{P}} \mathcal{L}_1(\Omega, \mathcal{S}, P) \cap \mathcal{L}_2(\Omega, \mathcal{S}, P_0)$ als bei P_0 optimalen, erwartungstreuen Schätzers für δ mit $\delta : \mathcal{P} \to \mathbb{R}$, $\delta(P) := E_P(d^*), P \in \mathcal{P}$, ein, so gilt wieder sinngemäß die Eigenschaft der Eindeutigkeit, Linearität und Abgeschlossenheit, während die Eigenschaft der Multiplikativität i.a. nicht mehr zutrifft, wie das folgende Beispiel zeigt.

BEISPIEL: Kennzeichnung lokal optimaler Schätzer für den ganzzahligen Parameter einer $\mathcal{B}(n, \frac{1}{2})$-Verteilung

$\Omega := \mathbb{N}_0$, $\mathcal{S} := \mathcal{P}(\mathbb{N}_0)$, $\mathcal{P} := \{P_n : P_n = \mathcal{B}(n, \frac{1}{2})$-Verteilung, $n \in \mathbb{N}\}$. Dann ist $d^* : \mathbb{N}_0 \to \mathbb{R}$ lokal optimal bei P_n für jedes $n > g$ mit $g \in \mathbb{N}_0$ fest, genau dann, wenn d^* ein Polynom in $k \in \mathbb{N}_0$ höchstens vom Grad g ist, so daß insbesondere die Eigenschaft der Multiplikativität im lokal optimalen Fall hier nicht zutrifft. Ferner ist $d^* : \mathbb{N}_0 \to \mathbb{R}$ gleichmäßig bester, erwartungstreuer Schätzer genau dann, wenn d^* konstant ist.

BEGRÜNDUNG: Es wird zunächst gezeigt, daß $d_0 : \mathbb{N}_0 \to \mathbb{R}$ genau dann ein Nullschätzer ist, wenn $d_0(k) = (-1)^k c$, $k \in \mathbb{N}_0$, für ein $c \in \mathbb{R}$, gilt. Aus $\sum_{k=0}^{n}(-1)^k \binom{n}{k} 2^{-n} = 2^{-n}(1-1)^n = 0$, $n \in \mathbb{N}$, ergibt sich, daß jeder Schätzer der obigen Gestalt hier Nullschätzer ist. Umgekehrt folgt aus $E_{P_n}(d_0) = 0$, $n \in \mathbb{N}$, für ein $d_0 : \mathbb{N}_0 \to \mathbb{R}$ mit $\tilde{d}_0 : \mathbb{N}_0 \to \mathbb{R}$, $\tilde{d}_0(k) := d_0(k) - (-1)^k d_0(0)$, $k \in \mathbb{N}_0$, und $P_0 := \delta_0$ (Dirac-Verteilung im Nullpunkt) die Beziehung $E_{P_n}(\tilde{d}_0) = 0$, $n \in \mathbb{N}_0$, woraus $\tilde{d}_0(k) = 0$, $k \in \mathbb{N}_0$, also $d_0(k) = (-1)^k c$, $k \in \mathbb{N}_0$, mit $c := d_0(0)$, folgt. Nun sind alle Vorbereitungen getroffen worden, um zu zeigen, daß $d^* : \mathbb{N}_0 \to \mathbb{R}$ bei P_n lokal optimal ist für jedes $n > g$, $g \in \mathbb{N}_0$ fest, genau dann, wenn d^* ein Polynom in $k \in \mathbb{N}_0$ höchstens vom Grad g ist. Zu diesem Zweck stellt man zunächst fest, daß $d_\nu^* : \mathbb{N}_0 \to \mathbb{R}$, $d_\nu^*(k) := \binom{k}{\nu}$, $k \in \mathbb{N}_0$, $\nu \in \mathbb{N}_0$ fest, bei P_n lokal optimal für jedes

$n > g$ ist, wegen

$$\sum_{k=0}^{n}(-1)^k \binom{k}{\nu}\binom{n}{k} 2^{-n} = \sum_{k=\nu}^{n}(-1)^k \binom{n}{\nu}\binom{n-\nu}{k-\nu} 2^{-n}$$

$$= (-1)^\nu \binom{n}{\nu} 2^{-n} \cdot \sum_{k=\nu}^{n}\binom{n-\nu}{k-\nu}(-1)^{k-\nu}$$

$$= (-1)^\nu \binom{n}{\nu} 2^{-n} \cdot \sum_{\ell=0}^{n-\nu}\binom{n-\nu}{\ell}(-1)^{\ell}$$

$$= (-1)^\nu \binom{n}{\nu} 2^{-n}(1-1)^{n-\nu} = 0, \ \nu = 0,\ldots,g, \ n > g,$$

da $\binom{k}{\nu}\binom{n}{k} = \binom{n}{\nu}\binom{n-\nu}{k-\nu}$, $k \geq \nu$, $n \geq k$. Ist nun $d^* : \mathbb{N}_0 \to \mathbb{R}$ ein Polynom in $k \in \mathbb{N}_0$ höchstens vom Grad g, so gilt die Darstellung $d^*(k) = \sum_{\nu=0}^{g} a_\nu \binom{k}{\nu}$, $k \in \mathbb{N}_0$, denn d_ν^*, $\nu = 0,\ldots,g$, ist eine Basis des Vektorraums der Polynome in $k \in \mathbb{N}_0$ höchstens vom Grad g, so daß d^* lokal optimal bei P_n für jedes $n > g$ ist. Umgekehrt sei $d^* : \mathbb{N}_0 \to \mathbb{R}$ lokal optimal bei P_n für jedes $n > g$. Dann bezeichne $k \to \sum_{\nu=0}^{g} a_\nu k^\nu$, $k \in \mathbb{N}_0$, das Interpolationspolynom, welches durch $d^*(k) = \sum_{\nu=0}^{g} a_\nu k^\nu$, $k = 0,\ldots,g$, eindeutig bestimmt ist. Dann gilt für $\tilde{d}^* : \mathbb{N}_0 \to \mathbb{R}$ mit $\tilde{d}^*(k) := d^*(k) - \sum_{\nu=0}^{g} a_\nu k^\nu$, $k \in \mathbb{N}_0$, die Beziehung $E_{P_n}(\tilde{d}^* d_0) = 0$ für jeden Nullschätzer $d_0 : \mathbb{N}_0 \to \mathbb{R}$ und alle $n \in \mathbb{N}_0$, woraus $\tilde{d}^*(k) = 0$, $k \in \mathbb{N}_0$, folgt, also ist mit $d^*(k) = \sum_{\nu=0}^{g} a_\nu k^\nu$, $k \in \mathbb{N}_0$, d^* als Polynom in $k \in \mathbb{N}_0$ höchstens vom Grad g nachgewiesen. Man kann ferner zeigen, daß es zu $f : \mathbb{N} \to \mathbb{R}$ einen bei P_n für $n > g$ lokal optimalen, erwartungstreuen Schätzer $d_g^* : \mathbb{N}_0 \to \mathbb{R}$ für $\delta_f : \mathcal{P} \to \mathbb{R}$, $\delta_f(P_n) := f(n)$, $n \in \mathbb{N}$, gibt genau dann, wenn f ein Polynom in $n \in \mathbb{N}$ höchstens vom Grad g ist. Ist nämlich $d_g^* : \mathbb{N}_0 \to \mathbb{R}$ ein Polynom in $k \in \mathbb{N}_0$ höchstens vom Grad g, also nach den obigen Betrachtungen ein bei P_n für alle $n > g$ lokal optimaler, erwartungstreuer Schätzer, so gilt die Darstellung $d_g^*(k) = \sum_{r=0}^{g} a_r \binom{k}{r}$, $k \in \mathbb{N}_0$, da $\binom{k}{r}$, $r = 0,1,\ldots,g$ $(k \in \mathbb{N}_0)$ eine Basis des Vektorraums aller Polynome in $k \in \mathbb{N}_0$ höchstens vom Grad g ist. Hieraus folgt $E_{P_n}(d_g^*) = \sum_{r=0}^{g} a_r \binom{n}{r}(\frac{1}{2})^r$, $n \in \mathbb{N}$, wegen $E_P(\binom{X}{r}/\binom{n}{r}) = p^r (r = 0,1,\ldots,n)$ mit P^X als $\mathcal{B}(n,p)$-Verteilung, d. h. $f : \mathbb{N}_0 \to \mathbb{R}$, $f(n) := E_{P_n}(d_g^*)$, $n \in \mathbb{N}$, ist ein Polynom in $n \in \mathbb{N}$ höchstens vom Grad g. Umgekehrt gilt für jede solche Funktion $f : \mathbb{N}_0 \to \mathbb{R}$ die Darstellung $f(n) = \sum_{r=0}^{g} a_r \binom{n}{r}(\frac{1}{2})^r$, $n \in \mathbb{N}$, da $\binom{n}{r}$, $r = 0,1,\ldots,g$ $(n \in \mathbb{N}_0)$ eine Basis des Vektorraums aller Polynome in $n \in \mathbb{N}_0$ höchstens vom Grad g ist. Mit $d_g^* : \mathbb{N}_0 \to \mathbb{R}$, $d_g^*(k) := \sum_{r=0}^{g} a_r \binom{k}{r}$, $k \in \mathbb{N}_0$, trifft dann $E_{P_n}(d_g^*) = f(n)$, $n \in \mathbb{N}$, zu und d_g^* ist als Polynom in $k \in \mathbb{N}_0$ höchstens vom Grad g bei P_n für alle $n > g$ ein lokal optimaler, erwartungstreuer Schätzer. Dabei ist d_g^* eindeutig durch das Polynom $f : \mathbb{N} \to \mathbb{R}$ in $n \in \mathbb{N}$ höchstens vom Grad g bestimmt aufgrund der Eindeutigkeitsaussage für lokal optimale, erwartungstreue

Schätzer und zwar zunächst auf $\{0, 1, \ldots, g+1\}$ (in bezug auf P_{g+1}) und schließlich auf $\mathbb{N}_0$ (in bezug auf P_n, $n \in \{g+2, g+3, \ldots\}$).

Das nachfolgende Beispiel nach einer Idee von L. Rüschendorf behandelt eine Version gleichmäßig bester äquivarianter, erwartungstreuer Schätzer in einem Fortsetzungsmodell, wobei diese stets lokal optimal und nur im deterministischen Fall, d. h. bei fast sicherer Konstanz, gleichmäßig beste, erwartungstreue Schätzer sind.

BEISPIEL: Lokal optimale, erwartungstreue Schätzer im Fortsetzungsmodell $(\Omega, \mathcal{S}, \mathcal{P})$ statistischer Raum mit $\mathcal{P} := \{P$ Wahrscheinlichkeitsmaß auf $\mathcal{S} : P|\mathcal{T} = P_0|\mathcal{T}$ und $P \ll P_0\}$, $\mathcal{T}$ Teil-σ-Algebra von $\mathcal{S}$ und P_0 Wahrscheinlichkeitsmaß auf $\mathcal{S}$. Dann ist $d^* := d - E_{P_0}(d|\mathcal{T})$ mit $d \in \bigcap_{P \in \mathcal{P}} \mathcal{L}_1(\Omega, \mathcal{S}, P) \cap \mathcal{L}_2(\Omega, \mathcal{S}, P_0)$ ein bei P_0 lokal optimaler, erwartungstreuer Schätzer. Gilt zusätzlich, daß $P_0|\mathcal{T}$ nicht $\{0, 1\}$-wertig ist, so ist d^* mit $d \in \bigcap_{P \in \mathcal{P}} \mathcal{L}_2(\Omega, \mathcal{S}, P)$ genau dann gleichmäßig bester, erwartungstreuer Schätzer, wenn d P_0-f.ü. mit einer $\mathcal{T}$-meßbaren Funktion übereinstimmt. Im Fall der $\{0, 1\}$-Wertigkeit von $P_0|\mathcal{T}$ ist d^* für jedes $d \in \bigcap_{P \in \mathcal{P}} \mathcal{L}_2(\Omega, \mathcal{S}, P)$ gleichmäßig bester, erwartungstreuer Schätzer.

BEGRÜNDUNG: Es wird zunächst gezeigt, daß $d_0 \in D_0(P_0)$ impliziert $d_0 = E_{P_0}(d_0|\mathcal{T})$ P_0-f.ü. Zu diesem Zweck beachtet man die Gültigkeit $\int d_0^+ dP = \int d_0^- dP$, $P \in \mathcal{P}$, und daß $P_+ \in \mathcal{P}$ zutrifft für $P_+(A) := \int_A \left(\frac{d_0^+}{E_{P_0}(d_0^+|\mathcal{T})} I_{\{E_{P_0}(d_0^+|\mathcal{T})>0\}} + I_{\{E_{P_0}(d_0^+|\mathcal{T})=0\}}\right) dP_0$, $A \in \mathcal{S}$, und analog $P_- \in \mathcal{P}$ gilt, wenn man d_0^+ durch d_0^- ersetzt mit $d_0^{\pm}$ als Positiv- bzw. Negativteil von $d_0 \in D_0(P_0)$. Aus $\int \frac{d_0^{+2}}{E_{P_0}(d_0^+|\mathcal{T})} I_{\{E_{P_0}(d_0^+|\mathcal{T})>0\}} dP_0 = \int_{\{E_{P_0}(d_0^+|\mathcal{T})>0\}} d_0^- dP_0 \leq \int d_0^- dP_0 = \int d_0^+ dP_0$ folgt, mit Hilfe der Ungleichung von Jensen für bedingte Erwartungswerte,

$$\int \frac{d_0^{+2}}{E_{P_0}(d_0^+|\mathcal{T})} I_{\{E_{P_0}(d_0^+|\mathcal{T})>0\}} dP_0 = \int \frac{E_{P_0}(d_0^{+2}|\mathcal{T})}{E_{P_0}(d_0^+|\mathcal{T})} I_{\{E_{P_0}(d_0^+|\mathcal{T})>0\}} dP_0$$

$$\geq \int E_{P_0}(d_0^+|\mathcal{T}) I_{\{E_{P_0}(d_0^+|\mathcal{T})>0\}} dP_0 = \int d_0^+ I_{\{E_{P_0}(d_0^+|\mathcal{T})>0\}} dP_0 = \int d_0^+ dP_0,$$

wenn man $\int d_0^+ I_{\{E_{P_0}(d_0^+|\mathcal{T})=0\}} dP_0 = 0$ beachtet. Daher trifft $d_0^+ = E_{P_0}(d_0^+|\mathcal{T})$ P_0-f.ü. auf $\{E_{P_0}(d_0^+|\mathcal{T}) > 0\}$ zu. Wegen $P_0(\{d_0^+ > 0\} \cap \{E_{P_0}(d_0^+|\mathcal{T}) = 0\}) = 0$ aufgrund von $\int d_0^+ I_{\{E_{P_0}(d_0^+|\mathcal{T})=0\}} dP_0 = 0$ ergibt sich schließlich $d_0^+ = E_{P_0}(d_0^+|\mathcal{T})$ P_0-f.ü., wobei $d_0^- = E_{P_0}(d_0^-|\mathcal{T})$ P_0-f.ü. analog durch die Betrachtung von P_- statt P_+ folgt, so daß also $d_0 = E_{P_0}(d_0|\mathcal{T})$ P_0-f.ü. für $d_0 \in D_0(P_0)$ folgt. Hieraus resultiert für $d^* := d - E_{P_0}(d|\mathcal{T}) \in \bigcap_{P \in \mathcal{P}} \mathcal{L}_1(\Omega, \mathcal{S}, P) \cap \mathcal{L}_2(\Omega, \mathcal{S}, P_0)$ (man beachte: $E_{P_0}(d|\mathcal{T}) = E_P(d|\mathcal{T})$, $P \in \mathcal{P}$) die Beziehung $\mathrm{Kov}_{P_0}(d^*, d_0) = E_{P_0}(dd_0) - E_{P_0}(d_0 E_{P_0}(d|\mathcal{T})) = E_{P_0}(dd_0) - E_{P_0}(E_{P_0}(d_0 d|\mathcal{T})) = E_{P_0}(dd_0) - E_{P_0}(dd_0) = 0$, so daß d^* ein bei P_0 lokal optimaler, erwartungstreuer Schätzer ist. Im Fall $d \in \bigcap_{P \in \mathcal{P}} \mathcal{L}_2(\Omega, \mathcal{S}, P)$ ist ferner $d^* := d - E_{P_0}(d|\mathcal{T}) \in \bigcap_{P \in \mathcal{P}} \mathcal{L}_2(\Omega, \mathcal{S}, P)$ genau dann gleichmäßig bester, erwartungstreuer Schätzer, wenn gilt $E_P(d^* d_0) = 0$ für alle $d_0 \in D_0$ und jedes $P \in \mathcal{P}$, also $E_P(d d_0) = E_P(d_0 E_{P_0}(d|\mathcal{T})) = E_{P_0}(\frac{dP}{dP_0} E_{P_0}(d d_0|\mathcal{T})) = E_{P_0}(d d_0)$, denn $E_{P_0}(\frac{dP}{dP_0}|\mathcal{T}) = \frac{d(P|\mathcal{T})}{d(P_0|\mathcal{T})} = 1$ P_0-f.ü. Also ist $d^* = d - E_{P_0}(d|\mathcal{T})$ genau dann gleichmäßig bester, erwartungstreuer Schätzer, wenn $E_{P_0}(d d_0) = E_P(d d_0)$, $P \in \mathcal{P}$, zutrifft. Also stimmt $d d_0$ P_0-f.ü. mit einer $\mathcal{T}$-meßbaren Funktion überein, falls d_0 zusätzlich beschränkt ist, da dann $d d_0 - E_{P_0}(d d_0) \in D_0(P_0)$ gilt. Schließlich impliziert die zusätzliche Annahme, daß $P_0|\mathcal{T}$ nicht $\{0, 1\}$-wertig ist, daß es ein $d_0 \in D_0$ beschränkt mit $d_0(\omega) \neq 0$, $\omega \in \Omega$, gibt, z. B. $d_0 := I_T - P_0(T)$ mit $T \in \mathcal{T}$ und $0 < P_0(T) < 1$. Also ergibt sich schließlich, daß d bereits P_0-f.ü. mit einer $\mathcal{T}$-meßbaren Funktion übereinstimmt, wenn $d^* = d - E_{P_0}(d|\mathcal{T})$ ein gleichmäßig bester, erwartungstreuer Schätzer ist. Im Fall der $\{0, 1\}$-Wertigkeit von $P_0|\mathcal{T}$ gilt $d_0 = 0$ P_0-f.ü. für jedes $d_0 \in D_0$, wegen $d_0 = E_{P_0}(d_0|\mathcal{T})$ P_0-f.ü., so daß $d^* = d - E_{P_0}(d|\mathcal{T})$ für jedes $d \in \bigcap_{P \in \mathcal{P}} \mathcal{L}_2(\Omega, \mathcal{S}, P)$ ein gleichmäßig bester, erwartungstreuer Schätzer ist.

BEMERKUNG: Bezeichnet $\mathcal{T}_n$ die Teil-σ-Algebra der lokationsinvarianten Borelschen Mengen des $\mathbb{R}^n$ und ist $P_0^n = P_0 \otimes \ldots \otimes P_0$ (n-mal) mit P_0 als stetiges Wahrscheinlichkeitsmaß auf $\mathcal{B}$, dann ist $P_0^n|\mathcal{T}_n$ nicht $\{0, 1\}$-wertig, denn andernfalls würde $P_0^n(T^{-1}(\{a\})) = 1$ für ein $a \in \mathbb{R}^{n-1}$ zutreffen, da $T : \mathbb{R}^n \to \mathbb{R}^{n-1}$, $T(x_1, \ldots, x_n) = (x_2 - x_1, \ldots, x_n - x_1)$, $(x_1, \ldots, x_n) \in \mathbb{R}^n$, die Teil-$\sigma$-Algebra $\mathcal{T}_n$ von $\mathcal{B}^n$ erzeugt, also $\mathcal{T}_n = T^{-1}(\mathcal{B}^n)$ gilt, so daß $\mathcal{T}_n$ insbesondere abzählbar erzeugt ist, wobei $T^{-1}(\{a\})$, $a \in \mathbb{R}^{n-1}$, die Atome von $\mathcal{T}_n$ sind. Insbesondere folgt aus $P_0^n(T^{-1}(\{a\})) = 1$ für ein $a \in \mathbb{R}$ der Widerspruch $1 = \int P_0(T^{-1}(\{a\})_{(x_2, \ldots, x_n)}) dP_0^{n-1}(x_2, \ldots, x_n) = 0$, wegen $P_0(T^{-1}(\{a\})_{(x_2, \ldots, x_n)}) = 0$, $(x_2, \ldots, x_n) \in \mathbb{R}^{n-1}$. Diese Schlußweise zeigt, daß man P_0^n durch $P_0 \otimes P_1$ ersetzen kann mit P_0 als stetiges Wahrscheinlichkeitsmaß auf $\mathcal{B}$ und P_1 als beliebiges Wahrscheinlichkeitsmaß auf $\mathcal{B}^{n-1}$.

Das Ziel ist nun unter der Annahme $P \ll P_0$ für alle $P \in \mathcal{P}$ mit $(\Omega, \mathcal{S}, \mathcal{P})$ als statistisches Experiment sowie $\frac{dP}{dP_0} \in \mathcal{L}_2(\Omega, \mathcal{S}, P_0)$, $P \in \mathcal{P}$, wobei $P_0 \in \mathcal{P}$ gelten soll, $D_\delta(P_0) \neq \emptyset$ für eine gegebene Parameterfunktion $\delta : \mathcal{P} \to \mathbb{R}$ zu charakterisieren, die Existenz eines bei P_0 lokal optimalen Schätzers $d^* \in D_\delta(P_0)$ im Fall $D_\delta(P_0) \neq \emptyset$ zu beweisen, die zugehörige Varianz $\text{Var}_{P_0}(d^*)$ zu berechnen und lokal optimale, erwartungstreue Schätzer ohne Vorgabe einer Parameterfunktion zu kennzeichnen bzw. bei Vorgabe einer Parameterfunktion δ die Existenz eines lokal optimalen, erwartungstreuen Schätzers für δ zu charakterisieren. Zu diesem Zweck werden, unter Berücksichtigung, daß $L_2(\Omega, \mathcal{S}, P_0)$ ein Hilbertraum mit dem Skalarprodukt $< f, g > = \int fg \, dP_0$, $f, g \in \mathcal{L}_2(\Omega, \mathcal{S}, P_0)$, ist, folgende funktional-analytische Aussagen über Hilberträume angewendet:

Bezeichnet H einen Hilbertraum mit Skalarprodukt $<, >$ und der zugehörigen Norm $\|x\| := \sqrt{< x, x >}$ von $x \in H$, so gilt:

1. Zu jedem stetigen, linearen Funktional $L : H \to \mathbb{R}$ (die Stetigkeit von L ist hier äquivalent mit $|L(x)| \leq K\|x\|$, $x \in H$, für ein $K > 0$) gibt es ein $y \in \mathbb{R}$ mit

$L(x) = < x, y >$, $x \in \mathbb{R}$ (Satz von Riesz).

2. Ist $\ell : U \to \mathbb{R}$ linear und stetig mit U als linearer Teilraum von H, dann gibt es ein lineares, stetiges Funktional $L : H \to \mathbb{R}$, so daß die Einschränkung $L|U$ von L auf U mit ℓ übereinstimmt (Satz von Hahn-Banach).

3. Ist A ein abgeschlossener, linearer Teilraum von H, dann gilt:

   (a) $H = A \oplus A^\perp$ mit $A^\perp$ als abgeschlossener Teilraum von H gemäß $A^\perp := \{b \in H : < a, b > = 0, \ a \in A\}$. Dabei bedeutet $H = A \oplus A^\perp$ die eindeutige Zerlegung von jedem $x \in H$ gemäß $x = x_1 + x_2$ mit $x_1 \in A$, $x_2 \in A^\perp$.

   (b) Zu $x_0 \in H \backslash A$ existiert ein stetiges, lineares Funktional $L : H \to \mathbb{R}$ mit $L(x_0) \neq 0$ und $L(a) = 0$, $a \in A$.

4. Ist $(x_n)_{n \in \mathbb{N}}$ eine normbeschränkte Folge von Elementen $x_n \in H$, $n \in \mathbb{N}$, d. h. $\|x_n\| \leq K$, $n \in \mathbb{N}$, für ein $K > 0$, dann gibt es eine Teilfolge $(x_{n_k})_{k \in \mathbb{N}}$ von $(x_n)_{n \in \mathbb{N}}$ und ein $x \in H$ mit $\lim_{k \to \infty} < x_{n_k}, y > = < x, y >$, $y \in H$ (Satz von Riesz).

5. Ist $(x_\alpha)_{\alpha \in D}$ ein Netz (verallgemeinerte Folge) von Elementen $x_\alpha \in H$ mit $\|x_\alpha\| \leq K$, $\alpha \in D$, für ein $K > 0$, d. h. D ist eine teilweise geordnete, nach oben gerichtete Menge, wobei zu $\alpha_1, \alpha_2 \in D$ ein $\alpha_3 \in D$ mit $\alpha_1, \alpha_2 \leq \alpha_3$ existiert (hier bezeichnet $\leq$ die teilweise Ordnung von D), dann gibt es ein Teilnetz (verallgemeinerte Teilfolge) $(x_{\alpha_\beta})_{\beta \in D}$ von $(x_\alpha)_{\alpha \in D}$ und ein $x \in H$ mit $\lim_\beta < x_{\alpha_\beta}, y > = < x, y >$, $y \in H$. Das bedeutet, daß es zu $\varepsilon > 0$ und $y \in H$ ein $\beta_0 \in D'$ gibt mit $| < x_{\alpha_\beta} - x, y > | \leq \varepsilon$, $\beta \geq \beta_0$, wobei D' eine teilweise geordnete, nach oben gerichtete Menge ist und jedem $\beta \in D'$ ein $\alpha_\beta \in D$ zugeordnet ist, derart daß es zu $\alpha_0 \in D$ ein $\beta_0 \in D'$ gibt mit $\alpha_\beta \geq \alpha_0$, $\beta \geq \beta_0$ (Satz von Alaoglu).

Kennzeichnung von $D_\delta(P_0) \neq \emptyset$

$(\Omega, \mathcal{S}, \mathcal{P})$ statistisches Experiment mit $P_0 \in \mathcal{P}$ und $P \ll P_0$ sowie $\frac{dP}{dP_0} \in \mathcal{L}_2(\Omega, \mathcal{S}, P)$, $P \in \mathcal{P}$. Dann trifft $D_\delta(P_0) \neq \emptyset$ für $\delta : \mathcal{P} \to \mathbb{R}$ zu genau dann, wenn gilt: Es gibt $K \geq 0$ mit $(\sum_{j=1}^n \alpha_j \delta(P_j))^2 \leq K E_{P_0}((\sum_{j=1}^n \alpha_j \frac{dP_j}{dP_0})^2)$ für $\alpha_j \in \mathbb{R}$, $P_j \in \mathcal{P}$, $j = 1, \ldots, n$, $n \in \mathbb{N}$.

BEGRÜNDUNG: Aus $d \in D_\delta(P_0)$ folgt mit Hilfe der Ungleichung von Cauchy-Schwarz $(\sum_{j=1}^n \alpha_j \delta(P_j))^2 \leq E_{P_0}(d^2) E_{P_0}((\sum_{j=1}^n \alpha_j \frac{dP_j}{dP_0})^2)$ für $\alpha_j \in \mathbb{R}$, $P_j \in \mathcal{P}$, $j = 1, \ldots, n$, $n \in \mathbb{N}$, und daher mit $K := E_{P_0}(d^2)$ die obige Ungleichung. Umgekehrt wird vermöge der obigen Ungleichung auf dem linearen Teilraum $U := \text{Lin}(\{\frac{dP}{dP_0} : P \in \mathcal{P}\})$ (linearen Hülle von $\frac{dP}{dP_0}$, $P \in \mathcal{P}$) von $\mathcal{L}_2(\Omega, \mathcal{S}, P_0)$ ein lineares Funktional ℓ gemäß $\ell(\sum_{j=1}^n \alpha_j \frac{dP_j}{dP_0}) := \sum_{j=1}^n \alpha_j \delta(P_j)$, $\alpha_j \in \mathbb{R}$, $P_j \in \mathcal{P}$, $j = 1, \ldots, n$, $n \in \mathbb{N}$, (wohl)definiert, das, wegen $|\ell(f)| \leq K(\int f^2 \, dP_0)^{1/2}$, $f \in \mathcal{L}_2(\Omega, \mathcal{S}, P_0)$, stetig ist. Nach dem Satz von Hahn-Banach ist daher ℓ zu einem stetigen, linearen Funktional $L : \mathcal{L}_2(\Omega, \mathcal{S}, P_0) \to \mathbb{R}$ fortsetzbar, wobei dieses nach dem Satz von Riesz für stetige, lineare Funktionale auf Hilberträumen die Darstellung $L(f) = \int f f_0 \, dP_0$, $f \in \mathcal{L}_2(\Omega, \mathcal{S}, P_0)$, für ein $f_0 \in \mathcal{L}_2(\Omega, \mathcal{S}, P_0)$ besitzt, so daß dann $d := f_0$ die verlangte Bedingung $d \in D_\delta(P_0)$ erfüllt, wegen $L(\frac{dP}{dP_0}) = E_P(f_0) = \ell(\frac{dP}{dP_0}) = \delta(P)$, $P \in \mathcal{P}$.

BEMERKUNG: Ist P_0 eine Cauchy-Verteilung, $\mathcal{P} = \{P_\vartheta : \vartheta \in \mathbb{R}\}$ mit $P_\vartheta(B) := P(B - \vartheta)$, $B \in \mathcal{B}$, $\vartheta \in \mathbb{R}$, so kann man mit Hilfe des obigen Resultats für $\delta : \mathcal{P} \to \mathbb{R}$, $\delta(P_\vartheta) := \vartheta$, $\vartheta \in \mathbb{R}$, zeigen $D_\delta(P_0) = \emptyset$.

Existenz lokal optimaler Schätzer für $\delta : \mathcal{P} \to \mathbb{R}$ mit $D_\delta(P_0) \neq \emptyset$

$(\Omega, \mathcal{S}, \mathcal{P})$ statistisches Experiment mit $P_0 \in \mathcal{P}$ und $P \ll P_0$ sowie $\frac{dP}{dP_0} \in \mathcal{L}_2(\Omega, \mathcal{S}, P_0)$, $P \in \mathcal{P}$. Dann gibt es zu $\delta : \mathcal{P} \to \mathbb{R}$ mit $D_\delta(P_0) \neq \emptyset$ einen bei P_0 lokal optimalen, erwartungstreuen Schätzer $d^* \in \bigcap_{P \in \mathcal{P}} \mathcal{L}_1(\Omega, \mathcal{S}, P) \cap \mathcal{L}_2(\Omega, \mathcal{S}, P_0)$ für δ.

BEGRÜNDUNG: Nach dem Satz von Riesz für normbeschränkte Folgen in Hilberträumen gibt es eine Folge $(d_n)_{n \in \mathbb{N}}$ mit $d_n \in D_\delta(P_0)$, $n \in \mathbb{N}$, $\int d_n f \, dP_0 \to \int d^* f \, dP_0$, $f \in \mathcal{L}_2(\Omega, \mathcal{S}, P_0)$, für $n \to \infty$ und für ein $d^* \in \mathcal{L}_2(\Omega, \mathcal{S}, P_0)$, so daß $\lim_{n \to \infty} \int d_n^2 \, dP_0 = \inf\{\int d^2 \, dP_0 : d \in D_\delta(P_0)\}$ zutrifft. Wegen $\int d^* \, dP = \int d^* \frac{dP}{dP_0} \, dP_0 = \lim_{n \to \infty} \int d_n \frac{dP}{dP_0} \, dP_0 = \delta(P)$, $P \in \mathcal{P}$, erhält man $d^* \in D_\delta(P_0)$. Ferner liefert die Ungleichung von Cauchy-Schwarz: $(\int d^{*2} \, dP_0)^2 = \lim_{n \to \infty} (\int d_n d^* \, dP_0)^2 \leq (\lim_{n \to \infty} \int d_n^2 \, dP_0) \int d^{*2} \, dP_0 = \int d^{*2} \, dP_0 \cdot \inf\{E_{P_0}(d^2) : d \in D_\delta(P_0)\}$, also $\int d^{*2} \, dP_0 \leq \inf\{E_{P_0}(d^2) : d \in D_\delta(P_0)\}$, wobei $\int d^{*2} \, dP_0 \geq \inf\{E_{P_0}(d^2) : d \in D_\delta(P_0)\}$ aus $d^* \in D_\delta(P_0)$ folgt.

Kennzeichnung lokal optimaler, erwartungstreuer Schätzer ohne Vorgabe einer Parameterfunktion und Charakterisierung der Nullschätzer

$(\Omega, \mathcal{S}, \mathcal{P})$ statistisches Experiment mit $P \ll P_0$ sowie $\frac{dP}{dP_0} \in \mathcal{L}_2(\Omega, \mathcal{S}, P_0)$, $P \in \mathcal{P}$. Dann ist die abgeschlossene, lineare Hülle $\overline{\text{Lin}}\{\frac{dP}{dP_0} : P \in \mathcal{P}\}$ bezüglich der Norm von $\mathcal{L}_2(\Omega, \mathcal{S}, P_0)$ identisch mit der Menge aller bei P_0 lokal optimalen, erwartungstreuen Schätzer. Ferner gilt $\mathcal{L}_2(\Omega, \mathcal{S}, P_0) = \overline{\text{Lin}}\{\frac{dP}{dP_0} : P \in \mathcal{P}\} \otimes (\overline{\text{Lin}}\{\frac{dP}{dP_0} : P \in \mathcal{P}\})^\perp$, wobei $(\overline{\text{Lin}}\{\frac{dP}{dP_0} : P \in \mathcal{P}\})^\perp$ die Menge der Nullschätzer $d_0 \in \bigcap_{P \in \mathcal{P}} \mathcal{L}_1(\Omega, \mathcal{S}, P) \cap \mathcal{L}_2(\Omega, \mathcal{S}, P_0)$, also $E_P(d_0) = 0$, $P \in \mathcal{P}$, ist.

BEGRÜNDUNG: Aus $E_P(d_0) = 0$, für $P \in \mathcal{P}$, für ein $d_0 \in \bigcap_{P \in \mathcal{P}} \mathcal{L}_1(\Omega, \mathcal{S}, P) \cap \mathcal{L}_2(\Omega, \mathcal{S}, P_0)$, folgt $E_{P_0}(\frac{dP}{dP_0} d_0) = 0$, $P \in \mathcal{P}$, so daß, wegen der Linearität und Abgeschlossenheit der bei P_0 lokal optimalen erwartungstreuen Schätzer, analog zu den gleichmäßig besten, erwartungstreuen Schätzern, jedes $d^* \in \overline{\text{Lin}}\{\frac{dP}{dP_0} : P \in \mathcal{P}\}$ ein bei P_0 lokal optimaler, erwartungstreuer Schätzer ist. Gäbe es einen bei P_0 lokal optimalen, erwartungstreuen Schätzer $d^* \notin \overline{\text{Lin}}\{\frac{dP}{dP_0} : P \in \mathcal{P}\}$, so existiert ein $f \in \mathcal{L}_2(\Omega, \mathcal{S}, P_0)$ mit $\int f d^* \, dP_0 \neq 0$ und $\int f \frac{dP}{dP_0} \, dP_0 = 0$, $P \in \mathcal{P}$, d. h. $f \in \bigcap_{P \in \mathcal{P}} \mathcal{L}_1(\Omega, \mathcal{S}, P) \cap \mathcal{L}_2(\Omega, \mathcal{S}, P_0)$ ist ein Nullschätzer, so daß d^*, wegen $E_{P_0}(f d^*) \neq 0$, nicht bei P_0 lokal optimal wäre. Schließlich folgt aus der Definition von $(\overline{\text{Lin}}\{\frac{dP}{dP_0} : P \in \mathcal{P}\})^\perp$, daß $(\overline{\text{Lin}}\{\frac{dP}{dP_0} : P \in \mathcal{P}\})^\perp = \{d \in \bigcap_{P \in \mathcal{P}} \mathcal{L}_1(\Omega, \mathcal{S}, P) \cap \mathcal{L}_2(\Omega, \mathcal{S}, P_0) :$

$E_P(d) = 0$, $P \in \mathcal{P}$} zutrifft, da $d_0 \in D_0(P_0)$ mit $E_{P_0}(d_0 \frac{dP}{dP_0}) = 0$, $P \in \mathcal{P}$, gleichwertig ist, wobei $\mathcal{L}_2(\Omega, \mathcal{S}, P_0) = \overline{\mathrm{Lin}}\{\frac{dP}{dP_0} : P \in \mathcal{P}_0\} \oplus (\overline{\mathrm{Lin}}\{\frac{dP}{dP_0} : P \in \mathcal{P}\})^\perp$ gilt.

Berechnung von $\mathrm{Var}_{P_0}(d^*)$ für bei P_0 lokal optimale, erwartungstreue Schätzer

Es sei $(\Omega, \mathcal{S}, \mathcal{P})$ ein statistisches Experiment mit $P \ll P_0$ sowie $\frac{dP}{dP_0} \in \mathcal{L}_2(\Omega, \mathcal{S}, P_0)$, $P \in \mathcal{P}$. Dann existiert eine Teilmenge $\mathcal{P}'$ von $\mathcal{P}$, so daß $\{\frac{dP'}{dP_0} : P' \in \mathcal{P}'\}$ P_0-f.ü. linear unabhängig ist, d. h. aus $\sum_{j=1}^n \alpha_j \frac{dP'_j}{dP_0} = 0$ P_0-f.ü. für $\alpha_j \in \mathbb{R}$, $P'_j \in \mathcal{P}$, $j = 1, \ldots, n$, $n \in \mathbb{N}$, folgt $\alpha_j = 0$, $j = 1, \ldots, n$, sowie $P_0 \in \mathcal{P}'$ und $\mathrm{Lin}\{\frac{dP'}{dP_0} : P' \in \mathcal{P}\} = \mathrm{Lin}\{\frac{dP}{dP_0} : P \in \mathcal{P}\}$ zutrifft. Ferner gilt für $\mathrm{Var}_{P_0}(d^*)$ mit $d^* \in \bigcap_{P \in \mathcal{P}} \mathcal{L}_1(\Omega, \mathcal{S}, P) \cap \mathcal{L}_2(\Omega, \mathcal{S}, P_0)$ als bei P_0 lokal optimaler, für $\delta : \mathcal{P} \to \mathbb{R}$ erwartungstreuer Schätzer:

$$
\begin{aligned}
&\mathrm{Var}_{P_0}(d^*) \\
&= \sup\{(\delta(P_1) - \delta(P_0), \ldots, \delta(P_n) - \delta(P_0)) \\
&\quad (\mathrm{Kov}_{P_0}(\frac{dP_i}{dP_0}, \frac{dP_j}{dP_0}))_{1 \le i,j \le n}^{-1} \begin{pmatrix} \delta(P_1) - \delta(P_0) \\ \vdots \\ \delta(P_n) - \delta(P_0) \end{pmatrix} \\
&\quad \text{mit} \quad P_1, \ldots, P_n \in \mathcal{P}', \ n \in \mathbb{N}\}.
\end{aligned}
$$

BEGRÜNDUNG: Man erhält $\mathcal{P}'$ nach dem Lemma von Zorn als maximale Menge bezüglich der Inklusion unter allen Teilmengen $\mathcal{Q}$ von $\mathcal{P}$ mit $P_0 \in \mathcal{Q}$, so daß $\{\frac{dP}{dP_0} : P \in \mathcal{Q}\}$ P_0-f.ü. linear unabhängig ist. Ferner gilt für einen bei P_0 lokal optimalen, für $\delta_E|E$ erwartungstreuen Schätzer d_E^* mit E als endliche Teilmenge $\{P_0, P_1, \ldots, P_n\}$ von $\mathcal{P}'$ und $\delta_E|E$ als Einschränkung von $\delta : \mathcal{P} \to \mathbb{R}$ auf E, nach den vorangehenden Überlegungen zur Kennzeichnung bei P_0 lokal optimaler Schätzer, $d_E^* \in \mathrm{Lin}\{P_0, P_1, \ldots, P_n\}$, so daß $d_E^* = \sum_{j=0}^n \alpha_j \frac{dP_j}{dP_0}$, mit $\alpha_i \in \mathbb{R}$, $i = 0, 1, \ldots, n$, und $\alpha_i \in \mathbb{R}$, $i = 0, 1, \ldots$, aus $E_{P_i}(d_E^*) = \delta(P_i)$, $i = 0, 1, \ldots, n$, bestimmbar ist. Es gilt nämlich $\sum_{i=0}^n \alpha_i \delta(P_i) = \sum_{j=0}^n \alpha_i E_{P_0}(\frac{dP_i}{dP_0} \cdot \frac{dP_j}{dP_0})$, $i = 0, 1, \ldots, n$, d. h.

$$
\left((E_{P_0}(\frac{dP_i}{dP_0} \cdot \frac{dP_j}{dP_0}))_{0 \le i,j \le n} - \begin{pmatrix} 1, \ldots, 1 \\ \vdots \quad \vdots \\ 1, \ldots, 1 \end{pmatrix} \right) \begin{pmatrix} \alpha_0 \\ \alpha_1 \\ \vdots \\ \alpha_n \end{pmatrix} = \begin{pmatrix} \delta(P_0) \\ \delta(P_1) \\ \vdots \\ \delta(P_n) \end{pmatrix} - \begin{pmatrix} \sum_{j=0}^n \alpha_j \\ \vdots \\ \sum_{j=0}^n \alpha_j \end{pmatrix},
$$

mit $\sum_{j=0}^n \alpha_j = \delta(P_0)$. Also:

$$
(\mathrm{Kov}_{P_0}(\frac{dP_i}{dP_0}, \frac{dP_j}{dP_0}))_{1 \le i,j \le n} \begin{pmatrix} \alpha_1 \\ \vdots \\ \alpha_n \end{pmatrix} = \begin{pmatrix} \delta(P_1) - \delta(P_0) \\ \vdots \\ \delta(P_n) - \delta(P_0) \end{pmatrix},
$$

wobei die Kovarianzmatrix $(\mathrm{Kov}_{P_0}(\frac{dP_i}{dP_0}, \frac{dP_j}{dP_0}))_{1 \le i,j \le n}$ genau dann positiv definit ist, wenn $\{\frac{dP_0}{dP_0}, \frac{dP_1}{dP_0}, \ldots, \frac{dP_n}{dP_0}\}$ P_0-f.ü. linear unabhängig ist, wegen $\mathrm{Var}_{P_0}(\sum_{j=0}^{n} \alpha_j \frac{dP_j}{dP_0}) =$

$$\sum_{1 \le i,j \le n} \alpha_i \alpha_j \, \mathrm{Kov}_{P_0}(\frac{dP_i}{dP_0}, \frac{dP_j}{dP_0}) = (\alpha_1, \ldots, \alpha_n) \, (\mathrm{Kov}_{P_0}(\frac{dP_i}{dP_0}, \frac{dP_j}{dP_0}))_{1 \le i,j \le n} \begin{pmatrix} \alpha_1 \\ \vdots \\ \alpha_n \end{pmatrix}$$

für beliebige $\alpha_0, \alpha_1, \ldots, \alpha_n \in \mathbb{R}$. Also gilt speziell für die obigen, unbekannten Koeffizienten

$$\alpha_1, \ldots, \alpha_n \in \mathbb{R}: \begin{pmatrix} \alpha_1 \\ \vdots \\ \alpha_n \end{pmatrix} = (\mathrm{Kov}_{P_0}(\frac{dP_i}{dP_0}, \frac{dP_j}{dP_0}))_{1 \le i,j \le n}^{-1} \begin{pmatrix} \delta(P_1) - \delta(P_0) \\ \vdots \\ \delta(P_n) - \delta(P_0) \end{pmatrix},$$

woraus

$$\mathrm{Var}_{P_0}(d_E^*) = (\delta(P_1) - \delta(P_0), \ldots, \delta(P_n) - \delta(P_0))$$
$$(\mathrm{Kov}_{P_0}(\frac{dP_i}{dP_0}, \frac{dP_j}{dP_0}))_{1 \le i,j \le n}^{-1} \begin{pmatrix} \delta(P_1) - \delta(P_0) \\ \vdots \\ \delta(P_n) - \delta(P_0) \end{pmatrix}$$

folgt. Ferner gilt $\mathrm{Var}_{P_0}(d^*) \le \sup\{\mathrm{Var}_{P_0}(d_E^*) : E$ endliche Teilmenge von $\mathcal{P}'$ mit $P_0 \in E\}$ für einen bei P_0 lokal optimalen, für δ erwartungstreuen Schätzer. Die Ungleichung $\mathrm{Var}_{P_0}(d^*) \ge \sup\{(\delta(P_1) - \delta(P_0), \ldots, \delta(P_n) - \delta(P_0))$ $(\mathrm{Kov}_{P_0}(\frac{dP_i}{dP_0}, \frac{dP_j}{dP_0}))_{1 \le i,j \le n}^{-1}(\delta(P_1) - \delta(P_0), \delta(P_n) - \delta(P_0)) : P_1, \ldots, P_n \in \mathcal{P}', n \in \mathbb{N}\}$ ergibt sich folgendermaßen: Es gibt eine Folge $(d_{E_n}^*)_{n=1,2,\ldots}$ mit E_n als endliche Teilmenge von $\mathcal{P}'$ sowie $P_0 \in E_n$, $n = 1, 2, \ldots$, und mit $d_{E_n}^*$ als bei P_0 lokal optimaler, erwartungstreuer Schätzer für $d|E_n$, so daß $\mathrm{Var}_{P_0}(d_{E_n}^*) \to \sup\{\mathrm{Var}_{P_0}(d_E^*) : d_E^*$ bei P_0 lokal optimaler, erwartungstreuer Schätzer für $\delta|E$, E endliche Teilmenge von $\mathcal{P}'$ mit $P_0 \in E\}$ für $n \to \infty$, wobei man aufgrund des Satzes von Riesz über normbeschränkte Folgen in Hilberträumen $\int d_{E_n}^* f \, dP_0 \to \int df \, dP_0$, $f \in \mathcal{L}_2(\Omega, \mathcal{S}, P_0)$, für $n \to \infty$ und ein $d \in \mathcal{L}_2(\Omega, \mathcal{S}, P_0)$ annehmen darf. Ferner kann man bei beliebiger endlicher Teilmenge E_0 von $\mathcal{P}'$ mit $P_0 \in E_0$ annehmen $E_0 \subset E_n$, da für $\mathrm{Var}_{P_0}(d_{E \cup E_n}^*) \ge \mathrm{Var}_{P_0}(d_{E_n}^*)$, $n = 1, 2, \ldots$, zutrifft. Daher gilt $d \in D_{\delta|E_0}(P_0)$, wobei im folgenden d_{E_0} statt d geschrieben wird. Ferner gilt $\int d_{E_n}^* d_{E_0} dP_0 \to \int d_E^2 dP_0$ für $n \to \infty$ und die Ungleichung von Cauchy-Schwarz liefert $\int d_{E_n}^* d_{E_0} dP_0 \ge (\int d_{E_n}^{*2} dP_0 \cdot \int d_{E_0}^2 dP_0)^{1/2}$, so daß sich, wegen $\int d_{E_n}^{*2} dP - \delta^2(P_0) \to \sup\{\int d_E^2 dP_0 : d_E$ bei P_0 lokal optimaler, erwartungstreuer Schätzer für $\delta|E$, E endliche Teilmenge von $\mathcal{P}'$ mit $P_0 \in E\} - \delta^2(P_0)$, die Ungleichung $\int d_{E_0}^2 dP_0 \ge \sup\{E_{P_0}(d_E^{*2}) : d_E^*$ bei P_0 lokal optimaler, erwartungstreuer Schätzer für $\delta|E$ mit E endliche Teilmenge von $\mathcal{P}'$ und $P_0 \in E\}$ ergibt. Also gilt $\mathrm{Var}_{P_0}(d_{E_0}) = \sup\{\mathrm{Var}_{P_0}(d_E^*) : d_E^*$ bei P_0 lokal optimaler, erwartungstreuer Schätzer für $\delta|E$ mit E als endlicher Teilmenge von $\mathcal{P}'$ sowie $P_0 \in E\}$. Schließlich gibt es zum Netz $(d_{E_0})_{E_0 \in \mathcal{E}}$ mit $\mathcal{E}$ als System aller endlichen Teilmengen E_0 von $\mathcal{P}'$ mit $P_0 \in E$, welches durch Inklusion teilweise geordnet ist, nach dem Satz von Alaoglu ein Teilnetz $(d_{E_\beta})_{\beta \in D}$ und ein $d_* \in \mathcal{L}_2(\Omega, \mathcal{S}, P_0)$ mit $\int d_{E_\beta} f \, dP_0 \to \int d_* f \, dP_0$, $f \in \mathcal{L}_2(\Omega, \mathcal{S}, P_0)$. Insbesondere gibt es zu jedem $E_0 \in \mathcal{E}$ ein $\beta_0 \in D'$ mit $E_0 \subset E_{\beta_0}$ für $\beta \geq \beta_0$, $\beta \in D'$, woraus mit $f \in D_0(P_0)$ folgt $d_* \in D_\delta(P_0)$, wegen $d_{E_0}^* \in D_{\delta|E_0}(P_0)$. Schließlich folgt aus der Ungleichung von Cauchy-Schwarz $\int d_{E_\beta} d_* dP_0 \geq (\int d_{E_\beta}^2 dP_0 \int d_*^2 dP_0)^{1/2}$ zusammen mit $\int d_{E_\beta}^2 dP_0 = \sup\{\int d_E^{*2} dP : d_E^*$ bei P_0 lokal optimaler, erwartungstreuer Schätzer für $\delta|E$, E endliche Teilmenge von $\mathcal{P}'$ und $P_0 \in E\}$, $\beta \in D'$, die Beziehung $\sup\{\int d_E^{*2} dP_0 : d_E^*$ bei P_0 lokal optimaler, erwartungstreuer Schätzer für $\delta|E$, E endliche Teilmenge von $\mathcal{P}'$ und $P_0 \in E\} \geq \int d_*^2 dP_0$. Ferner liefert $d_* \in D_\delta(P_0)$ die Ungleichung $\int d_*^2 dP_0 \geq \sup\{\int d_E^{*2} dP_0 : d_E^*$ bei P_0 lokal optimaler, erwartungstreuer Schätzer für $\delta|E$, E endliche Teilmenge von $\mathcal{P}'$ mit $P_0 \in E\}$ und damit die gewünschte Beziehung $\mathrm{Var}_{P_0}(d_*) = \sup\{\mathrm{Var}_{P_0}(d_E^*) : d_E^*$ bei P_0 lokal optimaler, erwartungstreuer Schätzer für $\delta|E$, E endliche Teilmenge von $\mathcal{P}'$ mit $P_0 \in E\}$. Schließlich ist d_* ein bei P_0 lokal optimaler, erwartungstreuer Schätzer für δ, wegen $\int d_{E_\beta} d_0 \, dP_0 \to \int d_* d_0 \, dP_0$ sowie $\int d_{E_\beta} d_0 \, dP_0 = 0$, $\beta \in D'$, $d_0 \in D_0(P_0)$.

Kennzeichnung der Existenz bei P_0 lokal optimaler, erwartungstreuer Schätzer bei Vorgabe einer Parameterfunktion

Es sei $(\Omega, \mathcal{S}, \mathcal{P})$ ein statistisches Experiment mit $P_0 \in \mathcal{P}$ und $P \ll P_0$ sowie $\frac{dP}{dP_0} \in \mathcal{L}_2(\Omega, \mathcal{S}, P_0)$, $P \in \mathcal{P}$. Dann gibt es zu $\delta : \mathcal{P} \to \mathbb{R}$ genau dann einen bei P_0 lokal optimalen, für δ erwartungstreuen Schätzer, wenn $\sup\{\mathrm{Var}_{P_0}(d_E^*) : E$ endliche Teilmenge von $\mathcal{P}'$ mit $P_0 \in E\} < \infty$ zutrifft mit d_E^* als bei P_0 lokal optimalen, für $\delta_E := \delta|E$ erwartungstreuen Schätzer.

BEGRÜNDUNG: Existiert ein bei P_0 lokal optimaler, für δ erwartungstreuer Schätzer d^*, so gilt $\infty > \mathrm{Var}_{P_0}(d^*) \geq \sup\{\mathrm{Var}_{P_0}(d_E^*) : E$ endliche Teilmenge von $\mathcal{P}'$ mit $P_0 \in E\}$. Umgekehrt folgt aus $\sup\{\mathrm{Var}_{P_0}(d_E^*) : E$ endliche Teilmenge von $\mathcal{P}'$ mit $P_0 \in E\} < \infty$ nach dem Satz von Alaoglu die Existenz eines Teilnetzes $(d_{E_\beta}^*)_{\beta \in D'}$ des Netzes $(d_E^*)_{E \in \mathcal{E}}$ mit $\mathcal{E} := \{E \subset \mathcal{P}' : E$ endlich, $P_0 \in E\}$ und der Inklusion als teilweise Ordnung, so daß $\lim_\beta \int d_{E_\beta}^* f \, dP_0 = \int d^* f \, dP_0$, $f \in \mathcal{L}_2(\Omega, \mathcal{S}, P_0)$ für ein $d^* \in \mathcal{L}_2(\Omega, \mathcal{S}, P_0)$ zutrifft. Dann impliziert die Eigenschaft von Teilnetzen, wonach es zu $E_0 \in \mathcal{E}$ ein $\beta_0 \in D'$ gibt mit $E_0 \subset E_\beta$, $\beta \geq \beta_0$, $\beta \in D'$, daß $d^* \in D_\delta(P_0)$ zutrifft, wegen $d_{E_\beta}^* \in D_{\delta_{E_\beta}}(P_0)$, $\beta \in D'$. Ferner folgt aus $E_{P_0}(d_{E_\beta}^* d_0) = 0$, $\beta \in D'$, für jeden Nullschätzer $d_0 \in \bigcap_{P \in \mathcal{P}} \mathcal{L}_1(\Omega, \mathcal{S}, P) \cap \mathcal{L}_2(\Omega, \mathcal{S}, P_0)$ die Beziehung $E_{P_0}(d^* d_0) = 0$, so daß d^* bei P_0 lokal optimal ist.

BEMERKUNG: Im Fall $\mathcal{P} = \{P_\vartheta^n : \vartheta \in \mathbb{R}\}$ mit $P_\vartheta^n = P_\vartheta \otimes \ldots \otimes P_\vartheta$ (n-mal) sowie $P_\vartheta(B) := P_0(B - \vartheta)$, $B \in \mathcal{B}$, $\vartheta \in \mathbb{R}$, und mit P_0 als Cauchy-Verteilung kann man zeigen $D_\delta(P_0) = \emptyset$ für $\delta : \mathcal{P} \to \mathbb{R}$ mit $\delta(P_\vartheta^n) := \vartheta^n$, $\vartheta \in \mathbb{R}$.

Die obigen Überlegungen zur Berechnung von $\mathrm{Var}_{P_0}(d^*)$ mit d^* als bei P_0 lokal optimaler, erwartungstreuer Schätzer für statistische Experimente $(\Omega, \mathcal{S}, \mathcal{P})$ mit $P_0 \in$

$\mathcal{P}$ und $P \ll P_0$ sowie $\frac{dP}{dP_0} \in \mathcal{L}_2(\Omega, \mathcal{S}, P)$, $P \in \mathcal{P}$, lieferten die Ungleichungen

$$\text{Var}_{P_0}(d) \geq (\delta(P_1) - \delta(P_0), \ldots, \delta(P_n) - \delta(P_0))$$

$$(\text{Kov}_{P_0}(\frac{dP_i}{dP_0}, \frac{dP_j}{dP_0}))^{-1}_{1 \leq i,j \leq n} \begin{pmatrix} \delta(P_1) - \delta(P_0) \\ \vdots \\ \delta(P_n) - \delta(P_0) \end{pmatrix}$$

mit $P_1, \ldots, P_n \in \mathcal{P}'$, $j \in \mathbb{N}$, für jeden Schätzer $d \in D_\delta(P_0)$. Insbesondere erhält man im Fall $n = 1$ die

Ungleichung von Chapman-Robbins:
Es seien P_0, P_1 Wahrscheinlichkeitsmaße auf einer σ-Algebra $\mathcal{S}$ über Ω mit $P_0 \neq P_1$, $P_1 \ll P_0$ und $\frac{dP_1}{dP_0} \in \mathcal{L}_2(\Omega, \mathcal{S}, P_0)$. Dann gilt für $d \in \mathcal{L}_2(\Omega, \mathcal{S}, P_0)$: $\text{Var}_{P_0}(d) \geq \frac{(E_{P_0}(d) - E_{P_1}(d))^2}{\text{Var}_{P_0}(\frac{dP_1}{dP_0})}$. Dabei trifft das Gleichheitszeichen genau dann zu, wenn gilt $d = \alpha_0 + \alpha_1 \frac{dP_1}{dP_0}$ P_0-f.ü. mit $\alpha_0 + \alpha_1 = E_{P_0}(d)$ und $\alpha_1 = (E_{P_1}(d) - E_{P_0}(d))/\text{Var}_{P_0}(\frac{dP_1}{dP_0})$. Aus der Ungleichung von Chapman-Robbins ergibt sich die

Ungleichung von Ibragimoff-Hasminskii:
P_j Wahrscheinlichkeitsmaße auf einer σ-Algebra $\mathcal{S}$ über Ω mit $P_j \ll \mu$, $j = 1, 2$, $P_1 \neq P_2$. Dann gilt für $d \in \bigcap_{j=1,2} \mathcal{L}_2(\Omega, \mathcal{S}, P_j)$: $\text{Var}_{\frac{1}{2}(P_1+P_2)}(d) \geq \frac{(E_{P_1}(d) - E_{P_2}(d))^2}{4 \int (\sqrt{\frac{dP_1}{d\mu}} - \sqrt{\frac{dP_2}{d\mu}})^2 d\mu}$.

BEGRÜNDUNG: Aus der Ungleichung von Chapman-Robbins folgt für $P_0 := \frac{1}{2}(P_1 + P_2)$ die Beziehung $\text{Var}_{\frac{1}{2}(P_1+P_2)}(d) \geq \frac{(E_{P_1}(d) - E_{P_2}(d))^2}{4 \text{Var}_{\frac{1}{2}(P_1+P_2)}(\frac{dP_1}{d\frac{1}{2}(P_1+P_2)})}$. Ferner gilt

$\text{Var}_{\frac{1}{2}(P_1+P_2)}(f_1/\frac{1}{2}(f_1 + f_2)) = \int (f_1^2/(\frac{1}{2}(f_1 + f_2))^2 - f_1/\frac{1}{2}(f_1 + f_2)) \frac{f_1+f_2}{2} d\mu = \int (f_1^2 - f_1 f_2)/(f_1 + f_2) d\mu$ mit $f_j := \frac{dP_j}{d\mu}$, $j = 1, 2$. Vertauscht man noch die Rolle von P_1 und P_2, so ergibt sich durch Addition der beiden entsprechenden Ungleichungen $\text{Var}_{\frac{1}{2}(P_1+P_2)}(d) \geq \frac{(E_{P_1}(d) - E_{P_2}(d))^2}{4 \int \frac{1}{2} \frac{(f_1-f_2)^2}{f_1+f_2} d\mu}$. Schließlich folgt aus $\frac{1}{2} \cdot \frac{(f_1-f_2)^2}{f_1+f_2} = \frac{1}{2} \cdot \frac{(\sqrt{f_1}+\sqrt{f_2})^2}{f_1+f_2} \cdot (\sqrt{f_1} - \sqrt{f_2})^2$ und $\frac{1}{2} \frac{\sqrt{f_1}+\sqrt{f_2}}{f_1+f_2} \leq 1$ die Ungleichung von Ibragimoff-Hasminskii.

Ferner läßt sich aus der Ungleichung von Chapman-Robbins die Ungleichung von Cramér-Rao für reguläre statistische Experimente herleiten. Dabei heißt ein statistisches Experiment $(\Omega, \mathcal{S}, \mathcal{P})$ mit $\mathcal{P} = \{P_\vartheta : \vartheta \in \Theta \subset \mathbb{R}\}$ und $P_\vartheta \ll \mu$ für ein σ-endliches Maß μ auf $\mathcal{S}$ regulär, wenn $P_{\vartheta_1} \neq P_{\vartheta_2}$ für $\vartheta_1 \neq \vartheta_2$, $\vartheta_j \in \Theta$, $j = 1, 2$, gilt und es zu jedem $\vartheta_0 \in \Theta$ ein $\varepsilon > 0$ gibt, so daß $U_\varepsilon(\vartheta_0) := (\vartheta_0 - \varepsilon, \vartheta_0] \subset \Theta$ oder $U_\varepsilon(\vartheta_0) := [\vartheta_0, \vartheta_0 + \varepsilon) \subset \Theta$ zutrifft derart, daß für alle $\vartheta_1, \vartheta_2 \in U_\varepsilon(\vartheta_0)$, $\vartheta_1 \neq \vartheta_2$, mit $p_\vartheta := \frac{dP_\vartheta}{d\mu}$, $\vartheta \in \Theta$, gilt:

1. $p_{\vartheta_1}/p_{\vartheta_0} \in \mathcal{L}_2(\Omega, \mathcal{S}, P_{\vartheta_0})$,

2. $|\frac{p_{\vartheta_1} - p_{\vartheta_2}}{\vartheta_1 - \vartheta_2}| \leq f \in \mathcal{L}_2(\Omega, \mathcal{S}, P_{\vartheta_0})$,

3. p'_{ϑ_j}, $j = 1, 2$, existiert und $|\frac{p'_{\vartheta_1} - p'_{\vartheta_2}}{\vartheta_1 - \vartheta_2}| \leq g \in \mathcal{L}_2(\Omega, \mathcal{S}, P_{\vartheta_0})$,

4. $\frac{1}{\sqrt{p_{\vartheta_1}}}|\frac{p_{\vartheta_1} - p_{\vartheta_2}}{\vartheta_1 - \vartheta_2}| \leq h \in \mathcal{L}_2(\Omega, \mathcal{S}, P_{\vartheta_0})$,

5. $\vartheta_j \to p'_{\vartheta_j}$ ist in ϑ_j, $j = 1, 2$, stetig,

6. $\{p_{\vartheta_j} = 0\} \subset N$, $j = 1, 2$, für eine μ-Nullmenge N.

FOLGERUNG: Unter den Voraussetzungen 1. bis 6. sind die folgenden reellwertigen Funktionen auf $U_\varepsilon(\vartheta_0)$ stetig:
$\vartheta \to E_{P_\vartheta}(d)$, $\vartheta \to E'_{P_\vartheta}(d)$ für $d \in \bigcap_{\vartheta \in U_\varepsilon(\vartheta_0)} \mathcal{L}_2(\Omega, \mathcal{S}, P_\vartheta)$, $\vartheta \to I(\vartheta) :=$
$E_{P_\vartheta}((\ell n\, p_\vartheta)'^2)$ (Fischersche Information). Dabei gilt $I(\vartheta) = \int \frac{(p'_\vartheta)^2}{p_\vartheta} d\mu = 4 \int (\sqrt{p_\vartheta})'^2 d\mu$.
Unter der zusätzlichen Annahme, daß p''_ϑ, $\vartheta \in U_\varepsilon(\vartheta_0)$ existiert, trifft ferner $I(\vartheta) = -E_{P_\vartheta}((\ell n\, p_\vartheta)'')$, $\vartheta \in U_\varepsilon(\vartheta_0)$, zu.

Es sind nunmehr alle Voraussetzungen getroffen worden, um aus der Ungleichung von Chapman-Robbins die Ungleichung von Cramér-Rao herzuleiten.

Ungleichung von Cramér-Rao:
Es sei $(\Omega, \mathcal{S}, \mathcal{P})$ mit $\mathcal{P} = \{P_\vartheta : \vartheta \in \Theta \subset \mathbb{R}\}$ ein reguläres, statistisches Experiment. Dann gilt für jedes $d \in \mathcal{L}_2(\Omega, \mathcal{S}, P_{\vartheta_0})$ mit $\vartheta_0 \in \Theta$ die Ungleichung $\mathrm{Var}_{P_{\vartheta_0}}(d) \geq (E'_{P_{\vartheta_0}}(d))^2 / I(\vartheta_0)$ mit $I(\vartheta_0) := \mathrm{Var}_{P_{\vartheta_0}}((\ell n \frac{dP_{\vartheta_0}}{d\mu})')$, wobei $0 < I(\vartheta_0) < \infty$ zutrifft.

BEGRÜNDUNG: Nach der Ungleichung von Chapman und Robbins gilt
$\mathrm{Var}_{P_{\vartheta_0}}(d) \geq \frac{(E_{P_{\vartheta_0}}(d) - E_{P_\vartheta}(d))^2}{\mathrm{Var}_{P_{\vartheta_0}}(\frac{dP_\vartheta}{d\mu}/\frac{dP_{\vartheta_0}}{d\mu})}$ für $\vartheta \in \Theta$. Aus

$$\mathrm{Var}_{P_{\vartheta_0}}(\frac{dP_\vartheta}{d\mu}/\frac{dP_{\vartheta_0}}{d\mu}(\vartheta - \vartheta_0)) = E_{P_{\vartheta_0}}((\frac{dP_\vartheta}{d\mu}/\frac{dP_{\vartheta_0}}{d\mu} - 1)^2/(\vartheta - \vartheta_0)^2)$$
$$= E_{P_{\vartheta_0}}([(\frac{dP_\vartheta}{d\mu} - \frac{dP_{\vartheta_0}}{d\mu})/\frac{dP_{\vartheta_0}}{d\mu}(\vartheta - \vartheta_0)]^2) \to E_{P_{\vartheta_0}}((\ell n\frac{dP_{\vartheta_0}}{d\mu})'^2)$$

für $\vartheta \to \vartheta_0$ folgt, wegen $E_{P_{\vartheta_0}}((\ell n\frac{dP_{\vartheta_0}}{d\mu})') > 0$ die Behauptung, wenn man beachtet, daß $I(\vartheta_0) = 0$ impliziert, daß P_{ϑ_0} eine Diracverteilung ist, so daß, wegen $\{\frac{dP_{\vartheta_j}}{d\mu} = 0\} \subset N$, $j = 0, 1$, mit $\vartheta_1 \in U_\varepsilon(\vartheta_0)$ und $\mu(N) = 0$ folgt $P_{\vartheta_1} = P_{\vartheta_0}$, also der Widerspruch $\vartheta_1 = \vartheta_0$.

BEMERKUNG:

1. Wegen $(\sqrt{\frac{dP_\vartheta}{d\mu}})'^2 = (\frac{1}{2}(\frac{dP_{\vartheta_0}}{d\mu})'/\sqrt{\frac{dP_{\vartheta_0}}{d\mu}})^2$ gilt auch $I(\vartheta_0) = 4\int(\sqrt{\frac{dP_{\vartheta_0}}{d\mu}})'^2 d\mu$.

Unter der zusätzlichen Annahme, daß $(\frac{dP_{\vartheta_0}}{d\mu})''$ existiert, erhält man wegen $(\ell n \frac{dP_{\vartheta_0}}{d\mu})'' = (\frac{dP_{\vartheta_0}}{d\mu})''/\frac{dP_{\vartheta_0}}{d\mu} - ((\frac{dP_{\vartheta_0}}{d\mu})'/(\frac{dP_{\vartheta_0}}{d\mu}))^2$ die Beziehung $-E_{P_{\vartheta_0}}((\ell n \frac{dP_{\vartheta_0}}{d\mu})'')$
$= I(\vartheta_0)$, wegen $E_{P_{\vartheta_0}}((\frac{dP_{\vartheta_0}}{d\mu})''/\frac{dP_{\vartheta_0}}{d\mu}) = 0$.

2. Man kann die Ungleichung von Cramér-Rao auch folgendermaßen mit Hilfe der Ungleichung von Cauchy-Schwarz beweisen: $\mathrm{Var}_{P_{\vartheta_0}}(d)\,\mathrm{Var}_{P_{\vartheta_0}}((\frac{dP_{\vartheta_0}}{d\mu})'/\frac{dP_{\vartheta_0}}{d\mu})) \geq$
$\mathrm{Kov}^2_{P_{\vartheta_0}}(d, (\frac{dP_{\vartheta_0}}{d\mu})'/\frac{dP_{\vartheta_0}}{d\mu}) = (\int d(\frac{dP_{\vartheta_0}}{d\mu})'d\mu - E_{P_{\vartheta_0}}(d)E_{P_{\vartheta_0}}((\frac{dP_{\vartheta_0}}{d\mu})'/\frac{dP_{\vartheta_0}}{d\mu}))^2 =$
$(E_{P'_{\vartheta_0}}(d))^2$, wegen $\int(\frac{dP_{\vartheta_0}}{d\mu})'d\mu = 0$. Insbesondere gilt also in der Ungleichung von Cramér-Rao das Gleichheitszeichen genau dann, wenn es $\alpha, \beta \in \mathbb{R}$ mit $\alpha^2 + \beta^2 > 0$ und $\alpha(d - E_{P_{\vartheta_0}}(d)) + \beta(\frac{dP_{\vartheta_0}}{d\mu})'/\frac{dP_{\vartheta_0}}{d\mu} = 0$ P_{ϑ_0}-f.ü. gibt, woraus, wegen $I(\vartheta_0) > 0$, folgt $\alpha \neq 0$. Also trifft $d = E_{P_\vartheta}(d) + \gamma_{\vartheta_0}(\frac{dP_{\vartheta_0}}{d\mu})'/\frac{dP_{\vartheta_0}}{d\mu}$ mit $\gamma_{\vartheta_0} = \pm(\frac{\mathrm{Var}_{P_{\vartheta_0}}(d)}{I(\vartheta_0)})^{1/2}$, wegen $\mathrm{Var}_{P_{\vartheta_0}}(d) = \gamma^2_{\vartheta_0}I(\vartheta_0) = \frac{(E'_{\vartheta_0}(d))^2}{I(\vartheta_0)}$ zu, falls in der Ungleichung von Cramér-Rao für $\vartheta_0 \in \Theta$ das Gleichheitszeichen gilt. Trifft dies für jedes $\vartheta \in \Theta$ zu, so gilt insbesondere $\gamma_\vartheta = (\mathrm{Var}_{P_\vartheta}(d)/I(\vartheta))^{1/2}$, $\vartheta \in \Theta$, bzw. $\gamma_\vartheta = -(\mathrm{Var}_{P_\vartheta}(d)/I(\vartheta))^{1/2}$, $\vartheta \in \Theta$, da sonst $\mathrm{Var}_{P_{\vartheta_0}}(d) = 0$ für ein $\vartheta_0 \in \Theta$ gelten würde, also $d = E_{P_{\vartheta_0}}(d)$ P_{ϑ_0}-f.ü., so daß unter der zusätzlichen Annahme, daß es kein $\vartheta_0 \in \Theta$ gibt mit $d = c$ P_{ϑ_0}-f.ü. für ein $c \in \mathbb{R}$, gilt: $(\frac{dP_\vartheta}{d\mu})'/\frac{dP_\vartheta}{d\mu} = \frac{1}{\gamma_\vartheta}(d - E_{P_\vartheta}(d))$ μ-f.ü., da P_ϑ und μ dasselbe Nullmengensystem für jedes $\vartheta \in \Theta$ besitzen. Ferner läßt sich die entsprechende Ausnahmenullmenge für die Gültigkeit der letzten Gleichung unabhängig von $\vartheta \in \Theta$ wählen, da, wegen der Stetigkeit von $\vartheta \to (\frac{dP_\vartheta}{d\mu})'$, $\vartheta \in \Theta$, die Menge $\bigcup_{\vartheta \in \Theta \cap \mathbb{Q}} N_\vartheta$ eine von $\vartheta \in \Theta$ unabhängige Ausnahmenullmenge ist, wobei N_ϑ, $\vartheta \in \Theta$, die jeweils von $\vartheta \in \Theta$ abhängende Ausnahmenullmenge bezeichnet. Hieraus resultiert $\ell n \frac{dP_\vartheta}{d\mu} - \ell n \frac{dP_{\vartheta_0}}{d\mu} = \zeta(\vartheta)d - \int_{\vartheta_0}^\vartheta E_{P_{\tilde\vartheta}}(d)/\gamma_{\tilde\vartheta}d\tilde\vartheta$ μ-f.ü., also $\frac{dP_\vartheta}{d\mu} = C(\vartheta)e^{\zeta(\vartheta)d}h$ μ-f.ü., $\vartheta \in \Theta$, mit $\zeta(\vartheta) := \int_{\vartheta_0}^\vartheta(1/\gamma_{\tilde\vartheta})d\tilde\vartheta$ und $C(\vartheta) := \exp(-\int_{\vartheta_0}^\vartheta E_{P_{\tilde\vartheta}}(d)/\gamma_{\tilde\vartheta}d\tilde\vartheta)$, $\vartheta \in \Theta$, $h := \frac{dP_{\vartheta_0}}{d\mu}$. Dabei kann man die Funktionen ζ, C und h, $\vartheta_0 \in \Theta$ unabhängig von $\vartheta \in \Theta$ wählen, wenn Θ ein Intervall von $\mathbb{R}$ ist, welches nicht einelementig ist.

Die obige Diskussion der Gültigkeit des Gleichheitszeichens in der Ungleichung von Cramér-Rao motiviert die besondere Rolle einparametrischer Exponentialfamilien.

Einparametrische Exponentialfamilien

S σ-Algebra über Ω, $\{P_\vartheta : P_\vartheta$ Wahrscheinlichkeitsmaß auf S, $\vartheta \in \Theta \subset \mathbb{R}\}$ mit $P_{\vartheta_1} \neq P_{\vartheta_2}$ für $\vartheta_1 \neq \vartheta_2$, $\vartheta_j \in \Theta$, $j = 1, 2$, und $P_\vartheta \ll \mu$ mit μ als σ-endliches Maß auf S heißt einparametrische Exponentialfamilie in $\zeta : \Theta \to \mathbb{R}$ und $T : \Omega \to \mathbb{R}$ S-meßbar, falls gilt $\frac{dP_\vartheta}{d\mu} = C(\vartheta)e^{\zeta(\vartheta)T}h$ μ-f.ü., $\vartheta \in \Theta$, mit $C : \Theta \to (0, \infty)$ und $h : \Omega \to \mathbb{R}$ S-meßbar.

BEMERKUNG: Wählt man $\zeta := \zeta(\vartheta) \in \mathcal{Z} \subset \mathbb{R}$ ($\vartheta \in \Theta$) als neuen Parameter, so gilt $\frac{dP_\zeta}{d\mu} = C(\zeta)e^{\zeta T}h$ μ-f.ü., $\zeta \in \mathcal{Z}$, und $(\Omega, \mathcal{S}, \mathcal{P})$ mit $\mathcal{P} = \{P_\zeta : \zeta \in \overset{\circ}{\mathcal{Z}}\}$ und mit $\overset{\circ}{\mathcal{Z}}$ als Menge der inneren Punkte von $\mathcal{Z}$, so liegt ein reguläres statistisches Experiment vor, wobei insbesondere für $d \in \bigcap_{\zeta \in \overset{\circ}{\mathcal{Z}}} \mathcal{L}_1(\Omega, \mathcal{S}, P_\zeta)$ gilt: $\frac{d^k}{d\zeta^k}(E_{P_\zeta}(d)) = \int d \frac{d^k}{d\zeta^k}(\frac{dP_\zeta}{d\mu})d\mu$, $\zeta \in \overset{\circ}{\mathcal{Z}}$, denn im Fall $k = 1$ trifft zu:

$$\left|\frac{e^{(\zeta+h)T} - e^{\zeta T}}{h}\right| \le e^{\zeta T} \sum_{k=1}^{\infty} \frac{|h|^{k-1}|T|^k}{k!}$$

$$\le e^{\zeta T} \cdot \frac{e^{\delta|T|}}{\delta} \le e^{\zeta T} \cdot \frac{e^{\delta T} + e^{-\delta T}}{\delta} = \frac{e^{(\zeta+\delta)T} + e^{(\zeta-\delta)T}}{\delta}$$

mit $|h| < \delta > 0$ und $\zeta \pm \delta \in \mathcal{Z}$. Der Satz von der majorisierten Konvergenz liefert $\frac{d}{d\zeta}(E_{P_\zeta}(d)) = \int d\frac{d}{d\zeta}(\frac{dP_\zeta}{d\mu})d\mu$. Der allgemeine Fall ergibt sich durch Induktion nach $k \in \mathbb{N}$.

FOLGERUNG: Die (zentralen) Momente von T, also $\mu_k(\zeta) := E_{P_\zeta}((T - E_{P_\zeta}(T))^k)$, $\zeta \in \overset{\circ}{\mathcal{Z}}$, $k \in \mathbb{N}$, erfüllen die rekursive Beziehung $\mu_{k+1}(\zeta) = \frac{d}{d\zeta}\mu_k(\zeta) + k\mu_{k-1}(\zeta)\mu_2(\zeta), \zeta \in \overset{\circ}{\mathcal{Z}}$, $k \in \mathbb{N}$, wobei insbesondere $\text{Var}_{P_\zeta}(T) = \frac{d}{d\zeta}E_\zeta(T)$, $E_\zeta(T) = -\frac{d}{d\zeta}(\ell n\, C(\zeta))$ und $E_{P_\zeta}((T - E_{P_\zeta}(T))^3) = \frac{d^2}{d\zeta^2}(E_{P_\zeta}(T))$ zutrifft. Ferner gilt $I(\zeta) = \text{Var}_{P_\zeta}(T)$, wegen $I(\zeta) = E_{P_\zeta}(-\frac{d^2}{d\zeta^2}\ell n\frac{dP_\zeta}{d\mu})$.

BEMERKUNG: P_{ζ_1} und P_{ζ_2} haben für $\zeta_j \in \mathcal{Z}$, $j = 1, 2$, dasselbe Nullmengensystem, so daß eine Menge von Rechteckverteilungen keine einparametrische Exponentialfamilie darstellt.

Beispiele für einparametrische Exponentialfamilien

1. $\Omega = \{0, 1\}^n$, $\mathcal{S} := \mathcal{P}(\Omega)$, $\mathcal{P} = \{P_p : p \in (0, 1)\}$ mit $P_p(\{(x_1, \ldots, x_n)\}) = p^{\sum_{j=1}^n x_j}(1 - p)^{n - \sum_{j=1}^n x_j}$, $(x_1, \ldots, x_n) \in \{0, 1\}^n$, $p \in (0, 1)$, also $\frac{dP_p}{d\mu}(x_1, \ldots, x_n) = (1 - p)^n e^{(\ell n(\frac{p}{1-p}))\sum_{j=1}^n x_j}$, $(x_1, \ldots, x_n) \in \{0, 1\}^n$, μ Zählmaß auf $\mathcal{P}(\Omega)$, $\zeta := \ell n\frac{p}{1-p}, C(\zeta) = (1 - p)^n = (\frac{1}{1+e^\zeta})^n$, $\zeta \in \mathcal{Z} := \mathbb{R}$, $T : \{0, 1\}^n \to \mathbb{R}$, $T(x_1, \ldots, x_n) := \sum_{j=1}^n x_j, (x_1, \ldots, x_n) \in \{0, 1\}^n$, $h(x_1, \ldots, x_n) = 1$, $(x_1, \ldots, x_n) \in \{0, 1\}^n$. In der ursprünglichen Parametrisierung gilt mit $\vartheta := p \in (0, 1)$, $\vartheta \in \Theta := (0, 1)$: $-(\ell n\frac{dP_\vartheta}{d\mu}(x_1, \ldots, x_n))'' = \frac{\sum_{j=1}^n x_j}{\vartheta^2} + \frac{n - \sum_{j=1}^n x_j}{(1-\vartheta)^2}$, $(x_1, \ldots, x_n) \in \{0, 1\}^n$, also $I(\vartheta) = -E_{P_\vartheta}((\ell n\frac{dP_\vartheta}{d\mu})'') = \frac{n\vartheta}{\vartheta^2} + \frac{n(1-\vartheta)}{(1-\vartheta)^2} = \frac{n}{\vartheta(1-\vartheta)}$, $\vartheta \in \Theta$, so daß mit $d : \mathbb{R}^n \to \mathbb{R}$, $d(x_1, \ldots, x_n) := \frac{1}{n}\sum_{j=1}^n x_j$, $(x_1, \ldots, x_n) \in \{0, 1\}^n$, wegen $\text{Var}_{P_\vartheta}(d) = \frac{\vartheta(1-\vartheta)}{n}$ das Gleichheitszeichen in der Ungleichung von Cramér-Rao

für alle $\vartheta \in \Theta$ gilt.

2. $\Omega := \mathbb{R}^n$, $\mathcal{S} := \mathcal{B}^n$, $\mu := \lambda^n$, $\frac{dP_\vartheta}{d\mu}(x_1, \ldots, x_n) = \frac{1}{(\sqrt{2\pi}\sigma)^2} \exp(-\sum_{j=1}^n (x_j - \tilde{\mu})^2/2\sigma^2)$, $(x_1, \ldots, x_n) \in \mathbb{R}^n$, $\vartheta := \tilde{\mu} \in \Theta := \mathbb{R}^n$, $\sigma^2 > 0$ fest. Dann gilt $-(\ln\frac{dP_\vartheta}{d\mu}(x_1, \ldots, x_n))'' = \frac{n}{\sigma^2}$, $\vartheta \in \Theta$, also $I(\vartheta) = \frac{n}{\sigma^2}$, so daß, wegen $\text{Var}_{P_\vartheta}(d) = \frac{\sigma^2}{n}$, $\vartheta \in \Theta$, mit $d : \mathbb{R}^n \to \mathbb{R}$, $d(x_1, \ldots, x_n) = \frac{1}{n}\sum_{j=1}^n x_j$, $(x_1, \ldots, x_n) \in \mathbb{R}^n$, für jedes $\vartheta \in \Theta$ das Gleichheitszeichen in der Ungleichung von Cramér-Rao gilt. Ferner liegt, wegen $\frac{dP_\vartheta}{d\mu}(x_1, \ldots, x_n) = \frac{e^{-\frac{n\vartheta^2}{2\sigma^2}}}{(\sqrt{2\pi}\sigma)^n} e^{\frac{\vartheta}{\sigma^2}\sum_{j=1}^n x_j} e^{-\frac{1}{2\sigma^2}\sum_{j=1}^n x_j^2}$, $(x_1, \ldots, x_n) \in \mathbb{R}^n$, eine einparametrische Exponentialfamilie vor mit $\zeta := \frac{\vartheta}{\sigma^2} \in \mathcal{Z} := \mathbb{R}$, $C(\zeta) = \frac{1}{(\sqrt{2\pi}\sigma)^n} e^{-\frac{n\vartheta^2}{2\sigma^2}}$, $T : \mathbb{R}^n \to \mathbb{R}$, $T(x_1, \ldots, x_n) = \sum_{j=1}^n x_j$, $(x_1, \ldots, x_n) \in \mathbb{R}^n$, $h : \mathbb{R}^n \to \mathbb{R}$, $h(x_1, \ldots, x_n) = e^{-\frac{1}{2\sigma^2}\sum_{j=1}^n x_j^2}$, $(x_1, \ldots, x_n) \in \mathbb{R}^n$. Wählt man in diesem Beispiel bei festem $\tilde{\mu} \in \mathbb{R}$ für den Parameter $\vartheta = \sigma^2 \in \Theta := \{x \in \mathbb{R} : x > 0\}$, so gilt: $-(\ln p_\vartheta(x_1, \ldots, x_n))'' = -\frac{n}{2}\frac{1}{\vartheta^2} + \frac{1}{\vartheta^3}\sum_{j=1}^n (x_j - \tilde{\mu})^2$, so daß $I(\vartheta) = -\frac{1}{2}\frac{n}{\vartheta^2} + \frac{n\vartheta}{\vartheta^3} = \frac{1}{2}\frac{n}{\vartheta^2}$, $\vartheta \in \Theta$, zutrifft. Allerdings gilt mit $d : \mathbb{R}^n \to \mathbb{R}$, $d(x_1, \ldots, x_n) := \frac{1}{n-1}\sum_{j=1}^n (x_j - \frac{\sum_{i=1}^n x_i}{n})^2$, $(x_1, \ldots, x_n) \in \mathbb{R}^n$, nicht $\text{Var}_{P_\vartheta}(d) = \frac{1}{I(\vartheta)}$, denn sind $X_1, \ldots, X_n$ stochastisch unabhängige, identisch verteilte Zufallsgrößen (unter P) mit $E_P(X_1^4) < \infty$, so trifft $\text{Var}_P(d \circ (X_1, \ldots, X_n)) = \frac{1}{n}(E_P((X_1 - E_P(X_1))^4) - \frac{n-3}{n-1}\text{Var}_P^2(X_1))$ zu, woraus im Fall P^{X_1} als $\mathcal{N}(\tilde{\mu}, \sigma^2)$-Verteilung $\text{Var}_{P_\vartheta}(d \circ (X_1, \ldots, X_n)) = \frac{2}{n-1}\vartheta^2$, $\vartheta \in \Theta$ folgt, wegen $E_{P_\vartheta}((X_1 - E_{P_\vartheta}(X_1))^4) = 3\,\text{Var}_{P_\vartheta}(X_1)$, $\vartheta \in \Theta$. Ferner gilt hier $E_{P_\vartheta}((\frac{n}{n-1}d \circ (X_1, \ldots, X_n) - \vartheta)^2) = (\frac{2}{n} - \frac{1}{n^2})\vartheta^2 < \frac{2}{n-1}\vartheta^2$, $\vartheta \in \Theta$.

Insbesondere ist die Stichprobenstreuung bei Beobachtungen als Realisierungen von stochastisch unabhängigen, identisch verteilten Zufallsgrößen mit einer $\mathcal{N}(\mu, \sigma^2)$-Verteilung für $\vartheta := \sigma^2$ bei festem $\mu \in \mathbb{R}$ nicht zulässig, gemäß der folgenden Begriffsbildung:

Zulässigkeit von Schätzern

Es sei $(\Omega, \mathcal{S}, \mathcal{P})$ mit $\mathcal{P} := \{P_\vartheta : \vartheta \in \Theta \subset \mathbb{R}\}$ ein statistisches Experiment. Dann heißt $d^* \in \bigcap_{\vartheta \in \Theta} \mathcal{L}_2(\Omega, \mathcal{S}, P_\vartheta)$ nicht zulässig für $\vartheta \in \Theta$, falls $E_{P_\vartheta}((d^* - \vartheta)^2) \geq E_{P_\vartheta}((d - \vartheta)^2)$, $\vartheta \in \Theta$, für ein $d \in \bigcap_{\vartheta \in \Theta} \mathcal{L}_2(\Omega, \mathcal{S}, P_\vartheta)$ zutrifft, wobei $E_{P_\vartheta}((d^* - \vartheta)^2) > E_{P_\vartheta}((d - \vartheta)^2)$ für mindestens ein $\vartheta \in \Theta$ gilt. Ist $(\Omega, \mathcal{S}, \mathcal{P})$ mit $\mathcal{P} := \{P_\vartheta : \vartheta \in \Theta \subset \mathbb{R}\}$ sowie $\Theta = (a, b)$, $(a, b]$, $[a, b)$ oder $[a, b]$ für $a, b \in \bar{\mathbb{R}}$, $a < b$, ein reguläres statistisches Experiment, so daß $\int_{\hat{\vartheta}}^b I(\hat{\vartheta})d\hat{\vartheta} = \infty$ und $\int_a^{\hat{\vartheta}} I(\hat{\vartheta})d\hat{\vartheta} = \infty$ für ein $\vartheta \in \Theta$ zutrifft, dann ist $d^* \in \bigcap_{\vartheta \in \Theta} \mathcal{L}_2(\Omega, \mathcal{S}, P_\vartheta)$ mit $\text{Var}_{P_\vartheta}(d^*) = E'_{P_\vartheta}((d^*))^2/I(\vartheta)$ und $E_{P_\vartheta}(d^*) = \vartheta$, $\vartheta \in \Theta$, für $\vartheta \in \Theta$ zulässig.

BEGRÜNDUNG: Aus $E_{P_\vartheta}((d - \vartheta)^2) \leq \frac{1}{I(\vartheta)}$, $\vartheta \in \Theta$, für ein $d \in \bigcap_{\vartheta \in \Theta} \mathcal{L}_2(\Omega, \mathcal{S}, P_\vartheta)$

folgt, wegen $E_{P_\vartheta}((d - \vartheta)^2) = E_{P_\vartheta}((d - E_{P_\vartheta}(d))^2) + b^2(\vartheta)$ mit $b(\vartheta) := E_{P_\vartheta}(d) - \vartheta$, $\vartheta \in \Theta$ und $E_{P_\vartheta}((d - E_{P_\vartheta}(d))^2) \geq \frac{(1+b'(\vartheta))^2}{I(\vartheta)}$, $\vartheta \in \Theta$, nach der Ungleichung von Cramér-Rao die Beziehung $1 + 2b'(\vartheta) + b'^2(\vartheta) + b^2(\vartheta)I(\vartheta) \leq 1$, $\vartheta \in \Theta$. Wegen $b'^2(\vartheta) \geq 0$, $\vartheta \in \Theta$, folgt hieraus $b'(\vartheta) \leq -b^2(\vartheta)I(\vartheta)/2 \leq 0$, $\vartheta \in \Theta$, so daß b' monoton fallend ist. Wegen $\frac{b'(\vartheta)}{b^2(\vartheta)} = -(\frac{1}{b(\vartheta)})' \leq \frac{1}{2}I(\vartheta)$, $\vartheta \in \Theta$ mit $b(\vartheta) \neq 0$, ergibt sich ferner $\frac{1}{b(\vartheta_2)} - \frac{1}{b(\vartheta_1)} \geq \frac{1}{2}\int_{\vartheta_1}^{\vartheta_2} I(\hat\vartheta)d\hat\vartheta$, falls $b(\vartheta_j) \neq 0$, $j = 1,2$, so daß $\lim_{\vartheta_2 \to b} \frac{1}{b(\vartheta_2)} = \infty$ und $\lim_{\vartheta_1 \to a} -\frac{1}{b(\vartheta_1)} = \infty$ zutrifft, falls $b(\vartheta) \neq 0$ für ein $\vartheta \in \Theta$ gelten würde. Dies ist ein Widerspruch zur bereits bewiesenen Eigenschaft von $b : \Theta \to \mathbb{R}$, monoton fallend zu sein. Also gilt $b(\vartheta) = 0$, $\vartheta \in \Theta$, d. h. d^* ist zulässig für $\vartheta \in \Theta$.

BEISPIEL: $\Omega := \mathbb{R}^n$, $S := \mathcal{B}^n$, $P_\vartheta = Q_\vartheta^n$, $Q_\vartheta = \mathcal{N}(\vartheta, \sigma^2)$-Verteilung, $\vartheta \in \Theta := \mathbb{R}$, $\sigma^2 > 0$ fest. Wegen $I(\vartheta) = \frac{n}{\sigma^2}$, $\vartheta \in \Theta$, ist $d^* : \mathbb{R}^n \to \mathbb{R}$, $d^*(x_1, \ldots, x_n) = \frac{1}{n}\sum_{j=1}^n x_j$, $(x_1, \ldots, x_n) \in \mathbb{R}^n$, zulässig für $\vartheta \in \Theta$.

Die Menge der $\mathcal{N}(\mu, \sigma^2)$-Verteilungen mit $\mu \in \mathbb{R}$ und $\sigma^2 > 0$ ist eine 2-parametrische Exponentialfamilie gemäß der folgenden Begriffsbildung:

Mehrparametrische Exponentialfamilien

$\{P_\zeta$ Wahrscheinlichkeitsmaß auf σ-Algebra S über $\Omega : \zeta \in Z \subset \mathbb{R}^k\}$ heißt k-parametrische Exponentialfamilie in $\zeta \in Z$ und $T = (T_1, \ldots, T_k) : \Omega \to \mathbb{R}^k$ S-meßbar, wenn $P_{\zeta_1} \neq P_{\zeta_2}$, $\zeta_1 \neq \zeta_2$, $\zeta_i \in Z$, $i = 1,2$, sowie $P_\zeta \ll \mu$, μ σ-endliches Maß auf S, $\zeta \in Z$, und $\frac{dP_\zeta}{d\mu} = C(\zeta)e^{<\zeta,T>}h$ μ-f.ü. mit $h : \Omega \to \mathbb{R}$ S-meßbar, $C : Z \to (0, \infty)$ und $<\zeta, T> = \sum_{j=1}^k \zeta_j T_j$, $\zeta = (\zeta_1, \ldots, \zeta_k) \in Z$ zutrifft.

Analog zu einparametrischen Exponentialfamilien gilt für $d \in \bigcap_{\zeta \in \overset{\circ}{Z}} \mathcal{L}_1(\Omega, S, P_\zeta)$ mit $\overset{\circ}{Z}$ als Menge der inneren Punkte von Z : $\frac{\partial^\ell}{\partial \zeta_j^\ell} E_{P_\zeta}(d) = \int d\frac{\partial^\ell}{\partial \zeta_j^\ell}\frac{dP_\zeta}{d\mu}d\mu$, $j = 1, \ldots, k$, $\ell \in \mathbb{N}$. Ferner haben P_{ζ_1} und P_{ζ_2}, $\zeta_j \in Z$, $j = 1,2$, wie bei einparametrischen Exponentialfamilien dasselbe Nullmengensystem.

Beispiele für mehrparametrische Exponentialfamilien

1. $P_\zeta = n$-faches direktes Produkt von jeweils $\mathcal{N}(\mu, \sigma^2)$-Verteilungen, $\mu \in \mathbb{R}$, $\sigma^2 > 0$. Dann liegt eine 2-parametrische Exponentialfamilie in $\zeta := (\frac{\mu}{\sigma^2}, -\frac{1}{2\sigma^2}) \in Z := \mathbb{R} \times \{x \in \mathbb{R} : x < 0\}$ und $T(x_1, \ldots, x_n) := (\sum_{j=1}^n x_j, \sum_{j=1}^n x_j^2)$, $(x_1, \ldots, x_n) \in \mathbb{R}^n$, vor, wobei $\mu = \lambda^n$ ist.

2. $P_\zeta = \mathcal{M}(n, p_1, \ldots, p_m)$-Verteilung, $p_j \in (0, 1)$, $j = 1, \ldots, m$, $\sum_{j=1}^m p_j = 1$ $(m \geq 2$, $n \in \mathbb{N})$. Dann liegt eine $(m - 1)$-parametrische Exponentialfamilie in $\zeta := (\frac{p_1}{1 - \sum_{j=1}^{m-1} p_j}, \ldots, \frac{p_{m-1}}{1 - \sum_{j=1}^{m-1} p_j}) \in Z \subset \mathbb{R}^{m-1}$ und $T(x_1, \ldots, x_{m-1}) = (x_1, \ldots, x_{m-1})$, $(x_1, \ldots, x_{m-1}) \in \mathbb{N}_0^{m-1}$, $x_1 + \ldots + x_{m-1} \leq n$, vor. Insbesonde-

re ist $\overset{\circ}{Z} \neq \emptyset$ nach den Überlegungen zur Multinomialverteilung im vorangehenden Abschnitt über gleichmäßig beste, erwartungstreue Schätzer.

Abschließend soll das schätztheoretische Problem des Mischungsparameters von zwei Wahrscheinlichkeitsmaßen aus der Sicht lokal optimaler, erwartungstreuer Schätzer behandelt werden, wobei auch Ergebnisse über reguläre, statistische Experimente eine Rolle spielen.

BEISPIEL: Lokal optimale, erwartungstreue Schätzer für den Mischungsparameter von zwei Wahrscheinlichkeitsverteilungen

Es bezeichne $(\Omega^n, \mathcal{S}^n, \mathcal{P})$ das statistische Experiment mit $\mathcal{P} := \{P_\vartheta^n \;:\; P_\vartheta := \vartheta P_1 + (1 - \vartheta) P_0, \vartheta \in \Theta\}$ mit $P_\vartheta^n := P_\vartheta \otimes \ldots \otimes P_\vartheta$ (n-mal), $\vartheta \in \Theta := [0, 1]$, und P_0, P_1 als Wahrscheinlichkeitsmaße auf $\mathcal{S}$, wobei $P_0 \neq P_1$ gelte. Ferner sei $p_\vartheta := \frac{dP_\vartheta}{d\mu}$, $\vartheta \in \Theta$, mit $\mu := P_0 + P_1$. Dann wird durch $d_{\vartheta_0}^*$: $\Omega^n \to \mathbb{R}$, $d_{\vartheta_0}^*(\omega_1, \ldots, \omega_n) := \vartheta_0 + \frac{1}{I(\vartheta_0)} \sum_{j=1}^n \frac{p_1(\omega_j) - p_0(\omega_j)}{p_{\vartheta_0}(\omega_j)}$, $(\omega_1, \ldots, \omega_n) \in \Omega^n$, $\vartheta_0 \in (0, 1)$ fest, ein bei $P_{\vartheta_0}^n$ lokal optimaler, für $\delta : \mathcal{P} \to \mathbb{R}$, $\delta(P_\vartheta^n) := \vartheta$, $\vartheta \in \Theta$, erwartungstreuer Schätzer definiert, wobei $I(\vartheta) := \int \frac{(p_1 - p_0)^2}{p(\vartheta)} d\mu$, $\vartheta \in \Theta$, ist. Ferner gilt $\mathrm{Var}_\vartheta(d_{\vartheta_0}^*) = \frac{1}{n}\left[\frac{1}{I(\vartheta_0)} - (\vartheta - \vartheta_0)\frac{I'(\vartheta_0)}{I^2(\vartheta_0)} - (\vartheta - \vartheta_0)^2\right]$, $\vartheta \in \Theta$, und $\mathrm{Var}_{\vartheta^*}(d_{\vartheta^*}^*) = \frac{1}{nI(\vartheta^*)}$ (Gleichheitszeichen in der Ungleichung von Cramér-Rao), falls die streng konvexe Funktion $\vartheta \to I(\vartheta)$, $\vartheta \in \Theta$, ihren kleinsten Wert auf Θ in $\vartheta^* \in (0, 1)$ annimmt.

BEGRÜNDUNG: Man stellt zunächst fest, daß $(\Omega^n, \mathcal{S}^n, \mathcal{P})$ mit $\mathcal{P} := \{P_\vartheta^n : \vartheta \in (0, 1)\}$ ein reguläres, statistisches Experiment ist. Insbesondere gilt $p_\vartheta \geq \min\{\vartheta, 1 - \vartheta\}$ μ-f.ü. für $\vartheta \in (0, 1)$ und $\left|\frac{p_{\vartheta_1}^n - p_{\vartheta_2}^n}{\vartheta_1 - \vartheta_2}\right| \leq n$ μ-f.ü. für $\vartheta_j \in (0, 1)$, $j = 1, 2$, $\vartheta_1 \neq \vartheta_2$, wie man mit Hilfe vollständiger Induktion nach n und der Ungleichung $|ab - cd| \leq |a||b - c| + |c||a - d|$, $a, b, c, d \subset \mathbb{R}$, feststellt, wobei $p_\vartheta^n := \frac{dP_\vartheta^n}{d\mu}$ und $P_\vartheta^n = P_\vartheta \otimes \ldots \otimes P_\vartheta$ (n-maliges direktes Produkt), $\vartheta \in \Theta$, ist. Daher gilt $\frac{1}{p_{\vartheta_0}^n}\left|\frac{p_{\vartheta_1}^n - p_{\vartheta_0}^n}{\vartheta_1 - \vartheta_0}\right| \leq \frac{n}{\min\{\vartheta_0, 1-\vartheta_0\}}$, $\vartheta_0, \vartheta_1 \in (0, 1)$, $\vartheta_0 \neq \vartheta_1$, so daß, wegen $\frac{1}{p_{\vartheta_0}^n} \cdot \left|\frac{p_{\vartheta_1}^n - p_{\vartheta_0}^n}{\vartheta_1 - \vartheta_0}\right| \to \frac{(p_{\vartheta_0}^n)'}{p_{\vartheta_0}^n}$ für $\vartheta_1 \to \vartheta_0$, durch $d_{\vartheta_0}^* = \vartheta_0 + \frac{1}{I(\vartheta_0)} \cdot \frac{(p_{\vartheta_0}^n)'}{p_{\vartheta_0}^n}$ ein bei $P_{\vartheta_0}^n$ lokal optimaler, erwartungstreuer Schätzer definiert wird, da durch $\overline{\mathrm{Lin}}\{\frac{dP_\vartheta^n}{dP_{\vartheta_0}^n} : \vartheta \in \Theta\}$ die Menge aller bei $P_{\vartheta_0}^n$ lokal optimalen, erwartungstreuen Schätzer beschrieben wird und $\frac{dP_\vartheta}{dP_0} = \frac{dP_\vartheta}{d\mu}/\frac{dP_0}{d\mu}$ μ-f.ü., $\vartheta \in \Theta$, zutrifft. Wegen $\int \frac{p_1 - p_0}{p_{\vartheta_0}} p_\vartheta \, d\mu = \int \frac{p_1 - p_0}{p_{\vartheta_0}} p_0 \, d\mu + \vartheta \int \frac{(p_1 - p_0)^2}{p_{\vartheta_0}} d\mu = \int \frac{p_1 - p_0}{p_{\vartheta_0}}(p_0 + \vartheta_0(p_1 - p_0)) d\mu - \vartheta_0 \int \frac{(p_1 - p_0)^2}{p_{\vartheta_0}} d\mu + \vartheta \int \frac{(p_1 - p_0)^2}{p_{\vartheta_0}} d\mu = (\vartheta - \vartheta_0) I(\vartheta_0)$ ist $d_{\vartheta_0}^*$ ein bei $P_{\vartheta_0}^n$ lokal optimaler, erwartungstreuer Schätzer für $\delta : \mathcal{P} \to \mathbb{R}$, $\delta(P_\vartheta^n) := \vartheta$, $\vartheta \in \Theta$. Ferner hat die Funktion $\vartheta \to I(\vartheta)$, $\vartheta \in (0, 1)$, folgende Eigenschaften:

$I'(\vartheta) = -\int \frac{(p_1-p_0)^3}{(p_\vartheta)^2}d\mu$, $I''(\vartheta) = 2\int \frac{(p_1-p_0)^4}{(p_\vartheta)^3}d\mu > 0$, $\vartheta \in (0,1)$, so daß I auf $(0,1)$ streng konvex ist. Ist $\vartheta^* \in \Theta$ die eindeutig bestimmte Minimalstelle von I auf Θ, so gilt für $d_{\vartheta^*}^*$: $\mathrm{Var}_{P^n}(d_{\vartheta^*}^*) = \frac{1}{nI(\vartheta^*)}$, d. h. es trifft das Gleichheitszeichen in der Ungleichung von Cramér-Rao zu. Es gilt nämlich:

$$E_{P_\vartheta}\left(\left(\frac{p_1-p_2}{p_{\vartheta_0}}\right)^2\right) = \int \frac{(p_1-p_0)^2}{(p_{\vartheta_0})^2}(p_0 + \vartheta(p_1-p_0))d\mu$$

$$= \int \frac{(p_1-p_0)^2}{(p_{\vartheta_0})^2}p_0\,d\mu + \vartheta \int \frac{(p_1-p_0)^3}{(p_{\vartheta_0})^2}d\mu$$

$$= \int \frac{(p_1-p_0)^2}{(p_{\vartheta_0})^2}(p_0 + \vartheta_0(p_1-p_0))d\mu + (\vartheta - \vartheta_0)$$

$$\int \frac{(p_1-p_0)^2}{(p_{\vartheta_0})^2}(p_1-p_0)d\mu$$

$$= \int \frac{(p_1-p_0)^2}{p_{\vartheta_0}}d\mu - (\vartheta - \vartheta_0)I'(\vartheta_0)$$

$$= I(\vartheta_0) - (\vartheta - \vartheta_0)I'(\vartheta_0),$$

woraus sich $\mathrm{Var}_{P_\vartheta^n}(d_{\vartheta_n}^*) = \frac{1}{nI^2(\vartheta_0)}\left(I(\vartheta_0) - (\vartheta - \vartheta_0)I'(\vartheta_0) + E_{P_\vartheta}^2(\frac{p_1-p_0}{p_{\vartheta_0}})\right)$ mit $E_{P_\vartheta}(\frac{p_1-p_0}{p_{\vartheta_0}}) = (\vartheta - \vartheta_0)I(\vartheta_0)$, $\vartheta \in \Theta$, ergibt, d. h. $\mathrm{Var}_{P_\vartheta^n}(d_{\vartheta_0}^*) = \frac{1}{n}(\frac{1}{I(\vartheta_0)} - (\vartheta - \vartheta_0)\frac{I'(\vartheta_0)}{I^2(\vartheta_0)} - (\vartheta - \vartheta_0)^2)$, $\vartheta \in \Theta$.

BEMERKUNG: Kennzeichnung der Existenz eines gleichmäßig besten, erwartungstreuen Schätzers für den Mischungsparameter von zwei Wahrscheinlichkeitsmaßen $d_{\vartheta_0}^* : \Omega^n \to \mathbb{R}$, $d_{\vartheta_0}^*(\omega_1,\ldots,\omega_n) = \vartheta_0 + \frac{1}{nI(\vartheta_0)} \cdot \sum_{i=1}^n \frac{p_1(\omega_i)-p_0(\omega_i)}{p_{\vartheta_0}(\omega_i)}$, $\vartheta_0 \in (0,1)$, ist ein für $\delta : \mathcal{P} \to \mathbb{R}$, $\delta(P_\vartheta^n) = \vartheta$, $\vartheta \in \Theta$ $(= [0,1])$, erwartungstreuer, bei $P_{\vartheta_0}^n$ lokal optimaler Schätzer mit $|d_{\vartheta_0}^*| \leq \frac{1}{\min\{\vartheta_0,1-\vartheta_0\}}$ und daher gilt $d_{\vartheta_0}^* \in \bigcap_{\vartheta \in (0,1)} \mathcal{L}_2(\Omega^n, \mathcal{S}^n, P_\vartheta^n)$, $\vartheta_0 \in (0,1)$. Die Eindeutigkeit gleichmäßig bester, erwartungstreuer Schätzer liefert daher, daß $d_{\vartheta_0}^*$ μ-f.ü. ($\mu := P_0 + P_1$) von $\vartheta_0 \in (0,1)$ unabhängig sein muß, falls es einen für δ gleichmäßig besten, erwartungstreuen Schätzer gibt. Es gilt also $\frac{d}{d\vartheta_0}(d_{\vartheta_0}^*(\omega_1,\ldots,\omega_n)) = 1 - \frac{I'(\vartheta_0)}{nI^2(\vartheta_0)}\sum_{i=1}^n f_{\vartheta_0}(\omega_i) - \frac{1}{nI(\vartheta_0)}\sum_{i=1}^n f_{\vartheta_0}^2(\omega_i)$ für μ^n-fast alle $(\omega_1,\ldots,\omega_n) \in \Omega^n$ (Man beachte, daß die stetige Abhängigkeit von $d_{\vartheta_0}^*$ von $\vartheta_0 \in (0,1)$ eine universelle μ^n-Nullmenge unabhängig von $\vartheta_0 \in (0,1)$ liefert), mit $f_{\vartheta_0}(\omega) := \frac{p_1(\omega)-p_0(\omega)}{p_{\vartheta_0}(\omega)}$, $\omega \in \Omega$, wegen $\frac{d}{d\vartheta_0}f_{\vartheta_0} = -\frac{p_1-p_0}{p_{\vartheta_0}^2}p_{\vartheta_0}' = -f_{\vartheta_0}^2$. Hieraus resultiert aufgrund von $I(\vartheta_0) > 0$ die Beziehung $\sum_{i=1}^n (f_{\vartheta_0}^2(\omega_i) + \frac{I'(\vartheta_0)}{I(\vartheta_0)}f_{\vartheta_0}(\omega_i) - I(\vartheta_0)) = 0$ für μ^n-fast alle $(\omega_1,\ldots,\omega_n) \in \Omega^n$, also $f_{\vartheta_0}^2(\omega) + \frac{I'(\vartheta_0)}{I(\vartheta_0)}f_{\vartheta_0}(\omega) - I(\vartheta_0) = 0$ für μ-fast alle $\omega \in \Omega$ (Man betrachte die Varianz der zugehörigen stochastisch unabhängigen, identisch verteilten Zufallsgrößen $\omega \rightarrow f_{\vartheta_0}^2(\omega) + \frac{I'(\vartheta_0)}{I(\vartheta_0)} f_{\vartheta_0}(\omega) - I(\vartheta_0)$, $\omega \in \Omega$). Also trifft $f_{\vartheta_0}(\omega) = -\frac{I'(\vartheta_0)}{2I(\vartheta_0)} \pm (I(\vartheta_0) + \frac{1}{4}(\frac{I'(\vartheta_0)}{I(\vartheta_0)})^2)^{1/2}$ für μ-fast alle $\omega \in \Omega$ zu, so daß f_{ϑ_0} nur die Werte $c_{\vartheta_0,1}$, $c_{\vartheta_0,2}$ mit $c_{\vartheta_0,1} \neq c_{\vartheta_0,2}$ μ-f.ü. annimmt, wegen $I(\vartheta_0) > 0$. Aufgrund von $f_{\vartheta_0}(\omega_1) = f_{\vartheta_0}(\omega_2)$ genau dann, wenn $\frac{p_1(\omega_1)}{p_0(\omega_1)} = \frac{p_1(\omega_2)}{p_0(\omega_2)}$, $\omega_i \in \Omega$, $i = 1,2$, ergibt sich schließlich, daß $\frac{dP_1}{dP_0} := \frac{dP_{1P_0}}{dP_0}$ (P_{1P_0} ist die P_0-stetige Komponente von der Lebesgueschen Zerlegung von P_1 bezüglich P_0) $= \frac{dP_1}{d\mu} / \frac{dP_2}{d\mu}$ μ-f.ü. genau nur zwei verschiedene Werte annimmt, falls es einen gleichmäßig besten, erwartungstreuen Schätzer für δ gibt. Umgekehrt folgt aus der Voraussetzung, daß $\frac{p_1}{p_0}$ μ-f.ü. nur zwei verschiedene Werte c_1 (auf der Menge $A_1 \in S$) und c_2 (auf A_1^c) annimmt: $\vartheta_0 + \frac{1}{I(\vartheta_0)} \frac{p_1 - p_0}{p_{\vartheta_0}} = \vartheta_0 + \frac{1}{I(\vartheta_0)}(\frac{1}{\vartheta_0 + \frac{1}{c_1 - 1}} I_{A_1} + \frac{1}{\vartheta_0 + \frac{1}{c_2 - 1}} I_{A_1^c})$, denn $P_1 \neq P_0$ impliziert $c_i \neq 1$, $i = 1,2$, d. h. es gilt

$$\vartheta_0 + \frac{1}{I(\vartheta_0)} \frac{p_1 - p_0}{p_{\vartheta_0}} = \vartheta_0 + \frac{c_1 - c_2}{(c_1 - 1)(c_2 - 1)} \cdot \frac{1}{\frac{c_1 - 1}{1 + \vartheta_0(c_1 - 1)} - \frac{c_2 - 1}{1 + \vartheta_0(c_2 - 1)}}$$

$$\cdot ((\frac{c_1 - 1}{1 + \vartheta_0(c_1 - 1)} - \frac{c_2 - 1}{1 + \vartheta_0(c_2 - 1)})I_{A_1} + \frac{c_2 - 1}{1 + \vartheta_0(c_2 - 1)}),$$

wegen:

$$\frac{p_1 - p_0}{p_0 + \vartheta_0(p_1 - p_0)} = \frac{1}{\vartheta_0 + \frac{1}{c_1 - 1}} I_{A_1} + \frac{1}{\vartheta_0 + \frac{1}{c_2 - 1}} I_{A_1^c},$$

also

$$I(\vartheta_0) = \int (\frac{c_1 - 1}{\vartheta_0(c_1 - 1) + 1})^2 I_{A_1}(p_0 + \vartheta_0(p_1 - p_0))d\mu$$

$$+ \int (\frac{c_2 - 1}{\vartheta_0(c_2 - 1) + 1})^2 I_{A_1^c}(p_0 + \vartheta_0(p_1 - p_0))d\mu$$

$$= \frac{(c_1 - 1)^2}{\vartheta_0(c_1 - 1) + 1} P_0(A_1) + \frac{(c_2 - 1)^2}{\vartheta_0(c_2 - 1) + 1} P_0(A_1^c),$$

wegen $p_0 + \vartheta_0(p_1 - p_0) = p_0(1 + \vartheta_0(c_1 - 1))$ bzw. $p_0(1 + \vartheta_0(c_2 - 1))$. Aus $c_1 P_0(A_1) + c_2 P_0(A_1^c) = 1$ folgt ferner $P_0(A_1) = \frac{1 - c_2}{c_1 - c_2}$, $P_0(A_1^c) = \frac{c_1 - 1}{c_1 - c_2}$, also $I(\vartheta_0) = \frac{(c_1 - 1)(1 - c_2)}{c_1 - c_2}(\frac{c_1 - 1}{1 + \vartheta(c_1 - 1)} + \frac{c_2 - 1}{1 + \vartheta_0(c_2 - 1)})$. Schließlich gilt

$$\vartheta_0 + \frac{1}{I(\vartheta_0)} \frac{p_1 - p_0}{p_{\vartheta_0}}$$

$$= \vartheta_0 + \frac{c_1 - c_2}{(c_1 - 1)(1 - c_2)} I_{A_1} + \frac{c_1 - c_2}{(c_1 - 1)(1 - c_2)} \frac{1}{\frac{(c_1 - 1)(1 + \vartheta_0(c_2 - 1))}{(c_2 - 1)(1 + \vartheta_0(c_1 - 1))} - 1}$$

$$= \vartheta_0 + \frac{c_1 - c_2}{(c_1 - 1)(c_2 - 1)} I_{A_1} + \frac{c_1 - c_2}{(c_1 - 1)(1 - c_2)} \cdot \frac{(c_2 - 1)(1 + \vartheta_0(c_1 - 1))}{c_1 - c_2}$$

$$= \frac{c_1 - c_2}{(c_1 - 1)(c_2 - 1)} I_{A_1} - \frac{1}{c_1 - 1}$$

unabhängig von $\vartheta_0 \in (0, 1)$, so daß $d_{\vartheta_0}^*$ ein gleichmäßig bester, erwartungstreuer Schätzer für δ ist.

11 Suffizienz und Vollständigkeit

Ist $(\Omega, \mathcal{S}, \mathcal{P})$ ein statistisches Experiment, dann heißt eine Teil-σ-Algebra $\mathcal{T}$ von $\mathcal{S}$ suffizient für $\mathcal{P}$, wenn es eine gemeinsame, von $P \in \mathcal{P}$ unabhängige Version der bedingten Wahrscheinlichkeit $P(A|\mathcal{T})$, $A \in \mathcal{S}$, gibt. Insbesondere gibt es dann für $E_P(d|\mathcal{T})$, $d \in \bigcap_{P \in \mathcal{P}} \mathcal{L}_1(\Omega, \mathcal{S}, P)$, eine gemeinsame, von $P \in \mathcal{P}$ unabhängige Version (in Zeichen: $E(d|\mathcal{T})$).

BEISPIEL: Sind $\mathcal{T}_1, \mathcal{T}_2$ Teil-σ-Algebren von $\mathcal{S}$ mit $\mathcal{T}_1 \subset \mathcal{T}_2$, wobei $\mathcal{T}_1$ suffizient für $\mathcal{P}|\mathcal{T}_2 := \{P|\mathcal{T}_2 : P \in \mathcal{P}\}$ und $\mathcal{T}_2$ suffizient für $\mathcal{P}$ ist. Dann ist auch $\mathcal{T}_1$ für $\mathcal{P}$ suffizient. Zu diesem Zweck zeigt man $E(E(I_A|\mathcal{T}_2)|\mathcal{T}_1) = E_P(I_A|\mathcal{T}_1)$ P-f.ü., $P \in \mathcal{P}$, $A \in \mathcal{S}$, mit $E(I_A|\mathcal{T}_2)$ als gemeinsame, von $P|\mathcal{T}_2 \in \mathcal{P}|\mathcal{T}_2$ unabhängige Version von $E_{P|\mathcal{T}_2}(I_A|\mathcal{T}_2)$ $(= E_P(I_A|\mathcal{T}_2)$ P-f.ü., $P \in \mathcal{P})$, $P|\mathcal{T}_2 \in \mathcal{P}|\mathcal{T}_2$ und mit $E(E(I_A|\mathcal{T}_2)|\mathcal{T}_1)$ als gemeinsame, von $P \in \mathcal{P}$ unabhängige Version von $E_P(E(I_A|\mathcal{T}_2)|\mathcal{T}_1)$, $P \in \mathcal{P}$. Daher gilt $E(E(I_A|\mathcal{T}_2)|\mathcal{T}_1) = E_P(E(I_A|\mathcal{T}_2)|\mathcal{T}_1)$ P-f.ü., $P \in \mathcal{P}$, und $E(I_A|\mathcal{T}_2) = E_P(I_A|\mathcal{T}_2)$ P-f.ü., $P \in \mathcal{P}$, liefert $E(E(I_A|\mathcal{T}_2)|\mathcal{T}_1) = E_P(E_P(I_A|\mathcal{T}_2)|\mathcal{T}_1)$ P-f.ü., $P \in \mathcal{P}$. Schließlich liefert die Vertauschungsregel für bedingte Erwartungswerte $E_P(E_P(I_A|\mathcal{T}_2)|\mathcal{T}_1) = E_P(E_P(I_A|\mathcal{T}_1)|\mathcal{T}_2) = E_P(I_A|\mathcal{T}_1)$$P$-f.ü., $P \in \mathcal{P}$, und damit die Behauptung.

BEMERKUNG: Aufgrund eines auf Dynkin-Systeme beruhenden Arguments reicht es aus, die Suffizienz von $\mathcal{T}$ für $\mathcal{P}$ dadurch nachzuweisen, daß es eine gemeinsame, von $P \in \mathcal{P}$ unabhängige Version von $P(A|\mathcal{T})$, $P \in \mathcal{P}$, für alle $A \in \mathcal{E}$, mit $\mathcal{E}$ als durchschnittsstabiler Erzeuger von $\mathcal{S}$ und mit $\Omega \in \mathcal{E}$, gibt.

BEISPIEL: Vererbung von Suffizienz auf direkte Produkte von statistischen Experimenten

Es seien $(\Omega_j, \mathcal{S}_j, \mathcal{P}_j)$ statistische Experimente, $j = 1, 2$, und $(\Omega_1 \times \Omega_2, \mathcal{S}_1 \otimes \mathcal{S}_2, \mathcal{P}_1 \otimes \mathcal{P}_2)$ bezeichne das direkte Produkt dieser statistischen Experimente mit $\mathcal{P}_1 \otimes \mathcal{P}_2 := \{P_1 \otimes P_2 : P_j \in \mathcal{P}_j, j = 1, 2\}$. Dann folgt aus der Suffizienz der Teil-σ-Algebra $\mathcal{T}_j$ von $\mathcal{S}_j$ für $\mathcal{P}_j$, $j = 1, 2$, die Suffizienz von $\mathcal{T}_1 \otimes \mathcal{T}_2$ für $\mathcal{P}_1 \otimes \mathcal{P}_2$.

Modifikation der Kovarianzmethode mit Hilfe suffizienter Teil-σ-Algebren

$(\Omega, \mathcal{S}, P)$ statistisches Experiment, $\mathcal{T}$ für $\mathcal{P}$ suffiziente Teil-σ-Algebra von $\mathcal{S}$. Dann ist ein $\mathcal{T}$-meßbarer Schätzer $d^* \in \bigcap_{P \in \mathcal{P}} \mathcal{L}_2(\Omega, \mathcal{S}, P)$ gleichmäßig bester, erwartungstreuer Schätzer genau dann, wenn $\mathrm{Kov}_P(d^*, d_0) = 0$, $P \in \mathcal{P}$, für jeden $\mathcal{T}$-meßbaren Nullschätzer $d_0 \in D_0$ zutrifft.

BEGRÜNDUNG: Es gelte $\mathrm{Kov}_P(d^*, d_0) = 0$, $P \in \mathcal{P}$, für jeden $\mathcal{T}$-meßbaren Nullschätzer, wobei $d^* \in \bigcap_{P \in \mathcal{P}} \mathcal{L}_2(\Omega, \mathcal{S}, P)$ bereits $\mathcal{T}$-meßbar ist. Dann gilt für $\tilde{d}_0 := E(d_0|\mathcal{T})$ als gemeinsame, von $P \in \mathcal{P}$ unabhängige Version von $E_P(d_0|\mathcal{T})$, $P \in \mathcal{P}$, mit $d_0 \in D_0$, daß $\tilde{d}_0 \in D_0$ zutrifft, wobei $\tilde{d}_0$ aber $\mathcal{T}$-meßbar ist. Die Glättungseigenschaft bedingter Erwartungswerte liefert dann $E_P(d^* d_0) = E_P(d^* E(d_0|\mathcal{T})) = E_P(d^* \tilde{d}_0) = 0$, $P \in \mathcal{P}$, d. h. d^* ist nach der Kovarianzmethode gleichmäßig bester, erwartungstreuer Schätzer.

BEMERKUNG: Ist $\mathcal{T}$ suffizient für $\mathcal{P}$ und $d^* \in \bigcap_{P \in \mathcal{P}} \mathcal{L}_2(\Omega, \mathcal{S}, P)$ gleichmäßig bester, erwartungstreuer Schätzer, dann gilt $d^* = E(d^*|\mathcal{T})$ P-f.ü., $P \in \mathcal{P}$, mit $E(d^*|\mathcal{T})$ als gemeinsame, von $P \in \mathcal{P}$ unabhängige Version von $E_P(d^*|\mathcal{T})$, $P \in \mathcal{P}$, wegen der Eindeutigkeitsaussage gleichmäßig bester, erwartungstreuer Schätzer und aufgrund von $E_P(E(d^*|\mathcal{T})) = E_P(d^*)$ sowie $\text{Var}_P(E(d^*|\mathcal{T})) \leq \text{Var}_P(d^*)$, $P \in \mathcal{P}$.

Beispiele für suffiziente Teil-σ-Algebren

1. $(\Omega, \mathcal{S}, \mathcal{P})$ statistisches Experiment mit $\mathcal{P} = \{P$ Wahrscheinlichkeitsmaß auf $\mathcal{S} : P = P^g,\ g \in G\}$ (= Menge der G-invarianten Wahrscheinlichkeitsmaße auf $\mathcal{S}$), wobei G eine endliche Gruppe von bijektiven, $(\mathcal{S}, \mathcal{S})$-meßbaren Abbildungen $g : \Omega \to \Omega$ ist (mit der Verknüpfung von Abbildungen als Gruppenoperation). Dann ist die Teil-σ-Algebra $\mathcal{T} := \{A \in \mathcal{S} : g(A) = A,\ g \in G\}$ von $\mathcal{S}$ der G-invarianten, $\mathcal{S}$-meßbaren Mengen suffizient für $\mathcal{P}$, da $A \to \frac{1}{|G|} \sum_{g \in G} I_A \circ g$, $A \in \mathcal{S}$, eine gemeinsame, von $P \in \mathcal{P}$ unabhängige Version von $P(A|\mathcal{T})$, $A \in \mathcal{S}$, ist.

BEMERKUNG: Gilt zusätzlich $\mathcal{S} = \mathcal{S}(\mathcal{A})$ mit $\mathcal{A}$ als Algebra über Ω, dann wird $\mathcal{T}$ von $\{\bigcup_{g \in G} g(A) : A \in \mathcal{A}\}$ erzeugt. Dies sieht man folgendermaßen ein: Bezeichnet $\mathcal{S}'$ die σ-Algebra $\mathcal{S}(\{\bigcup_{g \in G} g(A) : A \in \mathcal{A}\})$, dann gilt, wegen $\{\bigcup_{g \in G} g(A) : A \in \mathcal{A}\} \subset \mathcal{T}$, die Inklusion $\mathcal{S}' \subset \mathcal{T}$. Ferner ist $\mathcal{M} := \{A \in \mathcal{S} : \bigcup_{g \in G} g(A) \in \mathcal{S}'\}$ eine monotone Klasse, denn mit $A_n \in \mathcal{M}$, $n = 1, 2, \ldots$, $A_1 \subset A_2 \subset \ldots$, trifft $\bigcup_{n \in \mathbb{N}} \bigcup_{g \in G} g(A_n) = \bigcup_{g \in G} g(\bigcup_{n \in \mathbb{N}} A_n) \in \mathcal{S}'$, also $\bigcup_{n \in \mathbb{N}} A_n \in \mathcal{M}$ zu. Für $A_n \in \mathcal{M}$, $n = 1, 2, \ldots$, $A_1 \supset A_2 \supset \ldots$ gilt $\bigcap_{n \in \mathbb{N}} \bigcup_{g \in G} g(A_n) = \bigcup_{g \in G} g(\bigcap_{n \in \mathbb{N}} A_n)$, weil $\omega \in \bigcap_{n \in \mathbb{N}} \bigcup_{g \in G} g(A_n)$ genau dann zutrifft, wenn zu jedem $n \in \mathbb{N}$ ein $g_n \in G$ mit $\omega \in g_n(A_n)$ existiert. Wegen der Endlichkeit von G folgt hieraus $\omega \in g_n(A_{n_k})$ für $k = 1, 2, \ldots$, d. h. $\omega \in \bigcup_{g \in G} g(\bigcap_{n \in \mathbb{N}} A_n)$, wegen $\bigcap_{k \in \mathbb{N}} A_{n_k} = \bigcap_{n \in \mathbb{N}} A_n$. Die Inklusion $\bigcup_{g \in G} g(\bigcap_{n \in \mathbb{N}} A_n) \subset \bigcap_{n \in \mathbb{N}} \bigcup_{g \in G} g(A_n)$ ist, wegen $g(\bigcap_{n \in \mathbb{N}} A_n) \subset \bigcup_{g \in G} g(A_n)$, $n \in \mathbb{N}$, $g \in G$, klar. Also trifft $\mathcal{S}(\mathcal{A}) = M(\mathcal{A}) \subset \mathcal{M} \subset \mathcal{S} = \mathcal{S}(\mathcal{A})$ zu und somit $\mathcal{M} = \mathcal{S}$, d. h. insbesondere für jedes $T \in \mathcal{T}$ die Gültigkeit von $T = \bigcup_{g \in G} g(T) \in \mathcal{S}'$, also $\mathcal{T} \subset \mathcal{S}'$, und damit $\mathcal{T} = \mathcal{S}'$. Insbesondere wird daher $\mathcal{T}_n$ durch $\{\bigcup_{\pi \text{Permutation}} g_\pi^{-1}(A_1 \times \ldots \times A_n) : A_j \in \mathcal{S},\ j = 1, \ldots, n\}$ erzeugt mit $(\Omega^n, \mathcal{S}^n, \mathcal{P}_n)$ als statistisches Experiment, wobei $\Omega^n = \Omega \times \ldots \times \Omega$ (n-mal), $\mathcal{S}^n = \mathcal{S} \otimes \ldots \otimes \mathcal{S}$ (n-faches direktes Produkt von $\mathcal{S}$ mit $\mathcal{S}$ σ-Algebra über Ω), $\mathcal{P}_n := \{P$ permutationsinvariantes Wahrscheinlichkeitsmaß auf $\mathcal{S}^n\}$. Dabei heißt P permutationsinvariantes Wahrscheinlichkeitsmaß auf

S^n, wenn $P = P^{g_\pi}$, $\pi : \{1, \ldots, n\} \to \{1, \ldots, n\}$ Permutation, gilt mit $g_\pi : \Omega^n \to \Omega^n$, $g_\pi(\omega_1, \ldots, \omega_n) := (\omega_{\pi(1)}, \ldots, \omega_{\pi(n)})$, $(\omega_1, \ldots, \omega_n) \in \Omega^n$. Speziell im Fall $n = 2$ wird also $\mathcal{T}_2$ von $\{A \times A : A \in S\}$ erzeugt, wegen $(A_1 \times A_2) \cup (A_2 \times A_1) = (A_1 \cup A_2) \times (A_1 \cup A_2) \backslash ((A_1 \cap A_2^c) \times (A_1 \cap A_2^c) \cup (A_1^c \cap A_2) \times (A_1^c \cap A_2))$. Im Fall $\Omega := \mathbb{R}$, $S = \mathcal{B}$, gilt ferner $\mathcal{T}_n = T^{-1}(\mathcal{B}^n)$ mit $T : \mathbb{R}^n \to \mathbb{R}^n$, $T(x_1, \ldots, x_n) := (x_{[1]}, \ldots, x_{[n]})$, $(x_1, \ldots, x_n) \in \mathbb{R}^n$, $x_{[k]} := \min\{\max\{x_{i_1}, \ldots, x_{i_k}\} : \{i_1, \ldots, i_k\}$ k-elementige Teilmenge von $\{1, \ldots, n\}\}$, $k = 1, \ldots, n$. Also ist die sogenannte Ordnungsstatistik T suffizient für die Menge aller permutationsinvarianten Wahrscheinlichkeitsmaße auf $\mathcal{B}^n$. Man hat zu beachten, daß im allgemeinen Fall eines statistischen Experiments $(\Omega, S, \mathcal{P})$ eine (S, S_T)-meßbare Abbildung $T : \Omega \to \Omega_T$ mit S_T als σ-Algebra über Ω_T suffizient für $\mathcal{P}$ heißt, wenn die Teil-σ-Algebra $\mathcal{T} := T^{-1}(S_T)$ von S suffizient für $\mathcal{P}$ ist.

2. Bernoulli-Experiment vom Umfang n, also: $\Omega := \{0,1\}^n$, $S := \mathcal{P}(\Omega)$ und $\mathcal{P} := \{P_p : p \in (0,1)\}$ mit $P_p(\{(x_1, \ldots, x_n)\}) = p^{\sum_{j=1}^n x_j}(1 - p)^{n - \sum_{j=1}^n x_j}$, $(x_1, \ldots, x_n) \in \{0,1\}^n$, $p \in (0,1)$. Dann ist $T : \{0,1\}^n \to \mathbb{R}$ mit $T(x_1, \ldots, x_n) := \sum_{j=1}^n x_j$, $(x_1, \ldots, x_n) \in \{0,1\}^n$, suffizient für $\mathcal{P}$, denn für $P_p(\{(x_1, \ldots, x_n)\}|\{(x_1, \ldots, x_n) \in \{0,1\}^n : \sum_{j=1}^n x_j = y\})$, $y \in \{0, 1, \ldots, n\}$, trifft die Übereinstimmung mit $p^{\sum_{j=1}^n x_j}(1-p)^{n - \sum_{j=1}^n x_i} / \binom{n}{y} p^y (1 - p)^{n-y} = \frac{1}{\binom{n}{y}}$ unabhängig von $p \in (0,1)$ zu. Man kann die Suffizienz von T für $\mathcal{P}$ auch aufgrund der Überlegungen im vorangehenden Beispiel begründen, denn die Wahrscheinlichkeitsmaße P_p, $p \in (0,1)$, sind permutationsinvariant und $T^{-1}(\mathcal{P}(\{1, \ldots, n\}))$ ist identisch mit der Teil-σ-Algebra von $\mathcal{P}(\Omega)$ der permutationsinvarianten Teilmengen von $\Omega = \{0,1\}^n$.

3. Es sei Ω nicht abzählbar, $S := \mathcal{P}(\Omega)$, $\mathcal{P} := \{\delta_\omega : \omega \in \Omega\}$. Dann ist $\mathcal{T} := \{A \subset \Omega : A$ oder A^c ist abzählbar$\}$ nicht suffizient für $\mathcal{P}$. Gäbe es nämlich eine gemeinsame, von $P \in \mathcal{P}$ unabhängige Version $E(I_A|\mathcal{T})$ von $P(A|\mathcal{T})$, $P \in \mathcal{P}$, für jedes $A \in S$, so gilt $E(I_A|\mathcal{T}) = c_A$ für $\omega \notin N_A$ mit $c_A \in \mathbb{R}$ und N_A als abzählbare Teilmenge von Ω. Ferner trifft $E(I_A|\mathcal{T}) = 1$, $\omega \in A \cap N_A^c$ und $E(I_A|\mathcal{T}) = 0$, $\omega \in A^c \cap N_A^c$, zu, wegen $\int_{\{\omega\}} E(I_A|\mathcal{T})d\delta_\omega = E(I_A|\mathcal{T})(\omega) = \delta_\omega(A \cap \{\omega\})$, $\omega \in \Omega$. Ist nun A und A^c nicht abzählbar, so gilt $A \cap N_A^c \neq \emptyset$ und $A^c \cap N_A^c \neq \emptyset$, woraus der Widerspruch $c_A = 1$ und $c_A = 0$ resultiert. Ist dagegen Ω abzählbar, so gilt $\mathcal{T} = S$ und daher ist dann $\mathcal{T}$ suffizient für $\mathcal{P}$.

Neyman-Kriterium für Suffizienz

Es sei $(\Omega, S, \mathcal{P})$ ein statistisches Experiment mit $P \ll \mu$, $P \in \mathcal{P}$, für ein σ-endliches Maß μ auf S (in Zeichen: $\mathcal{P} \ll \mu$). Dann gibt es eine abzählbare Teilmenge $\{P_1, P_2, \ldots\}$ von $\mathcal{P}$, so daß aus $P_n(N) = 0$, $n = 1, 2, \ldots$, folgt $P(N) = 0$, $P \in \mathcal{P}$. Bezeichnet ferner Q das Wahrscheinlichkeitsmaß auf S, welches durch $\sum_{n=1}^\infty \frac{1}{2^n} P_n$ definiert wird, dann ist eine Teil-σ-Algebra $\mathcal{T}$ von S genau dann suffizient für $\mathcal{P}$, wenn eine der folgenden Bedingungen erfüllt ist:

1. Jede Version von $Q(A|\mathcal{T})$, $A \in \mathcal{S}$, ist ein für $\delta_A : \mathcal{P} \to \mathbb{R}$, $\delta_A(P) := P(A)$, $P \in \mathcal{P}$, erwartungstreuer Schätzer für alle $A \in \mathcal{S}$.

2. Es existiert eine $\mathcal{T}$-meßbare Version von $\frac{dP}{dQ}$, $P \in \mathcal{P}$.

3. Es existiert zu jedem $P \in \mathcal{P}$ eine $\mathcal{T}$-meßbare Funktion $g_p : \Omega \to \mathbb{R}$ und eine $\mathcal{S}$-meßbare Funktion $h : \Omega \to \mathbb{R}$ mit $\frac{dP}{d\mu} = g_P \cdot h$ μ-f.ü., $P \in \mathcal{P}$.

BEGRÜNDUNG: Die Existenz einer abzählbaren Teilmenge $\{P_1, P_2, \ldots\}$ von $\mathcal{P}$ mit dem gleichen Nullmengensystem wie $\mathcal{P}$ ergibt sich aus der Ordnungsvollständigkeit von $\mathcal{L}_1(\Omega, \mathcal{S}, \mu)$, da es zu $\{\frac{dP}{d\mu} I_{\{\frac{dP}{d\mu} \leq n\}} : P \in \mathcal{P}\}$, $n \in \mathbb{N}$ fest, eine abzählbare Teilmenge $\mathcal{P}_n$ von $\mathcal{P}$ mit $\frac{dP}{d\mu} I_{\{\frac{dP}{d\mu} \leq n\}} \leq \sup\{\frac{dP'}{d\mu} I_{\{\frac{dP'}{d\mu} \leq n\}} : P' \in \mathcal{P}_n\}$ μ-f.ü., $P \in \mathcal{P}$, gibt. Hierbei ist zu beachten, daß man das σ-endliche Maß μ ersetzen kann durch das endliche Maß ν, welches durch $\nu(A) := \sum_{k=1}^{\infty} \frac{1}{2^k} \frac{\mu(A \cap A_k)}{\mu(A_k)}$, $A \in \mathcal{S}$, mit $A_k \in \mathcal{S}$, $k = 1, 2, \ldots$, paarweise disjunkt, $\bigcup_{k=1}^{\infty} A_k = \Omega$, und $0 < \mu(A_k) < \infty$, $k \in \mathbb{N}$, definiert ist. Daher gilt für die abzählbare Teilmenge $\bigcup_{n=1}^{\infty} \mathcal{P}_n =: \{P_1, P_2, \ldots\}$ von $\mathcal{P}$: $\frac{dP}{d\mu} I_{\{\frac{dP}{d\mu} \leq n\}} \leq \sup\{\frac{dP_k}{d\mu} I_{\{\frac{dP_k}{d\mu} \leq n\}} : k = 1, 2, \ldots\}$, $P \in \mathcal{P}$, $n \in \mathbb{N}$. Hieraus folgt $P(A) \leq \int_A \sup_{k \in \mathbb{N}} \frac{dP_k}{d\mu} d\mu = \sup_{k \in \mathbb{N}} \int_A (\sup_{j=1,\ldots,k} \frac{dP_j}{d\mu}) d\mu$, $P \in \mathcal{P}$, $A \in \mathcal{S}$, so daß sich insbesondere für $P_k(A) = 0$, $k = 1, 2, \ldots$, ergibt $P(A) = 0$, $P \in \mathcal{P}$, wegen $\sup_{j=1,\ldots,k} \frac{dP_j}{d\mu} \leq \sum_{j=1}^{k} \frac{dP_j}{d\mu}$, $k \in \mathbb{N}$. Nun ist $Q(A|\mathcal{T}) \in D_{\delta_A}$, $A \in \mathcal{S}$, genau dann, wenn $\int Q(A|\mathcal{T}) dP = P(A)$, $P \in \mathcal{P}$, $A \in \mathcal{S}$, zutrifft. Wegen $\int Q(A|\mathcal{T}) dP = \int Q(A|\mathcal{T}) d(P|\mathcal{T}) = \int Q(A|\mathcal{T}) \frac{d(P|\mathcal{T})}{d(Q|\mathcal{T})} d(Q|\mathcal{T}) = \int E_Q(I_A \frac{d(P|\mathcal{T})}{d(Q|\mathcal{T})} |\mathcal{T}) dQ = E_Q(I_A \frac{d(P|\mathcal{T})}{d(Q|\mathcal{T})})$ gilt $Q(A|\mathcal{T}) \in D_{\delta_A}$, $A \in \mathcal{T}$, genau dann, wenn $\frac{d(P|\mathcal{T})}{d(Q|\mathcal{T})} = \frac{dP}{dQ}$, $P \in \mathcal{P}$, zutrifft oder äquivalent $Q(A|\mathcal{T})$, $A \in \mathcal{S}$, ist eine gemeinsame, von $P \in \mathcal{P}$ unabhängige Version von $P(A|\mathcal{T})$, $P \in \mathcal{P}$, $A \in \mathcal{S}$. Man hat dabei zu beachten, daß für eine gemeinsame, von $P \in \mathcal{P}$ unabhängige Version $E(I_A|\mathcal{T})$, $A \in \mathcal{S}$, von $P(A|\mathcal{T})$, $P \in \mathcal{P}$, $A \in \mathcal{S}$, gilt $\int E(I_A|\mathcal{T}) dP = P(A)$, $P \in \mathcal{P}$, $A \in \mathcal{S}$, woraus $\int E(I_A|\mathcal{T}) dP_k = P_k(A)$, $k \in \mathbb{N}$, $A \in \mathcal{S}$, folgt. Daher gilt $\int E(I_A|\mathcal{T}) dQ = Q(A)$, $A \in \mathcal{S}$, also $\int E(I_A|\mathcal{T}) dQ = \int Q(A|\mathcal{T}) dQ$, $A \in \mathcal{S}$, d. h. $\int E(I_{A \cap T}|\mathcal{T}) dQ = \int Q(A \cap T|\mathcal{T}) dQ$, $A \in \mathcal{S}$, $T \in \mathcal{T}$, und damit schließlich $E(I_A|\mathcal{T}) = Q(A|\mathcal{T})$ Q-f.ü., $A \in \mathcal{S}$. Ferner hat man dabei die Beziehung $E_Q(\frac{dP}{dQ}|\mathcal{T}) = \frac{d(P|\mathcal{T})}{d(Q|\mathcal{T})}$ Q-f.ü., $P \in \mathcal{P}$, zu berücksichtigen, die aus $E_Q(\frac{dP}{dQ}|\mathcal{T}) = \frac{d(\int \frac{dP}{dQ} dQ)}{d(Q|\mathcal{T})} = \frac{d(P|\mathcal{T})}{d(Q|\mathcal{T})}$ Q-f.ü., $P \in \mathcal{P}$, folgt. Damit ist die Äquivalenz der Suffizienz von $\mathcal{T}$ für $\mathcal{P} \ll \mu$ σ-endliches Maß mit 1. bzw. 2. gezeigt. Die Gleichwertigkeit mit 3. (Neyman-Kriterium für Suffizienz) ergibt sich folgendermaßen: Ist 3. erfüllt, so folgt aus $\frac{dP_k}{d\mu} = g_{p_k} \cdot h$ μ-f.ü., $k = 1, 2, \ldots$, $\frac{dQ}{d\mu} = \sum_{k=1}^{\infty} \frac{1}{2^k} g_{P_k} \cdot h$ μ-f.ü., wobei $g_{P_k} : \Omega \to \mathbb{R}$ nicht-negativ und $\mathcal{T}$-meßbar ist, $k = 1, 2, \ldots$, und $h : \Omega \to \mathbb{R}$ ist nicht-negativ und $\mathcal{S}$-meßbar. Hieraus folgt für die nicht-negative, $\mathcal{T}$-meßbare Funktion g_P, $P \in \mathcal{P}$, die Beziehung $\frac{dP}{d\mu} / \frac{dQ}{d\mu} = \frac{dP}{dQ} = g_P \cdot h / \sum_{k=1}^{\infty} \frac{1}{2^k} g_{P_k} \cdot h$ μ-f.ü. und daher $\frac{dP}{dQ} = g_P / \sum_{k=1}^{\infty} \frac{1}{2^k} g_{P_k}$ Q-f.ü. auf $\{\frac{dQ}{d\mu} > 0\}$, $P \in \mathcal{P}$. Wegen $P(\{\frac{dQ}{d\mu} = 0\}) = 0$, $P \in \mathcal{P}$, existiert also eine $\mathcal{T}$-meßbare Version von $\frac{dP}{dQ}$, $P \in \mathcal{P}$, falls 3. zutrifft. Im Fall der Suffizienz von $\mathcal{T}$ für $\mathcal{P} \ll \mu$, μ σ-endliches Maß, ergibt sich, wegen 2. und der Kettenregel für Radon-Nikodym-Ableitungen $\frac{dP}{d\mu} = \frac{dP}{dQ} \cdot \frac{dQ}{d\mu}$, $P \in \mathcal{P}$, das Neyman-Kriterium 3.

Äquivalenz von paarweiser Suffizienz und Suffizienz im dominierten Fall

Es sei $(\Omega, \mathcal{S}, \mathcal{P})$ ein statistisches Experiment mit $\mathcal{P} \ll \mu$, μ σ-endliches Maß. Dann folgt aus der paarweisen Suffizienz einer Teil-σ-Algebra $\mathcal{T}$ von $\mathcal{S}$ für $\mathcal{P}$, d. h. $\mathcal{T}$ ist für jede zweielementige Teilmenge von $\mathcal{P}$ suffizient, daß $\mathcal{T}$ für $\mathcal{P}$ suffizient ist.

BEGRÜNDUNG: Es bezeichne $f_{P,Q}$ eine $\mathcal{T}$-meßbare Funktion mit $f_{P,Q} = E_P(I_A|\mathcal{T})$ P-f.ü. und $f_{P,Q} = E_Q(I_A|\mathcal{T})$ Q-f.ü. mit $A \in \mathcal{S}$ fest. Ferner sei $\mathcal{P}_0 = \{P_1, P_2, \ldots\}$ eine abzählbare Teilmenge von $\mathcal{P}$, so daß $P_j(N) = 0$, $j = 1, 2, \ldots$, für ein $N \in \mathcal{S}$ die Beziehung $P(N) = 0$, $P \in \mathcal{P}$, zur Folge hat. Dann ist $f := \sup_{P \in \mathcal{P}_0} \inf_{Q \in \mathcal{P}_0} f_{P,Q}$ eine gemeinsame, von $P \in \mathcal{P}$ unabhängige Version von $E_P(I_A|\mathcal{T})$, $P \in \mathcal{P}$. Es gilt nämlich $\sup_{Q \in \mathcal{P}_0} f_{Q,P} \geq f \geq \inf_{Q \in \mathcal{P}_0} f_{P,Q}$ für jedes $P \in \mathcal{P}_0$, und damit $f = E_P(I_A|\mathcal{T})$ P-f.ü., $P \in \mathcal{P}_0$. Führt man g analog zu f ein, wobei $\mathcal{P}_0$ ersetzt wird durch $\mathcal{P}_0 \cup \{Q_0\}$ mit $Q_0 \in \mathcal{P} \backslash \mathcal{P}_0$, so gilt $g = E_{Q_0}(I_A|\mathcal{T})$ Q_0-f.ü. und $g = f$ P-f.ü., $P \in \mathcal{P}_0$. Dies hat schließlich $f = g$ Q_0-f.ü. zur Folge, d. h. $f = E_{Q_0}(I_A|\mathcal{T})$ Q_0-f.ü., so daß $\mathcal{T}$ suffizient ist für $\mathcal{P}$.

Existenz einer gemeinsamen, von $P \in \mathcal{P}$ unabhängigen Version bedingter Wahrscheinlichkeiten als reguläre bedingte Wahrscheinlichkeiten

Es sei $(\Omega, \mathcal{S}, \mathcal{P})$ ein statistisches Experiment mit $\mathcal{P} \ll \mu$, μ σ-endliches Maß auf $\mathcal{S}$. Ferner existiere für jedes $P \in \mathcal{P}$ eine reguläre Version von $P(A|\mathcal{T})$, $A \in \mathcal{T}$, d. h. $P(A|\mathcal{T})$, $A \in \mathcal{S}$, ist als Übergangswahrscheinlichkeitsmaß wählbar. Dann gibt es eine gemeinsame, von $P \in \mathcal{P}$ unabhängige Version von $P(A|\mathcal{T})$, $P \in \mathcal{P}$, $A \in \mathcal{S}$, als reguläre bedingte Wahrscheinlichkeit. Mit $Q = \sum_{k=1}^{\infty} \frac{1}{2^k} P_k$ und $\{P_1, P_2, \ldots\}$ als abzählbare Teilmenge von $\mathcal{P}$ mit demselben Nullmengensystem wie $\mathcal{P}$ gilt

$$Q(A|\mathcal{T}) = \frac{d\sum_{k=1}^{\infty} \frac{1}{2^k} \int_{\cdot} I_A \, dP_k}{d(Q|\mathcal{T})}$$

$$= \sum_{k=1}^{\infty} \frac{1}{2^k} \frac{d\int_{\cdot} I_A \, dP_k}{d(P_k|\mathcal{T})} \cdot \frac{d(P_k|\mathcal{T})}{dQ(\mathcal{T})}$$

$$= \sum_{k=1}^{\infty} \frac{1}{2^k} P_k(A|\mathcal{T}) \frac{d(P_k|\mathcal{T})}{d(Q|\mathcal{T})} I_{\{\frac{d(P_k|\mathcal{T})}{d(Q|\mathcal{T})} > 0\}}, \quad Q\text{-f.ü.}, \ A \in \mathcal{S}.$$

Ist nun $P_k(A|\mathcal{T})$, $A \in \mathcal{S}$, bereits ein Übergangswahrscheinlichkeitsmaß, $k = 1, 2, \ldots$, so gilt dies auch für $\sum_{k=1}^{\infty} \frac{1}{2^k} P_k(A|\mathcal{T}) \frac{d(P_k|\mathcal{T})}{d(Q|\mathcal{T})} I_{\{\frac{d(P_k|\mathcal{T})}{d(Q|\mathcal{T})}>0\}}$, $A \in \mathcal{S}$, und daher auch für $Q(A|\mathcal{T})$, $A \in \mathcal{T}$, wobei $Q(A|\mathcal{T})$ eine gemeinsame, von $P \in \mathcal{P}$ unabhängige Version von $P(A|\mathcal{T})$, $P \in \mathcal{P}$, für jedes $A \in \mathcal{S}$ ist. Allerdings trifft diese Aussage im nicht-dominierten Fall i.a. nicht zu, wie das folgende Beispiel zeigt.

BEISPIEL: Es sei $\mathcal{T}$ eine abzählbar erzeugte σ-Algebra über Ω mit $\{\omega\} \in \mathcal{T}$, $\omega \in \Omega$, und $\mathcal{T} \neq \mathcal{P}(\Omega)$. Ferner bezeichne $\mathcal{S}$ die von $\mathcal{T}$ und $A_0 \notin \mathcal{T}$ erzeugte σ-Algebra und $\mathcal{P} := \{\delta_\omega|\mathcal{S} : \omega \in A_0\}$. Dann ist $\mathcal{T}$, wegen $I_{A_1} = P(A_1 \cap A_0 + A_2 \cap A_0^c|\mathcal{T})$ P-f.ü., $P \in \mathcal{P}$, mit $A_1, A_2 \in \mathcal{T}$, suffizient, wobei $\{A_1 \cap A_0 + A_2 \cap A_0^c : A_1, A_2 \in \mathcal{T}\} = \mathcal{S}$ zutrifft. Es existiert aber keine gemeinsame, von $\mathcal{P} \in \mathcal{P}$ unabhängige Version von $P(A|\mathcal{T})$, $P \in \mathcal{P}$, für jedes $A \in \mathcal{S}$, die gleichzeitig auch ein Übergangswahrscheinlichkeitsmaß ist. Bezeichnet nämlich $\mathcal{A}$ eine abzählbare Algebra über $\mathcal{A}$ mit $S(\mathcal{A}) = \mathcal{T}$, und beachtet man, daß $N_{A_1} := \{I_{A_1} = P(A_1 \cap A_0 + A_2 \cap A_0^c|\mathcal{T})\}$ bzw. $N^{A_1} := \{I_{A_1} = P(A_1|\mathcal{T})\}$ für jedes $A_1 \in \mathcal{A}$ eine P-Nullmenge ist, $P \in \mathcal{P}$, dann ist auch $N := \bigcup_{A_1 \in \mathcal{A}} N_{A_1} \cup \bigcup_{A_1 \in \mathcal{A}} N^{A_1} \in \mathcal{T}$ eine P-Nullmenge, $P \in \mathcal{P}$. Insbesondere gilt $I_{A_1}(\omega) = P(A_1 \cap A_0 + A_2 \cap A_0^c|\mathcal{T})(\omega)$ und $I_{A_1}(\omega) = P(A_1|\mathcal{T})(\omega)$ für $\omega \in N^c$, $A_1, A_2 \in \mathcal{T}$, $P \in \mathcal{P}$, wenn es eine von $P \in \mathcal{P}$ unabhängige Version von $P(A|\mathcal{T})$, $A \in \mathcal{S}$, als Übergangswahrscheinlichkeitsmaß Q gibt. Wählt man schließlich $\omega_0 \in N^c \cap A_0^c \neq \emptyset$, wegen $A_0 \subset N^c$ sowie $A_0 \notin \mathcal{T}$ und $A_1 := \Omega$, $A_2 := \emptyset$ bzw. $A_1 := \{\omega_0\}$, so erhält man den Widerspruch $Q(A_0, \omega_0) = 1$, $Q(\{\omega_0\}, \omega_0) = 1$.

BEMERKUNG: Im Fall $\mathcal{P} \ll \mu$, μ σ-endliches Maß, ist also nach den obigen Überlegungen die Schreibweise $E(d|\mathcal{T})$ als gemeinsame, von $P \in \mathcal{P}$ unabhängige Version von $E_P(d|\mathcal{T})$, $P \in \mathcal{P}$, $d \in \bigcap_{P \in \mathcal{P}} \mathcal{L}_1(\Omega, \mathcal{S}, P)$, durch die Tatsache motiviert, daß $E_Q(d|\mathcal{T}) = E(d|\mathcal{T})$ Q-f.ü. und daher auch P-f.ü., $P \in \mathcal{P}$, zutrifft. Insbesondere gilt $E_Q(d|\mathcal{T}) = \int d(\omega) Q(d\omega, \cdot)$ Q-f.ü. mit $Q : \mathcal{S} \times \Omega \rightarrow \mathbb{R}$ als Übergangswahrscheinlichkeitsmaß und Version von $Q(A|\mathcal{T})$, $A \in \mathcal{S}$, $d \in \bigcap_{P \in \mathcal{P}} \mathcal{L}_1(\Omega, \mathcal{S}, P)$, so daß $\int d(\omega) Q(d\omega, \cdot)$ eine gemeinsame, von $P \in \mathcal{P}$ unabhängige Version von $E_P(d|\mathcal{T})$, $P \in \mathcal{P}$, ist.

Suffizienz von meßbaren Abbildungen

$(\Omega, \mathcal{S}, \mathcal{P})$ statistisches Experiment, $T : \Omega \rightarrow \Omega_T$ sei $(\mathcal{S}, \mathcal{S}_T)$-meßbar mit $(\Omega_T, \mathcal{S}_T)$ als Meßraum. Dann ist T suffizient für $\mathcal{P}$ genau dann, wenn die durch T induzierte Teil-σ-Algebra $T^{-1}(\mathcal{S}_T)$ von $\mathcal{S}$ suffizient für $\mathcal{P}$ ist. Im Fall $\mathcal{P} \ll \mu$, μ σ-endliches Maß auf $\mathcal{S}$, ist aufgrund der Faktorisierung reellwertiger Abbildungen, die bezüglich σ-Algebren, welche durch meßbare Abbildungen induziert werden, meßbar sind, T genau dann suffizient, wenn es zu jedem $P \in \mathcal{P}$ eine $\mathcal{S}_T$-meßbare Abbildung $g_P : \Omega_T \rightarrow \mathbb{R}$ und eine $\mathcal{S}$-meßbare Abbildung $h : \Omega \rightarrow \mathbb{R}$ gibt mit $\frac{dP}{d\mu} = (g_P \circ T) h$ μ-f.ü., $P \in \mathcal{P}$.

BEISPIEL: Suffizienz im Zusammenhang mit mehrparametrischen Exponentialfamilien

Ist $(\Omega, \mathcal{S}, \mathcal{P})$ ein statistisches Experiment mit $\mathcal{P} = \{P_\zeta : \zeta \in \mathcal{Z} \subset \mathbb{R}^k\} \ll \mu$, μ σ-

endliches Maß, als k-parametrische Exponentialfamilie in T und $\zeta \in \mathcal{Z}$, dann ist T nach dem obigen Neyman-Kriterium suffizient für $\mathcal{P}$.

Kennzeichnung von Lokationsparameterklassen $\mathcal{P} := \{P_\vartheta : \vartheta \in \mathbb{R}\}$ **mit** $\mathcal{P} \ll \mu$, μ σ-**endliches Maß**

Es sei $(\mathbb{R}, \mathcal{B}, \mathcal{P})$ ein statistisches Experiment mit $\mathcal{P} := \{P_\vartheta : \vartheta \in \mathbb{R}\}$, $P_\vartheta(B) := P_0(B - \vartheta)$, $B \in \mathcal{B}$, $\vartheta \in \mathbb{R}$. Dann trifft $\mathcal{P} \ll \mu$ für ein σ-endliches Maß μ auf $\mathcal{S}$ genau dann zu, falls $P_0 \ll \lambda$ gilt. Im Fall $P_0 \ll \lambda$ folgt aus der Translationsinvarianz von λ die Beziehung $\mathcal{P} \ll \lambda$. Umgekehrt folgt aus $\mathcal{P} \ll \mu$, μ σ-endliches Maß auf $\mathcal{S}$, nach dem Satz von Fubini $\int \mu(B - \vartheta)\lambda(d\vartheta) = \int \lambda(B - \vartheta)\mu(d\vartheta)$, $B \in \mathcal{B}$, so daß aus $\lambda(B) = 0$ zusammen mit der Translationsinvarianz von λ die Beziehung $\mu(B - \vartheta) = 0$ für λ-fast alle $\vartheta \in \mathbb{R}$ resultiert. Es existiert also ein $\vartheta_0 \in \mathbb{R}$ mit $\mu(B - \vartheta_0) = 0$ und daher gilt $P_\vartheta(B - \vartheta_0) = 0 = P_0(B - \vartheta_0 - \vartheta)$, $\vartheta \in \mathbb{R}$, also $P_0(B) = 0$, indem man $\vartheta := -\vartheta_0$ wählt.

ANWENDUNG: Weitere Charakterisierung von $\mathcal{P} \ll \mu$, μ σ-endliches Maß, im Fall $\mathcal{P} := \{P_\vartheta : \vartheta \in \mathbb{R}\}$ mit $\vartheta \in \mathbb{R}$ als Lokationsparameter
Es sei $(\mathbb{R}, \mathcal{B}, \mathcal{P})$ ein statistisches Experiment mit $\mathcal{P} := \{P_\vartheta : \vartheta \in \mathbb{R}\}$, $P_\vartheta(B) := P_0(B - \vartheta)$, $B \in \mathcal{B}$, $\vartheta \in \mathbb{R}$. Dann gilt $\mathcal{P} \ll \mu$, μ σ-endliches Maß auf $\mathcal{S}$, genau dann, wenn $\vartheta \to P_\vartheta(B)$, $\vartheta \in \mathbb{R}$, $B \in \mathcal{B}$ fest, stetig ist.

BEGRÜNDUNG: Ist $\vartheta \to P_\vartheta(B)$, $\vartheta \in \mathbb{R}$, $B \in \mathcal{B}$ fest, stetig, so gilt $\mathcal{P} \ll \mu$ mit $\mu := \sum_{\vartheta_n \in \mathbb{Q}} \frac{1}{2^n} P_{\vartheta_n}$ als Wahrscheinlichkeitsmaß auf $\mathcal{B}$. Für die Umkehrung wird zunächst gezeigt, daß $\vartheta \to \lambda((A - \vartheta) \cap B)$, $\vartheta \in \mathbb{R}$, $A, B \in \mathcal{B}$ fest, B beschränkt, stetig ist. Dies ergibt sich daraus, daß $\{A \in \mathcal{B} : \vartheta \to \lambda((A - \vartheta) \cap B)$ ist in $\vartheta \in \mathbb{R}$ (fest) stetig$\}$ mit $B \in \mathcal{B}$ fest, B beschränkt, ein Dynkinsystem ist, wobei $\lambda((A - \vartheta) \cap B) = \lambda(A \cap (B + \vartheta))$ zu beachten ist, um die Abgeschlossenheit gegenüber abzählbar vielen, paarweise disjunkten Mengen nachzuweisen. Ferner enthält dieses Dynkinsystem alle Mengen der Gestalt $(-\infty, a]$, $a \in \mathbb{R}$, da $\vartheta \to \lambda((-\infty, a - \vartheta] \cap B)$ stetig ist. Damit ist auch $\vartheta \to \lambda((A - \vartheta) \cap B)$, $\vartheta \in \mathbb{R}$, $A, B \in \mathcal{B}$ fest, B beschränkt, stetig, also auch $\vartheta \to \lambda((A - \vartheta) \triangle A)$, $\vartheta \in \mathbb{R}$, $A \in \mathcal{B}$ fest und beschränkt. Nun folgt aus $\mathcal{P} \ll \mu$, μ σ-endliches Maß, nach den vorangehenden Überlegungen $P_0 \ll \lambda$, also gilt $\lim_{\vartheta \to 0} P_\vartheta(A) = P_0(A)$, wegen $|P_\vartheta(A) - P_0(A)| \leq P_0((A - \vartheta) \triangle A)$ und $\lim_{\vartheta \to 0} \lambda((A - \vartheta) \triangle A) = 0$ für $A \in \mathcal{B}$ beschränkt. Wegen $A = \sum_{n=-\infty}^{\infty} A \cap (n, n+1]$ folgt hieraus $\lim_{\vartheta \to 0} P_\vartheta(A) = P_0(A)$ für alle $A \in \mathcal{B}$, woraus sich die Stetigkeit von $\vartheta \to P_\vartheta(A)$, $\vartheta \in \mathbb{R}$, $A \in \mathcal{B}$ fest, ergibt.

Kennzeichnung statistischer Experimente $(\Omega, \mathcal{S}, \mathcal{P})$ **mit** $\mathcal{P} \ll \mu$, μ σ-**endliches Maß**

Es trifft $\mathcal{P} \ll \mu$, μ σ-endliches Maß auf $\mathcal{S}$, zu mit $(\Omega, \mathcal{S}, \mathcal{P})$ als statistisches Experiment genau dann, wenn jedes System von paarweise disjunkten Mengen aus $\mathcal{M}(\mathcal{P}) := \{S \in \mathcal{S} : \text{Es gibt } P \in \mathcal{P} \text{ mit } P(S) > 0\}$ abzählbar ist. Insbesondere folgt aus der Existenz eines Wahrscheinlichkeitsinhalts Q auf $\mathcal{S}$ mit $P(N) = 0$, $P \in \mathcal{P}$, für jedes $N \in \mathcal{S}$ mit $Q(N) = 0$ die Existenz eines σ-endlichen Maßes μ auf $\mathcal{S}$ mit $\mathcal{P} \ll \mu$.

BEGRÜNDUNG: Da ein σ-endliches Maß μ auf S höchstens abzählbar viele paarweise disjunkte Mengen mit positivem Maß μ zuläßt, ist jedes System von paarweise disjunkten Mengen aus $\mathcal{M}(\mathcal{P})$ bereits abzählbar, falls $\mathcal{P} \ll \mu$, μ σ-endliches Maß, zutrifft. Dasselbe Argument ist auch auf den Fall anwendbar, wo es einen Wahrscheinlichkeitsinhalt Q auf S gibt mit $P(N) = 0$, $P \in \mathcal{P}$, für jedes $N \in S$ mit $Q(N) = 0$. Es sei nun umgekehrt $(\Omega, S, \mathcal{P})$ ein statistisches Experiment, so daß jedes System von paarweise disjunkten Mengen aus $\mathcal{M}(\mathcal{P})$ abzählbar ist. Es wird nun hieraus hergeleitet, daß es abzählbar viele $P_n \in \mathcal{P}$, $n = 1, 2, \ldots$, gibt mit $P(N) = 0$, $P \in \mathcal{P}$, für jedes $N \in S$ mit $P_n(N) = 0$, $n \in \mathbb{N}$. Zu diesem Zweck wird zunächst folgendes gezeigt: Zu $S_0 \in \mathcal{N}(\mathcal{P})$ und $P_0 \in \mathcal{P}$ existiert $S_1 \in S$ mit $S_1 \subset S_0$, $P_0(S_1) = P_0(S_0)$ und $P(S) = 0$, $P \in \mathcal{P}$, für jedes $S \in S$, so daß $S \subset S_1$ und $P_0(S) = 0$ gilt. Ist nämlich $\mathcal{N}(S_0, P_0) := \{S \in \mathcal{N}(\mathcal{P}) : P_0(S) = 0 \text{ und } S \subset S_0\}$, so kann man $\mathcal{N}(S_0, P_0) \neq \emptyset$ annehmen, da im Fall $\mathcal{N}(S_0, P_0) = \emptyset$ für S_1 die Menge S_0 gewählt werden kann. Nun ist die Familie der Mengensysteme $\{S_i \in \mathcal{N}(S_0, P_0) : S_i, i \in I, \text{ paarweise disjunkt}\}$ bezüglich Inklusion induktiv geordnet, so daß es nach dem Lemma von Zorn ein maximales Element der Gestalt $\{A_n \in \mathcal{N}(S_0, P_0) : A_n, n \in \mathbb{N}, \text{ paarweise disjunkt}\}$ gibt. Insbesondere ist $S_1 := S_0 \cap (\bigcup_{n=1}^{\infty} A_n)^c$ wählbar, wegen $P_0(S_1) = P_0(S_0)$ und $P(S) = 0$, $P \in \mathcal{P}$, für jedes $S \in S$ mit $S \subset S_1$ und $P_0(S) = 0$ aufgrund der Maximalität von $\{A_n \in \mathcal{N}(S_0, P_0) : A_n, n \in \mathbb{N}, \text{ paarweise disjunkt}\}$. Schließlich ist $\mathcal{M} := \{(S, P) \in S \times \mathcal{P} : P(S') = 0 \text{ für } S' \subset S, S' \in S, \text{ impliziert } P'(S') = 0, P' \in \mathcal{P}\}$ nicht leer, da man mit $S_0 := \Omega$ und beliebigem $P_0 \in \mathcal{P}$ nach der obigen Überlegung starten kann. Ferner ist die Familie von Mengensystemen der Gestalt $\{S_i \in \{S \in S: \text{Es gibt } P \in \mathcal{P} \text{ mit } (S, P) \in \mathcal{M}\} : S_i, i \in I, \text{ paarweise disjunkt}\}$ bezüglich Inklusion induktiv geordnet, so daß nach dem Lemma von Zorn ein maximales Element der Gestalt $\{S_n \in \{S \in S: \text{Es gibt } P \in \mathcal{P} \text{ mit } (S, P) \in \mathcal{M}\} : S_n, n \in \mathbb{N}, \text{ paarweise disjunkt}\}$ existiert. Sind P_n, $n \in \mathbb{N}$, die zu A_n, $n \in \mathbb{N}$, gehörenden Wahrscheinlichkeitsmaße aus $\mathcal{P}$, so gilt $P(S \cap (\bigcup_{n=1}^{\infty} S_n)^c) = 0$, $S \in \mathcal{N}(\mathcal{P})$, $P \in \mathcal{P}$, da sonst $P_0(S_0 \cap (\bigcup_{n=1}^{\infty} S_n)^c) > 0$ für ein $S_0 \in \mathcal{M}(\mathcal{P})$ und ein $P_0 \in \mathcal{P}$ zutrifft, im Widerspruch zur Maximalität von $\{S_n \in \{S \in S: \text{Es gibt } P \in \mathcal{P} \text{ mit } (S, P) \in \mathcal{M}\} : S_n, n \in \mathbb{N}, \text{ paarweise disjunkt}\}$, da es zu $S_0 \cap (\bigcup_{n=1}^{\infty} S_n)^c$ und P_0 ein $S_1 \in S$ mit $S_1 \subset S_0 \cap (\bigcup_{n=1}^{\infty} S_n)^c$ und $P(S) = 0$, $P \in \mathcal{P}$, für jedes $S \subset S_1$, so daß $P_0(S) = 0$ gilt, gibt. Insbesondere folgt daher aus $P_n(S) = 0$, $n = 1, 2, \ldots$, für ein $S \in S$ bereits $P(S) = 0$, $P \in \mathcal{P}$, denn $P_n(S) = 0$, $n = 1, 2, \ldots$, führt, wegen $(S_n, P_n) \in \mathcal{M}$, $n = 1, 2, \ldots$, und $P_n(S \cap S_n) = 0$, $n = 1, 2, \ldots$, zu $P(S \cap S_n) = 0$, $P \in \mathcal{P}$, $n = 1, 2, \ldots$, während $P(S \cap (\bigcup_{n=1}^{\infty} S_n)^c) = 0$, $P \in \mathcal{P}$, $S \in S$, nach den obigen Überlegungen zutrifft.

Vollständigkeit von Teil-σ-Algebren

Es sei $(\Omega, S, \mathcal{P})$ ein statistisches Experiment und $\mathcal{T}$ eine Teil-σ-Algebra von S. Dann heißt $\mathcal{T}$ vollständig für $\mathcal{P}$ (bzw. beschränkt vollständig für $\mathcal{P}$), wenn für jeden $\mathcal{T}$-meßbaren Nullschätzer $d_0 \in D_0$ gilt $d_0 = 0$ P-f.ü., $P \in \mathcal{P}$, d. h. $P(\{d_0 \neq 0\}) = 0$, $P \in \mathcal{P}$ (bzw. wenn für einen beschränkten Nullschätzer $d_0 \in D_0$ gilt $d_0 = 0$ P-

f.ü., also $P(\{d_0 \neq 0\}) = 0$, $P \in \mathcal{P}$).

BEISPIEL für den Unterschied zwischen Vollständigkeit und beschränkter Vollständigkeit

Es sei $(\mathbb{R}, \mathcal{B}, \mathcal{P})$ das statistische Experiment mit $\mathcal{P} = \{P_{a,b} : a, b \in \mathbb{R}, a < b\}$, $P_{a,b} := \frac{2}{3}\mathcal{R}(a, b)$-Verteilung $+\frac{1}{3}\mathcal{N}(a - b, 1)$-Verteilung, $a, b \in \mathbb{R}$, $a < b$. Dann ist $\mathcal{B}$ nicht vollständig für $\mathcal{P}$, wegen $\int x P_{a,b}(dx) = \frac{2}{3} \cdot \frac{b-a}{2} + \frac{1}{3}(a - b) = 0$, $a, b \in \mathbb{R}$, $a < b$, aber beschränkt vollständig, denn nach einem Satz von Lebesgue gilt für $f \in \mathcal{L}_1(\mathbb{R}, \mathcal{B}, \lambda) : \lim_{b \to a} \frac{1}{b-a} \int_{[a,b]} f \, d\lambda = f(a)$ für λ-fast alle $a \in \mathbb{R}$. Ist nun $f := d_0 \in D_0$ zusätzlich beschränkt, so folgt aus $\int d_0 dP_{a,b} = 0$, $a, b \in \mathbb{R}$, $a < b$, die Beziehung $\frac{2}{3} f(a) + \frac{1}{3} \frac{1}{\sqrt{2\pi}} \int e^{-x^2/2} f(x) d\lambda(x) = 0$ für λ-fast alle $a \in \mathbb{R}$. Hieraus resultiert, zusammen mit $|f| \leq M$ für ein $M \in \mathbb{R}$, die Beziehung $|f| \leq \frac{M}{2}$ λ-f.ü., so daß eine n-malige Wiederholung dieses Arguments $|f| \leq \frac{M}{2^n}$ λ-f.ü. für jedes $n \in \mathbb{N}$ liefert, woraus $f = 0$ λ-f.ü. und damit $f = 0$ $P_{a,b}$-f.ü., $a, b \in \mathbb{R}$, $a < b$, folgt.

Schätztheoretische Kennzeichnung der Vollständigkeit

$(\Omega, \mathcal{S}, \mathcal{P})$ statistisches Experiment mit $\mathcal{T}$ als Teil-σ-Algebra von $\mathcal{S}$. Dann ist $\mathcal{T}$ genau dann vollständig für $\mathcal{P}$, wenn jeder $\mathcal{T}$-meßbare Schätzer $d^* \in \bigcap_{P \in \mathcal{P}} \mathcal{L}_2(\Omega, \mathcal{S}, P)$ die Eigenschaft $\mathrm{Var}_P(d^*) \leq \mathrm{Var}_P(d)$, $P \in \mathcal{P}$, für alle $d \in \bigcap_{P \in \mathcal{P}} \mathcal{L}_2(\Omega, \mathcal{S}, P)$ mit $E_P(d) = E_P(d^*)$, $P \in \mathcal{P}$, die $\mathcal{T}$-meßbar sind, besitzt. Diese Eigenschaft von d^* ist nämlich nach der Kovarianzmethode mit $E_P(d^* d_0) = 0$, $P \in \mathcal{P}$, für alle $\mathcal{T}$-meßbaren Nullschätzer $d_0 \in D_0$ äquivalent, wobei $d_0 = 0$ P-f.ü., $P \in \mathcal{P}$, zutrifft, falls $\mathcal{T}$ für $\mathcal{P}$ suffizient ist, d. h. in diesem Fall ist $\mathrm{Var}_P(d^*) \leq \mathrm{Var}_P(d)$, $P \in \mathcal{P}$, für alle $\mathcal{T}$-meßbaren $d \in \bigcap_{P \in \mathcal{P}} \mathcal{L}_2(\Omega, \mathcal{S}, P)$ mit $E_P(d) = E_P(d^*)$, $P \in \mathcal{P}$, zutreffend. Umgekehrt folgt hieraus für einen $\mathcal{T}$-meßbaren Nullschätzer $d_0 \in D_0$ nach der Kovarianzmethode $E_P(d_0^2) = 0$, $P \in \mathcal{P}$, d. h. $d_0 = 0$ P-f.ü., $P \in \mathcal{P}$, d. h. $\mathcal{T}$ ist vollständig für $\mathcal{P}$.

Modifikation der Kovarianzmethode mit Hilfe von Vollständigkeit und Suffizienz

Es sei $(\Omega, \mathcal{S}, \mathcal{P})$ ein statistisches Experiment und $\mathcal{T}$ eine für $\mathcal{P}$ vollständige und suffiziente Teil-σ-Algebra von $\mathcal{S}$. Dann ist ein $\mathcal{T}$-meßbarer Schätzer $d^* \in \bigcap_{P \in \mathcal{P}} \mathcal{L}_2(\Omega, \mathcal{S}, P)$ bereits ein gleichmäßig bester, erwartungstreuer Schätzer. Insbesondere ist eine gemeinsame, von $P \in \mathcal{P}$ unabhängige Version $E(d|\mathcal{T})$ von $E_P(d|\mathcal{T})$, $P \in \mathcal{P}$, mit $d \in D_\delta$, $\delta : \mathcal{P} \to \mathbb{R}$, ein gleichmäßig bester, erwartungstreuer Schätzer für δ (Satz von Lehmann-Scheffé).

BEGRÜNDUNG: Nach der aufgrund von Suffizienz modifizierten Kovarianzmethode ist ein $\mathcal{T}$-meßbarer Schätzer $d^* \in \bigcap_{P \in \mathcal{P}} \mathcal{L}_2(\Omega, \mathcal{S}, P)$ genau dann gleichmäßig bester, erwartungstreuer Schätzer, wenn $\mathrm{Kov}_P(d^*, d_0) = 0$, $P \in \mathcal{P}$, für jeden $\mathcal{T}$-meßbaren Nullschätzer $d_0 \in D_0$ zutrifft, falls $\mathcal{T}$ für $\mathcal{P}$ suffizient ist. Ist also $\mathcal{T}$ noch zusätzlich für $\mathcal{P}$ vollständig, so gilt $d_0 = 0$ P-f.ü., $P \in \mathcal{P}$, für jeden $\mathcal{T}$-meßbaren Nullschätzer, d. h. $d^* \in \bigcap_{P \in \mathcal{P}} \mathcal{L}_2(\Omega, \mathcal{S}, P)$ ist gleichmäßig bester, erwartungstreuer Schätzer, falls d^* $\mathcal{T}$-meßbar ist und $\mathcal{T}$ vollständig und suffizient für $\mathcal{P}$ ist. Daher ist eine gemeinsame, von $P \in \mathcal{P}$ unabhängige Version $E(d|\mathcal{T})$ von $E_P(d|\mathcal{T})$, $P \in \mathcal{P}$, mit $d \in D_\delta$, $\delta : \mathcal{P} \to \mathbb{R}$, ein gleichmäßig bester, erwartungstreuer Schätzer für δ. Diese auf Lehmann-Scheffé zurückgehende Aussage kann man auch folgendermaßen beweisen: Bei der obigen Argumentation ist bereits die Beziehung $E_P(E(d|\mathcal{T})) = E_P(d) = \delta(P)$, $P \in \mathcal{P}$, herangezogen worden, woraus $E(d|\mathcal{T}) \in D_\delta$ folgt. Ferner gilt $\mathrm{Var}_P(E(d|\mathcal{T})) \leq \mathrm{Var}_P(d)$, $P \in \mathcal{P}$. Daher gilt auch für $d' \in D_\delta$ die Ungleichung $\mathrm{Var}_P(E(d'|\mathcal{T})) \leq \mathrm{Var}_P(d')$, sowie die Gleichung $E(d'|\mathcal{T}) = E(d|\mathcal{T})$ P-f.ü., $P \in \mathcal{P}$, wegen $E(d - d'|\mathcal{T}) \in D_\delta$ und aufgrund der Vollständigkeit von $\mathcal{T}$ für $\mathcal{P}$. Hieraus resultiert schließlich $\mathrm{Var}_P(E(d|\mathcal{T})) = \mathrm{Var}_P(E(d'|\mathcal{T})) \leq \mathrm{Var}_P(d')$, $P \in \mathcal{P}$, für alle $d' \in D_\delta$.

Schätztheoretische Kennzeichnung von Vollständigkeit und Suffizienz

$(\Omega, \mathcal{S}, \mathcal{P})$ statistisches Experiment mit $\mathcal{P} \ll \mu$, μ σ-endliches Maß auf $\mathcal{S}$, $Q := \sum_{n=1}^{\infty} \frac{1}{2^n} P_n$ mit $P_n \in \mathcal{P}$, $n = 1, 2, \ldots$, so daß $P_n(N) = 0$, $n = 1, 2, \ldots$, für $N \in \mathcal{S}$ impliziert $P(N) = 0$, $P \in \mathcal{P}$. Dann ist eine Teil-σ-Algebra $\mathcal{T}$ von $\mathcal{S}$ genau dann vollständig und suffizient für $\mathcal{P}$, wenn eine (und damit jede) Version von $Q(A|\mathcal{T})$, $A \in \mathcal{S}$, ein gleichmäßig bester, erwartungstreuer Schätzer für $\delta_A : \mathcal{P} \to \mathbb{R}$, $\delta_A(P) = P(A)$, $A \in \mathcal{S}$, ist.

BEGRÜNDUNG: Es ist bereits gezeigt worden, daß die Suffizienz von $\mathcal{T}$ für $\mathcal{P}$ gleichwertig mit der Erwartungstreue von $Q(A|\mathcal{T})$ für δ_A, $A \in \mathcal{S}$, ist. Ist $\mathcal{T}$ vollständig und suffizient für $\mathcal{P}$, dann ist $Q(A|\mathcal{T})$, nach dem Satz von Lehmann-Scheffé, ein gleichmäßig bester, erwartungstreuer Schätzer für δ_A, $A \in \mathcal{S}$. Umgekehrt folgt aus dieser Eigenschaft von $Q(A|\mathcal{T})$, $A \in \mathcal{S}$, die Suffizienz von $\mathcal{T}$ für $\mathcal{P}$, während sich die Vollständigkeit von $\mathcal{T}$ für $\mathcal{P}$ folgendermaßen ergibt: Für $d \in \bigcap_{P \in \mathcal{P}} \mathcal{L}_2(\Omega, \mathcal{S}, P)$ ist $E_Q(d|\mathcal{T})$ aufgrund der Eigenschaft der Linearität und der Abgeschlossenheit gleichmäßig bester, erwartungstreuer Schätzer ein gleichmäßig bester, erwartungstreuer Schätzer (für $\delta_d : \mathcal{P} \to \mathbb{R}$, $\delta_d(P) := E_P(d)$, $P \in \mathcal{P}$). Ist also d zusätzlich $\mathcal{T}$-meßbar, so stellt d einen gleichmäßig besten, erwartungstreuen Schätzer dar. Daher gilt speziell für einen $\mathcal{T}$-meßbaren Nullschätzer $d_0 \in D_0$ nach der Kovarianzmethode $E_P(d_0^2) = 0$, $P \in \mathcal{P}$, woraus $d_0 = 0$ P-f.ü., $P \in \mathcal{P}$, folgt, d. h. $\mathcal{T}$ ist für $\mathcal{P}$ vollständig.

Im nicht notwendig durch ein σ-endliches Maß μ dominierten Fall $\mathcal{P} \ll \mu$ läßt sich die Vollständigkeit und Suffizienz von Teil-σ-Algebren ähnlich kennzeichnen, nämlich: $(\Omega, \mathcal{S}, \mathcal{P})$ statistisches Experiment. Dann ist eine Teil-σ-Algebra $\mathcal{T}$ von $\mathcal{S}$ vollständig und suffizient für $\mathcal{P}$ genau dann, wenn jedes $\mathcal{T}$-meßbare $d \in \bigcap_{P \in \mathcal{P}} \mathcal{L}_2(\Omega, \mathcal{S}, P)$ ein gleichmäßig bester, erwartungstreuer Schätzer ist und wenn es zu jedem $A \in \mathcal{S}$ einen für $\delta_A : \mathcal{P} \to \mathbb{R}$, $\delta_A(P) := P(A)$, $P \in \mathcal{P}$, erwartungstreuen und $\mathcal{T}$-meßbaren Schätzer $d_A \in \bigcap_{P \in \mathcal{P}} \mathcal{L}_2(\Omega, \mathcal{S}, P)$ gibt.

BEGRÜNDUNG: Ist $\mathcal{T}$ vollständig und suffizient für $\mathcal{P}$, so stellt eine gemeinsame, von $P \in \mathcal{P}$ unabhängige Version $E(d|\mathcal{T})$ mit $d \in \bigcap_{P \in \mathcal{P}} \mathcal{L}_2(\Omega, \mathcal{S}, P)$, nach dem Satz von Lehmann-Scheffé, einen gleichmäßig besten, erwartungstreuen Schätzer dar. Insbesondere ist daher jedes $\mathcal{T}$-meßbare $d \in \bigcap_{P \in \mathcal{P}} \mathcal{L}_2(\Omega, \mathcal{S}, P)$ ein gleichmäßig bester, erwartungstreuer Schätzer. Umgekehrt folgt aus dieser Eigenschaft von $\mathcal{T}$ die Vollständigkeit von $\mathcal{T}$ für $\mathcal{P}$, denn die Kovarianzmethode liefert für jeden $\mathcal{T}$-meßbaren Nullschätzer $d_0 \in D_0$ die Beziehung $E_P(d_0^2) = 0$, $P \in \mathcal{P}$, also $d_0 = 0$ P-f.ü., $P \in \mathcal{P}$. Die Suffizienz von $\mathcal{T}$ für $\mathcal{P}$ folgt aus der Eigenschaft von $d_A \in \bigcap_{P \in \mathcal{P}} \mathcal{L}_2(\Omega, \mathcal{S}, P)$ als $\mathcal{T}$-meßbarer, gleichmäßig bester erwartungstreuer Schätzer für $\delta_A : \mathcal{P} \to \mathbb{R}$, $\delta_A(P) = P(A)$, $P \in \mathcal{P}$, $A \in \mathcal{S}$, eine gemeinsame, von $P \in \mathcal{P}$ unabhängige Version von $P(A|\mathcal{T})$, $A \in \mathcal{S}$, zu sein. Nach der Kovarianzmethode gilt nämlich $E_P(I_T(d_A - I_A)) = 0$, $P \in \mathcal{P}$, $T \in \mathcal{T}$, $A \in \mathcal{S}$ fest, da I_T, $T \in \mathcal{T}$, ein gleichmäßig bester, erwartungstreuer Schätzer ist und $d_A - I_A \in D_0$ zutrifft. Aus $E_P(I_T d_A) = P(A \cap T)$, $P \in \mathcal{P}$, $T \in \mathcal{T}$, $A \in \mathcal{S}$ fest, und der $\mathcal{T}$-Meßbarkeit von d_A folgt, daß d_A eine gemeinsame, von $P \in \mathcal{P}$ unabhängige Version von $P(A|\mathcal{T})$, $A \in \mathcal{S}$, ist.

BEMERKUNG: Die Eigenschaft einer Teil-σ-Algebra $\mathcal{T}$ von $\mathcal{S}$ mit $(\Omega, \mathcal{S}, \mathcal{P})$ als statistisches Experiment, daß jeder $\mathcal{T}$-meßbare Schätzer $d^* \in \bigcap_{P \in \mathcal{P}} \mathcal{L}_2(\Omega, \mathcal{S}, P)$ gleichmäßig bester, erwartungstreuer Schätzer ist, ist äquivalent mit der Eigenschaft von $\mathcal{T}$, für $\mathcal{P}$ vollständig und schätztheoretisch suffizient zu sein. Dabei heißt $\mathcal{T}$ schätztheoretisch suffizient für $\mathcal{P}$, wenn jeder $\mathcal{T}$-meßbare Schätzer $d^* \in \bigcap_{P \in \mathcal{P}} \mathcal{L}_2(\Omega, \mathcal{S}, P)$, mit $\mathrm{Var}_P(d^*) \leq \mathrm{Var}_P(d)$, $P \in \mathcal{P}$, für alle $\mathcal{T}$-meßbaren $d \in \bigcap_{P \in \mathcal{P}} \mathcal{L}_2(\Omega, \mathcal{S}, P)$ mit $E_P(d) = E_P(d^*)$, $P \in \mathcal{P}$, bereits gleichmäßig bester, erwartungstreuer Schätzer ist. Ist nämlich jeder $\mathcal{T}$-meßbare Schätzer $d^* \in \bigcap_{P \in \mathcal{P}} \mathcal{L}_2(\Omega, \mathcal{S}, P)$ gleichmäßig bester, erwartungstreuer Schätzer, dann liefert die Kovarianzmethode für jeden $\mathcal{T}$-meßbaren Nullschätzer $d_0 \in D_0$ die Beziehung $E_P(d_0^2) = 0$, $P \in \mathcal{P}$, also $d_0 = 0$ P-f.ü., $P \in \mathcal{P}$, d. h. $\mathcal{T}$ ist vollständig für $\mathcal{P}$. Ferner folgt aus der Eigenschaft $\mathcal{T}$-meßbarer Schätzer $d^* \in \bigcap_{P \in \mathcal{P}} \mathcal{L}_2(\Omega, \mathcal{S}, P)$ gleichmäßig beste, erwartungstreue Schätzer zu sein, unmittelbar die schätztheoretische Suffizienz von $\mathcal{T}$ für $\mathcal{P}$. Schätztheoretische Suffizienz von $\mathcal{T}$ für $\mathcal{P}$ zusammen mit der Vollständigkeit für $\mathcal{P}$ liefern aber nach der Kovarianzmethode, daß jeder $\mathcal{T}$-meßbare Schätzer $d^* \in \bigcap_{P \in \mathcal{P}} \mathcal{L}_2(\Omega, \mathcal{S}, P)$ bereits gleichmäßig bester, erwartungstreuer Schätzer ist.

Schätztheoretische Suffizienz im Fortsetzungsmodell

$(\Omega, \mathcal{S}, \mathcal{P})$ statistisches Experiment mit $\mathcal{P} := \{P : P \text{ Wahrscheinlichkeitsmaß auf } \mathcal{S} \text{ mit } P|\mathcal{T} = P_0|\mathcal{T} \text{ und } P \ll P_0\}$, wobei P_0 ein festes Wahrscheinlichkeitsmaß auf $\mathcal{S}$ ist und $\mathcal{T}$ eine Teil-σ-Algebra von $\mathcal{S}$. Dann folgt aus den Überlegungen zu lokal optimalen Schätzern im Fortsetzungsmodell für $d_0 \in D_0$ die Beziehung $d_0 = E_{P_0}(d_0|\mathcal{T})$ P_0-f.ü., so daß für jeden $\mathcal{T}$-meßbaren Schätzer $d^* \in \bigcap_{P \in \mathcal{P}} \mathcal{L}_2(\Omega, \mathcal{S}, P)$ mit der Eigenschaft $\mathrm{Var}_P(d^*) \leq \mathrm{Var}_P(d)$, $P \in \mathcal{P}$, für alle $\mathcal{T}$-meßbaren Schätzer $d \in \bigcap_{P \in \mathcal{P}} \mathcal{L}_2(\Omega, \mathcal{S}, P)$ mit $E_P(d) = E_P(d^*)$, $P \in \mathcal{P}$, nach der Kovarianzmethode gilt, daß d^* bereits gleichmäßig bester, erwartungstreuer Schätzer ist, d. h. $\mathcal{T}$ ist schätztheoretisch suffizient für $\mathcal{P}$. Ferner ist $\mathcal{T}$ suffizient für $\mathcal{P}$ genau dann, wenn $\mathcal{P} = \{P_0\}$ zutrifft. Ist nämlich $E(I_A|\mathcal{T})$ eine gemeinsame, von $P \in \mathcal{P}$ unabhängige Version von $E_P(I_A|\mathcal{T})$, $P \in \mathcal{P}$, so gilt für $P_j \in \mathcal{P}$, $j = 1, 2$, die Beziehung $P_1(A) = \int E(I_A|\mathcal{T}) d(P_1|\mathcal{T}) = \int E(I_A|\mathcal{T}) d(P_2|\mathcal{T}) = P_2(A)$, $A \in \mathcal{S}$, also

$\mathcal{P} = \{P_0\}$, falls $\mathcal{T}$ für $\mathcal{P}$ suffizient ist.

Ein weiteres Beispiel für eine schätztheoretisch suffiziente Teil-σ-Algebra, die nicht suffizient ist, ist $\mathcal{T} := \{A \subset \Omega : A$ oder A^c abzählbar$\}$ mit Ω als überabzählbarer Menge, $\mathcal{S} := \mathcal{P}(\Omega)$ sowie $\mathcal{P} := \{\delta_\omega : \omega \in \Omega\}$, wobei bereits gezeigt worden ist, daß $\mathcal{T}$ nicht suffizient für $\mathcal{P}$ ist. Die schätztheoretische Suffizienz ergibt sich aus der eindeutigen Bestimmtheit von $d \in \bigcap_{P \in \mathcal{P}} \mathcal{L}_1(\Omega, \mathcal{S}, P)$ durch $E_P(d)$, $P \in \mathcal{P}$.

Vollständigkeit von meßbaren Abbildungen

$(\Omega, \mathcal{S}, \mathcal{P})$ statistisches Experiment, $T : \Omega \to \Omega_T$ sei $(\mathcal{S}, \mathcal{S}_T)$-meßbar. Dann heißt T vollständig für $\mathcal{P}$ (bzw. beschränkt vollständig für $\mathcal{P}$), wenn $\mathcal{T} := T^{-1}(\mathcal{S}_T)$ für $\mathcal{P}$ vollständig (bzw. beschränkt vollständig) ist. Aufgrund der Faktorisierung $T^{-1}(\mathcal{S}_T)$-meßbarer Abbildungen $f : \Omega \to \mathbb{R}$ gemäß $f = g \circ T$ mit $g : \Omega_T \to \mathbb{R}$ als $\mathcal{S}_T$-meßbarer Funktion ist also T vollständig für $\mathcal{P}$ (bzw. beschränkt vollständig für $\mathcal{P}$) genau dann, wenn aus $\int d_0 dP^T = 0$, $P \in \mathcal{P}$, mit $d_0 \in \bigcap_{P \in \mathcal{P}} \mathcal{L}_2(\Omega_T, \mathcal{S}_T, P^T)$ (bzw. $d_0 : \Omega_T \to \mathbb{R}$ beschränkt und $\mathcal{S}_T$-meßbar) folgt $d_0 = 0$ P^T-f.ü., $P \in \mathcal{P}$.

Vollständigkeit im Zusammenhang mit mehrparametrischen Exponentialfamilien

Es sei $(\Omega, \mathcal{S}, \mathcal{P})$ ein statistisches Experiment mit $\mathcal{P}$ als k-parametrischer Exponentialfamilie in $T : \Omega \to \Omega_T$ $(\mathcal{S}, \mathcal{S}_T)$-meßbar und $\zeta \in \mathcal{Z} \subset \mathbb{R}$ mit $\overset{\circ}{\mathcal{Z}} \neq \emptyset$. Dann ist T vollständig für $\mathcal{P}$.

BEGRÜNDUNG: Man kann $0 \in \overset{\circ}{\mathcal{Z}}$ bzw. $h(\omega) = 1$, $\omega \in \Omega$, ohne Beschränkung der Allgemeinheit annehmen, indem man den Parameterraum $\mathcal{Z}$ durch $\mathcal{Z} - \zeta_0$ mit $\zeta_0 \in \overset{\circ}{\mathcal{Z}}$ ersetzt bzw. μ durch das gemäß $\nu(A) := \int_A h \, d\mu$, $A \in \mathcal{S}$, definierte Maß ν auf $\mathcal{S}$ ersetzt. Aus $d_0 \in \bigcap_{\zeta \in \mathcal{Z}} \mathcal{L}_2(\Omega, \mathcal{S}, P_\zeta^T)$ mit $E_{P_\zeta}(d_0 \circ T) = 0$, $\zeta \in \mathcal{Z}$, folgt dann unter Beachtung, daß sich die Eigenschaft der beliebig häufigen Differenzierbarkeit der Funktion $\zeta = (\zeta_1, \ldots, \zeta_k) \to \int d_0(t_1, \ldots, t_k) \exp(\sum_{j=1}^{k} \zeta_j t_j) d\mu^T(t_1, \ldots, t_k)$, $\zeta = (\zeta_1, \ldots, \zeta_k) \in \overset{\circ}{\mathcal{Z}}$ nach ζ_j, $j = 1, \ldots, k$, auf die beliebig häufige Differenzierbarkeit nach $z_j := \zeta_j + i\tau_j$, $\tau_j \in \mathbb{R}$, $j = 1, \ldots, k$, überträgt, wegen $|\exp \sum_{j=1}^{k} z_j t_j| \leq |\exp \sum_{j=1}^{k} \zeta_j t_j|$, $j = 1, \ldots, k$, erhält man, nach dem Identitätssatz für komplex differenzierbare Funktionen in einer Veränderlichen, nämlich jeweils z_j, $j = 1, \ldots, k$, die Beziehung $\int d_0^+(t_1, \ldots, t_k) \exp(\sum_{j=1}^{k} z_j t_j) d\mu^T(t_1, \ldots, t_k) = \int d_0^-(t_1, \ldots, t_k) \exp(\sum_{j=1}^{k} z_j t_j) d\mu^T(t_1, \ldots, t_k)$, $z_j = \zeta_j + i\tau_j$, $(\zeta_1, \ldots, \zeta_k) \in \overset{\circ}{\mathcal{Z}}$, $(\tau_1, \ldots, \tau_k) \in \mathbb{R}^k$. Der Spezialfall $\zeta_j = 0$, $j = 1, \ldots, k$, liefert dann für die gemäß

$$Q_{\underset{(-)}{+}}(B) := \int_B d_0^{(-)}(t_1, \ldots, t_k) d\mu^T(t_1, \ldots, t_k) / \int d_0^{(-)}(t_1, \ldots, t_k) d\mu^T(t_1, \ldots, t_k),$$

$B \in \mathcal{B}^k$, definierten Wahrscheinlichkeitsmaße auf $\mathcal{B}^k$ im Fall $\int d_0^+(t_1, \ldots, t_k) d\mu^T(t_1, \ldots, t_k)$ $(= \int d_0^-(t_1, \ldots, t_k) d\mu^T(t_1, \ldots, t_k)) > 0$, die Gleichungen $\int d_0^+(t_1, \ldots, t_k) \exp(\sum_{j=1}^{k} t_j \tau_j) dQ_+(t_1, \ldots, t_k) = \int d_0^-(t_1, \ldots, t_k) \exp(\sum_{j=1}^{k} t_j \tau_j)$ $dQ_-(t_1, \ldots, t_k)$, $(\tau_1, \ldots, \tau_k) \in \mathbb{R}^k$, woraus nach dem Eindeutigkeitssatz für die charakteristische Funktion von Q_+ bzw. Q_- folgt $Q_+(B) = Q_-(B)$, $B \in \mathcal{B}^k$. Also gilt $\int_B d_0^+(t_1, \ldots, t_k) d\mu^T(t_1, \ldots, t_k) = \int_B d_0^-(t_1, \ldots, t_k) d\mu^T(t_1, \ldots, t_k)$, $B \in \mathcal{B}^k$, woraus $d_0^+ = d_0^-$ μ^T-f.ü. und damit schließlich $d_0 = 0$ P_ζ^T-f.ü., $\zeta \in \mathcal{Z}$ folgt. Im Fall $\int d_0^+(t_1, \ldots, t_k) d\mu^T(t_1, \ldots, t_k) = \int d_0^-(t_1, \ldots, t_k) d\mu^T(t_1, \ldots, t_k) = 0$ ergibt sich unmittelbar $d_0^+ = d_0^-$ $(= 0)$ μ^T-f.ü. und damit die Vollständigkeit von T für $\mathcal{P}$.

BEISPIEL: Gaußexperimente im Einstichprobenfall

Es sei $(\mathbb{R}^n, \mathcal{B}^n, \mathcal{P})$ ein Gaußexperiment, d. h. es gilt $\mathcal{P} = \{P_{\mu,\sigma}^n : \mu \in \mathbb{R}, \sigma^2 > 0\}$ mit $P_{\mu,\sigma}^n = P_{\mu,\sigma} \otimes \ldots \otimes P_{\mu,\sigma}$ (n-faches direktes Produkt) von $P_{\mu,\sigma} := \mathcal{N}(\mu, \sigma^2)$-Verteilung, $\mu \in \mathbb{R}$, $\sigma^2 > 0$. Dann liegt eine zweiparametrische Exponentialfamilie in $T : \mathbb{R}^n \to \mathbb{R}^2$, $T(x_1, \ldots, x_n) = (\sum_{j=1}^n x_j, \sum_{j=1}^n x_j^2)$, $(x_1, \ldots, x_n) \in \mathbb{R}^n$, und $\zeta := (\zeta_1, \zeta_2) := (\frac{\mu}{\sigma^2}, -\frac{1}{2\sigma^2}) \in \mathcal{Z} := \mathbb{R} \times \{x \in \mathbb{R} : x < 0\}$, $\mu \in \mathbb{R}$, $\sigma^2 > 0$, vor. Nach dem Satz von Lehmann-Scheffé ist daher das Stichprobenmittel $(x_1, \ldots, x_n) \to \frac{1}{n} \sum_{j=1}^n x_j$ bzw. die Stichprobenstreuung $(x_1, \ldots, x_n) \to \frac{1}{n-1} \sum_{i=1}^n (x_i - \frac{1}{n} \sum_{j=1}^n x_j)^2$, $(x_1, \ldots, x_n) \in \mathbb{R}^n$ ein gleichmäßig bester, erwartungstreuer Schätzer für $\delta : \mathcal{P} \to \mathbb{R}$ mit $\delta(P_{\mu,\sigma}^n) := \mu$ bzw. $\delta(P_{\mu,\sigma}^n) := \sigma^2$, $\mu \in \mathbb{R}$, $\sigma^2 > 0$. Man kann diese Optimalitätseigenschaften auch aus $\int d_0(\sum_{j=1}^n x_j, \sum_{j=1}^n x_j^2) dP_{\mu,\sigma}^n(x_1, \ldots, x_n) = 0$ mit $d_0 \in \bigcap_{\mu \in \mathbb{R}, \sigma^2 > 0} \mathcal{L}_2(\mathbb{R}^2, \mathcal{B}^2, (P_{\mu,\sigma}^n)^T)$ durch Differenzieren (unter dem Integral) nach ζ_1 bzw. ζ_2 (wegen der entsprechenden Eigenschaften von Exponentialfamilien) herleiten (ohne Verwendung eines Vollständigkeits- und Suffizienzarguments).

BEMERKUNG: Nichtexistenz eines gleichmäßig besten, erwartungstreuen Schätzers für den gemeinsamen Mittelwert von Gaußexperimenten im Zweistichprobenfall

Es sei $(\mathbb{R}^{n_1+n_2}, \mathcal{B}^{n_1+n_2}, \mathcal{P})$ das Gaußexperiment im Zweistichprobenfall mit gleichen Mittelwerten, d. h. $\mathcal{P} := \{P_{\mu,\sigma_1}^{n_1} \otimes P_{\mu,\sigma_2}^{n_2} : \mu \in \mathbb{R}, \sigma_j^2 > 0, j = 1, 2\}$, $P_{\mu,\sigma_j} := \mathcal{N}(\mu, \sigma_j^2)$-Verteilung, $\mu \in \mathbb{R}$, $\sigma_j^2 > 0$, $j = 1, 2$, $n_j \in \mathbb{N}$, $j = 1, 2$, fest. Dann liegt eine 4-parametrische Exponentialfamilie in $T : \mathbb{R}^{n_1+n_2} \to \mathbb{R}^4$, $T(x_{11}, \ldots, x_{1n_1}, x_{21}, \ldots, x_{2n_2}) := (\sum_{j=1}^{n_1} x_{1j}, \sum_{j=1}^{n_2} x_{2j}, \sum_{j=1}^{n_1} x_{1j}^2, \sum_{j=1}^{n_2} x_{2j}^2)$, $(x_{11}, \ldots, x_{1n_1}, x_{21}, \ldots, x_{2n_2}) \in \mathbb{R}^{n_1+n_2}$, und $\zeta := (\zeta_1, \zeta_2, \zeta_3, \zeta_4) := (\frac{\mu}{\sigma_1^2}, \frac{\mu}{\sigma_2^2}, -\frac{1}{2\sigma_1^2}, -\frac{1}{2\sigma_2^2}) \in \mathcal{Z} = \mathbb{R}^2 \times \{x \in \mathbb{R} : x < 0\}^2$ vor mit $\overset{\circ}{\mathcal{Z}} = \emptyset$. Es existiert kein gleichmäßig bester, erwartungstreuer Schätzer $d^* \in D_\delta$ für $\delta : \mathcal{P} \to \mathbb{R}$, $\delta(P_{\mu,\sigma_1}^{n_1} \otimes P_{\mu,\sigma_2}^{n_2}) := \mu$, $\mu \in \mathbb{R}$, $\sigma_j^2 > 0$, $j = 1, 2$, denn sonst ergibt sich der folgende Widerspruch: $\frac{d}{d\mu} \int d^* d(P_{\mu,\sigma_1}^{n_1} \otimes P_{\mu,\sigma_2}^{n_2}) = 1 = \int d^*(x_{11}, \ldots, x_{2n_2}) (\frac{\sum_{i=1}^{n_1}(x_{1i}-\mu)}{n_1} + \frac{\sum_{i=1}^{n_2}(x_{2i}-\mu)}{n_2}) d(P_{\mu,\sigma_1}^{n_1} \otimes P_{\mu,\sigma_2}^{n_2})(x_{11}, \ldots, x_{2n_2})$, $\mu \in \mathbb{R}$, $\sigma_j^2 > 0$, $j = 1, 2$. Ferner gilt: $\frac{1}{2} \int (\frac{\sum_{i=1}^{n_1} x_{1i}}{n_1} + \frac{\sum_{i=1}^{n_2} x_{2i}}{n_2}) d(P_{\mu,\sigma_1}^{n_1} \otimes P_{\mu,\sigma_2}^{n_2})(x_{11}, \ldots, x_{2n_2}) = \mu$, so daß nach der Kovarianzmethode $\int d^{*2} d(P_{\mu,\sigma_1}^{n_1} \otimes P_{\mu,\sigma_2}^{n_1}) = \int d^*(x_{11}, \ldots, x_{2n_2}) \frac{1}{2} (\frac{\sum_{i=1}^{n_1} x_{1i}}{n_1} + \frac{\sum_{i=1}^{n_2} x_{2i}}{n_2}) d(P_{\mu,\sigma_1}^{n_1} \otimes P_{\mu,\sigma_2}^{n_2})(x_{11}, \ldots, x_{2n_2}) = 1$, $\mu \in \mathbb{R}$, $\sigma_j^2 > 0$, $j = 1, 2$, gilt. Für

$\mu = 0$ ergibt sich also $\mathrm{Var}_{P^{n_1}_{\mu,\sigma_1} \otimes P^{n_2}_{\mu,\sigma_2}}(d^*) = 1$, während $\int (\frac{1}{2}(\frac{\sum_{i=1}^{n_1} x_{1i}}{n_1} + \frac{\sum_{i=1}^{n_2} x_{2i}}{n_2}) -$

$\mu)^2 d(P^{n_1}_{\mu,\sigma_1} \otimes P^{n_2}_{\mu,\sigma_2})(x_{11},\ldots,x_{2n_2}) = \frac{1}{4}(\frac{\sigma_1^2}{n_1} + \frac{\sigma_2^2}{n_2})$, $\mu \in \mathbb{R}$, $\sigma_j^2 > 0$, $j = 1,2$,
also $= 1$ im Fall $\mu = 0$, $\sigma_j = 2n_j$, $j = 1,2$, liefert. Die Eindeutigkeitsaussage
für lokal optimale, erwartungstreue Schätzer ergibt daher $\frac{1}{2}(\frac{\sum_{i=1}^{n_1} x_{1i}}{n_1} + \frac{\sum_{i=1}^{n_2} x_{2i}}{n_2}) =$
$d^*(x_{11},\ldots,x_{2n_2})$ für $\lambda^{n_1+n_2}$-fast alle $(x_{11},\ldots,x_{2n_2}) \in \mathbb{R}^{n_1+n_2}$ und damit auch für
$(P^{n_1}_{\mu,\sigma_1} \otimes P^{n_2}_{\mu,\sigma_2})$-fast alle $(x_{11},\ldots,x_{2n_2}) \in \mathbb{R}^{n_1+n_2}$, $\mu \in \mathbb{R}$, $\sigma_j^2 > 0$, $j = 1,2$.
Wegen $\int (\frac{\sum_{i=1}^{n_1} x_{1i}}{n_1} - \frac{\sum_{i=1}^{n_2} x_{2i}}{n_2}) d(P^{n_1}_{\mu,\sigma_1} \otimes P^{n_2}_{\mu,\sigma_2})(x_{11},\ldots,x_{2n_2}) = 0$, $\mu \in \mathbb{R}$, $\sigma_j^2 >$
0, $j = 1,2$, liefert aber die Kovarianzmethode $\int (\frac{\sum_{i=1}^{n_1} x_{1i}}{n_1} + \frac{\sum_{i=1}^{n_2} x_{2i}}{n_2})(\frac{\sum_{i=1}^{n_1} x_{1i}}{n_1} -$
$\frac{\sum_{i=1}^{n_2} x_{2i}}{n_2}) d(P^{n_1}_{\mu,\sigma_1} \otimes P^{n_2}_{\mu,\sigma_2})(x_{11},\ldots,x_{2n_2}) = 0$, $\mu \in \mathbb{R}$, $\sigma_j^2 > 0$, $j = 1,2$, während
sich aber der Wert $\frac{\sigma_1^2}{n_1} - \frac{\sigma_2^2}{n_2}$, $\mu \in \mathbb{R}$, $\sigma_j^2 > 0$, $j = 1,2$, ergibt mit $\frac{\sigma_1^2}{n_1} \neq \frac{\sigma_2^2}{n_2}$
z. B. im Fall $\sigma_1^2 = 2n_1$, $\sigma_2^2 \neq 2n_2$ bzw. $\sigma_1^2 \neq 2n_1$, $\sigma_2^2 = 2n_2$. Man kann al-
so den ursprünglichen Parameterraum $\mathbb{R}^2 \times \{x \in \mathbb{R} : x < 0\}^2$ ersetzen durch
$U(0) \times \{2n_1,\sigma_1^2\} \times \{2n_2\}$ mit $U(0)$ als Umgebung von 0 und $\sigma_1^2 \neq 2n_1$ (bzw.
durch $U(0) \times \{2n_1\} \times \{2n_2,\sigma_2^2\}$ mit $\sigma_2^2 \neq 2n_2$). Insbesondere existiert hier keine
für $\mathcal{P}$ vollständige und suffiziente Teil-σ-Algebra von $\mathcal{B}^{n_1+n_2}$, da sonst nach dem
Satz von Lehmann-Scheffé ein gleichmäßig bester, erwartungstreuer Schätzer für δ
mit $\delta : \mathcal{P} \to \mathbb{R}$, $\delta(P^{n_1}_{\mu,\sigma_1} \otimes P^{n_2}_{\mu,\sigma_2}) = \mu$, $\mu \in \mathbb{R}$, $\sigma_j^2 > 0$, $j = 1,2$, existieren würde.

BEISPIEL: Optimales Schätzen des Umfangs einer endlichen Menge

1. n-malige, unabhängige Auswahl eines Elements einer N-elementigen Menge
$\{1,\ldots,N\}, N \in \mathbb{N}$, mit Zurücklegen
Dabei soll jedes der N Elemente die gleiche Wahrscheinlichkeit haben, aus-
gewählt zu werden, d. h. es liegt das folgende statistische Experiment vor:
$\Omega := \{1,\ldots,N\}^n, \mathcal{S} := \mathcal{P}(\Omega)$, $\mathcal{P} = \{P_N^n : N \in \mathbb{N}\}$, P_N diskrete
Gleichverteilung auf $\mathcal{P}(\{1,\ldots,N\})$, $P_N^n = P_N \otimes \ldots \otimes P_N$ (n-faches direktes
Produkt von P_N). Gesucht ist ein gleichmäßig bester, erwartungstreuer Schät-
zer $d^* : \mathbb{N}^n \to \mathbb{R}$ für $\delta : \mathcal{P} \to \mathbb{R}$, $\delta(P_N^n) := N$, $N \in \mathbb{N}$. Nun ist
$T : \{1,\ldots,N\}^n \to \mathbb{R}$, $T(k_1,\ldots,k_n) := \max_{1 \leq j \leq n} k_j$, $(k_1,\ldots,k_n) \in$
$\{1,\ldots,N\}^n$, wegen $P_N^n(\{(k_1,\ldots,k_n)\}) = \frac{1}{N^n}$, $(k_1,\ldots,k_n) \in \{1,\ldots,N\}^n$,
also $P_N^n(\{(k_1,\ldots,k_n)\}) = \frac{1}{N^n} I(\max_{1 \leq j \leq n} k_j)$, $(k_1,\ldots,k_n) \in \mathbb{N}^n$ nach
dem Neyman-Kriterium suffizient für $\mathcal{P}$. Die Vollständigkeit von T für $\mathcal{P}$ ergibt sich, wegen $P_N(\{(k_1,\ldots,k_n) \in \{1,\ldots,N\}^n : \max_{1 \leq j \leq n} k_j \leq y\}) =$
$(\frac{y}{N})^n - (\frac{y-1}{N})^n$, $y \in \{1,\ldots,N\}$, aus $\sum_{y=1}^N d_0(y)((\frac{y}{N})^n - (\frac{y-1}{N})^n) = 0$, $N \in \mathbb{N}$,
für einen Nullschätzer $d_0 : \mathbb{N}^n \to \mathbb{R}$, indem man nacheinander $N = 1,2,\ldots$
setzt und $d_0(y) = 0$, $y \in \mathbb{N}$, erhält. Daher muß ein gleichmäßig bester, erwartungstreuer Schätzer für δ von der Gestalt $d^* \circ T$ mit $d^* : \mathbb{N} \to \mathbb{R}$ sein und
durch $\sum_{y=1}^N d^*(y)((\frac{y}{N})^n - (\frac{y-1}{N})^n) = N$, $N \in \mathbb{N}$, bestimmbar sein. Setzt man
nacheinander $N = 1,2,\ldots$, so erhält man $d^*(y) = \frac{y^{n+1}-(y-1)^{n+1}}{y^n-(y-1)^n}$, $y \in \mathbb{N}$. Man

kann d^* auch gemäß $E(d \circ X_1|y)$ mit $d : \mathbb{N} \to \mathbb{R}$, $d(k) := 2k - 1$, $k \in \mathbb{N}$, also $d \in D_\delta$ bestimmen, wobei $E(d \circ X_1|y)$ den Erwartungswert bezüglich der bedingten Wahrscheinlichkeit $P^{X_1|y}$ bezeichnet mit $X_1, \ldots, X_n$ als (unter P) stochastisch unabhängige, identisch verteilte Zufallsgrößen mit P^{X_1} als diskrete Gleichverteilung auf $\mathcal{P}(\{1, \ldots, N\})$ und mit $Y := T \circ (X_1, \ldots, X_n)$ als bedingender Zufallsgröße. Es gilt $P^{X_1|y}(\{x\}) = \begin{cases} \frac{y^{n-1} - (y-1)^{n-1}}{y^n - (y-1)^n}, & x_1 < y \\ \frac{y^{n-1}}{y^n - (y-1)^n}, & x_1 = y \end{cases}$, $x_1, y \in \mathbb{N}$.

Es soll noch gezeigt werden, daß $\lim_{n \to \infty} d_n^* \circ Y_n = N$ P-f.ü. zutrifft mit $d_n^* := d^*$ und $Y_n := Y$. Zu diesem Zweck beachtet man, daß die Darstellung von d_n^* gemäß $d_n^*(y) = E(\frac{1}{n} \sum_{j=1}^n (2X_j - 1)|y)$, $y \in \mathbb{N}$, möglich ist, wegen $E_P(\frac{1}{n} \sum_{j=1}^n (2X_j - 1)) = N$. Die Ungleichung von Jensen für bedingte Erwartungswerte liefert ferner $E_P((d_n^* \circ Y_n - N)^4) \leq E_P((\frac{1}{n} \sum_{j=1}^n (2X_j - 1) - N)^4)$, wobei, wegen $\sum_{n=1}^\infty E_P((\frac{1}{n} \sum_{j=1}^n (2X_j - 1) - N)^4) < \infty$ (Man vergleiche hierzu die Überlegungen zum starken Gesetz der großen Zahlen nach Borel) auch $\sum_{n=1}^\infty E_P((d_n^* \circ Y_n - N)^4) < \infty$ zutrifft. Die Ungleichung von Markoff liefert schließlich $\sum_{n=1}^\infty P(\{|d_n^* \circ Y_n - N| \geq \varepsilon\}) \leq \frac{1}{\varepsilon^4} \sum_{n=1}^\infty E_P((d_n^* \circ Y_n - N)^4) < \infty$, woraus nach dem Lemma von Borel-Cantelli $\lim_{n \to \infty} d_n^* \circ Y_n = N$ P-f.ü. resultiert.

2. n-malige Auswahl eines Elements einer N-elementigen Menge $\{1, \ldots, N\}$; $N \in \mathbb{N}$, ohne Zurücklegen

Hierbei soll jedes der N Elemente dieselbe Wahrscheinlichkeit haben, ausgewählt zu werden, d. h. es liegt folgendes statistisches Experiment vor: $\Omega := \{(k_1, \ldots, k_n) \in \mathbb{N}^n : k_1, \ldots, k_n \text{ paarweise verschieden}\}$, $\mathcal{S} := \mathcal{P}(\Omega)$, $\mathcal{P} := \{P_N : N \in \mathbb{N}\}$, $P_N(\{(k_1, \ldots, k_n)\}) = \frac{1}{N(N-1)\ldots(N-n+1)} = \frac{1}{\binom{N}{n}n!}$, $(k_1, \ldots, k_n) \in \Omega$, $N \in \{n, n+1, \ldots\}$. Gesucht ist wieder ein gleichmäßig bester, erwartungstreuer Schätzer $d^* : \Omega \to \mathbb{R}$ für $\delta : \mathcal{P} \to \mathbb{R}$, $\delta(P_N) := N$, $N \in \mathbb{N}$. Nun ist $T : \Omega \to \mathbb{R}$, $T(k_1, \ldots, k_n) := \max\{k_1, \ldots, k_n\}$ für $\mathcal{P}$ nach dem Neyman-Kriterium suffizient, wegen $P_N(\{(k_1, \ldots, k_n)\}) = \frac{1}{\binom{N}{n}n!} I_{\mathbb{N}^n}(\max_{1 \leq j \leq n} k_j)$, $(k_1, \ldots, k_n) \in \Omega$, $N \in \mathbb{N}$. Die Vollständigkeit von T für $\mathcal{P}$ ergibt sich, wegen $P(\{(k_1, \ldots, k_n) \in \Omega : \max_{1 \leq j \leq n} k_j \leq y\}) = \frac{\binom{y}{n}n! - \binom{y-1}{n}n!}{\binom{N}{n}n!} = \frac{\binom{y-1}{n-1}}{\binom{N}{n}}$, $y \in \{n, n+1, \ldots\}$ aus $\sum_{y=n}^N d_0(y) \frac{\binom{y-1}{n-1}}{\binom{N}{n}} = 0$, $N \in \mathbb{N}$, für einen Nullschätzer $d_0 : \Omega \to \mathbb{R}$, indem man nacheinander $y = n, n+1, \ldots$ setzt und $d_0(n) = 0$, $y \in \{n, n+1, \ldots\}$ erhält. Daher muß ein gleichmäßig bester, für δ erwartungstreuer Schätzer von der Gestalt $d^* \circ T$, $d^* : \mathbb{N} \to \mathbb{R}$ sein und durch $\sum_{y=n}^N d^*(y) \binom{y-1}{n-1} / \binom{N}{n} = N$, $N \in \mathbb{N}$, bestimmbar sein. Setzt man nacheinander $N = n, n+1, \ldots$, so erhält man $d^*(y) = \frac{n+1}{n} y - 1$, $y \in \{n, n+1, \ldots\}$. Man kann d^* auch gemäß $E(d \circ X_1|y)$ mit $d : \mathbb{N} \to \mathbb{R}$, $d(k) := 2k - 1$, $k \in \mathbb{N}$, mit Hilfe der bedingten

Wahrscheinlichkeit $P^{X_1|y}$ bestimmen. Dabei sind $X_1, \ldots, X_n$ Zufallsgrößen mit $P(\{X_1 = k_1, \ldots, X_n = k_n\}) = \frac{1}{\binom{N}{n}n!}$, $(k_1, \ldots, k_n) \in \Omega$, $N \in \{n, n+1, \ldots\}$, und $Y := T \circ (X_1, \ldots, X_n)$ als bedingende Zufallsgröße. Es gilt $P^{X_1|y}(\{x_1\}) =$
$$\begin{cases} \frac{1}{n}\frac{n-1}{y-1}, & x_1 < y \\ \frac{1}{n}, & x_1 = y \end{cases}, \quad x_1 \in \mathbb{N}, \ \in \{n, n+1, \ldots\}.$$

Um die beiden unter 1. und 2. behandelten Schätzer für den Umfang einer endlichen Menge zu vergleichen, beachtet man die folgende Umrechnung für den unter 1. hergeleiteten Schätzer:

$$\frac{y^{n+1} - (y-1)^{n+1}}{y^n - (y-1)^n} = y + \frac{(y-1)^n}{y^n - (y-1)^n} = y + \frac{(1 - \frac{1}{y})^n}{1 - (1 - \frac{1}{y})^n}$$

$$= y + \frac{1}{(1 - \frac{1}{y})^{-n} - 1} \quad \text{mit}$$

$$((1 - \frac{1}{y})^{-n} - 1)/\frac{n}{y} = (\sum_{k=1}^{\infty} \binom{-n}{k}(-\frac{1}{y})^k)/\frac{n}{y} \to 1$$

für $y \to \infty$ und $n \in \mathbb{N}$ fest. Also gilt $\frac{y^{n+1} - (y-1)^{n+1}}{y^n - (y-1)^n}/(\frac{n+1}{n}y - 1) \to 1$ für $y \to \infty$ und $n \in \mathbb{N}$ fest.

Kombination der Methoden ohne und mit Zurücklegen zur optimalen Schätzung des Umfangs einer endlichen Menge

Es wird die n-malige Auswahl eines Elements aus der Menge $\{1, \ldots, N\}$ ohne Zurücklegen k-mal unabhängig wiederholt. Die zugehörigen Zufallsgrößen $(X_{1j}, \ldots, X_{nj})$, $j = 1, \ldots, k$, werden als (unter P) stochastisch unabhängig angenommen, wobei $P(\{X_{1j} = k_1, \ldots, X_{nj} = k_n\}) = \frac{1}{\binom{N}{n}n!}$, $j = 1, \ldots, k$, $(k_1, \ldots, k_n) \in \{1, \ldots, N\}^n$, k_j paarweise verschieden, $j = 1, \ldots, k$, gilt. Dann ist $T : \mathbb{R}^{nk} \to \mathbb{R}$, $T(x_{11}, \ldots, x_{n1}, \ldots, x_{1k}, \ldots, x_{nk}) := \max_{\substack{1 \le i \le n \\ 1 \le j \le k}} x_{ij}$, $x_{ij} \in \mathbb{R}$, $i = 1, \ldots, n$, $j = 1, \ldots, k$, für $\mathcal{P} := \{P_N^{(X_{11}, \ldots, X_{n1}, \ldots, X_{1k}, \ldots, X_{nk})} : N \in \mathbb{N}\}$ suffizient und vollständig für $\mathcal{P}$ und $d : \mathbb{R}^n \to \mathbb{R}$ mit $d(x_{11}, \ldots, x_{1n}) := \frac{n+1}{n}\max_{1 \le j \le n} x_{1j} - 1$, $x_{1j} \in \mathbb{R}$, $j = 1, \ldots, k$, ein erwartungstreuer Schätzer für $\delta : \mathcal{P} \to \mathbb{R}$, $\delta(P_N^{(X_{11}, \ldots, X_{n1}, \ldots, X_{1k}, \ldots, X_{nk})}) := N$. Ein gleichmäßig bester, erwartungstreuer Schätzer d^* für δ erhält man dann gemäß $d^*(y) := E(d|y)$ mit $Y := T \circ (X_{11}, \ldots, X_{1n}, \ldots, X_{k1}, \ldots, X_{kn})$, wobei man zur Berechnung von $E(d|y)$ beachtet, daß $Y = \max_{1 \le j \le k} Y_j$ mit $Y_j := \max_{1 \le \ell \le n} X_{j\ell}$, $j = 1, \ldots, k$, gilt. Dabei sind $Y_1, \ldots, Y_k$ (unter P) stochastisch unabhängig und identisch verteilt mit $P_N^{Y_1}(\{y_1\}) = \binom{y_1 - 1}{n-1}/\binom{N}{n}$, $y_1 \in \{n, \ldots, N\}$ (und 0 sonst).

Für $P^{Y_1|y}$ resultiert hieraus (unabhängig von $N \in \mathbb{N}$) die Beziehung

$$P^{Y_1|y}(\{y_1\}) = \binom{y_1 - 1}{n - 1} \left[\frac{\binom{y}{n}^{k-1} - \binom{y-1}{n}^{k-1}}{\binom{y}{n}^{k} - \binom{y-1}{n}^{k-1}} \right], \quad y_1 \in \{n, \dots, y - 1\},$$

sowie

$$P^{Y_1|y}(\{y_1\}) = \binom{y_1 - 1}{n - 1} \frac{\binom{y}{n}^{k-1}}{\binom{y}{n}^{k} - \binom{y-1}{n}^{k-1}}, \quad y_1 = y, \ y \in \{n, n + 1, \dots\}$$

(und 0 sonst).

Also ergibt sich

$$d^*(y) = E(d|y) = \sum_{y_1=n}^{y-1} (\frac{n+1}{n}y_1 - 1)\binom{y_1 - 1}{n - 1}\left[\frac{\binom{y}{n}^{k-1} - \binom{y-1}{n}^{k-1}}{\binom{y}{n}^{k} - \binom{y-1}{n}^{k-1}} \right]$$

$$+ (\frac{n+1}{n}y - 1)\binom{y-1}{n-1}\left[\frac{\binom{y}{n}^{k-1}}{\binom{y}{n}^{k} - \binom{y-1}{n}^{k-1}} \right]$$

$$= y + \frac{(1 - \frac{n}{y})^k}{1 - (1 - \frac{n}{y})^k}, \ y \in \{n, n+1, \dots\} \quad \text{(und 0 sonst)}.$$

Hierbei ist insbesondere $\frac{\binom{y-1}{n}}{\binom{y}{n}} = 1 - \frac{n}{y}$, $y \in \{n, n+1, \dots\}$ zu beachten. Insbesondere erhält man für $n = 1$ bzw. $k = 1$ die vorangehenden Spezialfälle.

BEISPIEL: Optimales Schätzen von Binomialwahrscheinlichkeiten
$\Omega = \{0, 1\}^N$, $\mathcal{S} := \mathcal{P}(\Omega)$, $\mathcal{P} := \{P_p^{X_1} \otimes \dots \otimes P_p^{X_N} : p \in (0, 1)\}$, $X_1, \dots, X_N$ als stochastisch unabhängig und identisch verteilt (unter P) mit $P^{X_1} =: P_p^{X_1}$ als $\mathcal{B}(1, p)$-Verteilung, $\delta : \mathcal{P} \to \mathbb{R}$, $\delta(P_p^{X_1} \otimes \dots \otimes P_p^{X_N}) := \binom{n}{k}p^k(1 - p)^{n-k}$, $p \in (0, 1)$, $k \in \{0, 1, \dots, n\}$ fest, $n \in \{0, 1, \dots, N\}$ fest. Dann stellt $\mathcal{P}$, wegen $P_p^{X_1}(\{k_1\}) \cdot \dots \cdot P_p^{X_N}(\{k_N\}) = (1 - p)^N e^{\ell n(\frac{p}{1-p})\sum_{j=1}^N k_j}$, $(k_1, \dots, k_N) \in \{0, 1\}^N$, eine einparametrische Exponentialfamilie in $\zeta := \ell n\frac{p}{1-p} \in \mathcal{Z} := \mathbb{R}$ und $T :$ $\{0, 1\}^N \to \mathbb{R}$, $T(k_1, \dots, k_N) := \sum_{i=1}^N k_j$, $(k_1, \dots, k_N) \in \{0, 1\}^N$ dar, so daß T suffizient und vollständig für $\mathcal{P}$ ist. Nach dem Satz von Lehmann-Scheffé ist daher $d^* \circ T$ mit $d^*(y) := E(I_{\{\sum_{j=1}^n X_j=k\}}|y)$, $y \in \mathbb{N}_0$, mit $Y := T \circ (X_1, \dots, X_N)$ als bedingender Zufallsgröße gleichmäßig bester, erwartungstreuer Schätzer für δ, wegen $P(\{\sum_{j=1}^n X_j = k\}) = \binom{n}{k}p^k(1 - p)^{n-k}$. Sind Y_1, Y_2 stochastisch unabhängig (unter P) mit $P^{Y_j} = \mathcal{B}(n_j, p)$-Verteilung, $j = 1, 2$, so ergibt sich $P^{Y_1|y}(\{y_1\}) = \mathcal{H}(n_1 + n_2, n_1, y)(y_1)$ (d. h. die Einzelwahrscheinlichkeit einer $\mathcal{H}(n_1 + n_2, n_1, y)$-Verteilung für $y_1 \in \{0, 1, \dots, y\}$, $y \in \{0, 1, \dots, n_1 + n_2\}$) mit $Y := Y_1 + Y_2$ als

bedingender Zufallsgröße, wegen

$$P^{Y_1|y}(\{y_1\}) = \frac{P^{Y_1}(\{y_1\})P^{Y_2}(\{y-y_1\})}{P^{Y_1+Y_2}(\{y\})}$$

$$= \frac{\binom{n_1}{y_1}p^{y_1}(1-p)^{n_1-y_1}\binom{n_2}{y-y_1}p^{y-y_1}(1-p)^{n_2-y+y_1}}{\binom{n_1+n_2}{y}p^y(1-p)^{n_1+n_2-y}}$$

$$= \frac{\binom{n_1}{y_1}\binom{n_2}{y-y_1}}{\binom{n_1+n_2}{y}},$$

da $P^{Y_1+Y_2}$ eine $B(n_1+n_2,p)$-Verteilung ist, wie man am einfachsten mit Erzeugendenfunktionen feststellt. Also gilt $d^*(y) = \mathcal{H}(N,n,y)(k)$ im Fall $N \geq n$, woraus insbesondere die Konsistenz $\mathcal{H}(N,\sum_{j=1}^N X_j,n)(k) \to \binom{n}{k}p^k(1-p)^{n-k}$ P-f.ü. für $N \to \infty$ folgt, wegen $\frac{\sum_{i=1}^N X_i}{N} \to p$ P-f.ü. für $N \to \infty$ und $\mathcal{H}(N,M,n)(k) \to \binom{n}{k}p^k(1-p)^{n-k}$ für $N,M \to \infty$ mit $\frac{M}{N} \to p$ sowie $\mathcal{H}(N,M,n)(k) = \mathcal{H}(N,n,M)(k)$.

BEISPIEL: Optimales Schätzen von negativen Binomialverteilungen
$\Omega := \mathbb{N}_0^N$, $\mathcal{S} := \mathcal{P}(\Omega)$, $\mathcal{P} := \{P_p^{X_1} \otimes \ldots \otimes P_p^{X_N} : p \in (0,1)\}$, $X_1,\ldots,X_N$ stochastisch unabhängig und identisch verteilt (unter P) mit $P^{X_1} =: P_p^{X_1}$ als $\mathcal{N}B(1,p)$-Verteilung, $\delta : \mathcal{P} \to \mathbb{R}$, $\delta(P_p^{X_1} \otimes \ldots \otimes P_p^{X_N}) := \binom{-n}{k}p^n(p-1)^k$, $p \in (0,1)$, $k \in \mathbb{N}$ fest, $n \in \mathbb{N}$ fest. Dann stellt $\mathcal{P}$, wegen $P_p^{X_1}(\{k_1\}) \cdot \ldots \cdot P_p^{X_N}(\{k_n\}) = p^N(1-p)^{\sum_{j=1}^N k_j}$, $(k_1,\ldots,k_N) \in \mathbb{N}_0^N$ eine einparametrische Exponentialfamilie in $T : \mathbb{N}_0^N \to \mathbb{R}$, $T(k_1,\ldots,k_N) := \sum_{i=1}^N k_j$ und $\zeta := h(1-p) \in \mathcal{Z} := \{x \in \mathbb{R} : x < 0\} \subset \mathbb{R}$ dar. Daher ist T suffizient und vollständig für $\mathcal{P}$. Nach dem Satz von Lehmann-Scheffé ist daher $d^* \circ T$ mit $d^*(y) := E(I_{\{\sum_{j=1}^n X_j=k\}}|y)$, $y \in \mathbb{N}_0$, mit $Y := T \circ (X_1,\ldots,X_N)$ als bedingender Zufallsgröße ein gleichmäßig bester, erwartungstreuer Schätzer für δ, wegen $P(\{\sum_{j=1}^n X_j = k\}) = \binom{-n}{k}p^n(p-1)^k$. Sind Y_1, Y_2 stochastisch unabhängig (unter P) mit $P^{Y_j} = \mathcal{B}(r_j,p)$-Verteilung, $j = 1,2$, so gilt $P^{Y_1|y}(\{y_1\}) = \mathcal{NH}(y+r_1+r_2-1,r_1+r_2-1,r_1)(y_1)$, $y \in \mathbb{N}_0$, $y_1 \in \{0,\ldots,y\}$, denn: $P^{Y_1|y}(\{y_1\}) = \frac{P(\{Y_1=y_1\})P(\{Y_2=y-y_1\})}{P(\{Y_1+Y_2=y\})}$, wobei $P^{Y_1+Y_2}$ eine $\mathcal{N}B(r_1+r_2,p)$-Verteilung ist, wie man am einfachsten mit Erzeugendenfunktionen feststellt. Hieraus resultiert

$$P^{Y_1|y}(\{y_1\}) = \frac{\binom{-r_1}{y_1}p^{r_1}(p-1)^{y_1}\binom{-r_2}{y-y_1}p^{r_2}(p-1)^{y-y_1}}{\binom{-(r_1+r_2)}{y}p^{r_1+r_2}(p-1)^y}$$

$$= \frac{\binom{-r_1}{y_1}\binom{-r_2}{y-y_1}}{\binom{-(r_1+r_2)}{y}}, \quad y_1 \in \{0,\ldots,y\}.$$

Durch Vergleich mit der Einzelwahrscheinlichkeit $\mathcal{NH}(r+s,r,r_0)(k)$ für $k \in$

$\{0, \ldots, s\}$ einer $\mathcal{NH}(r+s, r, r_0)$-Verteilung, also

$$\binom{r_0 + k - 1}{r_0 - 1}\binom{r + s - r_0 - k}{r - r_0} / \binom{r + s}{r}$$

$$= \binom{r_0 + k - 1}{k}\binom{r - r_0 + s - k}{s - k} / \binom{r + s}{s}$$

$$= \frac{(-1)^k \binom{-r_0}{k}(-1)^{s-k}\binom{-(r - r_0 + 1)}{s - k}}{(-1)^s \binom{-(r + s)}{s}}$$

$$= \binom{-r_0}{k}\binom{-(r - r_0 + s)}{s - k} / \binom{-(r + s)}{s},$$

erhält man die Behauptung. Insbesondere gilt $d^*(y) = \mathcal{NH}(y + N - 1, N - 1, n)(k)$ im Fall $N > n$, so daß d^*, wegen $\mathcal{NH}(\sum_{j=1}^{N} X_j + N - 1, N - 1, n)(k) \to \binom{-n}{k}p^n(p - 1)^k$ P-f.ü. für $N \to \infty$, aufgrund von $\mathcal{NH}(r + s, r, r_0)(k) \to \mathcal{NB}(r_0, p)(k)$ für $r, s \to \infty$ mit $\frac{r}{r+s} \to p$ und $\frac{N-1}{N-1+\sum_{j=1}^{N} X_j} \to \frac{1}{1+\frac{1-p}{p}} = p$ P-f.ü. für $N \to \infty$, konsistent ist.

BEISPIEL: Optimales Schätzen von Wahrscheinlichkeiten einer Poissonverteilung $\Omega := \mathbb{N}_0^n$, $\mathcal{S} := \mathcal{P}(\Omega)$, $\mathcal{P} := \{P_\lambda^{X_1} \otimes \ldots \otimes P_\lambda^{X_n} : \lambda > 0\}$, $X_1, \ldots, X_n$ stochastisch unabhängig und identisch verteilt (unter P) mit $P^{X_1} := P_\lambda^{X_1}$ als $\mathcal{P}(\lambda)$-Verteilung, $\delta : \mathcal{P} \to \mathbb{R}$ mit $\delta(P_\lambda^{X_1} \otimes \ldots \otimes P_\lambda^{X_n}) = \frac{\lambda^k}{k!}e^{-\lambda}$, $\lambda > 0$, $k \in \mathbb{N}_0$ fest. Wegen $(P_\lambda^{X_1} \otimes \ldots \otimes P_\lambda^{X_n})(\{k_1, \ldots, k_n\}) = \frac{e^{-\lambda n}}{k_1! \ldots k_n!}e^{(\ell n \lambda)\sum_{i=1}^{n} k_i}$, $(k_1, \ldots, k_n) \in \mathbb{N}_0^n$, liegt eine einparametrische Exponentialfamilie in $T : \mathbb{N}_0^n \to \mathbb{R}$, $T(k_1, \ldots, k_n) := \sum_{j=1}^{n} k_j$, $(k_1, \ldots, k_n) \in \mathbb{N}_0^n$, und in $\zeta := \ell n \lambda \in \mathcal{Z} := \mathbb{R}$ vor. Daher ist $y \to E(I_{\{X_1 = k\}}|y)$, $y \in \{k, k+1, \ldots\}$ mit $Y := T \circ (X_1, \ldots, X_n)$ als bedingender Zufallsgröße ein gleichmäßig bester, erwartungstreuer Schätzer für δ. Es gilt $E(I_{\{X_1 = k\}}|y) = \mathcal{B}(y, \frac{1}{n})(k)$, $y \in \{k, k+1, \ldots\}$, mit $\mathcal{B}(n, p)(k) := \binom{n}{k}p^k(1 - p)^{n-k}$, $k \in \{0, \ldots, n\}$, $0 \le p \le 1$, als Einzelwahrscheinlichkeit einer $\mathcal{B}(n, p)$-Verteilung. Sind Y_1, Y_2 nämlich stochastisch unabhängig (unter P) mit P^{Y_j} als $\mathcal{P}(\lambda_j)$-Verteilungen, $j = 1, 2$, dann ist $P^{Y_1|y}$ mit $Y := Y_1 + Y_2$ als bedingender Zufallsgröße eine $\mathcal{B}(y, \frac{\lambda_1}{\lambda_1 + \lambda_2})$-Verteilung, $y \in \mathbb{N}_0$, wegen

$$P^{Y_1|y}(\{y_1\}) = \frac{P(\{Y_1 = y_1\})P(\{Y_2 = y - y_1\})}{P(\{Y_1 + Y_2 = y\})}$$

$$= \frac{\frac{\lambda^{y_1}}{y_1!}e^{-\lambda} \cdot \frac{\lambda^{y-y_1}}{(y - y_1)!}e^{-\lambda}}{\frac{\lambda^y}{y!}e^{-\lambda}}$$

$$= \binom{y}{y_1}\left(\frac{\lambda_1}{\lambda_1 + \lambda_2}\right)^{y_1}\left(\frac{\lambda_2}{\lambda_1 + \lambda_2}\right)^{y-y_1}, \quad y \in \{0, 1, \ldots, y_1\}, y_1 \in \mathbb{N}_0,$$

denn $P^{Y_1+Y_2}$ ist eine $\mathcal{P}(\lambda_1 + \lambda_2)$-Verteilung. Aufgrund von $\mathcal{B}(n,p)(k) \to \frac{\lambda^k}{k!}e^{-\lambda}$ für $n \to \infty$ mit $np \to \lambda$ erhält man insbesondere $\mathcal{B}(\sum_{j=1}^n X_j, \frac{1}{n})(k) \to \frac{\lambda^k}{k!}e^{-\lambda}$ P-f.ü., d. h. der gleichmäßig beste, erwartungstreue Schätzer für δ ist konsistent. Ferner stellt $y \to \sum_{k=1}^n (-1)^k \binom{y}{k}(\frac{1}{n})^k \cdot (1 - \frac{1}{n})^{y-k} = (1 - \frac{2}{n})^y$, $y \in \mathbb{N}_0$, einen gleichmäßig besten, erwartungstreuen Schätzer für $\delta : \mathcal{P} \to \mathbb{R}$ mit $\delta(P_\lambda^{X_1} \otimes \ldots \otimes P_\lambda^{X_n}) = e^{-2\lambda}$, $\lambda > 0$, dar, denn der durch $k \to (-1)^k$, $k \in \mathbb{N}_0$, definierte Schätzer ist für δ erwartungstreu. Dieser Schätzer ist natürlich für praktische Zwecke nicht brauchbar und kommt dadurch zustande, daß der Parameterwert $e^{-2\lambda}$ mit einer Beobachtung erwartungstreu geschätzt werden soll, wobei $e^{-2\lambda}$ wahrscheinlichkeitstheoretisch nur mit zwei Beobachtungen erklärbar ist gemäß $P(\{X_1 = 0, X_2 = 0\}) = e^{-2\lambda}$. Schließlich folgt aus $(1 - \frac{2}{n})^{\sum_{j=1}^n X_j} \to e^{-2\lambda}$ für $n \to \infty$, die Konsistenz des gleichmäßig besten, erwartungstreuen Schätzers für δ.

Vollständigkeit der Ordnungsstatistik

$(\Omega^n, \mathcal{S}^n, \mathcal{P})$ bezeichne das durch $\Omega^n := \Omega \times \ldots \times \Omega$ (n-mal), $\mathcal{S}^n := \mathcal{S} \otimes \ldots \otimes \mathcal{S}$ (n-mal) mit $\mathcal{S}$ als σ-Algebra über Ω, $\mathcal{P} = \{P^n : P$ Wahrscheinlichkeitsmaß auf $\mathcal{S}\}$, $P^n = P \otimes \ldots \otimes P$ (n-mal) definierte statistische Experiment und $\mathcal{T}_n$ die durch $\{A \in \mathcal{S}^n : A$ permutationsinvariant$\}$ definierte Teil-σ-Algebra von $\mathcal{S}^n$. Dann ist $\mathcal{T}_n$ für $\mathcal{P}$ vollständig.

BEGRÜNDUNG: Es wird zunächst die folgende Vorbetrachtung für homogene Polynome $Q : \mathbb{R}^m \to \mathbb{R}$ der Ordnung n ($n \in \mathbb{N}_0$), d. h. es gilt $Q(\lambda x_1, \ldots, \lambda x_m) = \lambda^n Q(x_1, \ldots, x_m) \in \mathbb{R}^m$, $\lambda \geq 0$, vorangeschickt, nämlich: Gilt $Q(p_1, \ldots, p_m) = 0$ für alle $p_j \geq 0$, $j = 1, \ldots, m$, dann trifft $Q(x_1, \ldots, x_m) = 0$, $(x_1, \ldots, x_m) \in \mathbb{R}^m$, zu. Dies ergibt sich folgendermaßen mit Hilfe vollständiger Induktion nach m: Im Fall $m = 1$ gilt $Q(x_1) = ax_1^n$, $x_1 \in \mathbb{R}$, mit $n \in \mathbb{N}_0$ als Ordnung von Q und $a \in \mathbb{R}$, so daß $Q(x_1) = 0$, $x_1 \in \mathbb{R}$, aus $Q(p_1) = 0$, $p_1 \geq 0$, folgt. Beim Induktionsschritt $m \to m + 1$ beachtet man, daß

$$Q(x_1, \ldots, x_{m+1}) = \sum_{\substack{k_j \in \mathbb{N}_0, j=1,\ldots,m+1 \\ k_1 + \ldots + k_{m+1} = n}} a_{k_1,\ldots,k_{m+1}} x_1^{k_1} \cdot \ldots \cdot x_{m+1}^{k_{m+1}}$$

$$= \sum_{k_{m+1}=0}^n Q_{k_{m+1}}(x_1, \ldots, x_m) x_{m+1}^{k_{m+1}}, \quad (x_1, \ldots, x_{m+1}) \in \mathbb{R}^{m+1},$$

mit n als Ordnung von Q und

$$Q_{k_{m+1}}(x_1, \ldots, x_m) := \sum_{\substack{k_j \in \mathbb{N}_0, j=1,\ldots,m \\ k_1 + \ldots + k_m = n - k_{m+1}}} a_{k_1,\ldots,k_{m+1}} x_1^{k_1} \cdot \ldots \cdot x_m^{k_m}, \quad (x_1, \ldots, x_m) \in \mathbb{R}^m,$$

so daß $Q_{k_{m+1}}$ ein homogenes Polynom der Ordnung $k - k_{m+1}$ ist. Nach Induktionsvoraussetzung gilt $Q_{k_{m+1}}(x_1, \ldots, x_m) = 0$, $(x_1, \ldots, x_m) \in \mathbb{R}^m$, $k_{m+1} = 0, \ldots, n$, da $Q_{k_{m+1}}(p_1, \ldots, p_j) = 0$ für $p_j \geq 0$, $j = 1, \ldots, m$, $k_{m+1} = 0, \ldots, n$, zutrifft.

Hieraus resultiert $Q(x_1, \ldots, x_{m+1}) = 0$, $(x_1, \ldots, x_{m+1}) \in \mathbb{R}^{m+1}$. Ist nun $d_0 \in D_0$ zusätzlich $\mathcal{T}_n$-meßbar und wählt man zu einem beliebigen Wahrscheinlichkeitsmaß P auf $\mathcal{S}$ und $A_j \in \mathcal{S}$, $p_j \geq 0$, $j = 1, \ldots, m$, das Wahrscheinlichkeitsmaß $\tilde{P}$ auf $\mathcal{S}$ gemäß $\tilde{P}(A) := \int_A \sum_{j=1}^m p_j I_{A_j} dP / \sum_{j=1}^m p_j p(A_j)$, wobei $\sum_{j=1}^m p_j P(A_j) > 0$ gelte, so folgt aus $\int d_0 \, d\tilde{P}^n = 0$ aufgrund der Permutationsinvarianz von d_0 die Beziehung:

$$\sum_{\substack{k_j \in \mathbb{N}_0, j=1, \ldots, m \\ k_1 + \cdots + k_m = n}} \left(\frac{m!}{k_1! \ldots k_m!} \int_{A_1^{k_1} \times \ldots \times A_m^{k_m}} d_0 \, dP^n \right) p_1^{k_1} \cdot \ldots \cdot p_j^{k_m} = 0$$

mit $A_j^{k_j} := A_j \times \ldots \times A_j$ (k_j-mal), $j = 1, \ldots, m$. Daher gilt nach der Vorbetrachtung über homogene Polynome $\int_{A_1^{k_1} \times \ldots \times A_m^{k_m}} d_0 \, dP^n = 0$ (auch im Fall $P(A_j) = 0$, $j = 1, \ldots, m$). Speziell folgt aus $m = n$ und einem Dynkinsystemargument $\int_A d_0 \, dP^n = 0$, $A \in \mathcal{S}^n$, und damit schließlich $d_0 = 0$ P^n-f.ü., $P^n \in \mathcal{P}$.

BEMERKUNGEN:

1. Die Vollständigkeitsaussage von $\mathcal{T}_n$ für $\mathcal{P}$ bleibt erhalten für $\mathcal{P} := \{P^n : P \in \mathcal{Q}\}$ mit $\mathcal{Q}$ als Menge von Wahrscheinlichkeitsmaßen P auf $\mathcal{S}$ mit der Eigenschaft, daß mit $P \in \mathcal{Q}$ auch $\tilde{P} \in \mathcal{Q}$ zutrifft mit $\tilde{P}$ nach der obigen Konstruktion vermöge P und mit Hilfe von $A_j \in \mathcal{S}$, $p_j \geq 0$, $j = 1, \ldots, m$, $m \in \mathbb{N}$.

2. Die obigen Überlegungen mit Hilfe von homogenen Polynomen zeigen, daß $\mathcal{T}_n$ auch für $\mathcal{P} = \{P^n : P \in \mathcal{Q}\}$ vollständig ist, falls $\mathcal{Q}$ eine Menge von Wahrscheinlichkeitsmaßen auf $\mathcal{S}$ ist, so daß $\mathcal{S}$ für $\mathcal{Q}$ vollständig und $\mathcal{Q}$ konvex ist, d. h. mit $P_j \in \mathcal{Q}$, $j = 1, 2$, gilt auch $\alpha P_1 + (1 - \alpha) P_2 \in \mathcal{Q}$, $\alpha \in [0, 1]$. Ferner hat $\mathcal{P}$ die Eigenschaft, daß aus $P^n(N) = 0$, $P \in \mathcal{Q}$, für ein $N \in \mathcal{S}^n$ folgt $N = \emptyset$ genau dann, wenn aus $P(N) = 0$, $P \in \mathcal{Q}$, für ein $N \in \mathcal{S}$ resultiert $N = \emptyset$.

BEGRÜNDUNG: Als Vorbetrachtung wird zunächst gezeigt, daß Vollständigkeit sich auf direkte Produkte von statistischen Experimenten überträgt. Sind $(\Omega_j, \mathcal{S}_j, \mathcal{P}_j)$ statistische Experimente und $\mathcal{T}_j$ Teil-σ-Algebren von $\mathcal{S}_j$, die für $\mathcal{P}_j$ vollständig sind, $j = 1, 2$, dann ist $\mathcal{T}_1 \otimes \mathcal{T}_2$ für $\mathcal{P}_1 \otimes \mathcal{P}_2$ vollständig. Aus $\int d_0 \, d(P_1 \otimes P_2) = 0$, $P_j \in \mathcal{P}_j$, $j = 1, 2$, für einen $\mathcal{T}_1 \otimes \mathcal{T}_2$-meßbaren Nullschätzer $d_0 \in D_0$, folgt nach dem Satz von Fubini und, wegen der Vollständigkeit von $\mathcal{T}_2$ für $\mathcal{P}_2$, die Beziehung $\int d_{0 \omega_2} dP_1 = 0$ für P_2-fast alle $\omega_2 \in \Omega_2$, $P_2 \in \mathcal{P}_2$, woraus $\int_{\Omega \times A_2} d_0 \, d(P_1 \otimes P_2) = 0$, $P_j \in \mathcal{P}_j$, $A_2 \in \mathcal{T}_2$, resultiert. Wiederholung dieses Arguments mit Hilfe der Vollständigkeit von $\mathcal{T}_1$ für $\mathcal{P}_1$ liefert $\int_{A_1 \times A_2} d_0 \, d(P_1 \otimes P_2) = 0$, $P_j \in \mathcal{P}_j$, $A_j \in \mathcal{T}_j$, $j = 1, 2$. Ein Dynkinsystemargument liefert schließlich $\int_A d_0 \, d(P_1 \otimes P_2) = 0$, $P_j \in \mathcal{P}_j$, $j = 1, 2$, $A \in \mathcal{T}_1 \otimes \mathcal{T}_2$, woraus $d_0 = 0$ $P_1 \otimes P_2$-f.ü., $P_j \in \mathcal{P}_j$, $j = 1, 2$, folgt. Ist nun $d_0 \in D_0$ ein $\mathcal{T}_n$-meßbarer Nullschätzer, so folgt aus $\int d_0 \, dP^n = 0$, $P^n \in \mathcal{P}$, mit $P = \sum_{j=1}^m p_j P_j$, $P_j \in \mathcal{Q}$, $p_j \geq 0$, $j = 1, \ldots, m$, $\sum_{j=1}^m p_j = 1$, wegen $P \in \mathcal{Q}$ und der Permutationsinvarianz von d_0 die Beziehung

$$\sum_{\substack{k_j \in \mathbb{N}_0,\, j=1,\dots,m \\ k_1 + \dots + k_m = n}} \frac{n!}{k_1! \dots k_m!} \int d_0 \, d(P_1^{k_1} \otimes \dots \otimes P_m^{k_m}) p_1^{k_1} \dots p_m^{k_m} = 0$$

mit $P_j^{k_j} := P_j \otimes \dots \otimes P_j$ (k_j-mal), $j = 1,\dots,m$. Das vorangehende Resultat für homogene Polynome (die zusätzliche Bedingung $\sum_{j=1}^m p_j = 1$ ist, wegen der Homogenität der auftretenden Polynome, unerheblich), führt zu $\int d_0 \, d(P_1^{k_1} \otimes \dots \otimes P_m^{k_m}) = 0$, woraus im Fall $m = n$, $k_1 = \dots = k_m = 1$ folgt $\int d_0 \, d(P_1 \otimes \dots \otimes P_n) = 0$, $P_j \in \mathcal{Q}$, $j = 1,\dots,n$. Die vorangehende Vorbetrachtung, die Vererbung der Vollständigkeit auf direkte Produkte von statistischen Experimenten betreffend, liefert dann $d_0 = 0$ $(P_1 \otimes \dots \otimes P_n)$-f.ü., $P_j \in \mathcal{Q}$, $j = 1,\dots,n$, denn $\mathcal{Q}$ ist als vollständig für $\mathcal{S}$ vorausgesetzt worden. Hat $\mathcal{Q}$ schließlich noch die Eigenschaft, daß aus $P(N) = 0$, $P \in \mathcal{P}$, folgt $N = \emptyset$, so folgt aus dem Satz von Fubini $\int d_{0\omega_1} d(P_2 \otimes \dots \otimes P_n) = 0$, $\omega_1 \in \Omega$, $P_j \in \mathcal{Q}$, $j = 2,\dots,n$. Eine $(n-1)$-malige Wiederholung dieses Arguments liefert schließlich $d_0(\omega_1,\dots,\omega_n) = 0$, $(\omega_1,\dots,\omega_n) \in \Omega^n$. Insbesondere folgt hieraus, daß $P^n(N) = 0$, $P^n \in \mathcal{P}$, für ein $N \in \mathcal{S}^n$ impliziert $N = \emptyset$, denn $d_0 := I_{\tilde{N}}$, $\tilde{N} := \bigcup_{\pi \text{ Permutation}} g_\pi(N)$, $g_\pi : \Omega^n \to \Omega^n$, $g_\pi(\omega_1,\dots,\omega_n) := (\omega_{\pi(1)},\dots,\omega_{\pi(n)})$, $\pi : \{1,\dots,n\} \to \{1,\dots,n\}$ Permutation, liefert einen $\mathcal{T}_n$-meßbaren Nullschätzer $d_0 \in D_0$. Also gilt nach der obigen Überlegung $\tilde{N} = \emptyset$, woraus $N = \emptyset$ folgt. Aus der Eigenschaft von $\mathcal{P}$, daß $P^n(N) = 0$, $P^n \in \mathcal{P}$, für ein $N \in \mathcal{S}^n$ impliziert $N = \emptyset$, ergibt sich unmittelbar die Eigenschaft von $\mathcal{Q}$, daß $P(N) = 0$, $P \in \mathcal{Q}$, für ein $N \in \mathcal{S}$ auf $N = \emptyset$ führt. Man beachtet zu diesem Zweck, daß $P^n(N \times \dots \times N) = 0$, $P^n \in \mathcal{P}$, zutrifft, also $N \times \dots \times N$ (n-mal) $= \emptyset$ gilt.

Insbesondere trifft diese Eigenschaft von $\mathcal{Q}$ für die Menge $\mathcal{Q}$ aller Wahrscheinlichkeitsmaße P auf $\mathcal{S}$ zu mit $\int f^2 dP^m < \infty$ für eine $\mathcal{S}^m$-meßbare Funktion $f : \Omega^m \to \mathbb{R}$ ($1 \le m \le n$). Diese Menge ist aber auch konvex und vollständig für $\mathcal{S}$ und jedes $N \in \mathcal{S}$ mit $P(N) = 0$, $P \in \mathcal{P}$, ist bereits leer. Insbesondere sind also gleichmäßig beste, erwartungstreue Schätzer in diesem Fall eindeutig ohne Ausnahmenullmenge bestimmt.

BEISPIEL: Optimalität von Stichprobenmittel, Stichprobenstreuung und empirischer Verteilungsfunktion in nichtparametrischen Verteilungsklassen
$(\Omega^n, \mathcal{S}^n, \mathcal{P})$ statistischer Raum mit $\mathcal{P} := \{P^n : P \in \mathcal{Q}\}$, wobei $\mathcal{Q}$ eine Menge von Wahrscheinlichkeitsmaßen P auf der σ-Algebra $\mathcal{S}$ über Ω ist, die eine der folgenden beiden Bedingungen erfüllt:

1. Mit $P \in \mathcal{Q}$ trifft auch $\tilde{P} \in \mathcal{Q}$ zu, wobei $\tilde{P}$ gemäß $\tilde{P}(A) := \int_A \sum_{j=1}^n p_j I_{A_j} dP / \sum_{j=1}^n p_j P(A_j)$, $A \in \mathcal{S}$, $A_j \in \mathcal{S}$, $p_j \ge 0$, $j = 1,\dots,n$, $\sum_{j=1}^n p_j P(A_j) > 0$, definiert ist.

2. $\mathcal{Q}$ ist konvex und vollständig für $\mathcal{P}$.

Dann ist im Fall $\Omega := \mathbb{R}$, $\mathcal{S} := \mathcal{B}$ die Funktion d_f^* mit $d_f^*(x_1, \ldots, x_n) := \frac{1}{n!} \sum_{\substack{\pi \text{ Permutation} \\ \text{von } \{1,\ldots,n\}}} f(x_{\pi(1)}, \ldots, x_{\pi(m)})$, $(x_1, \ldots, x_n) \in \Omega^n$, gleichmäßig bester, erwartungstreuer Schätzer für $\delta_f : \mathcal{P} \to \mathbb{R}$, $\delta_f(P^n) := \int f \, dP^m$, $P \in \mathcal{Q}$, mit $f \in \bigcap_{P \in \mathcal{Q}} \mathcal{L}_2(\Omega^m, \mathcal{S}^m, P^m)$, $1 \le m \le n$, denn d_f^* ist permutationsinvariant und die Teil-σ-Algebra $\mathcal{T}_n$ der permutationsinvarianten $\mathcal{S}^n$-meßbaren Mengen ist hier suffizient und vollständig für $\mathcal{P}$. Insbesondere ist d_f^* ohne eine Ausnahmemenge eindeutig bestimmt, falls zusätzlich zur Konvexität von $\mathcal{Q}$ und Vollständigkeit von $\mathcal{S}$ für $\mathcal{Q}$ jedes $N \in \mathcal{S}$ mit $P(N) = 0$, $P \in \mathcal{Q}$ ($\mathcal{Q}$-Nullmenge), bereits leer ist. Im Spezialfall $f \in \bigcap_{P \in \mathcal{Q}} \mathcal{L}_2(\Omega^m, \mathcal{S}^m, P^m)$ und $f(x_{\pi(1)}, \ldots, x_{\pi(m)}) = f(x_1, \ldots, x_m)$, $(x_1, \ldots, x_m) \in \Omega^m$, π Permutation von $\{1, \ldots, m\}$, d. h. f ist symmetrisch, gilt

$$
\begin{aligned}
d_f^*(x_1, \ldots, x_m) &= \frac{m!(n-m)!}{n!} \sum_{1 \le i_1 < \ldots < i_m \le n} f(x_{i_1}, \ldots, x_{i_m}) \\
&= \frac{1}{\binom{n}{m}} \sum_{1 \le i_1 < \ldots < i_m \le n} f(x_{i_1}, \ldots, x_{i_m}), \quad (x_1, \ldots, x_m) \in \Omega^n.
\end{aligned}
$$

Also erhält man im Spezialfall $f(x) := x$, $x \in \Omega$, $m = 1$, für d_f^* das Stichprobenmittel $d_f^*(x_1, \ldots, x_n) = \frac{1}{n} \sum_{j=1}^n x_j =: \bar{x}$, $(x_1, \ldots, x_n) \in \Omega^n$, bzw. $f(x_1, x_2) := \frac{1}{2}(x_1 - x_2)^2$, $(x_1, x_2) \in \Omega^2$, $m = 2$, für d_f^* die Stichprobenstreuung

$$
\begin{aligned}
d_f^*(x_1, \ldots, x_n) &= \frac{1}{\binom{n}{2}} \frac{1}{2} \sum_{1 \le i < j \le n} (x_i - x_j)^2 = \frac{1}{n(n-1)} \left(n \sum_{i=1}^n x_i^2 - \left(\sum_{i=1}^n x_i \right)^2 \right) \\
&= \frac{1}{n-1} \left(\sum_{i=1}^n x_i^2 - n\bar{x}^2 \right), \quad (x_1, \ldots, x_n) \in \Omega^n.
\end{aligned}
$$

In diesem Zusammenhang soll noch gezeigt werden, daß es nicht möglich ist, die Streuung $\int x^2 \, dP(x) - (\int x \, dP(x))^2$, $P \in \mathcal{Q}$, durch einen Schätzer $d : \mathbb{R} \to \mathbb{R}$ Borelfunktion mit $\int d^2 dP < \infty$, $P \in \mathcal{Q}$, erwartungstreu zu schätzen. Zu diesem Zweck wird gezeigt, daß es zu $f : \mathbb{R}^m \to \mathbb{R}$ symmetrische Borelfunktion mit $\int f^2 dP^m < \infty$, $P \in \mathcal{Q}$, genau dann eine Borelfunktion $d : \mathbb{R} \to \mathbb{R}$ mit $\int d^2 dP < \infty, P \in \mathcal{Q}$, sowie $\int d \, dP = \int f \, dP^m$, $P \in \mathcal{Q}$, gibt, wenn $\int f(x, \ldots, x) dP(x) = \int f \, dP^m, P \in \mathcal{Q}$, und $\int f^2(x, \ldots, x) dP(x) < \infty$, $P \in \mathcal{Q}$, gilt. Im Spezialfall $f(x_1, \ldots, x_m) = \frac{1}{m-1} \sum_{j=1}^m (x_j - \frac{\sum_{i=1}^m x_i}{n})^2$, $(x_1, \ldots, x_m) \in \mathbb{R}^m$, trifft jedoch $f(x, \ldots, x) = 0$, $x \in \mathbb{R}$, zu, so daß die Streuung tatsächlich nicht aufgrund einer Beobachtung erwartungstreu schätzbar ist. Zum Nachweis der obigen Kennzeichnung der Schätzbarkeit der Varianz aufgrund einer Beobachtung stellt man fest, daß $f : \mathbb{R}^m \to \mathbb{R}$ und $d_d^* : \mathbb{R}^m \to \mathbb{R}$, $d_d^*(x_1, \ldots, x_m) := \frac{1}{m} \sum_{1 \le i_1 \le m} d(x_{i_1})$, $(x_1, \ldots, x_m) \in \mathbb{R}^m$, symmetrische Borelfunktionen mit $\int d_d^* dP^m = \int d \, dP = \int f \, dP^m$, $P \in \mathcal{Q}$, sind, d. h. es trifft

$f(x_1, \ldots, x_m) = d_d^*(x_1, \ldots, x_m)$, $(x_1, \ldots, x_m) \in \mathbb{R}^m$, zu, falls die leere Menge die einzige Q-Nullmenge ist. Hieraus ergibt sich $f(x, \ldots, x) = d(x)$, $x \in \mathbb{R}$, und $\int f(x, \ldots, x) dP(x) = \int f \, dP^m$, $P \in Q$, sowie $\int f^2(x, \ldots, x) dP(x) < \infty$, $P \in Q$. Umgekehrt folgt aus $\int f(x, \ldots, x) dP(x) = \int f \, dP^m$, $P \in Q$, und $\int f^2(x, \ldots, x) dP(x) < \infty$, $P \in Q$, mit $d : \mathbb{R} \to \mathbb{R}$, $d(x) := f(x, \ldots, x)$, $x \in \mathbb{R}$, die Beziehung $\int d \, dP = \int f \, dP^m$, $P \in Q$, wobei $\int d^2 dP < \infty$, $P \in Q$, gilt.

Mit $f(x) := I_A(x)$, $x \in \Omega$, $A \in S$ fest, erhält man für d_f^* die Beziehung $d_f^*(x_1, \ldots, x_n) = \frac{1}{n} \sum_{i=1}^n I_A(x_i)$, $(x_1, \ldots, x_n) \in \Omega^n$. Speziell für $\Omega := \mathbb{R}$, $S := B$, $A := (-\infty, x]$, $x \in \mathbb{R}$ fest, heißt d_f^* mit $d_f^*(x_1, \ldots, x_n) = \frac{1}{n} \operatorname{card}\{x_i : x_i \leq x, 1 \leq i \leq n\}$, $(x_1, \ldots, x_n) \in \mathbb{R}^n$, empirische Verteilungsfunktion.

Im Fall $\Omega := \mathbb{R}$, $S := B$, und mit Q als Menge von Wahrscheinlichkeitsmaßen P auf B, so daß eine der vorangehenden Bedingungen 1. oder 2. erfüllt ist, wobei P zusätzlich symmetrisch (zum Nullpunkt) ist, d. h. es gilt $P(-B) = P(B)$, $B \in B$, wird $\mathcal{T}_n$ als Teil-σ-Algebra von B^n aller $B \in B^n$, die permutationsinvariant und vorzeicheninvariant sind, durch $T \circ V$ mit $T : \mathbb{R}^n \to \mathbb{R}^n$ als Ordnungsstatistik und mit $V : \mathbb{R}^n \to [0, \infty)^n$, $V(x_1, \ldots, x_n) := (|x_1|, \ldots, |x_n|)$, $(x_1, \ldots, x_n) \in \mathbb{R}^n$, induziert, also $\mathcal{T}_n = (T \circ V)^{-1}(B^n \cap [0, \infty)^n)$. Dabei bezieht sich die Permutationsinvarianz und Vorzeicheninvarianz auf die endliche Gruppe der Transformationen: $(x_1, \ldots, x_n) \to ((-1)^{k_1} \cdot x_{\pi(1)}, \ldots, (-1)^{k_n} x_{\pi(n)})$, $(x_1, \ldots, x_n) \in \mathbb{R}^n$, $(k_1, \ldots, k_n) \in \{0, 1\}^n$, π Permutation von $\{1, \ldots, n\}$. Dies ergibt sich aus der Aussage, daß die Teil-σ-Algebra der G-invarianten, S-meßbaren Mengen einer endlichen Gruppe von bijektiven, (S, S)-meßbaren Abbildungen $g : \Omega \to \Omega$, von $\{\bigcup_{g \in G} g(A) : A \in \mathcal{A}\}$ mit $\mathcal{A}$ als Algebra, so daß $S(\mathcal{A}) = S$ gilt, erzeugt wird. Mit $f \in \bigcap_{P \in Q} \mathcal{L}_2(\mathbb{R}^m, B^m, P^m)$, $f^s : \mathbb{R}^m \to \mathbb{R}$, $f^s(x_1, \ldots, x_m) := \frac{1}{2^m} \sum_{\substack{k_j \in \{0,1\} \\ j = 1, \ldots, m}} f((-1)^{k_1} x_1, \ldots, (-1)^{k_m} x_m)$, $(x_1, \ldots, x_m) \in \mathbb{R}^m$, $1 \leq m \leq n$, ist $d_f^* : \mathbb{R}^n \to \mathbb{R}$, $d_f^*(x_1, \ldots, x_n) := \frac{1}{n!} \sum_{\substack{\pi \text{ Permutation} \\ \text{von } \{1, \ldots, n\}}} f^s(x_{\pi(1)}, \ldots, x_{\pi(m)})$, $(x_1, \ldots, x_n) \in \mathbb{R}^n$, gleichmäßig bester, erwartungstreuer Schätzer für $\delta_f : \mathcal{P} \to \mathbb{R}$, $\delta_f(P^n) := \int f \, dP^m$, $P \in Q$, denn d_f^* hängt von $(x_1, \ldots, x_n)$ nur über $(T \circ V)(x_1, \ldots, x_n)$, $(x_1, \ldots, x_n) \in \mathbb{R}^n$ und $T \circ V$ ist suffizient und vollständig für $\mathcal{P}$ analog zu den Suffizienz- und Vollständigkeitsüberlegungen für die Ordnungsstatistik T. Insbesondere erhält man im Fall $f : \mathbb{R} \to \mathbb{R}$, $f(x) := x^2$, $x \in \mathbb{R}$, daß $d_f^* : \mathbb{R}^n \to \mathbb{R}$ mit $d_f^*(x_1, \ldots, x_n) = \sum_{i=1}^n x_i^2 / n$, $(x_1, \ldots, x_n) \in \mathbb{R}^n$, gleichmäßig bester, erwartungstreuer Schätzer für die Streuung von P mit $P \in Q$ ist. Daher gilt $\operatorname{Var}_{P^n}(d_f^*) = \frac{1}{n} \int (x - \int x^2 dQ)^4 Q(dx)$, $P \in Q$, während die Varianz der Stichprobenstreuung $\frac{1}{n} \int (x - \int x^2 dQ)^4 Q(dx) + \frac{2}{n(n-1)} (\int x^2 Q(dx))^2$ beträgt. Im Fall $f : \mathbb{R} \to \mathbb{R}$, $f(\tilde{x}) := I_{(-\infty, x]}(\tilde{x})$, $\tilde{x} \in \mathbb{R}$, $x \in [0, \infty)$ fest, erhält man für $d_f^* : \mathbb{R}^n \to \mathbb{R}$, $d_f^*(x_1, \ldots, x_n) = \frac{1}{2} + \frac{1}{2n} \sum_{j=1}^n I_{[-x, x]}(x_j)$, $(x_1, \ldots, x_n) \in \mathbb{R}^n$ (symmetrische, empirische Verteilungsfunktion), denn für $f : \mathbb{R} \to \mathbb{R}$ mit $f(x_1) :=$

$I_{(-\infty,x]}(x_1)$, $x_1 \in \mathbb{R}$, $x \geq 0$ fest, erhält man

$$f^s(x_1) = \frac{1}{2}(I_{(-\infty,x]}(x_1) + I_{(-\infty,x]}(-x_1)) = \frac{1}{2}(I_{(-\infty,x]}(x_1) + I_{(-x,\infty)}(x_1))$$

$$= \frac{1}{2}(I_{(-\infty,x]\cup[-x,\infty)}(x_1) + I_{(-\infty,x]\cap[-x,\infty)}(x_1))$$

$$= \frac{1}{2} + \frac{1}{2}I_{[-x,x]}(x_1), \quad x_1 \in \mathbb{R}.$$

Insbesondere gilt $P([-x,x]) = 2P((-\infty;x]) - 1$. Daher trifft $\mathrm{Var}_{P^n}(d_f^*) = \frac{1}{4n}((2P((-\infty,x]) - 1)(2 - 2P((-\infty,x]))) = \frac{1}{n}(P(-\infty,x]) - \frac{1}{2})(1 - P((-\infty,x]))$ zu, während für die Varianz der empirischen Verteilungsfunktion $\frac{1}{n}P((-\infty,x])(1 - P((-\infty,x])) \geq \mathrm{Var}_{P^n}(d_f^*)$ gilt.

Allgemeiner gilt für $f : \mathbb{R} \to \mathbb{R}$ mit $f(x_1) := I_B(x_1)$, $x_1 \in \mathbb{R}$, $B \in \mathcal{B}$ fest, $d_f^*(x_1, \ldots, x_n) = \frac{1}{2n}\sum_{j=1}^n (I_B(x_j) + I_{-B}(x_j))$, $(x_1, \ldots, x_n) \in \mathbb{R}^n$, wegen $f^s(x_1) = \frac{1}{2}(I_B(x_1) + I_B(-x_1)) = \frac{1}{2}(I_B(x_1) + I_{-B}(x_1))$, $x_1 \in \mathbb{R}$. Hieraus resultiert

$$\mathrm{Var}_P(d_f^* \circ (X_1, \ldots, X_n))$$

$$= \frac{1}{4n}(\mathrm{Var}_P(I_B \circ X_1) + \mathrm{Var}_P(I_{-B} \circ X_1) + 2\mathrm{Kov}_P(I_B \circ X_1, I_{-B} \circ X_1))$$

$$= \frac{1}{4n}(2P^{X_1}(B)P^{X_1}(B^c) + 2P^{X_1}(B \cap -B) - 2P^{X_1}(B)P^{X_1}(-B))$$

$$\leq \mathrm{Var}_P(\frac{1}{n}\sum_{j=1}^n I_B \circ X_j) = \frac{1}{n}P^{X_1}(B)P^{X_1}(B^c),$$

denn die letzte Ungleichung ist mit $P^{X_1}(B) \geq P^{X_1}(B \cap -B)$ äquivalent.

Abschließend wird noch das Beispiel für optimales Schätzen im Zusammenhang mit der stetigen Gleichverteilung (Rechteckverteilung) behandelt, die sich ebenfalls wie die diskrete Gleichverteilung (Laplaceverteilung) nicht unter das Konzept von Exponentialfamilien oder der Ordnungsstatistik unterordnen läßt.

BEISPIEL: Optimales Schätzen der Parameter einer Rechteckverteilung
$\Omega := \mathbb{R}^n$, $\mathcal{S} := \mathcal{B}^n$, $\mathcal{P} := \{P_{a,b}^n : P_{a,b} = \mathcal{R}([a,b])\text{-Verteilung}, a, b \in \mathbb{R}, a < b\}$. In diesem Fall ist $T : \mathbb{R}^n \to \mathbb{R}^2$, $T(x_1, \ldots, x_n) := (\max_{1 \leq i \leq n} x_i, \min_{1 \leq i \leq n} x_i)$, $(x_1, \ldots, x_n) \in \mathbb{R}^n$, suffizient und vollständig für $\mathcal{P}$. Die Suffizienz ergibt sich aus dem Neyman-Kriterium, wegen $\frac{dP^n}{d\lambda^n}(x_1, \ldots, x_n) = \frac{1}{(b-a)^n}I_A(x_1, \ldots, x_n)$ für λ^n-fast alle $(x_1, \ldots, x_n) \in \mathbb{R}^n$ mit $A := \{(x_1, \ldots, x_n) \in \mathbb{R}^n : a \leq \min_{1 \leq i \leq n} x_i \leq \max_{1 \leq i \leq n} x_i \leq b\}$. Die Vollständigkeit ergibt sich daraus, daß $\int d(y_1, y_2)I_{\{(y_1,y_2)\in\mathbb{R}^2 : a \leq y_1 \leq y_2 \leq b\}}(y_1, y_2)d\lambda^2(y_1, y_2) = 0$, $a, b \in \mathbb{R}$, $a < b$, für eine Borelfunktion $d : \{(y_1, y_2) \in \mathbb{R} : y_1 \leq y_2\} \to \mathbb{R}$ mit $d \in \bigcap_{P \in \mathcal{P}} \mathcal{L}_2(\Omega, \mathcal{S}, P)$, impliziert $d(y_1, y_2)I_{\{(y_1,y_2)\in\mathbb{R}^2 : y_1 \leq y_2\}}(y_1, y_2) = 0$ λ^2-fast alle $(y_1, y_2) \in \mathbb{R}^2$, also

$d = 0$ λ^2-fast überall, denn $\{(a,b] : a, b \in \mathbb{R}, a < b\}$ ist ein durchschnittsstabiler Erzeuger von $\mathcal{B}^2$. Zur Bestimmung der gleichmäßig besten, erwartungstreuen Schätzer für $\delta : \mathcal{P} \to \mathbb{R}$, $\delta(P_{a,b}^n) := a$ bzw. b wird $P_{a,b}^{nT}$ bestimmt. Es gilt:

$$P_{a,b}^{nT}((-\infty, y] \times (-\infty, z]) = P_{a,b}^{nT}((-\infty, y] \times \mathbb{R}) - P_{a,b}^{nT}((-\infty, y] \times (z, \infty))$$

$$= \frac{(y-a)^n}{(b-a)^n} - \frac{(y-z)^n}{(b-a)^n}, \quad a \le z \le y \le b$$

(und 0 sonst), so daß sich $\frac{dP_{a,b}^{nT}}{d\lambda^n}(y,z) = n(n-1)\frac{(y-z)^{n-2}}{(b-a)^n}$ für λ^2-fast alle $(y, z) \in \mathbb{R}^2$ mit $z \le y$ ergibt. Insbesondere resultiert daher für die zugehörigen eindimensionalen Randverteilungen $P_{a,b}^{nT_1}$ bzw. $P_{a,b}^{nT_2}$ mit $T_1 : \mathbb{R}^n \to \mathbb{R}$, $T_1(x_1, \ldots, x_n) := \max_{1 \le i \le n} x_i$ bzw. $T_2 : \mathbb{R}^n \to \mathbb{R}$, $T_2(x_1, \ldots, x_n) := \min_{1 \le i \le n} x_i$, $(x_1, \ldots, x_n) \in \mathbb{R}^n$, die Beziehung $\frac{dP_{a,b}^{nT_1}}{d\lambda}(y) = n\frac{(y-a)^{n-1}}{(b-a)^n}$ für λ-fast alle $y \in [a, b]$ bzw. $\frac{dP_{a,b}^{nT_2}}{d\lambda}(z) = n\frac{(b-z)^n}{(b-a)^n}$ für λ-fast alle $z \in [a, b]$. Daher erhält man

$$\int (y-z) dP_{a,b}^{nT}(y, z) = \frac{n(n-1)}{(b-a)^n} \int_a^b \int_a^y (y-z)^{n-1} dz dy$$

$$= \frac{n(n-1)}{(b-a)^n} \int_a^b -\frac{(y-z)^n}{n}\Big|_a^y dy$$

$$= \frac{n(n-1)}{(b-a)^n} \cdot \int_a^b (y-a)^n dy = \frac{n-1}{n+1}(b-a)$$

und

$$\int y\, dP_{a,b}^{nT_1}(y) = \frac{n}{(b-a)^n}\left(\int_a^b (y-a)^n dy + a \int_a^b (y-a)^{n-1} dy\right)$$

$$= \frac{n}{(b-a)^n}\left(\frac{(y-a)^{n+1}}{n+1}\Big|_a^b + a\frac{(y-a)^n}{n}\Big|_a^b\right)$$

$$= \frac{n}{n+1}(b-a) + a = \frac{n}{n+1}b + \frac{a}{n+1}.$$

Hieraus resultiert $\int z\, dP_{a,b}^{nT_2}(z) = -\int (y-z) dP_{a,b}^{nT}(y, z) + \int y\, dP_{a,b}^{nT_1}(y) = \frac{n}{n+1}(b-a) + a - \frac{n-1}{n+1}(b-a) = \frac{1}{n+1}(b-a) + a = \frac{1}{n+1}b + \frac{n}{n+1}a$, d. h. $d^* : \mathbb{R}^n \to \mathbb{R}$, $d^*(x_1, \ldots, x_n) := \frac{1}{2}(\max_{1 \le i \le n} x_i + \min_{1 \le i \le n} x_i)$, $(x_1, \ldots, x_n) \in \mathbb{R}^n$, ist nach dem Satz von Lehmann-Scheffé gleichmäßig bester, erwartungstreuer Schätzer für $\delta : \mathcal{P} \to \mathbb{R}$, $\delta(P_{a,b}^n) := \frac{a+b}{2}$ (Mittelwert von $P_{a,b} = \mathcal{R}([a, b])$-Verteilung). Tatsächlich ist $\mathrm{Var}_{P_{a,b}^n}(d^*) = \frac{1}{2}\frac{(b-a)^2}{(n+1)(n+2)}$ kleiner als die Varianz des Stichprobenmittels $\frac{(b-a)^2}{12n}$, $a, b \in \mathbb{R}$, $a < b$. Dabei ergibt sich $\mathrm{Var}_{P_{a,b}^n}(d^*) = \frac{1}{2}\frac{(b-a)^2}{(n+1)(n+2)}$, $a, b \in$

$\mathbb{R}$, $a < b$, wie folgt:

$$\int yz\, dP_{a,b}^{nT}(y,z) = \frac{n(n-1)}{(b-a)^n}\int_a^b y(\int_a^y z(y-z)^{n-2}dz)dy,$$

$$\int_a^y z(y-z)^{n-2}dz = \int_0^{y-a}(y-v)v^{n-2}dv = y\frac{v^{n-1}}{n-1}|_0^{y-a} - \frac{v^n}{n}|_0^{y-a}$$

$$= y\frac{(y-a)^{n-1}}{n-1} - \frac{(y-a)^n}{n}$$

$$= \frac{(y-a)^n}{n-1} - \frac{(y-a)^n}{n} + a\frac{(y-a)^{n-1}}{n-1}$$

$$= \frac{(y-a)^n}{n(n-1)} + a\frac{(y-a)^{n-1}}{n-1}, \quad \text{also}$$

$$\int yz\, dP_{a,b}^{nT}(y,z) = \frac{n(n-1)}{(b-a)^n}(\int_a^b \frac{y(y-a)^n}{n(n-1)}dy + \int_a^b ay\frac{(y-a)^{n-1}}{n-1}dy)$$

$$= \frac{n(n-1)}{(b-a)^n}(\int_a^b (\frac{(y-a)^{n+1}}{n(n-1)} + a\frac{(y-a)^n}{n(n-1)} + a\frac{(y-a)^n}{n-1}$$

$$+ a^2\frac{(y-a)^{n-1}}{n-1})dy)$$

$$= \frac{n(n-1)}{(b-a)^n}(\frac{(b-a)^{n+2}}{(n-1)n(n+2)} + a\frac{(b-a)^{n+1}}{(n-1)n(n+1)}$$

$$+ a\frac{(b-a)^{n+1}}{(n-1)(n+1)} + a^2\frac{(b-a)^n}{(n-1)n})$$

$$= \frac{(b-a)^2}{n+2} + a(b-a)(\frac{1}{n+1} + \frac{n}{n+1}) + a^2$$

$$= \frac{(b-a)^2}{n+2} + ab, \quad a,b \in \mathbb{R}, \ a < b.$$

Ferner gilt:

$$\int y^2 dP_{a,b}^{nT_1}(y) = \frac{n}{(b-a)^n}\int_a^b y^2(y-a)^{n-1}dy$$

$$= \frac{n}{(b-a)^n}\int_a^b ((y-a)^2 + 2a(y-a) + a^2)\cdot(y-a)^{n-1}dy$$

$$= \frac{n}{(b-a)^n}\int_a^b ((y-a)^{n+1} + 2a(y-a)^n + a^2(y-a)^{n-1})dy$$

$$= \frac{n}{(b-a)^n}(\frac{(b-a)^{n+2}}{n+2} + 2a\frac{(b-a)^{n+1}}{n+1} + a^2\frac{(b-a)^n}{n})$$

$$= \frac{n}{n+2}(b-a)^2 + \frac{2an}{n+1}(b-a) + a^2,$$

$$\int y\, dP_{a,b}^{nT_2}(z) = \frac{n}{(b-a)^n} \int_a^b y(y-a)^{n-1}dy$$

$$= \frac{n}{(b-a)^n} \int_a^b ((y-a)^n + a(y-a)^{n-1})dy$$

$$= \frac{n}{(b-a)^n}\left(\frac{(b-a)^{n+1}}{n+1} + a\frac{(b-a)^n}{n}\right) = \frac{n}{n+1}(b-a) + a,$$

$$\int z^2 dP_{a,b}^{nT_2}(z) = \frac{n}{(b-a)^n} \int_a^b z^2(b-z)^{n-1}dz$$

$$= \frac{n}{(b-a)^n} \int_a^b ((b-z)^2 - 2b(b-z) + b^2)(b-z)^{n-1}dz$$

$$= \frac{n}{(b-a)^n}\left(\frac{(b-a)^{n+2}}{n+2} - 2b\frac{(b-a)^{n+1}}{n+1} + b^2\frac{(b-a)^n}{n}\right)$$

$$= \frac{n}{n+2}(b-a)^2 - \frac{2bn}{n+1}(b-a) + b^2,$$

$$\int z\, dP_{a,b}^{nT_2}(z) = \frac{n}{(b-a)^n} \int_a^b z(b-z)^{n-1}dz$$

$$= \frac{n}{(b-a)^n} \int_a^b (-(b-z)^n + b(b-z)^{n-1})dz$$

$$= \frac{n}{(b-a)^n}\left(-\frac{(b-a)^{n+1}}{n+1} + b\frac{(b-a)^n}{n}\right)$$

$$= -\frac{n}{n+1}(b-a) + b, \quad a,b \in \mathbb{R},\ a < b.$$

Hieraus ergibt sich dann schließlich

$$\mathrm{Var}_{P_{a,b}^n}(d^*) = \frac{1}{4}\left(\int y^2 dP_{a,b}^{nT_1}(y) + \int z^2 dP_{a,b}^{nT_2}(z) + 2\int yz\, dP_{a,b}^{nT}(y,z)\right.$$

$$\left. -\left(\int (y+z)dP_{a,b}^{nT}(y,z)\right)^2\right)$$

$$= \frac{1}{4}\left(\frac{n}{n+2}(b-a)^2 + \frac{2an}{n+1}(b-a) + a^2 + \frac{n}{n+2}(b-a)^2 - \right.$$

$$\left.\frac{2bn}{n+1}(b-a) + b^2 + 2\frac{(b-a)^2}{n+2} + 2ab - (a+b)^2\right)$$

$$= \frac{1}{4}\left(\frac{2n}{n+2}(b-a)^2 - \frac{2n}{n+1}(b-a)^2 + 2\frac{(b-a)^2}{n+2}\right.$$

$$\left. +(a+b)^2 - (a+b)^2\right)$$

$$= \frac{1}{4} \left(\frac{2n+2}{n+2} - \frac{2n}{n+1} \right) \cdot (b-a)^2 = \frac{1}{2} \frac{(b-a)^2}{(n+1)(n+2)},$$

$$a, b \in \mathbb{R}, \ a < b.$$

Schließlich folgt noch aus

$$\int y \, dP_{a,b}^{nT_1}(y) = \frac{1}{n+1} a + \frac{n}{n+1} b,$$

$$\int z \, dP_{a,b}^{nT_2}(z) = \frac{n}{n+1} a + \frac{1}{n+1} b, \ a, b \in \mathbb{R}, \ a < b,$$

daß $d_j^* : \mathbb{R}^n \to \mathbb{R}, \ j = 1, 2,$ mit

$$d_1^*(x_1, \ldots, x_n) := \frac{n}{n-1} \min_{1 \leq i \leq n} x_i - \frac{1}{n-1} \max_{1 \leq i \leq n} x_i,$$

$$d_2^*(x_1, \ldots, x_n) := \frac{n}{n-1} \max_{1 \leq i \leq n} x_i - \frac{1}{n-1} \min_{1 \leq i \leq n} x_i, \ (x_1, \ldots, x_n) \in \mathbb{R}^n,$$

nach dem Satz von Lehmann-Scheffé gleichmäßig beste, erwartungstreue Schätzer für $\delta_j : \mathcal{P} \to \mathbb{R}, \ j = 1, 2, \ \delta_1(P_{a,b}^n) := a, \ \delta_2(P_{a,b}^n) := b, \ a, b \in \mathbb{R}, \ a < b,$ sind.

Minimalsuffizienz vollständiger, suffizienter Teil-σ-Algebren

$(\Omega, \mathcal{S}, \mathcal{P})$ statistisches Experiment; dann heißt eine Teil-σ-Algebra $\mathcal{T}$ von $\mathcal{S}$ minimalsuffizient für $\mathcal{P}$, wenn für jede für $\mathcal{P}$ suffiziente Teil-σ-Algebra $\mathcal{T}'$ von $\mathcal{S}$ gilt: Zu $T \in \mathcal{T}$ existiert $T' \in \mathcal{T}'$ mit $P(T \triangle T') = 0, \ P \in \mathcal{P}$ (in Zeichen: $\mathcal{T} \subset \mathcal{T}' \ [\mathcal{P}]$). Insbesondere ist jede für $\mathcal{P}$ suffiziente und vollständige Teil-σ-Algebra $\mathcal{T}$ von $\mathcal{S}$ minimalsuffizient.

BEGRÜNDUNG: Es sei $\mathcal{T}'$ eine für $\mathcal{P}$ suffiziente Teil-σ-Algebra von $\mathcal{S}$ und $T \in \mathcal{T}$. Dann gilt $E_P(E(I_T|\mathcal{T}')) = E_P(I_T), \ P \in \mathcal{P},$ und $\mathrm{Var}_P(E(I_T|\mathcal{T}')) \leq \mathrm{Var}_P(I_T), \ P \in \mathcal{P},$ woraus $E(I_T|\mathcal{T}') = I_T$ P-f.ü., $P \in \mathcal{P},$ resultiert und daher $I_T = I_{T'}$ P-f.ü., $P \in \mathcal{P},$ mit $T' := \{E(I_T|\mathcal{T}') = 1\} \in \mathcal{T}'$ zutrifft, d. h. $P(T \triangle T') = 0, \ P \in \mathcal{P}.$

FOLGERUNG: Eindeutigkeit vollständiger, suffizienter Teil-σ-Algebren
$(\Omega, \mathcal{S}, \mathcal{P})$ statistisches Experiment, $\mathcal{T}$ und $\mathcal{T}'$ für $\mathcal{P}$ vollständige, suffiziente Teil-σ-Algebren von $\mathcal{S}$. Dann gilt: $\mathcal{T} \subset \mathcal{T}' \ [\mathcal{P}]$ und $\mathcal{T}' \subset \mathcal{T} \ [\mathcal{P}]$ (in Zeichen: $\mathcal{T} = \mathcal{T}' \ [\mathcal{P}]$).

Zerlegungstheoretische Kennzeichnung von Suffizienz und Vollständigkeit

Bei beliebigem statistischen Experiment $(\Omega, \mathcal{S}, \mathcal{P})$ ist eine Teil-σ-Algebra $\mathcal{T}$ von $\mathcal{S}$ für $\mathcal{P}$ suffizient und vollständig genau dann, wenn es zu jedem $d \in \bigcap_{P \in \mathcal{P}} \mathcal{L}_2(\Omega, \mathcal{S}, P)$ Funktionen $d_j \in D_j, \ j = 1, 2,$ gibt mit $D_1 := \{d_1 \in \bigcap_{P \in \mathcal{P}} \mathcal{L}_2(\Omega, \mathcal{S}, P) : d_1$ ist $\mathcal{T}$-meßbar und gleichmäßig bester, erwartungstreuer Schätzer$\}$ und $D_2 := \{d_2 \in \bigcap_{P \in \mathcal{P}} \mathcal{L}_2(\Omega, \mathcal{S}, P) : E_P(d_2|\mathcal{T}) = 0 \ P$-f.ü., $P \in \mathcal{P}\}$, so daß $d = d_1 + d_2$ zutrifft.

Dabei sind $d_j \in D_j$, $j = 1, 2$, im folgenden Sinn eindeutig bestimmt: Aus $d = d_1' + d_2'$ mit $d_j' \in D_j$, $j = 1, 2$, folgt $d_j' = d_j$ P-f.ü., $P \in \mathcal{P}$, $j = 1, 2$.

BEGRÜNDUNG: Die Eindeutigkeitsaussage ergibt sich daraus, daß aus $d_1 - d_1' = d_2' - d_2$ folgt $E_P(d_1 - d_1'|\mathcal{T}) = d_1 - d_1' = E_P(d_2' - d_2|\mathcal{T}) = E_P(d_2'|\mathcal{T}) - E_P(d_2|\mathcal{T}) = 0$ P-f.ü., $P \in \mathcal{P}$, woraus $d_1 = d_1'$ P-f.ü., $P \in \mathcal{P}$, und damit $d_2 = d_2'$ P-f.ü., $P \in \mathcal{P}$, resultiert. Die Existenz einer Zerlegung von $d \in \bigcap_{P \in \mathcal{P}} \mathcal{L}_2(\Omega, \mathcal{S}, P)$ im obigen Sinn im Fall der Suffizienz und Vollständigkeit von $\mathcal{T}$ für $\mathcal{P}$ ergibt sich vermöge $E(d|\mathcal{T})$ als gemeinsame, von $P \in \mathcal{P}$ unabhängige Version von $E_P(d|\mathcal{T})$, $P \in \mathcal{P}$, für d_1 bzw. $d_2 := d - d_1$. Umgekehrt folgt aus der Existenz einer Zerlegung von $d \in \bigcap_{P \in \mathcal{P}} \mathcal{L}_2(\Omega, \mathcal{S}, P)$ gemäß $d = d_1 + d_2$ mit $d_j \in D_j$, $j = 1, 2$, daß $\mathcal{T}$ für $\mathcal{P}$ suffizient und vollständig ist. Aus $d = d_1 + d_2$ mit $d_j \in D_j$, $j = 1, 2$, ergibt sich nämlich $E_P(d|\mathcal{T}) = E_P(d_1|\mathcal{T}) + E_P(d_2|\mathcal{T}) = d_1$ P-f.ü., $P \in \mathcal{P}$, so daß d_1 eine gemeinsame, von $P \in \mathcal{P}$ unabhängige Version von $E_P(d|\mathcal{T})$, $P \in \mathcal{P}$, ist, da d_1 $\mathcal{T}$-meßbar ist, d. h. $\mathcal{T}$ ist suffizient für $\mathcal{P}$. Die Vollständigkeit von $\mathcal{T}$ für $\mathcal{P}$ ergibt sich folgendermaßen: Für $d_0 \in \bigcap_{P \in \mathcal{P}} \mathcal{L}_2(\Omega, \mathcal{T}, P|\mathcal{T})$ mit $E_P(d_0) = 0$, $P \in \mathcal{P}$, folgt gemäß $d_0 = d_1 + d_2$ mit $d_j \in D_j$, $j = 1, 2$, die Beziehung $E_P(d_0|\mathcal{T}) = d_0 = E_P(d_1|\mathcal{T}) + E_P(d_2|\mathcal{T}) = d_1$ P-f.ü., $P \in \mathcal{P}$. Also ist mit d_1 auch d_0 ein gleichmäßig bester, erwartungstreuer Schätzer. Die Kovarianzmethode liefert daher $E_P(d_0^2) = 0$, $P \in \mathcal{P}$, woraus $d_0 = 0$ P-f.ü., $P \in \mathcal{P}$, ergibt, d. h. $\mathcal{T}$ ist vollständig für $\mathcal{P}$.

Man kann bei der obigen Zerlegung i.a. nicht D_2 durch $D_0 = \{d_0 \in \bigcap_{P \in \mathcal{P}} \mathcal{L}_2(\Omega, \mathcal{S}, P) : E_P(d_0) = 0, P \in \mathcal{P}\}$ ersetzen, wie der Spezialfall $\Omega = \mathbb{R}$, $\mathcal{S} = \mathcal{T} = \mathcal{B}$ mit $\mathcal{P} = \{P\}$, wobei P die $\mathcal{B}(1, \frac{1}{2})$-Verteilung ist, zeigt. Natürlich ist $\mathcal{T}$ in diesem Fall suffizient für $\mathcal{P}$, aber nicht vollständig für $\mathcal{P}$, denn $d_0 \in D_0$ ist hier äquivalent mit $d_0(0) + d_0(1) = 0$, während $d_2 \in D_2$ mit $d_2(0) = d_2(1) = 0$ gleichwertig ist. Eine Zerlegung von $d \in \bigcap_{P \in \mathcal{P}} \mathcal{L}_2(\Omega, \mathcal{S}, P)$ gemäß $d = d_1 + d_0$, $d_j \in D_j$, $j = 0, 1$, ergibt sich hier mit $d_1(\omega) := \frac{1}{2}(d(0) + d(1))$, $\omega \in \Omega$, $d_0 := d - d_1$. Ist nun $(\Omega, \mathcal{S}, \mathcal{P})$ ein beliebiges statistisches Experiment und $\mathcal{T}$ eine Teil-σ-Algebra von $\mathcal{S}$, dann ist eine Zerlegung für jedes $d \in \bigcap_{P \in \mathcal{P}} \mathcal{L}_2(\Omega, \mathcal{S}, P)$ gemäß $d = d_1 + d_0$, $d_j \in D_j$, $j = 0, 1$, mit der Eigenschaft von $\mathcal{T}$ gleichwertig, daß es zu jedem $d \in \bigcap_{P \in \mathcal{P}} \mathcal{L}_2(\Omega, \mathcal{S}, P)$ einen für $\delta_d : \mathcal{P} \to \mathbb{R}$, $\delta_d(P) := E_P(d)$, $P \in \mathcal{P}$, gleichmäßig besten, erwartungstreuen Schätzer $d_d^* \in \bigcap_{P \in \mathcal{P}} \mathcal{L}_2(\Omega, \mathcal{T}, P|\mathcal{T})$ gibt. Dabei ist diese Zerlegung wieder im folgenden Sinn eindeutig bestimmt: Aus $d = d_1' + d_0'$ folgt $d_j' = d_j$ P-f.ü., $P \in \mathcal{P}$, $j = 0, 1$. Die Eindeutigkeit ergibt sich aus $d_1 - d_1' = d_0' - d_0$, woraus sich $E_P(d_1 - d_1') = E_P(d_0' - d_0) = E_P(d_0') - E_P(d_0) = 0$, $P \in \mathcal{P}$, also $E_P(d_1) = E_P(d_1')$ P-f.ü., $P \in \mathcal{P}$, ergibt. Die Eindeutigkeit gleichmäßig bester, erwartungstreuer Schätzer liefert schließlich $d_1 = d_1'$ P-f.ü., $P \in \mathcal{P}$, und damit $d_0 = d_0'$ P-f.ü., $P \in \mathcal{P}$. Die Existenz einer Zerlegung von $d \in \bigcap_{P \in \mathcal{P}} \mathcal{L}_2(\Omega, \mathcal{S}, P)$ gemäß $d = d_1 + d_0$, $d_j \in D_j$, $j = 0, 1$, wird, falls es zu $d \in \bigcap_{P \in \mathcal{P}} \mathcal{L}_2(\Omega, \mathcal{S}, P)$ einen gleichmäßig besten, erwartungstreuen Schätzer $d_d^* \in \bigcap_{P \in \mathcal{P}} \mathcal{L}_2(\Omega, \mathcal{T}, P|\mathcal{T})$ für $\delta_d : \mathcal{P} \to \mathbb{R}$, $\delta_d(P) := E_P(d)$, $P \in \mathcal{P}$, gibt, durch die Wahl $d_1 := d_d^*$, $d_0 := d - d_d^*$, geliefert. Umgekehrt folgt aus

$d = d_1 + d_0$ mit $d_j \in D_j$, $j = 0, 1$, für $d \in \bigcap_{P \in \mathcal{P}} \mathcal{L}_2(\Omega, \mathcal{S}, P)$, die Beziehung $E_P(d) = E_P(d_1)$, $P \in \mathcal{P}$, so daß $d_1 \in \bigcap_{P \in \mathcal{P}} \mathcal{L}_2(\Omega, \mathcal{T}, P | \mathcal{T})$ gleichmäßig bester, erwartungstreuer Schätzer für $\delta_d : \mathcal{P} \to \mathbb{R}$, $\delta_d(P) := E_P(d)$, $P \in \mathcal{P}$, ist. Es ist bereits gezeigt worden, daß bei beliebigem statistischen Experiment $(\Omega, \mathcal{S}, \mathcal{P})$ eine Teil-σ-Algebra $\mathcal{T}$ von $\mathcal{S}$ für $\mathcal{P}$ genau dann schätztheoretisch suffizient und vollständig ist, wenn jedes $d \in \bigcap_{P \in \mathcal{P}} \mathcal{L}_2(\Omega, \mathcal{T}, P | \mathcal{T})$ gleichmäßig bester erwartungstreuer Schätzer ist, während Suffizienz und Vollständigkeit von $\mathcal{T}$ für $\mathcal{P}$ gleichwertig damit ist, daß jedes $d \in \bigcap_{P \in \mathcal{P}} \mathcal{L}_2(\Omega, \mathcal{T}, P | \mathcal{T})$ gleichmäßig bester, erwartungstreuer Schätzer ist, und daß es zu jedem $A \in \mathcal{S}$ einen für $\delta_A : \mathcal{P} \to \mathbb{R}$, $\delta_A(P) := P(A)$, $P \in \mathcal{P}$, erwartungstreuen Schätzer $d_A^* \in \bigcap_{P \in \mathcal{P}} \mathcal{L}_2(\Omega, \mathcal{T}, P | \mathcal{T})$ gibt. Dieser Unterschied zwischen schätztheoretischer Suffizienz und Vollständigkeit sowie Suffizienz und Vollständigkeit spiegelt sich auch in der folgenden zerlegungstheoretischen Charakterisierung von schätztheoretischer Suffizienz und Vollständigkeit wider.

Zerlegungstheoretische Kennzeichnung von schätztheoretischer Suffizienz und Vollständigkeit

Bei beliebigem statistischen Experiment $(\Omega, \mathcal{S}, \mathcal{P})$ ist eine Teil-σ-Algebra $\mathcal{T}$ von $\mathcal{S}$ für $\mathcal{P}$ schätztheoretisch suffizient und vollständig genau dann, wenn es zu jedem $d \in \bigcap_{P \in \mathcal{P}} \mathcal{L}_2(\Omega, \mathcal{T}, P | \mathcal{T})$ Funktionen $d_j \in D_j$, $j = 1, 2$, mit $d = d_1 + d_2$ gibt, wobei $d_j \in D_j$, $j = 1, 2$, wieder im obigen Sinn eindeutig bestimmt sind.

BEGRÜNDUNG: Die Eindeutigkeitsaussage resultiert aus den obigen Überlegungen, wobei sich die Existenz der Zerlegung von $d \in \bigcap_{P \in \mathcal{P}} \mathcal{L}_2(\Omega, \mathcal{T}, P | \mathcal{T})$ gemäß $d = d_1 + d_2$ im Fall der schätztheoretischen Suffizienz und Vollständigkeit von $\mathcal{T}$ für $\mathcal{P}$ durch Wahl von $d_1 := d$ und $d_2 := 0$ ergibt. Umgekehrt folgt aus $d = d_1 + d_2$ mit $d_j \in D_j$, $j = 1, 2$, und $d \in \bigcap_{P \in \mathcal{P}} \mathcal{L}_2(\Omega, \mathcal{T}, P | \mathcal{T})$ die Beziehung $E_P(d | \mathcal{T}) = d = E_P(d_1 | \mathcal{T}) + E_P(d_2 | \mathcal{T}) = d_1$ P-f.ü., $P \in \mathcal{P}$, wobei $d = d_1$ P-f.ü., $P \in \mathcal{P}$, liefert, daß $d \in \bigcap_{P \in \mathcal{P}} \mathcal{L}_2(\Omega, \mathcal{T}, P | \mathcal{T})$ ein gleichmäßig bester, erwartungstreuer Schätzer ist. Also ist $\mathcal{T}$ für $\mathcal{P}$ schätztheoretisch suffizient und vollständig.

Schätztheoretische Kennzeichnung der Existenz vollständiger und suffizienter Teil-σ-Algebren

Es sei $(\Omega, \mathcal{S}, \mathcal{P})$ ein statistisches Experiment. Dann existiert eine für $\mathcal{P}$ vollständige und suffiziente Teil-σ-Algebra von $\mathcal{S}$ genau dann, wenn es zu jedem $A \in \mathcal{S}$ einen beschränkten, $\mathcal{S}$-meßbaren und gleichmäßig besten erwartungstreuen Schätzer $d_A^* : \Omega \to \mathbb{R}$ für $\delta_A : \mathcal{P} \to \mathbb{R}$, $\delta_A(P) := P(A)$, $P \in \mathcal{P}$, gibt. Insbesondere ist die Teil-σ-Algebra $\{ A \in \mathcal{S} : I_A$ ist gleichmäßig bester, erwartungstreuer Schätzer für $\delta_A \}$ von $\mathcal{S}$ hier vollständig und suffizient für $\mathcal{P}$. Also ist die Teil-σ-Algebra $\{ A \in \mathcal{S} : I_A$ ist gleichmäßig bester, erwartungstreuer Schätzer für $\delta_A \}$ von $\mathcal{S}$ genau dann suffizient und vollständig für $\mathcal{P}$, wenn es zu jedem $A \in \mathcal{S}$ einen beschränkten, $\mathcal{S}$-meßbaren und gleichmäßig besten erwartungstreuen Schätzer $d_A^* : \Omega \to \mathbb{R}$ für δ_A gibt.

BEGRÜNDUNG: Ist $\mathcal{T}$ eine für $\mathcal{P}$ vollständige, suffiziente Teil-σ-Algebra von $\mathcal{S}$, so ist eine gemeinsame, von $P \in \mathcal{P}$ unabhängige Version $E(I_A | \mathcal{T})$ von $P(A | \mathcal{T})$, $P \in \mathcal{P}$, für jedes $A \in \mathcal{S}$ nach dem Satz von Lehmann-Scheffé ein gleichmäßig bester, erwartungstreuer Schätzer für δ_A. Für den Beweis der Umkehrung stellt man zunächst, aufgrund der Eigenschaft der Linearität und Abgeschlossenheit gleichmäßig bester, erwartungstreuer Schätzer, fest, daß $\mathcal{T} := \{A \in \mathcal{S} : I_A$ ist ein gleichmäßig bester, erwartungstreuer Schätzer für $\delta_A\}$ eine Teil-σ-Algebra von $\mathcal{S}$ ist. Ferner ist $\mathcal{T}$ für $\mathcal{P}$ vollständig, da für einen $\mathcal{T}$-meßbaren Nullschätzer $d_0 \in D_0$ nach der Kovarianzmethode $E_P(I_T d_0) = 0$, $P \in \mathcal{P}$, $T \in \mathcal{T}$, zutrifft, woraus $d_0 = 0$ P-f.ü., $P \in \mathcal{P}$, resultiert. Die Suffizienz von $\mathcal{T}$ für $\mathcal{P}$ ergibt sich daraus, daß $\mathcal{T}$ die kleinste σ-Algebra über Ω ist, so daß jeder beschränkte, $\mathcal{S}$-meßbare und gleichmäßig beste, erwartungstreue Schätzer $d^* : \Omega \to \mathbb{R}$ meßbar ist, also $\mathcal{T} = S(\{d^{*-1}(B) : B \in \mathcal{B}, d^* : \Omega \to \mathbb{R}$ $\mathcal{S}$-meßbar, beschränkt und gleichmäßig bester, erwartungstreuer Schätzer$\})$. Die Suffizienz von $\mathcal{T}$ für $\mathcal{P}$ ergibt sich aus dieser Beziehung aufgrund der Kovarianzmethode, wonach $E_P(I_T(d_A^* - I_A)) = 0$, $P \in \mathcal{P}$, $T \in \mathcal{T}$, gilt, mit $d_A^* : \Omega \to \mathbb{R}$ $\mathcal{S}$-meßbar, beschränkt und gleichmäßig bester, erwartungstreuer Schätzer für δ_A, $A \in \mathcal{S}$. Also gilt $\int_T d_A^* dP = P(A \cap T)$, $T \in \mathcal{T}$, $P \in \mathcal{P}$, so daß, wegen der $\mathcal{T}$-Meßbarkeit von d_A^*, mit d_A^* eine gemeinsame, von $P \in \mathcal{P}$ unabhängige Version von $P(A|\mathcal{T})$, $P \in \mathcal{P}$, für jedes $A \in \mathcal{S}$ vorliegt, d. h. $\mathcal{T}$ ist suffizient für $\mathcal{P}$. Es bleibt noch $\mathcal{T} = S(\{d^{*-1}(B) : B \in \mathcal{B}, d^* : \Omega \to \mathbb{R}$ $\mathcal{S}$-meßbar, beschränkt und gleichmäßig bester, erwartungstreuer Schätzer$\})$ zu zeigen. Zu diesem Zweck beachtet man zunächst, daß aufgrund der Linearität und Abgeschlossenheit gleichmäßig bester, erwartungstreuer Schätzer und der gleichmäßigen Konvergenz der binomischen Reihe $|x| = (1 - (x^2 - 1))^{1/2} = \sum_{k=0}^{\infty} \binom{1/2}{k}(x^2 - 1)^k$ für $x \in [-1, 1]$ folgt, daß mit $d^* : \Omega \to \mathbb{R}$ als $\mathcal{S}$-meßbarer, beschränkter und gleichmäßig bester, erwartungstreuer Schätzer auch $|d^*|$ ein gleichmäßig bester, erwartungstreuer Schätzer ist, indem man $x := \frac{|d^*|}{M}$ mit $|d^*| \leq M$ wählt. Ferner zeigt die Beziehung $\lim_{n\to\infty} \min\{n|x|, 1\} = 1 - I_{\{0\}}(x)$, $x \in \mathbb{R}$, zusammen mit $\min\{a, b\} = \frac{a+b-|a-b|}{2}$, $\max\{a, b\} = \frac{a+b+|a-b|}{2}$, $a, b \in \mathbb{R}$, daß $I_{\{d^*\neq 0\}}$ ein gleichmäßig bester, erwartungstreuer Schätzer ist, falls $d^* : \Omega \to \mathbb{R}$ ein $\mathcal{S}$-meßbarer, beschränkter und gleichmäßig bester, erwartungstreuer Schätzer ist. Ersetzt man d^* durch $d^* - r$, $r \in \mathbb{R}$, so ergibt sich, daß $I_{\{(d^*-r)\neq 0\}} = I_{\{d^*>r\}} = I_{d^{*-1}((r,\infty))}$, $r \in \mathbb{R}$, ein gleichmäßig bester, erwartungstreuer Schätzer ist, d. h. es gilt $d^{*-1}((r, \infty)) \in \mathcal{T}$, $r \in \mathbb{R}$, und damit schließlich $d^{*-1}(B) \in \mathcal{T}$, $B \in \mathcal{B}$, da $\{(r, \infty) : r \in \mathbb{R}\}$ ein durchschnittsstabiler Erzeuger von $\mathcal{B}$ ist.

BEMERKUNG: Bei beliebigem statistischen Experiment $(\Omega, \mathcal{S}, \mathcal{P})$ ist die Teil-σ-Algebra $\mathcal{T} := \{A \in \mathcal{S} : I_A$ ist gleichmäßig bester, erwartungstreuer Schätzer$\}$ für $\mathcal{P}$ vollständig und schätztheoretisch suffizient. Dabei ist die Vollständigkeit von $\mathcal{T}$ für $\mathcal{P}$ bereits gezeigt worden und die schätztheoretische Suffizienz von $\mathcal{T}$ für $\mathcal{P}$ ergibt sich mit Hilfe der Linearität und Abgeschlossenheit gleichmäßig bester, erwartungstreuer Schätzer, wonach hier jeder $\mathcal{T}$-meßbare Schätzer $d^* \in \bigcap_{P\in\mathcal{P}} \mathcal{L}_2(\Omega, \mathcal{S}, P)$ bereits gleichmäßig bester, erwartungstreuer Schätzer ist. Darüberhinaus ist $\mathcal{T}$ offenbar bezüglich der Inklusion unter allen Teil-σ-Algebren von $\mathcal{S}$ maximal, die für $\mathcal{P}$

schätztheoretisch suffizient und vollständig sind.

BEMERKUNG: Ist $\mathcal{S}$ zusätzlich abzählbar erzeugt, dann läßt sich die für $\mathcal{P}$ vollständige und suffiziente Teil-σ-Algebra $\mathcal{T}$ von $\mathcal{S}$ abzählbar erzeugt wählen. Ist nämlich $\mathcal{A}$ eine abzählbare Algebra über Ω mit $S(\mathcal{A}) = \mathcal{S}$ und bezeichnet $\mathcal{T}'$ die kleinste Teil-σ-Algebra von $\mathcal{S}$, so daß alle d_A^*, $A \in \mathcal{A}$, meßbar sind, mit $d_A^* : \Omega \to \mathbb{R}$ als $\mathcal{S}$-meßbarer, beschränkter und gleichmäßig bester, erwartungstreuer Schätzer für $\delta_A : \mathcal{P} \to \mathbb{R}$, $\delta_A(P) := P(A)$, $P \in \mathcal{P}$, $A \in \mathcal{A}$, also $\mathcal{T}' := S(\{d_A^{*-1}(B) : B \in \mathcal{B}, A \in \mathcal{A}\})$, dann ist $\mathcal{T}'$ nach der obigen Argumentation wieder vollständig für $\mathcal{P}$, denn für einen $\mathcal{T}'$-meßbaren Nullschätzer $d_0 \in D_0$ gilt nach der Kovarianzmethode $E_P(I_{d_A^{*-1}(B)} d_0) = 0$, $P \in \mathcal{P}$, $B \in \mathcal{B}$, $A \in \mathcal{A}$, da $I_{d_A^{*-1}(B)}$ nach den obigen Überlegungen ein gleichmäßig bester, erwartungstreuer Schätzer ist. Ferner folgt aus der Multiplikativität gleichmäßig bester, erwartungstreuer Schätzer, daß I_E für jedes $E \in \mathcal{E} := \{d_{A_1}^{*-1}\{(r_1, \infty)\} \cap \ldots \cap d_{A_n}^{*-1}\{(r_n, \infty)\} : A_j \in \mathcal{A}, r_j \in \mathbb{Q}, j = 1, \ldots, n, n \in \mathbb{N}\}$ ein gleichmäßig bester, erwartungstreuer Schätzer ist, wobei $\mathcal{E}$ ein durchschnittsstabiler Erzeuger von $\mathcal{T}'$ ist. Daher gilt $E_P(I_{T'} d_0) = 0$, $P \in \mathcal{P}$, $T' \in \mathcal{T}'$, aufgrund eines Dynkinsystemarguments, woraus $d_0 = 0$ P-f.ü., $P \in \mathcal{P}$, folgt, da d_0 $\mathcal{T}'$-meßbar ist. Ein Dynkinsystemargument liefert auch, zusammen mit der Kovarianzmethode, $E_P(I_{T'}(d_A^* - I_A)) = 0$, $P \in \mathcal{P}$, $T' \in \mathcal{T}'$, für jedes feste $A \in \mathcal{A}$. Also gilt $\int_{T'} d_A^* dP = P(A \cap T')$, $P \in \mathcal{P}$, $T' \in \mathcal{T}'$, für jedes feste $A \in \mathcal{A}$, d. h. $d_A^* \in \bigcap_{P \in \mathcal{P}} \mathcal{L}_2(\Omega, \mathcal{S}, P)$ ist aufgrund der $\mathcal{T}'$-Meßbarkeit eine gemeinsame, von $P \in \mathcal{P}$ unabhängige Version von $P(A|\mathcal{T}')$, $P \in \mathcal{P}$, für jedes $A \in \mathcal{A}$, so daß $\mathcal{T}'$ für $\mathcal{P}$ auch suffizient ist. Also ist $\mathcal{T}'$ eine abzählbar erzeugte, für $\mathcal{P}$ vollständige und suffiziente Teil-σ-Algebra von $\mathcal{S}$. Wegen der Eindeutigkeit von für $\mathcal{P}$ vollständigen und suffizienten Teil-σ-Algebren trifft ferner $\mathcal{T}' = \mathcal{T}$ $[\mathcal{P}]$ zu mit $\mathcal{T} = \{A \in \mathcal{S} : I_A$ ist gleichmäßig bester, erwartungstreuer Schätzer für $\delta_A\}$. Schließlich gilt $\mathcal{T}' = T^{-1}(\mathcal{B}^{\mathbb{N}})$ mit $T : \Omega \to \mathbb{R}^{\mathbb{N}}$, $T := (d_{A_1}^*, d_{A_2}^*, \ldots)$, $\{A_1, A_2, \ldots\} := \mathcal{A}$.

FOLGERUNG: Schätztheoretische Kennzeichnung der Existenz einer abzählbar erzeugten, suffizienten und vollständigen Teil-σ-Algebra $(\Omega, \mathcal{S}, \mathcal{P})$ statistisches Experiment. Dann existiert genau dann eine für $\mathcal{P}$ suffiziente und vollständige Teil-σ-Algebra von $\mathcal{S}$, die abzählbar erzeugt ist, wenn es eine abzählbar erzeugte und für $\mathcal{P}$ suffiziente Teil-σ-Algebra $\mathcal{T}$ von $\mathcal{S}$ gibt mit der Eigenschaft, daß zu jedem $T \in \mathcal{T}$ ein für $\delta_T : \mathcal{P}|\mathcal{T} \to \mathbb{R}$, $\delta_T(P|\mathcal{T}) := P(T)$, $P \in \mathcal{P}$, gleichmäßig bester, erwartungstreuer und beschränkter Schätzer $d_T^* \in \bigcap_{P \in \mathcal{P}} \mathcal{L}_2(\Omega, \mathcal{T}, P|\mathcal{T})$ existiert.

BEGRÜNDUNG: Ist $\mathcal{T}$ eine abzählbar erzeugte Teil-σ-Algebra von $\mathcal{S}$, die für $\mathcal{P}$ suffizient ist, so daß es für jedes $T \in \mathcal{T}$ einen gleichmäßig besten, erwartungstreuen Schätzer $d_T^* \in \bigcap_{P \in \mathcal{P}} \mathcal{L}_2(\Omega, \mathcal{T}, P|\mathcal{T})$ für $\delta_T : \mathcal{P}|\mathcal{T} \to \mathbb{R}$, $\delta_T(P|\mathcal{T}) := P(T)$, $P \in \mathcal{P}$, der beschränkt ist, gibt, dann existiert nach den Überlegungen aus der vorangehenden Bemerkung eine für $\mathcal{P}|\mathcal{T}$ vollständige und suffiziente Teil-σ-Algebra $\mathcal{T}^*$ von $\mathcal{T}$, die abzählbar erzeugt ist, wobei $\mathcal{T}^*$, wegen der Suffizienz von $\mathcal{T}$ für $\mathcal{P}$, auch suffizient für $\mathcal{P}$ ist. Ferner ist $\mathcal{T}^*$ offenbar auch vollständig für $\mathcal{P}$. Umgekehrt kann man, mit

Hilfe des Satzes von Lehmann-Scheffé, aus der Existenz einer abzählbar erzeugten Teil-σ-Algebra $\mathcal{T}^*$ von $\mathcal{S}$, die für $\mathcal{P}$ vollständig und suffizient ist, auf die Eigenschaft von $d_\mathcal{T}^* := I_T$, $T \in \mathcal{T}^*$, schließen, gleichmäßig bester, erwartungstreuer Schätzer für $\delta_T : \mathcal{P}|\mathcal{T} \to \mathbb{R}$, $\delta_T(P|\mathcal{T}) := P(T)$, $P \in \mathcal{P}$, zu sein.

Erhaltung von Suffizienz und Vollständigkeit beim Übergang zu direkten Produkten, elementaren bedingten Wahrscheinlichkeiten bzw. Mischungen von Wahrscheinlichkeitsmaßen

Sind $(\Omega_j, \mathcal{S}_j, \mathcal{P}_j)$ statistische Experimente mit $\mathcal{T}_j$ als für $\mathcal{P}_j$ suffiziente Teil-σ-Algebren von $\mathcal{S}_j$, $j = 1, 2$, dann ist bereits gezeigt worden, daß auch $\mathcal{T}_1 \otimes \mathcal{T}_2$ für $\mathcal{P}_1 \otimes \mathcal{P}_2$ suffizient ist. Es soll jetzt gezeigt werden, daß auch $\mathcal{T}_1 \otimes \mathcal{T}_2$ für $\mathcal{P}_1 \otimes \mathcal{P}_2$ vollständig ist, falls $\mathcal{T}_j$ für $\mathcal{P}_j$ vollständig ist, $j = 1, 2$. Zu diesem Zweck sei $d \in \bigcap_{\substack{P_j \in \mathcal{P}_j \\ j=1,2}} \mathcal{L}_2(\Omega_1 \times \Omega_2, \mathcal{S}_1 \otimes \mathcal{S}_2, P_1 \otimes P_2)$ eine $\mathcal{T}_1 \otimes \mathcal{T}_2$-meßbare Funktion mit $\int dd(P_1 \otimes P_2) = 0$, $P_j \in \mathcal{P}_j$, $j = 1, 2$. Dann liefert der Satz von Fubini, zusammen mit der Vollständigkeit von $\mathcal{T}_2$ für $\mathcal{P}_2$, daß $\int d(\omega_1, \omega_2) P_1(d\omega_1) = 0$ für P_2-fast alle $\omega_2 \in \Omega_2$, $P_2 \in \mathcal{P}_2$, gilt, woraus $\int I_{T_2} dd(P_1 \times P_2) = 0$, $P_j \in \mathcal{P}_j$, $j = 1, 2$, $T_2 \in \mathcal{T}_2$, folgt. Wiederholt man das Vollständigkeitsargument mit $\mathcal{T}_1$ statt $\mathcal{T}_2$, so erhält man schließlich $\int_{T_1 \times T_2} dd(P_1 \otimes P_2) = 0$, $P_j \in \mathcal{P}_j$, $T_j \in \mathcal{T}_j$, $j = 1, 2$, so daß $\int_T dd(P_1 \otimes P_2) = 0$, $P_j \in \mathcal{P}_j$, $j = 1, 2$, $T \in \mathcal{T}_1 \otimes \mathcal{T}_2$ aufgrund eines Dynkinsystemarguments zutrifft. Daher gilt $d = 0(P_1 \otimes P_2)$-f.ü., $P_j \in \mathcal{P}_j$, $j = 1, 2$, d. h. $\mathcal{T}_1 \otimes \mathcal{T}_2$ ist vollständig für $\mathcal{P}_1 \otimes \mathcal{P}_2$.

Ist $(\Omega, \mathcal{S}, \mathcal{P})$ ein beliebiges statistisches Experiment und bezeichnet A_0 ein beliebiges Element von $\mathcal{S}$, dann wird nun gezeigt, daß sich die Suffizienz zusammen mit der Vollständigkeit einer Teil-σ-Algebra $\mathcal{T}$ von $\mathcal{S}$ auf $\mathcal{P}_{A_0}$ überträgt, wobei $\mathcal{P}_{A_0}$ aus allen elementaren bedingten Wahrscheinlichkeiten P_{A_0}, also $P_{A_0}(A) := P(A \cap A_0)/P(A_0)$, $A \in \mathcal{S}$, besteht, wobei P_{A_0} selbstverständlich nur für $P \in \mathcal{P}$ mit $P(A_0) > 0$ definiert ist. Zunächst wird gezeigt, daß sich die Suffizienz von $\mathcal{T}$ für $\mathcal{P}$ allein auf $\mathcal{P}_{A_0}$ überträgt. Zu diesem Zweck beachtet man, daß, wegen $E_{P_{A_0}}(I_A|\mathcal{T}) \frac{d(P_{A_0}|\mathcal{T})}{d(P|\mathcal{T})} = E_P(I_A|\mathcal{T})$, P-f.ü., $P \in \mathcal{P}$, $A \in \mathcal{S}$, durch

$$\frac{E(I_{A \cap A_0}|\mathcal{T})}{E(I_{A_0}|\mathcal{T})} I_{\{E(I_{A_0}|\mathcal{T}) \neq 0\}}$$

unter Beachtung von $I_{A_0} = 0$ P-f.ü. auf $\{E(I_{A_0}|\mathcal{T}) = 0\}$, $P \in \mathcal{P}$, eine gemeinsame, von $P_{A_0} \in \mathcal{P}_{A_0}$ unabhängige Version von $E_{P_{A_0}}(I_A|\mathcal{T})$, $P_{A_0} \in \mathcal{P}_{A_0}$, erklärt wird, so daß $\mathcal{T}$ suffizient für $\mathcal{P}_{A_0}$ ist, falls $\mathcal{T}$ für $\mathcal{P}$ suffizient ist. Hat $\mathcal{T}$ nun zusätzlich die Eigenschaft, für $\mathcal{P}$ vollständig zu sein, so ergibt sich die Vollständigkeit von $\mathcal{T}$ für $\mathcal{P}_{A_0}$ folgendermaßen: Mit $d \in \bigcap_{P_{A_0} \in \mathcal{P}_{A_0}} \mathcal{L}_2(\Omega, \mathcal{S}, P_{A_0})$ als $\mathcal{T}$-meßbare Funktion, so daß $\int d\, dP_{A_0} = 0$, $P_{A_0} \in \mathcal{P}_{A_0}$, gilt, folgt $\int d I_{A_0} dP = 0$, $P \in \mathcal{P}$, so daß auch $\int d E(I_{A_0}|\mathcal{T}) dP = 0$, $P \in \mathcal{P}$, gilt. Hieraus resultiert $dE(I_{A_0}|\mathcal{T}) = 0$ P-f.ü., $P \in \mathcal{P}$, und damit $d = 0$ P_{A_0}-f.ü., $P_{A_0} \in \mathcal{P}$, wenn man noch $I_{A_0} = 0$ P-f.ü. auf $\{E(I_{A_0}|\mathcal{T}) = 0\}$, $P \in \mathcal{P}$, beachtet. Allerdings kann man hier nicht ersatzlos auf die

Annahme der Suffizienz von $\mathcal{T}$ für $\mathcal{P}$ verzichten, um von der Vollständigkeit von $\mathcal{T}$ für $\mathcal{P}$ auf die Vollständigkeit von $\mathcal{T}$ für $\mathcal{P}_{A_0}$ zu schließen, wie der folgende Spezialfall lehrt: $\Omega := \mathbb{R}$, $\mathcal{S} := \mathcal{P}(\mathbb{R})$, $\mathcal{T} := S(\{\{x\} : x \in \mathbb{R}\backslash\{0\}\}) = \{A \subset \mathbb{R} : A$ oder $\mathbb{R}\backslash A$ ist abzählbare Teilmenge von $\mathbb{R}\backslash\{0\}\}$, $\mathcal{P} := \{\delta_x|\mathcal{T} : x \in \mathbb{R}\backslash\{0,1\}\} \cup \{\frac{1}{2}(\delta_0|\mathcal{T} + \delta_1|\mathcal{T})\}$. Dann ist $d : \mathbb{R} \to \mathbb{R}$ genau dann $\mathcal{T}$-meßbar, wenn $d(x) = c$ für ein $c \in \mathbb{R}$ und alle $x \in \mathbb{R}\backslash A_d$ mit A_d als abzählbare Teilmenge von $\mathbb{R}\backslash\{0\}$ gilt. Die zusätzliche Bedingung $E_P(d) = 0$, $P \in \mathcal{P}$, ist mit $d(x) = 0$, $x \in \mathbb{R}\backslash\{0,1\}$, $d(0) + d(1) = 0$, äquivalent, woraus $c = 0$ und $d(0) = 0$, wegen $d(0) = c$ aufgrund von $0 \in \mathbb{R}\backslash A_d$, folgt. Also trifft $d(1) = 0$ zu, d. h. es gilt $d = 0$ P-f.ü., $P \in \mathcal{P}$, so daß $\mathcal{T}$ für $\mathcal{P}$ vollständig ist. $\mathcal{T}$ ist aber nicht für $\mathcal{P}_{A_0}$ mit $A_0 := \{0,1\}$ vollständig, denn $I_{\mathbb{R}\backslash\{1\}} - I_{\{1\}}$ ist auf $\mathbb{R}\backslash\{1\}$ gleich 1 und daher $\mathcal{T}$-meßbar, aber es gilt nicht $I_{\mathbb{R}\backslash\{1\}} - I_{\{1\}} = 0$ P_{A_0}-f.ü., $P_{A_0} \in \mathcal{P}_{A_0} = \{\frac{1}{2}(\delta_0|\mathcal{T} + \delta_1|\mathcal{T})\}$, obgleich $E_{P_{A_0}}(I_{\mathbb{R}\backslash\{1\}} - I_{\{1\}}) = 0$, $P_{A_0} \in \mathcal{P}_{A_0}$, zutrifft.

Es soll nun noch gezeigt werden, daß sich Suffizienz auf Mischungen von Wahrscheinlichkeitsmaßen überträgt und untersucht werden, unter welchen Voraussetzungen Vollständigkeit auf den Fall von Mischungen von Wahrscheinlichkeitsmaßen übertragbar ist. Dabei werden Mischungen von Wahrscheinlichkeitsmaßen im Zusammenhang mit einem statistischen Experiment $(\Omega, \mathcal{S}, \mathcal{P})$ wie folgt definiert: Bezeichnet $(\mathcal{P}, \mathcal{S}_{\mathcal{P}}, \mathcal{Q})$ ein weiteres statistisches Experiment, so daß $P \to P(A)$, $P \in \mathcal{P}$, für jedes feste $A \in \mathcal{S}$ eine $\mathcal{S}_{\mathcal{P}}$-meßbare Abbildung ist, dann wird durch $P_Q(A) := \int P(A)Q(dP)$, $A \in \mathcal{S}$, $Q \in \mathcal{P}$, ein Wahrscheinlichkeitsmaß P_Q auf $\mathcal{S}$ erklärt, für welches nach dem Satz von Fubini für Übergangswahrscheinlichkeitsmaße gilt $\int d\, dP_Q = \int(\int d\, dP)Q(dP)$ für $d \in \mathcal{L}_1(\Omega, \mathcal{S}, P_Q)$ mit $Q \in \mathcal{Q}$ fest, wobei $Q(\{P \in \mathcal{P} : |\int d\, dP| = \infty\}) = 0$ zutrifft. Bezeichnet nun $E(I_A|\mathcal{T})$ im Fall der Suffizienz einer Teil-σ-Algebra $\mathcal{T}$ von $\mathcal{S}$ für $\mathcal{P}$ eine gemeinsame, von $P \in \mathcal{P}$ unabhängige Version von $E_P(I_A|\mathcal{T})$, $P \in \mathcal{P}$, $A \in \mathcal{S}$ fest, so folgt $\int_T E(I_A|\mathcal{T})dP_Q = \int(\int_T E(I_A|\mathcal{T})dP)Q(dP) = \int(\int I_{A \cap T}dP)Q(dP) = P_Q(A \cap T)$, $T \in \mathcal{T}$, $A \in \mathcal{S}$ und $Q \in \mathcal{Q}$ fest, so daß $\mathcal{T}$ für $\mathcal{P}_{\mathcal{Q}} := \{P_Q : Q \in \mathcal{Q}\}$ suffizient ist. Die Vollständigkeit von $\mathcal{T}$ für $\mathcal{P}$ bleibt bezüglich$\mathcal{P}_{\mathcal{Q}}$ erhalten, falls $\mathcal{S}_{\mathcal{P}}$ für $\mathcal{Q}$ vollständig ist und die leere Menge die einzige $\mathcal{Q}$-Nullmenge ist, d. h. $Q(N) = 0$, $Q \in \mathcal{Q}$, für ein $N \in \mathcal{S}$ zieht $N = \emptyset$ nach sich. Gilt nämlich für eine $\mathcal{T}$-meßbare Funktion $d \in \bigcap_{Q \in \mathcal{Q}} \mathcal{L}_2(\Omega, \mathcal{S}, P_Q)$ die Beziehung $\int d\, dP_Q = 0$, $Q \in \mathcal{Q}$, so folgt zunächst hieraus $Q(\{P \in \mathcal{P} : \int d^2\, dP = \infty\}) = 0$, $Q \in \mathcal{Q}$, also $\int d^2\, dP < \infty$, $P \in \mathcal{P}$. Ferner gilt $Q(\{P \in \mathcal{P} : \int d\, dP \neq 0\}) = 0$, $Q \in \mathcal{Q}$, und daher $\int d\, dP = 0$, $P \in \mathcal{P}$. Die Vollständigkeit von $\mathcal{T}$ für $\mathcal{P}$ liefert daher $P(\{d \neq 0\}) = 0$, $P \in \mathcal{P}$, woraus $P_Q(\{d \neq 0\}) = 0$, $Q \in \mathcal{Q}$, resultiert. Natürlich bleibt auch beschränkte Vollständigkeit von $\mathcal{T}$ für $\mathcal{P}$ bezüglich $\mathcal{P}_{\mathcal{Q}}$ unter den obigen Voraussetzungen erhalten, wobei man nur die beschränkte Vollständigkeit von $\mathcal{S}_{\mathcal{P}}$ für $\mathcal{Q}$ vorauszusetzen braucht. Man kann in diesem Fall die Bedingung, daß die leere Menge die einzige $\mathcal{Q}$-Nullmenge ist, durch die Forderung ersetzen, daß es $Q_0 \in \mathcal{Q}$ gibt mit $Q_0(B) > 0$ für alle offenen und nicht leeren Teilmengen B von $\mathcal{P}$, wobei die betreffende Topologie von $\mathcal{P}$ die Eigenschaft besitzt, daß alle Abbildungen $P \to P(A)$, $P \in \mathcal{P}$, $A \in \mathcal{S}$ fest, stetig sind, und daß $\mathcal{S_P}$ die betreffende Borelsche σ-Algebra ist, also von den offenen Teilmengen von $\mathcal{P}$ erzeugt wird. Ist $\mathcal{S_P}$ ferner beschränkt vollständig für Q und die Teil-σ-Algebra $\mathcal{T}$ von $\mathcal{S}$ für $\mathcal{P}$ beschränkt vollständig, dann ist $\mathcal{T}$ auch für $\mathcal{P}_Q$ beschränkt vollständig. Man hat im Zusammenhang mit den obigen Vollständigkeitsüberlegungen lediglich zu beachten, daß auch die Abbildungen $P \to \int d\, dP$, $P \in \mathcal{P}$, $d : \Omega \to \mathbb{R}$ $\mathcal{T}$-meßbar und beschränkt, stetig sind, so daß insbesondere $\{P \in \mathcal{P} : \int d\, dP \neq 0\}$ eine offene Teilmenge von $\mathcal{P}$ ist.

ANWENDUNG: Produktstruktur von vollständigen, suffizienten Teil-σ-Algebren für direkte Produkte von statistischen Experimenten

Es seien $(\Omega_j, \mathcal{S}_j, \mathcal{P}_j)$ statistische Experimente, $j = 1, 2$. Dann ist eine Teil-σ-Algebra $\mathcal{T}$ von $\mathcal{S}_1 \otimes \mathcal{S}_2$ genau dann für $\mathcal{P}_1 \otimes \mathcal{P}_2$ vollständig und suffizient, wenn es Teil-σ-Algebren $\mathcal{T}_j$ von $\mathcal{S}_j$ gibt, die für $\mathcal{P}_j$ vollständig und suffizient sind, $j = 1, 2$. Darüberhinaus lassen sich $\mathcal{T}_j$ als zusätzlich abzählbar erzeugt wählen, falls $\mathcal{S}_j$ abzählbar erzeugt ist, $j = 1, 2$.

BEGRÜNDUNG: Sind $\mathcal{T}_j$ Teil-σ-Algebren von $\mathcal{S}_j$, die für $\mathcal{P}_j$ vollständig und suffizient sind, $j = 1, 2$, dann ist auch $\mathcal{T}_1 \otimes \mathcal{T}_2$ für $\mathcal{P}_1 \otimes \mathcal{P}_2$ vollständig und suffizient, so daß aus $\mathcal{T} = \mathcal{T}_1 \otimes \mathcal{T}_2$ $[\mathcal{P}_1 \otimes \mathcal{P}_2]$ folgt, daß $\mathcal{T}$ eine für $\mathcal{P}_1 \otimes \mathcal{P}_2$ vollständige und suffiziente Teil-σ-Algebra von $\mathcal{S}_1 \otimes \mathcal{S}_2$ ist, denn zu jeder $\mathcal{T}_1 \otimes \mathcal{T}_2$-meßbaren Funktion $f : \Omega_1 \times \Omega_2 \to \mathbb{R}$ existiert eine $\mathcal{T}$-meßbare Funktion $g : \Omega_1 \times \Omega_2 \to \mathbb{R}$ mit $P_1 \otimes P_2(\{f \neq g\}) = 0$, $P_1 \otimes P_2 \in \mathcal{P}_1 \otimes \mathcal{P}_2$. Umgekehrt folgt aus der Eigenschaft einer Teil-σ-Algebra $\mathcal{T}$ von $\mathcal{S}_1 \otimes \mathcal{S}_2$, für $\mathcal{P}_1 \otimes \mathcal{P}_2$ vollständig und suffizient zu sein, daß für jede Menge $A_1 \in \mathcal{A}_1$ durch $d^*_{A_1}(\omega_1) := \int E(I_{A_1 \times \Omega_2} | \mathcal{T})(\omega_1, \omega_2) P_2(d\omega_2)$, $\omega_1 \in \Omega_1$ ($P_2 \in \mathcal{P}_2$ fest) ein gleichmäßig bester, erwartungstreuer Schätzer für $\delta_{A_1} : \mathcal{P}_1 \to \mathbb{R}$, $\delta_{A_1}(P_1) := P_1(A_1)$, $P_1 \in \mathcal{P}_1$, definiert wird, der beschränkt ist, wobei $E(I_{A_1 \times \Omega_2} | \mathcal{T})$ für eine gemeinsame, von $P_1 \otimes P_2 \in \mathcal{P}_1 \otimes \mathcal{P}_2$ unabhängige Version von $(P_1 \otimes P_2)(A_1 \times \Omega_2 | \mathcal{T})$, $A_1 \in \mathcal{S}_1$, steht. Hieraus resultiert $E_{P_1}(d^*_{A_1}) = (P_1 \otimes P_2)(A_1 \times \Omega_2) = P_1(A_1)$, $P_1 \in \mathcal{P}_1$ ($P_2 \in \mathcal{P}_2$ fest) und mit $d_0 \in D_0(\mathcal{P}_1)$, also $d_0 \circ \pi_1 \in D_0(\mathcal{P}_1 \otimes \mathcal{P}_2)$, $\pi_1 : \Omega_1 \times \Omega_2 \to \Omega_1$ Projektion, aufgrund der Kovarianzmethode $E_{P_1}(d^*_{A_1} d_0) = \int E(I_{A_1 \times \Omega_2} | \mathcal{T}) \cdot d_0 \circ \pi_1 d(P_1 \otimes P_2) = 0$, $P_1 \in \mathcal{P}_1$ ($P_2 \in \mathcal{P}_2$ fest), da $E(I_{A_1 \times \Omega_2} | \mathcal{T})$ nach dem Satz von Lehmann-Scheffé gleichmäßig bester, erwartungstreuer Schätzer (für $\delta_{A_1 \times \Omega_2} : \mathcal{P}_1 \otimes \mathcal{P}_2 \to \mathbb{R}$, $\delta_{A_1 \times \Omega_2}(P_1 \times P_2) := (P_1 \otimes P_2)(A_1 \times \Omega_2) = P_1(A_1)$, $P_1 \otimes P_2 \in \mathcal{P}_1 \otimes \mathcal{P}_2$) ist. Daher existiert eine für $\mathcal{P}_1$ vollständige und suffiziente Teil-σ-Algebra $\mathcal{T}_1$ von $\mathcal{S}_1$ (die sich zusätzlich als abzählbar erzeugt wählen läßt, falls $\mathcal{S}_1$ zusätzlich abzählbar erzeugt ist). Dasselbe Argument liefert eine für $\mathcal{P}_2$ vollständige und suffiziente Teil-σ-Algebra $\mathcal{T}_2$ von $\mathcal{S}_2$ (die ebenfalls abzählbar erzeugt wählbar ist, falls $\mathcal{S}_2$ zusätzlich abzählbar erzeugt ist). Hieraus resultiert, daß $\mathcal{T}_1 \otimes \mathcal{T}_2$ für $\mathcal{P}_1 \otimes \mathcal{P}_2$ vollständig und suffizient ist, so daß $\mathcal{T} = \mathcal{T}_1 \otimes \mathcal{T}_2$ $[\mathcal{P}_1 \otimes \mathcal{P}_2]$ gilt, falls $\mathcal{T}$ eine für $\mathcal{P}_1 \otimes \mathcal{P}_2$ vollständige und suffiziente Teil-σ-Algebra von $\mathcal{S}_1 \otimes \mathcal{S}_2$ ist.

BEMERKUNG: Ist $(\Omega, \mathcal{S}, \mathcal{P})$ ein statistisches Experiment mit $\mathcal{P} \ll \mu$, μ σ-endliches

Maß auf $\mathcal{S}$, dann ist die Existenz einer für $\mathcal{P}$ vollständigen und suffizienten Teil-σ-Algebra $\mathcal{T}$ von $\mathcal{S}$ äquivalent damit, daß es zu jedem $A \in \mathcal{S}$ einen für $\delta_A : \mathcal{P} \to \mathbb{R}$, $\delta_A(P) := P(A)$, $P \in \mathcal{P}$, gleichmäßig besten, erwartungstreuen Schätzer $d_A^* \in \bigcap_{P \in \mathcal{P}} \mathcal{L}_2(\Omega, \mathcal{S}, P)$ gibt. Man kann also im dominierten Fall auf die Beschränktheit von d_A^* verzichten, wobei man für $\mathcal{T}$ wieder $\{A \in \mathcal{S} : I_A$ gleichmäßig bester, erwartungstreuer Schätzer für $\delta_A\}$ wählen kann.

BEGRÜNDUNG: Es bezeichne Q das durch $\sum_{n=1}^{\infty} \frac{1}{2^n} P_n$ definierte Wahrscheinlichkeitsmaß auf $\mathcal{S}$ mit $\{P_1, P_2, \ldots\}$ als abzählbare Teilmenge von $\mathcal{P}$ mit demselben Nullmengensystem wie $\mathcal{P}$. Dann wird zunächst gezeigt, daß es zu jeder beschränkten, $\mathcal{S}$-meßbaren Funktion $d : \Omega \to \mathbb{R}$ einen gleichmäßig besten, erwartungstreuen Schätzer $d_d^* \in \bigcap_{P \in \mathcal{P}} \mathcal{L}_2(\Omega, \mathcal{S}, P)$ für $\delta_d : \mathcal{P} \to \mathbb{R}$, $\delta_d(P) := E_P(d)$, $P \in \mathcal{P}$, gibt. Zu diesem Zweck bezeichne $(d_n)_{n \in \mathbb{N}}$ eine Folge von $\mathcal{S}$-meßbaren, endlich-wertigen Funktionen $d_n : \Omega \to \mathbb{R}$, $n \in \mathbb{N}$, die gleichmäßig gegen d konvergiert, und $(d_n^*)_{n \in \mathbb{N}}$ sei eine Folge mit $d_n^* \in \bigcap_{P \in \mathcal{P}} \mathcal{L}_2(\Omega, \mathcal{S}, P)$, wobei d_n^* gleichmäßig bester, erwartungstreuer Schätzer für $\delta_{d_n} : \mathcal{P} \to \mathbb{R}$, $\delta_{d_n}(P) := E_P(d_n)$, $P \in \mathcal{P}$, ist, $n \in \mathbb{N}$, wobei die Existenz von d_n^*, $n \in \mathbb{N}$, aus der Eigenschaft der Linearität gleichmäßig bester, erwartungstreuer Schätzer folgt, zusammen mit der Voraussetzung, daß es zu jedem $A \in \mathcal{S}$ einen für $\delta_A : \mathcal{P} \to \mathbb{R}$, $\delta_A(P) := P(A)$, $P \in \mathcal{P}$, gleichmäßig besten, erwartungstreuen Schätzer $d_A^* \in \bigcap_{P \in \mathcal{P}} \mathcal{L}_2(\Omega, \mathcal{S}, P)$ gibt. Hieraus resultiert $E_P((d_n^* - d_m^*)^2) \leq E_P((d_n - d_m)^2) \leq \sup(d_n - d_m)^2 \to 0$ für $n, m \to \infty$, $P \in \mathcal{P}$, d. h. $(d_n^*)_{n \in \mathbb{N}}$ ist für jedes $P \in \mathcal{P}$ eine Cauchy-Folge in $\mathcal{L}_2(\Omega, \mathcal{S}, P)$, so daß es zu $P \in \mathcal{P}$ fest ein $d_P^* \in \mathcal{L}_2(\Omega, \mathcal{S}, P)$ gibt mit $E_P((d_n^* - d_P^*)^2) \to 0$ für $n \to \infty$. Analog erhält man zu $P \in \mathcal{P}$ fest und $P' \in \mathcal{P}$ fest ein $d_{P,P'}^* \in \mathcal{L}_2(\Omega, \mathcal{S}, \frac{P+P'}{2})$ mit $E_{\frac{P+P'}{2}}((d_n^* - d_{P,P'}^*)^2) \to 0$ für $n \to \infty$, woraus $d_{P,P'}^* = d_P^*$ P-f.ü. und $d_{P,P'}^* = d_{P'}^*$ P'-f.ü. folgt. Aus den Überlegungen zur Äquivalenz von paarweiser Suffizienz und Suffizienz im dominierten Fall ergibt sich dann die Existenz einer $\mathcal{S}$-meßbaren Funktion $d^* : \Omega \to \mathbb{R}$ mit $d^* = d_P$ P-f.ü., $P \in \mathcal{P}$, nämlich $d = \sup_{j \in \mathbb{N}} \inf_{k \in \mathbb{N}} d_{P_j, P_k}$ mit $P_j \in \mathcal{P}$, $j \in \mathbb{N}$, so daß $P_j(N) = 0$, $j = 1, 2, \ldots$, für ein $N \in \mathcal{S}$ impliziert $P(N) = 0$, $P \in \mathcal{P}$. Insbesondere gilt daher $d^* \in \bigcap_{P \in \mathcal{P}} \mathcal{L}_2(\Omega, \mathcal{S}, P)$ und $E_P((d_n^* - d^*)^2) \to 0$ für $n \to \infty$, $P \in \mathcal{P}$, so daß d^* gleichmäßig bester, erwartungstreuer Schätzer ist, aufgrund der Abgeschlossenheitseigenschaft gleichmäßig bester, erwartungstreuer Schätzer. Aus $E_P(d_n^*) = E_P(d_n) \to E_P(d)$, für $n \to \infty$, $P \in \mathcal{P}$, und $E_P(d_n^*) \to E_P(d^*)$, für $n \to \infty$, $P \in \mathcal{P}$, ergibt sich schließlich $d^* \in D_{\delta_d}$. Es wird jetzt noch gezeigt, daß für einen gleichmäßig besten, erwartungstreuen Schätzer $d^* \in \bigcap_{P \in \mathcal{P}} \mathcal{L}_2(\Omega, \mathcal{S}, P)$ für δ_d, mit $d := \frac{dP}{d(P+Q)}$ ($P \in \mathcal{P}$ fest), folgt $d^* = \frac{dP}{d(P+Q)}$ $(P + Q)$-f.ü., so daß es eine $\mathcal{T}$-meßbare Version von $\frac{dP}{d(P+Q)}$ gibt mit $\mathcal{T} := \{A \in \mathcal{S} : I_A$ ist gleichmäßig bester, erwartungstreuer Schätzer für $\delta_A\}$, da $\mathcal{T} = \mathcal{S}(\{d^{*-1}(B) : B \in \mathcal{B}, d^* : \Omega \to \mathbb{R} \mathcal{S}$-meßbar, beschränkt und gleichmäßig bester, erwartungstreuer Schätzer$\})$ gilt. Wegen $\frac{dP}{dQ} = \frac{dP}{d(P+Q)} / (1 - \frac{dP}{d(P+Q)}) I_{\{\frac{dP}{d(P+Q)} < 1\}}$ Q-f.ü., $P \in \mathcal{P}$, ist $\mathcal{T}$ daher suffizient für $\mathcal{P}$, während die Vollständigkeit von $\mathcal{T}$ für $\mathcal{P}$ bereits aus den Überlegungen zur Vollständigkeit im nicht dominierten Fall folgt. Schließlich folgt $\frac{dP}{dQ} = \frac{dP}{d(P+Q)}/(1 - \frac{dP}{d(P+Q)})I_{\{\frac{dP}{d(P+Q)}<1\}}$ Q-f.ü., $P \in \mathcal{P}$, aus der Summenregel und der Kettenregel für Radon-Nikodym-Ableitungen gemäß $\frac{dP}{dQ}(1 - \frac{dP}{d(P+Q)}) = \frac{dP}{dQ} \cdot \frac{dQ}{d(P+Q)} = \frac{dP}{d(P+Q)}$ Q-f.ü., $P \in \mathcal{P}$, zusammen mit $Q(\{\frac{dQ}{d(P+Q)} = 0\}) = 0$. Es bleibt noch $d^* = \frac{dP}{d(P+Q)}$ $(P+Q)$-f.ü. für einen gleichmäßig besten, erwartungstreuen Schätzer $d^* \in \bigcap_{P\in\mathcal{P}} \mathcal{L}_2(\Omega, \mathcal{S}, P)$ für δ_d mit $d := \frac{dP}{d(P+Q)}$ ($P \in \mathcal{P}$ fest) zu zeigen. Aus $d^* \in D_{\delta_d}$ folgt nämlich

$$\int (\frac{dP}{d(P+Q)})^2 d(P+Q) = \int \frac{dP}{d(P+Q)} dP = \int d^* dP = \int d^* \frac{dP}{d(P+Q)} d(P+Q),$$

woraus die Ungleichungen

$$0 \leq \int (\frac{dP}{d(P+Q)} - d^*)^2 d(P+Q)$$
$$= \int (\frac{dP}{d(P+Q)})^2 d(P+Q) - 2 \int d^* \frac{dP}{d(P+Q)} d(P+Q) + \int d^{*2} d(P+Q)$$
$$= \int d^{*2} d(P+Q) - \int (\frac{dP}{d(P+Q)})^2 d(P+Q) \leq 0$$

resultieren, so daß schließlich $d^* = \frac{dP}{d(P+Q)}$ $(P+Q)$-f.ü. zutrifft.

ANWENDUNG: Existenz einer maximalen Teilmenge von Wahrscheinlichkeitsmaßen im dominierten Fall mit einer suffizienten und vollständigen Teil-σ-Algebra
Es sei $(\Omega, \mathcal{S}, \mathcal{P})$ ein statistisches Experiment mit $\mathcal{P} \ll \mu$, μ σ-endliches Maß auf $\mathcal{S}$, mit $\mathcal{S}$ als abzählbar erzeugter σ-Algebra über Ω. Dann gibt es eine bezüglich der Inklusion maximale Teilmenge $\mathcal{P}_0$ von $\mathcal{P}$, so daß eine für $\mathcal{P}_0$ suffiziente und vollständige Teil-σ-Algebra von $\mathcal{S}$ existiert.

BEGRÜNDUNG: Zunächst kann ohne Beschränkung der Allgemeinheit $\mathcal{P} \ll \mu$, μ endliches Maß, angenommen werden. Beachtet man ferner, daß mit $\mathcal{A}$ als Algebra über Ω und $\mathcal{S}(\mathcal{A}) = \mathcal{S}$ gilt, daß es zu $\varepsilon > 0$ und $S \in \mathcal{S}$ ein $A \in \mathcal{A}$ gibt, so daß $\mu(A \triangle S) \leq \varepsilon$ gilt, und daß hier $\mathcal{A}$ abzählbar gewählt werden kann, so erhält man, daß $\mathcal{L}_1(\Omega, \mathcal{S}, \mu)$ separabel ist. Insbesondere besitzt dann jede Teilmenge $\mathcal{Q}$ von $\mathcal{P}$ die Eigenschaft, daß $\{\frac{dP}{d\mu} : P \in \mathcal{Q}\}$ eine abzählbare, dichte Teilmenge bezüglich der Norm von $\mathcal{L}_1(\Omega, \mathcal{S}, \mu)$ hat. Dies trifft insbesondere für $\bigcup_{i\in I} \mathcal{P}_i$ zu mit $\mathcal{P}_i \subset \mathcal{P}$, so daß es eine Teil-$\sigma$-Algebra $\mathcal{T}_i$ von $\mathcal{S}$ gibt, die für $\mathcal{P}_i$ suffizient und vollständig ist, $i \in I$, wobei $\{\mathcal{P}_i : i \in I\}$ bezüglich der Inklusion total geordnet ist. Es bezeichne $\{P_1, P_2, \ldots\}$ eine abzählbare Teilmenge von $\bigcup_{i\in I} \mathcal{P}_i$, so daß $\{\frac{dP_1}{d\mu}, \frac{dP_2}{d\mu}, \ldots\}$ dicht in $\{\frac{dP}{d\mu} : P \in \bigcup_{i\in I} \mathcal{P}_i\}$ bezüglich der Norm von $\mathcal{L}_1(\Omega, \mathcal{S}, \mu)$ ist. Wählt man nun zu P_j, $j = 1, 2, \ldots$ Mengen $\mathcal{P}_{\alpha_j} \in \{\mathcal{P}_i : i \in I\}$ mit $P_j \in \mathcal{P}_{\alpha_j}$, $j = 1, 2, \ldots$, und beachtet $\bigcup_{j=1}^{\infty} \mathcal{P}_{\alpha_j} = \bigcup_{n=1}^{\infty} \bigcup_{j=1}^{n} \mathcal{P}_{\alpha_j}$ sowie die Eigenschaft von $\{P_i : i \in I\}$, bezüglich der Inklusion total geordnet zu sein, so gilt $\bigcup_{j=1}^{n} \mathcal{P}_{\alpha_j} = \mathcal{P}_{\alpha_{j_n}}$ für ein $\alpha_{j_n} \in \{\alpha_1, \ldots, \alpha_n\}$, $n = 1, 2, \ldots$, also $\bigcup_{j=1}^{n} \mathcal{P}_{\alpha_j} = \bigcup_{n=1}^{\infty} \mathcal{P}_{\alpha_{j_n}}$ mit $\mathcal{P}_{\alpha_{j_1}} \subset \mathcal{P}_{\alpha_{j_2}} \subset \ldots$ und $\mathcal{P}_{\alpha_{j_k}} \in \{\mathcal{P}_i : i \in I\}$, $k = 1, 2, \ldots$. Es wird jetzt gezeigt, daß eine für $\bigcup_{i \in I} \mathcal{P}_i$ suffiziente und vollständige Teil-σ-Algebra von $\mathcal{S}$ existiert, so daß es nach dem Lemma von Zorn eine maximale Teilmenge von $\mathcal{P}$ gibt, derart, daß zu dieser eine suffiziente und vollständige Teil-σ-Algebra von $\mathcal{S}$ existiert. Zu diesem Zweck reicht nach den vorangehenden Überlegungen aus, daß es für jedes $A \in \mathcal{S}$ einen gleichmäßig besten, erwartungstreuen Schätzer $d_A^* \in \bigcap_{i \in I} \mathcal{L}_2(\Omega, \mathcal{S}, P_i)$ für $\delta_A : \bigcup_{i \in I} \mathcal{P}_i \to \mathbb{R}$, $\delta_A(P) := P(A)$, $P \in \bigcup_{i \in I} \mathcal{P}_i$, gibt. Nun existiert nach dem Satz von Lehmann-Scheffé zu jedem $A \in \mathcal{S}$ und α_{j_k}, $k = 1, 2, \ldots$, ein gleichmäßig bester, erwartungstreuer Schätzer $d_{A,k}^* \in \bigcap_{P \in \mathcal{P}_{\alpha_{j_k}}} \mathcal{L}_2(\Omega, \mathcal{S}, P)$, $k = 1, 2, \ldots$, für $\delta_A : \mathcal{P}_{\alpha_{j_k}} \to \mathbb{R}$, $\delta_A(P) := P(A)$, $P \in \mathcal{P}_{\alpha_{j_k}}$, $k = 1, 2, \ldots$, wobei man $d_{A,k}^*$ so wählen kann, daß $0 \le d_{A,k}^* \le 1$, $k = 1, 2, \ldots$, zutrifft, wegen $d_{A,k}^* = E(I_A | \mathcal{T}_{\alpha_{j_k}})$ P-f.ü., $P \in \mathcal{P}_{\alpha_{j_k}}$, mit $\mathcal{T}_{\alpha_{j_k}}$ als für $\mathcal{P}_{\alpha_{j_k}}$ suffiziente und vollständige Teil-σ-Algebra von $\mathcal{S}$, $k = 1, 2, \ldots$. Daher kann man, nach dem Satz von Riesz über die schwache Folgenkompaktheit normbeschränkter Folgen im Hilbertraum, ohne Beschränkung der Allgemeinheit $\lim_{k \to \infty} \int d_{A,k}^* f \, d\mu = \int d_A^* f \, d\mu$, $f \in \mathcal{L}_1(\Omega, \mathcal{S}, \mu)$, für eine $\mathcal{S}$-meßbare Funktion $d_A^* : \Omega \to [0, 1]$ annehmen. (Man vergleiche hierzu auch den Satz über die schwache Folgenkompaktheit von Testfunktionen im letzten Abschnitt über Testtheorie.) Hierbei ist zu beachten, daß für eine Teilfolge $(P_{\alpha_{j_{k(n)}}})_{n=1,2,\ldots}$ von $(P_{\alpha_{j_k}})_{k=1,2,\ldots}$ auch $\bigcup_{k=1}^{\infty} \mathcal{P}_{\alpha_{j,k(n)}} = \bigcup_{j=1}^{\infty} \mathcal{P}_{\alpha_j}$ gilt. Schließlich ist d_A^* ein gleichmäßig bester, erwartungstreuer Schätzer für $\delta_A : \bigcup_{i \in I} \mathcal{P}_i \to \mathbb{R}$, $\delta_A(P) := P(A)$, $P \in \bigcup_{i \in I} \mathcal{P}_i$, denn es gilt $E_{P_j}(d_A^* d_0) = 0$ für $d_0 \in D_0(\bigcup_{i \in I} \mathcal{P}_i)$ und $E_{P_j}(d_A^*) = \delta_A(P_j)$, $j = 1, 2, \ldots$, denn $d_{A,k}^*$ ist ein gleichmäßig bester, erwartungstreuer Schätzer für $\delta_A : \mathcal{P}_{\alpha_{j_k}} \to \mathbb{R}$, $\delta_A(P) := P(A)$, $P \in \mathcal{P}_{\alpha_{j_k}}$, $k = 1, 2, \ldots$. Da $\{\frac{dP_1}{d\mu}, \frac{dP_2}{d\mu} \ldots\}$ dicht in $\bigcup_{i \in I} \mathcal{P}_i$, nach Wahl von $\{P_1, P_2, \ldots\} \subset \bigcup_{i \in I} \mathcal{P}_i$ bezüglich der Norm von $\mathcal{L}_1(\Omega, \mathcal{S}, \mu)$, liegt, ergibt sich schließlich $E_P(d_A^* d_0) = 0$, $d_0 \in D_0(\bigcup_{i \in I} \mathcal{P}_i)$, und $E_P(d_A^*) = \delta_A(P)$, $P \in \bigcup_{i \in I} \mathcal{P}_i$, so daß d_A^* nach der Kovarianzmethode ein gleichmäßig bester, erwartungstreuer Schätzer für $\delta_A : \bigcup_{i \in I} \mathcal{P}_i \to \mathbb{R}$, $\delta_A(P) = P(A)$, $P \in \bigcup_{i \in I} \mathcal{P}_i$, ist. Allerdings kann die maximale Teilmenge von $\mathcal{P}$, so daß eine suffiziente und vollständige Teil-σ-Algebra von $\mathcal{S}$ existiert, leer sein. Gibt es aber eine nicht leere Teilmenge $\mathcal{P}_0$ von $\mathcal{P}$, so daß eine für $\mathcal{P}_0$ suffiziente und vollständige Teil-σ-Algebra von $\mathcal{S}$ existiert, so zeigen die obigen Überlegungen, daß eine maximale, $\mathcal{P}_0$ umfassende Teilmenge von $\mathcal{P}$ existiert, so daß es eine suffiziente und vollständige Teil-σ-Algebra von $\mathcal{S}$ gibt. Dabei kann man noch die Voraussetzung der abzählbaren Erzeugbarkeit von $\mathcal{S}$ ersetzen durch die Existenz einer abzählbar erzeugten Teil-σ-Algebra $\mathcal{T}$ von $\mathcal{S}$, die für $\mathcal{P}$ suffizient ist. In diesem Fall existiert eine maximale, $\mathcal{P}_0 | \mathcal{T}$ umfassende Teilmenge von $\mathcal{P} | \mathcal{T}$, welche eine vollständige und suffiziente Teil-σ-Algebra von $\mathcal{T}$ zuläßt, die dann aber, wegen der Suffizienz von $\mathcal{T}$ für $\mathcal{P}$, auch für die nicht auf $\mathcal{T}$ eingeschränkten zugehörigen Wahrscheinlichkeitsmaße suffizient ist.

Stochastische Unabhängigkeit der durch einen beschränkten, gleichmäßig besten, erwartungstreuen Schätzer induzierten Teil-σ-Algebra bzw. einer verteilungsunabhängigen Teil-σ-Algebra

Es sei $(\Omega, \mathcal{S}, \mathcal{P})$ ein statistisches Experiment. Dann heißt eine Teil-σ-Algebra $\mathcal{T}$ von $\mathcal{S}$ verteilungsunabhängig, wenn $\{P|\mathcal{T} : P \in \mathcal{P}\}$ einelementig ist. Insbesondere sind $\mathcal{T}$ und $\mathcal{T}' := d^{*-1}(\mathcal{B})$ mit $d^* : \Omega \to \mathbb{R}$ $\mathcal{S}$-meßbar, beschränkt und gleichmäßig bester, erwartungstreuer Schätzer stochastisch unabhängig (unter P), $P \in \mathcal{P}$, d. h. es gilt $P(T \cap T') = P(T)P(T')$, $T \in \mathcal{T}$, $T' \in \mathcal{T}'$, $P \in \mathcal{P}$.

BEGRÜNDUNG: Nach den vorangehenden Überlegungen ist $I_{d^{*-1}(B)}$ für jedes $B \in \mathcal{B}$ ein gleichmäßig bester, erwartungstreuer Schätzer, so daß, nach der Kovarianzmethode, $\mathrm{Kov}_P(I_{d^{*-1}(B)}, I_T - P(T)) = 0$, $B \in \mathcal{B}$, $T \in \mathcal{T}$, $P \in \mathcal{P}$, gilt, da nach Voraussetzung $I_T - P(T) \in D_0(\mathcal{P})$, $P \in \mathcal{P}$, zutrifft. Also gilt $P(d^{*-1}(B) \cap T) = P(d^{*-1}(B))P(T)$, $B \in \mathcal{B}$, $T \in \mathcal{T}$, $P \in \mathcal{P}$.

BEMERKUNG: Satz von Basu
Es sei $(\Omega, \mathcal{S}, \mathcal{P})$ ein statistisches Experiment, $\mathcal{T}_1$ sei eine verteilungsunabhängige Teil-σ-Algebra von $\mathcal{S}$ und $\mathcal{T}_2$ bezeichne eine für $\mathcal{P}$ vollständige und suffiziente Teil-σ-Algebra. Dann sind $\mathcal{T}_1$ und $\mathcal{T}_2$ (unter P), $P \in \mathcal{P}$, stochastisch unabhängig, denn nach dem Satz von Lehmann-Scheffé ist I_{T_2} für jedes $T_2 \in \mathcal{T}_2$ ein gleichmäßig bester, erwartungstreuer Schätzer und es gilt nach Voraussetzung für $\mathcal{T}_1$, daß $I_{T_1} - P(T_1) \in D_0(\mathcal{P})$ zutrifft, $P \in \mathcal{P}$. Die Kovarianzmethode liefert also $\mathrm{Kov}_P(I_{T_2}, I_{T_1} - P(T_1)) = 0$, $T_j \in \mathcal{T}_j$, $j = 1, 2$, $P \in \mathcal{P}$, d. h. $P(T_1 \cap T_2) = P(T_1)P(T_2)$, $T_j \in \mathcal{T}_j$, $j = 1, 2$, $P \in \mathcal{P}$.

BEISPIEL: Stochastische Unabhängigkeit von Stichprobenmittel und Stichprobenstreuung in Gaußexperimenten
Es sei $X_j : \Omega \to \mathbb{R}$ $\mathcal{S}$-meßbar, $j = 1, \ldots, n$, und (unter P) stochastisch unabhängig und identisch verteilt mit P^{X_1} als $\mathcal{N}(\mu, \sigma^2)$-Verteilung, $\mu \in \mathbb{R}$, $\sigma^2 > 0$ $(n > 1)$. Dann sind $\frac{1}{n}\sum_{j=1}^{n} X_j$ und $\frac{1}{n-1}\sum_{j=1}^{n}(X_j - \frac{\sum_{i=1}^{n} X_i}{n})^2$ (unter P) stochastisch unabhängig, denn: $T_1 : \mathbb{R}^n \to \mathbb{R}$, $T_1(x_1, \ldots, x_n) := \sum_{j=1}^{n} x_j$, $(x_1, \ldots, x_n) \in \mathbb{R}^n$, ist suffizient und vollständig für $\mathcal{P} := \{P^{(X_1, \ldots, X_n)} : P^{X_1} = \mathcal{N}(\mu, \sigma^2)$-Verteilung, $\mu \in \mathbb{R}\}$ $(\sigma^2 > 0$ fest$)$, und $T_2^{-1}(\mathcal{B})$ ist (bezüglich $\mathcal{P}$) verteilungsunabhängig mit $T_2 : \mathbb{R}^n \to \mathbb{R}$, $T_2(x_1, \ldots, x_n) := \frac{1}{n-1}\sum_{j=1}^{n}(x_j - \frac{\sum_{i=1}^{n} x_i}{n})^2$, $(x_1, \ldots, x_n) \in \mathbb{R}^n$.

Kennzeichnung der Übereinstimmung von lokal optimalen und gleichmäßig besten, erwartungstreuen Schätzern

Es sei $(\Omega, \mathcal{S}, \mathcal{P})$ ein statistisches Experiment mit $P \ll P_0$, $P \in \mathcal{P}$, sowie $\frac{dP}{dP_0} \in \mathcal{L}_2(\Omega, \mathcal{S}, P)$, $P \in \mathcal{P}$, für ein $P_0 \in \mathcal{P}$. Dann ist aus dem Abschnitt "Lokal optimale Schätzer" bekannt, daß $\overline{\mathrm{Lin}}\{\frac{dP}{dP_0} : P \in \mathcal{P}\}$ die Menge der bei P_0 lokal optimalen Schätzer $d^* \in \bigcap_{P \in \mathcal{P}} \mathcal{L}_1(\Omega, \mathcal{S}, P) \cap \mathcal{L}_2(\Omega, \mathcal{S}, P_0)$ $(= \mathcal{L}_2(\Omega, \mathcal{S}, P_0))$ ist. Setzt man $\frac{dP}{dP_0} \leq k_P$ P_0-f.ü., $P \in \mathcal{P}$, für ein $k_P > 0$, $P \in \mathcal{P}$, voraus, dann gilt $\bigcap_{P \in \mathcal{P}} \mathcal{L}_1(\Omega, \mathcal{S}, P) \cap \mathcal{L}_2(\Omega, \mathcal{S}, P_0) = \bigcap_{P \in \mathcal{P}} \mathcal{L}_2(\Omega, \mathcal{S}, P)(= \mathcal{L}_2(\Omega, \mathcal{S}, P_0))$

und ein bei P_0 lokal optimaler Schätzer ist genau dann ein gleichmäßig bester, erwartungstreuer Schätzer, wenn eine der folgenden Bedingungen erfüllt ist:

(i) $d_1^* d_2^* \in \overline{\mathrm{Lin}}\{\frac{dP}{dP_0} : P \in \mathcal{P}\}$, $d_j^* \in \overline{\mathrm{Lin}}\{\frac{dP}{dP_0} : P \in \mathcal{P}\}$, und d_j beschränkt, $j = 1, 2$.

(ii) $\max\{d_1^*, d_2^*\} \in \overline{\mathrm{Lin}}\{\frac{dP}{dP_0} : P \in \mathcal{P}\}$, $d_j^* \in \overline{\mathrm{Lin}}\{\frac{dP}{dP_0} : P \in \mathcal{P}\}$ und beschränkt, $j = 1, 2$.

(iii) Die kleinste Teil-σ-Algebra $\mathcal{T}$ von $\mathcal{S}$, so daß (eine Version von) $\frac{dP}{dP_0}$, $P \in \mathcal{P}$, meßbar ist, also $\mathcal{T} := S(\{(\frac{dP}{dP_0})^{-1}(B) : B \in \mathcal{B}, P \in \mathcal{P}\})$ ist vollständig für $\mathcal{P}$.

BEGRÜNDUNG: Die Eigenschaft der Multiplikativität gleichmäßig bester, erwartungstreuer Schätzer zusammen mit der Annahme, daß ein bei P_0 lokal optimaler Schätzer ein gleichmäßig bester, erwartungstreuer Schätzer ist, impliziert (i), wobei aus (i) die Bedingung (ii) folgt, wenn man $|x| = \sum_{k=0}^{\infty} \binom{1/2}{k}(x^2 - 1)^k$, $x \in [-1, 1]$, beachtet. Dabei ist die Konvergenz der unendlichen Reihe gleichmäßig für alle $x \in [-1, 1]$. Setzt man nämlich $x := d^*/M$ mit $d^* \in \overline{\mathrm{Lin}}\{\frac{dP}{dP_0} : P \in \mathcal{P}\}$ und $|d^*| \leq M$ für ein $M > 0$, so liefert (i), daß $|d^*|$ bei P_0 lokal optimal ist, wenn man die Eigenschaft der Linearität und Abgeschlossenheit für bei P_0 lokal optimale Schätzer beachtet. Nochmalige Anwendung der Linearität bei P_0 lokal optimaler Schätzer und $\max\{a, b\} = \frac{a+b+|a-b|}{2}$, $a, b \in \mathbb{R}$, liefert schließlich (ii). Aus (ii) ergibt sich folgendermaßen (iii): Die Abgeschlossenheitseigenschaft bei P_0 lokal optimaler Schätzer zusammen mit $\lim_{n\to\infty} \min\{n|x|, 1\} = I_{\mathbb{R}\setminus\{0\}}(x)$, $x \in \mathbb{R}$, liefert, daß $I_{\{\frac{dP}{dP_0} > r\}}$ für jedes feste $P \in \mathcal{P}$ und festes $r \in \mathbb{R}$ ein bei P_0 lokal optimaler Schätzer ist, indem man $x = (\frac{dP}{dP_0} - r)^+$ setzt und beachtet, daß nach (ii) durch $(\frac{dP}{dP_0} - r)^+ = \max\{\frac{dP}{dP_0} - r, 0\}$ ein bei P_0 lokal optimaler Schätzer definiert wird. Wegen $\mathcal{T} = S(\{\{\frac{dP}{dP_0} > r\} : P \in \mathcal{P}, r \in \mathbb{R}\})$ ist nun $\mathcal{T}$ für $\mathcal{P}$ vollständig, denn aus $\int d_0 \, dP = 0$, $P \in \mathcal{P}$, für einen $\mathcal{T}$-meßbaren Nullschätzer $d_0 \in \bigcap_{P\in\mathcal{P}} \mathcal{L}_2(\Omega, \mathcal{S}, P)$ folgt nach der Kovarianzmethode $\int d_0 I_{\{\frac{dP}{dP_0} > r\}} dP_0 = \int_{\{\frac{dP}{dP_0} > r\}} d_0 \, dP_0 = 0$, $P \in \mathcal{P}$, $r \in \mathbb{R}$. Ferner liefert

$$I_{\{\frac{dP_1}{dP_0} > r_1\}} \cdot I_{\{\frac{dP_2}{dP_0} > r_2\}} = \min\{I_{\{\frac{dP_1}{dP_0} > r_1\}}, I_{\{\frac{dP_2}{dP_0} > r_2\}}\},$$

daß $I_{\{\frac{dP_1}{dP_0} > r_1\}\cap\{\frac{dP_2}{dP_0} > r_2\}}$, $P_j \in \mathcal{P}$, $j = 1, 2$, $r_j \in \mathbb{R}$, $j = 1, 2$, nach (ii) ein bei P_0 lokal optimaler Schätzer ist. Daher folgt mit einem Dynkinsystemargument schließlich $\int_T d_0 \, dP_0 = 0$, $T \in \mathcal{T}$, woraus $d_0 = 0$ P_0-f.ü. und daher $d_0 = 0$ P-f.ü., $P \in \mathcal{P}$, folgt, aufgrund der $\mathcal{T}$-Meßbarkeit von d_0. Ferner liefert die Vollständigkeit von $\mathcal{T}$ für $\mathcal{P}$, daß ein bei P_0 lokal optimaler Schätzer $d^* \in \overline{\mathrm{Lin}}\{\frac{dP}{dP_0} : P \in \mathcal{P}\}$ bereits ein gleichmäßig bester, erwartungstreuer Schätzer ist, denn d^* stimmt P_0-f.ü. mit einer reellwertigen, $\mathcal{T}$-meßbaren Funktion überein und $\mathcal{T}$ ist nach dem Neyman-Kriterium suffizient für $\mathcal{P}$, so daß d^* nach dem Satz von Lehmann-Scheffé ein gleichmäßig bester, erwartungstreuer Schätzer ist.

BEMERKUNG: **Zum** Nachweis von (i) reicht es zu zeigen, daß $\text{Lin}\{\frac{dP}{dP_0} : P \in \mathcal{P}\}$ multiplikativ abgeschlossen ist, denn aus $(\int (d_{n,1} - d_1)^2 dP_0)^{1/2} \to 0$ für $n \to \infty$, und $(\int (d_{m,2} - d_2)^2 dP_0)^{1/2} \to 0$ für $m \to \infty$, mit $d_{n,1}, d_{m,2} \in \text{Lin}\{\frac{dP}{dP_0} : P \in \mathcal{P}\}$, $n, m \in \mathbb{N}$, und $d_j \in \overline{\text{Lin}}\{\frac{dP_0}{dP} : P \in \mathcal{P}\}$ und beschränkt, $j = 1, 2$, folgt

$$\left(\int (d_{n,1} \cdot d_{m,1} - d_1 d_2)^2 dP_0\right)^{1/2} \leq \left(\int (d_{n,1} - d_1)^2 d_{m,2}^2 dP_0\right)^{1/2}$$

$$+ \left(\int (d_{m,2} - d_2)^2 d_1^2 dP_0\right)^{1/2}$$

$$\leq \left(\int (d_{n,1} - d_1)^2 dP_0\right)^{1/2} (\sup d_{m,2}^2)^{1/2}$$

$$+ \left(\int (d_{m,2} - d_2)^2 dP_0\right)^{1/2} (\sup d_1^2)^{1/2}$$

$$\leq \varepsilon, \ n, m \geq \max\{n_0, m_0\},$$

wegen

$$\left(\int (d_{n,1} - d_1)^2 dP_0\right)^{1/2} \leq \frac{1}{(\sup d_{m_0,1})^{1/2}} \frac{\varepsilon}{2}, \ n \geq n_0, \quad \text{und}$$

$$\left(\int (d_{m,1} - d_2)^2 dP_0\right)^{1/2} \leq \frac{\varepsilon}{2} \cdot \frac{1}{(\sup d_1^2)^{1/2}}, \ m \geq m_0.$$

BEISPIEL: **Multinomialverteilung**

$\mathcal{P} := \{P_{p_1,\ldots,p_k} : P_{p_1,\ldots,p_k} := \mathcal{M}(n, p_1, \ldots, p_k)\text{-Verteilung}, p_j \geq 0, j = 1, \ldots, k, \sum_{j=1}^k p_j = 1\}$. Es sei $P_{p_{1,0},\ldots,p_{k,0}} \in \mathcal{P}$ mit $p_{j,0} > 0$, $j = 1, \ldots, k$. Dann ist $\frac{dP_{p_1,\ldots,p_k}}{dP_{p_{1,0},\ldots,p_{k,0}}}$ für jedes $P_{p_1,\ldots,p_k} \in \mathcal{P}$, wegen

$$\frac{P_{p_1,\ldots,p_k}(\{(x_1,\ldots,x_k)\})}{P_{p_{1,0},\ldots,p_{k,0}}(\{(x_1,\ldots,x_k)\})} = \prod_{j=1}^k \left(\frac{p_j}{p_{j,0}}\right)^{x_j}, \ x_j \in \mathbb{N}_0,$$

$$j = 1, \ldots, k, \ x_1 + \ldots + x_k = n,$$

beschränkt und es gilt $\frac{dP_{p_1',\ldots,p_k'}}{dP_{p_{1,0},\ldots,p_{k,0}}} \cdot \frac{dP_{p_1'',\ldots,p_k''}}{dP_{p_{1,0},\ldots,p_{k,0}}} \in \text{Lin}\{\frac{dP_{p_1,\ldots,p_k}}{dP_{p_{1,0},\ldots,p_{k,0}}} : P_{p_1,\ldots,p_k} \in \mathcal{P}\}$, $P_{p_1',\ldots,p_k'} \in \mathcal{P}$, $P_{p_1'',\ldots,p_k''} \in \mathcal{P}$, aufgrund von $P_{p_1',\ldots,p_k'}(\{(x_1,\ldots,x_k)\}) \cdot P_{p_1'',\ldots,p_k''}(\{(x_1,\ldots,x_k)\})/P_{p_{1,0},\ldots,p_{k,0}}(\{(x_1,\ldots,x_n)\}) = \frac{n!}{x_1!\ldots x_k!} \prod_{j=1}^n (\frac{\pi_j}{p_{j,0}})^{x_j} (\sum_{j=1}^k \frac{p_j' p_j''}{p_{j,0}})^n$, $x \in \mathbb{N}_0$, $j = 1, \ldots, k$, $x_1 + \ldots + x_k = n$ mit $\pi_j := \frac{p_j' p_j''}{p_{j,0}} / \sum_{j=1}^k \frac{p_j' p_j''}{p_{j,0}}$, $j = 1, \ldots, k$. Wählt man speziell $\mathcal{P}^* := \{P_{p_1,\ldots,p_k} : P_{p_1,\ldots,p_k} = \mathcal{M}(n, p_1, \ldots, p_k)\text{-Verteilung}, p_j := (\frac{1}{k})^{\mu_j} / \sum_{j=1}^k (\frac{1}{k})^{\mu_j}, \mu_j \in \mathbb{N}_0, j = 1, \ldots, k\}$

und $P_{p_{1,0},\ldots,p_{k,0}} = \mathcal{M}(n, p_{1,0}, \ldots, p_{k,0})$-Verteilung mit $p_j = \frac{1}{k}$, $j = 1, \ldots, k$, dann folgt aus $\prod_{j=1}^{k} (\frac{p_j}{\frac{1}{k}})^{x_j} = \prod_{j=1}^{k} (\frac{p_j}{\frac{1}{k}})^{x'_j}$, $p_j = (\frac{1}{k})^{\mu_j} / \sum_{j=1}^{k} (\frac{1}{k})^{\mu_j}$, $j = 1, \ldots, k$, für $x_j, x'_j \in \mathbb{N}_0$, $j = 1, \ldots, k$, $x_1 + \ldots + x_k = x'_1 + \ldots + x'_k = n$, daß $x_j = x'_j$, $j = 1, \ldots, k$, zutrifft. Also ist $T : \mathbb{R}^k \to \mathbb{R}^k$ mit $T(x_1, \ldots, x_k) := (x_1, \ldots, x_k)$, $(x_1, \ldots, x_k) \in \mathbb{R}^k$ für $\mathcal{P}^*$ vollständig (und suffizient), wegen $T^{-1}(\mathcal{B}^k) \cap \{(x_1, \ldots, x_k) \in \mathbb{N}_0^k : x_1 + \ldots + x_k = n\} = \mathcal{P}(\{(x_1, \ldots, x_k) \in \mathbb{N}_0^k : x_1 + \ldots + x_k = n\}) =$ kleinste σ-Algebra, so daß alle $\frac{dP_{p_1,\ldots,p_k}}{dP_{p_{1,0},\ldots,p_{k,0}}}$, $p_j = (\frac{1}{k})^{\mu_j} / \sum_{j=1}^{k} (\frac{1}{k})^{\mu_j}$, $\mu_j \in \mathbb{N}_0$, $j = 1, \ldots, k$, $p_{j,0} := \frac{1}{k}$, $j = 1, \ldots, k$, meßbar sind, d. h. T ist vollständig (und suffizient) für $\mathcal{P}^*$.

BEISPIEL: k-parametrische Exponentialfamilien

Es sei $\{P_\zeta : \zeta \in \mathcal{Z} \subset \mathbb{R}^k\}$ eine k-parametrische Exponentialfamilie in $\zeta \in \mathcal{Z}$ und $T = (T_1, \ldots, T_k)$, wobei $T_j \geq M$, $j = 1, \ldots, k$, für ein $M \in \mathbb{R}$ gelte. Ferner sei $\{\zeta - \zeta_0 : \zeta \in \mathcal{Z}, \zeta \leq \zeta_0$ (d. h. komponentenweise $\leq$), $\zeta \in \mathcal{Z}\}$, $\zeta_0 \in \mathcal{Z}$ fest, eine Halbgruppe des $\mathbb{R}^k$, d. h. es existiert zu $\zeta_j \in \mathcal{Z}$ mit $\zeta_j \leq \zeta_0$, $j = 1, 2$, ein $\zeta_3 \in \mathcal{Z}$ mit $\zeta_3 \leq \zeta_0$ und $\zeta_1 + \zeta_2 - 2\zeta_0 = \zeta_3 - \zeta_0$ und es gelte Lin $\{\zeta - \zeta_0 : \zeta \in \mathcal{Z}, \zeta \leq \zeta_0\} = \mathbb{R}^k$. Dann ist T vollständig für $\{P_\zeta : \zeta \in \mathcal{Z}, \zeta \leq \zeta_0\}$.

BEGRÜNDUNG: Es gilt $\frac{dP_\zeta}{dP_{\zeta_0}} = \frac{C(\zeta)}{C(\zeta_0)} e^{<\zeta - \zeta_0, T>}$ P_{ζ_0}-f.ü. und $< \zeta - \zeta_0, T > \leq < (0, \ldots, 0), (M, \ldots, M) > = 0$, $\zeta \in \mathcal{Z}$, $\zeta \leq \zeta_0$, so daß $\frac{dP_\zeta}{dP_{\zeta_0}}$ P_{ζ_0}-f.ü. beschränkt ist, $\zeta \in \mathcal{Z}$, $\zeta \leq \zeta_0$. Ferner trifft $\frac{dP_{\zeta_1}}{dP_{\zeta_0}} \cdot \frac{dP_{\zeta_2}}{dP_{\zeta_0}} = \frac{C(\zeta_1)C(\zeta_2)}{C^2(\zeta_0)} e^{<\zeta_1 + \zeta_2 - 2\zeta_0, T>}$ P_{ζ_0}-f.ü., $\zeta_j \in \mathcal{Z}$, $\zeta_j \leq \zeta_0$, $j = 1, 2$, also $\zeta_1 + \zeta_2 - 2\zeta_0 = \zeta_3 - \zeta_0$ für ein $\zeta_3 \in \mathcal{Z}$ mit $\zeta_3 \leq \zeta_0$, zu, so daß $d_1^* d_2^* \in \text{Lin}\{\frac{dP_\zeta}{dP_{\zeta_0}} : \zeta \in \mathcal{Z}, \zeta \leq \zeta_0\}$ für $d_j^* \in \text{Lin}\{\frac{dP_\zeta}{dP_{\zeta_0}} : \zeta \in \mathcal{Z}, \zeta \leq \zeta_0\}$, $j = 1, 2$, gilt. Also ist $S(\{(\frac{dP_\zeta}{dP_{\zeta_0}})^{-1}(B) : \zeta \in \mathcal{Z}, \zeta \leq \zeta_0, B \in \mathcal{B}\})$ nach den obigen Überlegungen vollständig für $\{P_\zeta : \zeta \in \mathcal{Z}, \zeta \leq \zeta_0\}$, woraus die Vollständigkeit von T für $\{P_\zeta : \zeta \in \mathcal{Z}, \zeta \leq \zeta_0\}$ folgt, wenn man noch Lin$\{\zeta - \zeta_0 : \zeta \in \mathcal{Z}, \zeta \leq \zeta_0\} = \mathbb{R}^k$ berücksichtigt, wegen: $S(\{(\frac{dP_\zeta}{dP_{\zeta_0}})^{-1}(B) : \zeta \in \mathcal{Z}, \zeta \leq \zeta_0, B \in \mathcal{B}\}) = T^{-1}(\mathcal{B}^k)$, denn $S(\{(\frac{dP_\zeta}{dP_{\zeta_0}})^{-1}(B) : \zeta \in \mathcal{Z}, \zeta \leq \zeta_0, B \in \mathcal{B}\}) \subset T^{-1}(\mathcal{B}^k)$ folgt aus der Tatsache, daß $\frac{dP_\zeta}{dP_{\zeta_0}} = f_\zeta \circ (T_1, \ldots, T_k)$ mit f_ζ als Borelfunktion zutrifft, $\zeta \in \mathcal{Z}$, $\zeta \leq \zeta_0$. Die Inklusion $T^{-1}(\mathcal{B}^k) \subset S(\{(\frac{dP_\zeta}{dP_{\zeta_0}})^{-1}(B) : \zeta \in \mathcal{Z}, \zeta \leq \zeta_0, B \in \mathcal{B}\})$ ergibt sich aus der folgenden Überlegung: $\frac{dP_\zeta}{dP_{\zeta_0}} > r$ für ein $r \in \mathbb{R}$ ist äquivalent mit $< \zeta - \zeta_0, T > \geq -\ell n \frac{C(\zeta)}{C(\zeta_0)} + \ell n \, r$. Da Lin$\{\zeta - \zeta_0 : \zeta \in \mathcal{Z}, \zeta \leq \zeta_0\}) = \mathbb{R}^k$ angenommen worden ist, gilt für jedes $a \in \mathbb{R}^k$ die Beziehung $a \in \text{Lin}\{\zeta - \zeta_0 : \zeta \in \mathcal{Z}\}$ und daher $\{< a, T > > b\} \in S(\{(\frac{dP_\zeta}{dP_{\zeta_0}})^{-1}(B) : \zeta \in \mathcal{Z}, \zeta \leq \zeta_0, B \in \mathcal{B}\})$, $b \in \mathbb{R}$, d. h. $\{T_j > c\} \in S(\{(\frac{dP_\zeta}{dP_{\zeta_0}})^{-1}(B) : \zeta \in \mathcal{Z}, \zeta \leq \zeta_0\})$, $c \in \mathbb{R}$, $j = 1, \ldots, k$. Im

Spezialfall $\mathcal{P} := \{P^n : P = \mathcal{N}(0, \sigma^2)\text{-Verteilung}, \sigma^2 \in \{\frac{\sigma_0^2}{k} : k \in \mathbb{N}\}\}$ mit $\sigma_0^2 > 0$ fest, liegt eine einparametrische Exponentialfamilie in $\zeta \in \mathcal{Z} := \{-\frac{k}{2\sigma_0^2} : k \in \mathbb{N}\}$ und in $T : \mathbb{R}^n \to \mathbb{R}$, $T(x_1, \ldots, x_n) := \sum_{i=1}^{n} x_i \geq M := 0$ vor, wobei $\mathcal{Z}$ eine Halbgruppe von $\mathbb{R}$ mit lin $\mathcal{Z} = \mathbb{R}$ ist. Wählt man $\zeta_0 := \frac{1}{2\sigma_0^2}$, so liefern die obigen Betrachtungen, daß T vollständig für $\mathcal{P}^*$ $(= \mathcal{P})$ ist, obgleich $\overset{\circ}{\mathcal{Z}} = \emptyset$ zutrifft.

12 Grundbegriffe der statistischen Entscheidungstheorie

Randomisierte Schätzfunktion

$(\Omega, \mathcal{S})$ Meßraum; dann heißt ein Übergangswahrscheinlichkeitsmaß $\partial : \Omega \times \mathcal{B} \to \mathbb{R}$ randomisierter Schätzer (randomisierte Schätzfunktion). Dabei wird $\partial(\omega, B)$ als Wahrscheinlichkeit dafür interpretiert, daß bei Beobachtung eines Ergebnisses $\omega \in \Omega$ ein Schätzwert (für einen reellwertigen Parameter) in einen Bereich $B \in \mathcal{B}$ fällt; $d : \Omega \to \mathbb{R}$ $\mathcal{S}$-meßbar heißt nicht-randomisierter Schätzer (kurz Schätzer oder Schätzfunktion).

Zusammenhang zwischen nicht-randomisierten und randomisierten Schätzern

$d : \Omega \to \mathbb{R}$ $\mathcal{S}$-meßbar mit $\mathcal{S}$ als σ-Algebra über Ω. Dann wird durch $\partial_d : \Omega \times \mathcal{B} \to \mathbb{R}$ gemäß $\partial_d(\omega, B) = \delta_{d(\omega)}(B)$, $\omega \in \Omega$, $B \in \mathcal{B}$, ein Übergangswahrscheinlichkeitsmaß definiert, wegen $\delta_{d(\omega)}(B) = I_B(d(\omega)) = I_{d^{-1}(B)}(\omega)$ und $d^{-1}(B) \in \mathcal{S}$.

Verlustfunktion

$(\Omega, \mathcal{S}, \mathcal{P})$ statistisches Experiment; dann heißt $L : \mathcal{P} \times \mathbb{R} \to \mathbb{R}$ mit $a \to L(P, a)$, $a \in \mathbb{R}$, als Borelfunktion, $P \in \mathcal{P}$ fest, Verlustfunktion. Speziell $L(P, a) := (\delta(P) - a)^2$, $\delta : \mathcal{P} \to \mathbb{R}$, $P \in \mathcal{P}$, $a \in \mathbb{R}$, heißt Gaußsche Verlustfunktion.

Risikofunktion

$\mathcal{D}$ Menge der randomisierten Schätzfunktionen. $R : \mathcal{P} \times \mathcal{D} \to \mathbb{R}$ mit $R(P, \partial) := \int \int L(P, a) \partial(\omega, da) P(d\omega)$, $P \in \mathcal{P}$, $\partial \in \mathcal{D}$, heißt Risikofunktion zur Verlustfunktion L. Dabei wird R auch manchmal mit R_L bezeichnet.

BEISPIEL: $\delta : \mathcal{P} \to \mathbb{R}$, $\delta(P) := E_P(d)$, $P \in \mathcal{P}$, $d \in \bigcap_{P \in \mathcal{P}} \mathcal{L}_2(\Omega, \mathcal{S}, P)$, $L : \mathcal{P} \times \mathbb{R} \to \mathbb{R}$ Gaußsche Verlustfunktion. Dann gilt für die zugehörige Verlustfunktion $R(P, \partial_d) = \int L(P, d(\omega)) P(d\omega) = \int (\delta(P) - d(\omega))^2 P(d\omega) = \text{Var}_P(d)$, $P \in \mathcal{P}$.

Existenz eines nicht-randomisierten Schätzers mit nicht größerem Risiko als ein randomisierter Schätzer bei konvexen Verlustfunktionen

Verlustfunktion $L : \mathcal{P} \times \mathbb{R} \to \mathbb{R}$ mit $a \to L(P, a)$, $a \in \mathbb{R}$, $P \in \mathcal{P}$, konvex. Es existiere $d(\omega) := \int a \partial(\omega, da)$, $\omega \in \Omega$, für $\partial \in \mathcal{D}$. Dann gilt: $R(P, \partial_d) \leq R(P, \partial)$, $P \in \mathcal{P}$, denn: $R(P, \partial_d) = \int L(P, d(\omega)) P(d\omega)$ und $L(P, d(\omega)) \leq \int L(P, a) \partial(\omega, da)$ aufgrund der Ungleichung von Jensen liefert $R(P, \partial_d) \leq \int \int L(P, a) \partial(\omega, da) P(d\omega) = R(P, \partial)$.

Randomisierte Entscheidungsfunktionen

Es seien $(\Omega, \mathcal{S})$, $(\Delta, \mathcal{B})$ Meßräume; dann heißt ein Übergangswahrscheinlichkeitsmaß $\delta : \Omega \times \mathcal{B} \to \mathbb{R}$ randomisierte Entscheidungsfunktion. Dabei heißt Ω Ergebnisraum oder Stichprobenraum und Δ Aktionsraum. Eine $(\mathcal{S}, \mathcal{B})$-meßbare Abbildung $d : \Omega \to \Delta$ heißt nicht-randomisierte Entscheidungsfunktion, wobei wieder gemäß $\delta_d(\omega, B) := \delta_{d(\omega)}(B)$, $\omega \in \Omega$, $B \in \mathcal{B}$, der Zusammenhang mit randomisierten Entscheidungsfunktionen hergestellt wird. Ferner bezeichne $\mathcal{D}$ die Menge aller randomisierten Entscheidungsfunktionen $\delta : \Omega \times \mathcal{B} \to \mathbb{R}$.

Kennzeichnung der Extremalpunkte der Menge aller randomisierten Entscheidungsfunktionen

$\delta \in \mathcal{D}$ ist genau dann ein Extremalpunkt von $\mathcal{D}$, d. h. aus $\delta = \alpha \delta_1 + (1 - \alpha)\delta_2$, $\delta_j \in \mathcal{D}$, $j = 1, 2$, $\alpha \in (0, 1)$ folgt $\delta_1 = \delta_2 (= \delta)$, genau dann, wenn gilt: δ ist $\{0, 1\}$-wertig.

BEGRÜNDUNG: Ist δ eine $\{0, 1\}$-wertige, randomisierte Entscheidungsfunktion, so folgt aus $\delta = \alpha \delta_1 + (1 - \alpha)\delta_2$, $\delta_j \in \mathcal{D}$, $j = 1, 2$, $\alpha \in (0, 1)$ die Beziehung $\delta_1 = \delta_2 (= \delta)$. Zum Beweis der Umkehrung sei $\delta \in \mathcal{D}$ nicht $\{0, 1\}$-wertig, so daß es ein $\omega_0 \in \Omega$ und $B_0 \in \mathcal{B}$ mit $0 < \delta(\omega_0, B_0) < 1$ gibt. Mit $B_1 := \{\omega \in \Omega : \delta(\omega, B_0) = \delta(\omega_0, B_0)\} \in \mathcal{B}$ erhält man dann gemäß

$$\delta_j(\omega, B) = \begin{cases} \delta(\omega, B), & \omega \notin B_1 \\ \frac{\delta(\omega, B \cap B_0^c)}{\delta(\omega_0, B_0^c)}, & \omega \in B_1 \end{cases},$$

$\omega \in \Omega$, $B \in \mathcal{B}$, $j = 1, 2$, randomisierte Entscheidungsfunktionen $\delta_j \in \mathcal{D}$, $j = 1, 2$ mit $\delta_1 \neq \delta_2$ und $\delta(\omega, B) = \delta(\omega_0, B_0)\delta_1(\omega, B) + \delta(\omega_0, B_0^c)\delta_2(\omega, B)$, $\omega \in \Omega$, $B \in \mathcal{B}$, d. h. δ ist kein Extremalpunkt von $\mathcal{D}$.

BEISPIELE:

1. $\mathcal{S} := \{\emptyset, \Omega\} \Rightarrow \mathcal{D} = \mathcal{P}$ mit $\mathcal{P}$ als Menge der Wahrscheinlichkeitsmaße auf $\mathcal{B}$ und $P \in \mathcal{P}$ ist ein Extremalpunkt von $\mathcal{P}$ genau dann, wenn P ein $\{0, 1\}$-wertiges Wahrscheinlichkeitsmaß auf $\mathcal{B}$ ist.

2. $\Delta := \{a_1, a_2\}$, $a_1 \neq a_2$, $\mathcal{B} := \mathcal{P}(\Delta)$. Dann ist $\delta \in \mathcal{D}$ eindeutig durch die $\mathcal{S}$-meßbare Funktion $\varphi : \Omega \to [0, 1]$ gemäß $\varphi(\omega) := \delta(\omega, \{a_1\})$, $\omega \in \Omega$, bestimmt. Dabei heißt jede $\mathcal{S}$-meßbare Funktin $\varphi : \Omega \to [0, 1]$ Testfunktion (oder Test). Insbesondere ist $\varphi \in \Phi := \{\varphi | \varphi : \Omega \to [0, 1]\ \mathcal{S}$-meßbar$\}$ ein Extremalpunkt von $\mathcal{D}$ genau dann, wenn gilt $\varphi = I_A$ für ein $A \in \mathcal{S}$.

Risikoäquivalenz von randomisierten Entscheidungsfunktionen

Mit Hilfe der Theorie der Integraldarstellungen in konvexen Mengen läßt sich folgende Aussage über die Risikoäquivalenz von randomisierten Entscheidungsfunktionen beweisen:

Es sei $(\Omega, \mathcal{S}, \mathcal{P})$ ein statistisches Experiment mit $\mathcal{P} \ll \mu$ endliches Maß auf $\mathcal{S}$ und $\mathcal{S}$

als abzählbar erzeugter σ-Algebra. Ferner wird für $\mathcal{D}$ die folgende Äquivalenzrelation eingeführt: $\delta_1 \sim \delta_2$ mit $\delta_j \in \mathcal{D}$, $j = 1, 2$, genau dann, wenn es zu jedem $B \in \mathcal{B}$ eine μ-Nullmenge $N_B \in \mathcal{S}$ mit $\delta_1(\omega, B) = \delta_2(\omega, B)$, $\omega \notin N_B$, gibt, wobei es eine universelle Nullmenge N gibt mit $\delta_1(\omega, B) = \delta_2(\omega, B)$, $\omega \notin N$, $B \in \mathcal{B}$, falls $\mathcal{B}$ abzählbar erzeugt ist, nämlich $N := \bigcup_{A \in \mathcal{A}} N_A$ mit $\mathcal{A}$ als abzählbarer Algebra, welche $\mathcal{B}$ erzeugt. Ferner sei im folgenden $\mathcal{B} = \mathcal{B}(\Delta)$ mit $\mathcal{B}(\Delta)$ als Borelscher σ-Algebra über Δ und mit Δ als kompakter, metrischer Raum, so daß $\mathcal{B}$ insbesondere abzählbar erzeugt ist. Schließlich bezeichne $\mathcal{D}_\mu$ die Menge der Äquivalenzklassen $[\delta]$ mit Repräsentanten $\delta \in \mathcal{D}$. Dann ist $[\delta] \in \mathcal{D}_\mu$ ein Extremalpunkt von $\mathcal{D}_\mu$ genau dann, wenn $[\delta] = [\delta_d]$ für ein $d : \Omega \to \Delta$ zutrifft, welches $(\mathcal{S}, \mathcal{B})$-meßbar ist. Ferner wird auf $\mathcal{D}_\mu$ die größte Topologie von $\mathcal{D}_\mu$ eingeführt, so daß die Abbildungen $[\delta] \to \int \int g(\omega) h(\omega) \delta(\omega, da) \mu(d\omega)$, $g \in \mathcal{L}_1(\Omega, \mathcal{S}, \mu)$, $h \in C(X) := \{h | h : \Delta \to \mathbb{R}$ stetig$\}$ stetig sind, wobei $\mathcal{B}(\mathcal{D}_\mu)$ die entsprechende Borelsche σ-Algebra von $\mathcal{D}_\mu$ bezeichnet. Schließlich wird angenommen, daß für die Verlustfunktion $L : \mathcal{P} \times \Delta \to \mathbb{R}$ gilt, daß $a \to L(P, a)$, $a \in \Delta$, für jedes $P \in \mathcal{P}$ eine stetige Funktion ist. Dann gibt es zu jedem δ ein Wahrscheinlichkeitsmaß ν_δ auf $\mathcal{B}(\mathcal{D}_\mu)$ mit $\nu_\delta(\{[\delta_d] | d : \Omega \to \Delta$ ist $(\mathcal{S}, \mathcal{B}(\mathcal{D}_\mu))$-meßbar$\}) = 1$ und $R(P, \delta) = \int R(P, \delta_d) \nu_\delta(d[\delta_d])$, $P \in \mathcal{P}$. Dabei wird ν_δ als randomisierte Entscheidungsregel bezeichnet, wobei für jedes Wahrscheinlichkeitsmaß ν auf $\mathcal{B}(\mathcal{D}_\mu)$ mit $\nu(\{[\delta_d] | d : \Omega \to \Delta$ ist $(\mathcal{S}, \mathcal{B}(\mathcal{D}_\mu))$-meßbar$\} = 1$ ein $\delta \in \mathcal{D}_\mu$ existiert mit $R(P, \delta) = \int R(P, \delta_d) \nu(d[\delta_d])$, $P \in \mathcal{P}$.

Optimalitätsbegriffe der statistischen Entscheidungstheorie

Es sei $\mathcal{D}_0$ eine Teilmenge der Menge $\mathcal{D}$ aller randomisierten Entscheidungsfunktionen $\delta : \Omega \times \mathcal{B} \to \mathbb{R}$, sowie $L : \mathcal{P} \times \Delta \to \mathbb{R}$ eine Verlustfunktion mit zugehöriger Risikofunktion $R : \mathcal{P} \times \mathcal{D} \to \mathbb{R}$. Dann heißt $\delta^* \in \mathcal{D}_0$ zulässig bezüglich $\mathcal{D}_0$, wenn es kein $\delta \in \mathcal{D}$ mit $R(P, \delta) \leq R(P, \delta^*)$, $P \in \mathcal{P}$, und mit $R(P, \delta) < R(P, \delta^*)$ für mindestens ein $P \in \mathcal{P}$ gibt. Im Fall $\mathcal{D}_0 := \mathcal{D}$ heißt ein $\delta^* \in \mathcal{D}$, welches bezüglich $\mathcal{D}$ zulässig ist, kurz zulässig.

Modifikationen von Zulässigkeit bei randomisierten Entscheidungsfunktionen

1. ε-Zulässigkeit: $\delta^* \in \mathcal{D}$ heißt ε-zulässig (mit $\varepsilon > 0$), wenn es kein $\delta \in \mathcal{D}$ mit $R(P, \delta) \leq R(P, \delta^*) - \varepsilon$, $P \in \mathcal{P}$, gibt.

2. Zulässigkeit im weiteren Sinn: $\delta^* \in \mathcal{D}$ heißt zulässig im weiteren Sinn, wenn δ^* für jedes $\varepsilon > 0$ die Eigenschaft hat, ε-zulässig zu sein. Dies ist äquivalent mit $\inf_{\delta \in \mathcal{D}} \sup_{P \in \mathcal{P}} (R(P, \delta) - R(P, \delta^*)) \geq 0$.

Bayessche randomisierte Entscheidungsfunktionen

$\delta^* \in \mathcal{D}$ heißt Bayes, wenn es ein Wahrscheinlichkeitsmaß Q auf der σ-Algebra $\mathcal{S}_\mathcal{P}$ über $\mathcal{P}$ gibt mit $\int R(P, \delta^*) Q(dP) \leq \int R(P, \delta) Q(dP)$, $\delta \in \mathcal{D}$. Dabei heißt $r(Q, \delta) := \int R(P, \delta) Q(dP)$ Bayes-Risiko.

Modifikation: Bayessche randomisierte Entscheidungsfunktion im weiteren Sinn $\delta^* \in \mathcal{D}$ heißt Bayes im weiteren Sinn, wenn es einen Wahrscheinlichkeitsinhalt Q auf der Potenzmenge von $\mathcal{P}$ gibt mit $r(Q, \delta^*) \leq r(Q, \delta)$, $\delta \in \mathcal{D}$.

Zusammenhang zwischen zulässigen randomisierten und Bayesschen Entscheidungs-funktionen im weiteren Sinn

$\delta^* \in \mathcal{D}$ ist zulässig im weiteren Sinn genau dann, wenn δ^* im weiteren Sinn Bayes ist. Mathematisches Hilfsmittel sind Trennungssätze für konvexe Mengen.

Randomisierte Minimax-Entscheidungsfunktionen

$\delta^* \in \mathcal{D}$ heißt randomisierte Minimax-Entscheidungsfunktion, wenn $\inf_{\delta \in \mathcal{D}} \sup_{P \in \mathcal{P}} R(P, \delta) = \sup_{P \in \mathcal{P}} R(P, \delta^*)$ zutrifft. Insbesondere ist eine randomisierte Minimax-Entscheidungsfunktion zulässig im weiteren Sinn, wegen $\inf_{\delta \in \mathcal{D}} \sup_{P \in \mathcal{P}} (R(P, \delta) - R(P, \delta^*)) \geq \inf_{\delta \in \mathcal{D}} \sup_{P \in \mathcal{P}} R(P, \delta) - \sup_{P \in \mathcal{P}} R(P, \delta^*) = 0$.

BEMERKUNG: Physikalische Interpretation von Übergangswahrscheinlichkeitsmaßen $(\Omega, \mathcal{S}, P)$ Wahrscheinlichkeitsraum als Anfangsbedingung, wobei Ω Phasenraum und P Zustand heißt. Im Fall $P = \delta_\omega$ mit $\omega \in \Omega$ spricht man von einem reinen Zustand. Offenbar gilt $P(A) = \int \delta_\omega(B) P(d\omega)$, $A \in \mathcal{S}$. Ist $(M, \mathcal{M}, \mu_P)$ ein weiterer Wahrscheinlichkeitsraum, der die Messung an einem Objekt im Phasenraum beschreibt, dann gilt: $\mu_P(B) = \int \mu_{\delta_\omega}(B) P(d\omega)$, $B \in \mathcal{M}$, unter den folgenden Bedingungen:

1. Affine Linearität:

   $\mu_{\lambda P_1 + (1-\lambda) P_2} = \lambda \mu_{P_1} + (1 - \lambda) \mu_{P_2}$ mit P_j als Wahrscheinlichkeitsmaße auf $\mathcal{S}$, $j = 1, 2$, und $0 \leq \lambda \leq 1$.

2. Meßbarkeit und Stetigkeit:

   $\omega \to \mu_{\delta_\omega}(B)$, $\omega \in \Omega$, ist für jedes $B \in \mathcal{M}$ eine $\mathcal{S}$-meßbare Funktion und $P_\alpha(A) \to P(A)$, $A \in \mathcal{S}$, für eine verallgemeinerte Folge von Wahrscheinlichkeitsmaßen P_α impliziert $\mu_{P_\alpha}(B) \to \mu_P(B)$, $B \in \mathcal{M}$.

BEMERKUNG: Ist μ_{δ_ω} speziell $\{0, 1\}$-wertig und $\mathcal{M}$ abzählbar erzeugt mit $\{m\} \in \mathcal{M}$ für jedes $m \in M$, dann gilt $\mu_{\delta_\omega} = \delta_{d(\omega)}$ für eine $(\mathcal{S}, \mathcal{M})$-meßbare Abbildung $d : \Omega \to M$. In diesem Fall spricht man von einer klassischen Messung.

13 Grundbegriffe der Testtheorie

$(\Omega, \mathcal{S}, \mathcal{P})$ statistisches Experiment mit $\mathcal{P} = \mathcal{P}_1 \cup \mathcal{P}_2$ mit $\mathcal{P}_1 \cap \mathcal{P}_2 = \emptyset$, $\Delta :=$ $\{d_H, d_K\}$, d_H bzw. d_K Entscheidung für die Hypothese H bzw. die Alternative K, daß die "wahre" Wahrscheinlichkeitsverteilung $P \in \mathcal{P}$ zu $\mathcal{P}_1$ bzw. zu $\mathcal{P}_2$ gehört, $\mathcal{B} := \mathcal{P}(\Delta)$.

BEISPIEL: Bernoulli-Experiment vom Umfang n mit unbekannter Trefferwahrscheinlichkeit
$\mathcal{P}_1 := \{P_p^n : P_p = \mathcal{B}(1, p)\text{-Verteilung}, p \le p_0\}$, $\mathcal{P}_2 := \{P_p^n : P_p = B(1, p)\text{-}$ Verteilung, $p > p_0\}$ mit $p_0 \in (0, 1)$ fest (einseitige Hypothese bzw. Alternative).
Modifikation: $\mathcal{P}_1 := \{P_p^n : P_p = \mathcal{B}(1, p)\text{-Verteilung}, p = p_0\}$, $\mathcal{P}_2 := \{P_p^n : P_p = \mathcal{B}(1, p)\text{-Verteilung}, p \ne p_0\}$ mit $p_0 \in (0, 1)$ fest (zweiseitige Alternative).

Verlustfunktion von Neyman-Pearson
$\mathcal{D} := \Phi := \{\varphi | \varphi : \Omega \to [0, 1] \text{ Test}\}$, $\varphi(\omega) := \delta(\omega, d_K)$, $\omega \in \Omega$.

Neyman-Pearson-Verlustfunktion
$L : \mathcal{P} \times \Delta \to \mathbb{R}$, $L := I_{\mathcal{P}_1 \times \{d_K\} \cup \mathcal{P}_2 \cup \{d_H\}}$.
Zugehörige Risikofunktion: $R(P, \varphi) = \begin{cases} E_P(\varphi), & P \in \mathcal{P}_1 \\ E_P(1 - \varphi), & P \in \mathcal{P}_2 \end{cases}$, wenn man $\mathcal{P}_1 \cap \mathcal{P}_2 = \emptyset$ beachtet. Dabei heißt $\varphi : \Omega \to [0, 1]$ $\mathcal{S}$-meßbarer Test (kurz: Test) und $\varphi : \Omega \to [0, 1]$ mit $\varphi = I_A$ für ein $A \in \mathcal{S}$ nicht-randomisierter Test. Die Abbildung $P \to E_P(\varphi)$, $P \in \mathcal{P}$, heißt Gütefunktion (oder Operationscharakteristik) von φ, die Abbildungen $P \to E_P(\varphi)$, $P \in \mathcal{P}_1$, heißen Fehlerwahrscheinlichkeit 1. Art, bzw. $P \to E_P(1 - \varphi)$, $P \in \mathcal{P}_2$, Fehlerwahrscheinlichkeit 2. Art.

Optimalitätsbegriffe der Testtheorie

$(\Omega, \mathcal{S}, \mathcal{P})$ statistisches Experiment, $\mathcal{P}_j \subset \mathcal{P}$, $j = 1, 2$, $\mathcal{P}_1 \cap \mathcal{P}_2 = \emptyset$, $\varphi^* \in \Phi$ ($:= \{\varphi : \varphi \text{ Test}\}$) ist zulässig, wenn es kein $\varphi \in \Phi$ gibt $E_{P_1}(\varphi) \le E_{P_1}(\varphi^*)$, $P_1 \in \mathcal{P}_1$, und $E_{P_2}(\varphi) \ge E_{P_2}(\varphi^*)$, $P_2 \in \mathcal{P}_2$, wobei $E_{P_1}(\varphi) < E_{P_1}(\varphi^*)$ für ein $P_1 \in \mathcal{P}_1$ oder $E_{P_2}(\varphi) > E_{P_2}(\varphi^*)$ für ein $P_2 \in \mathcal{P}_2$ zutrifft.

Zum Nachweis der Existenz von zulässigen Tests werden einige mathematische Hilfsmittel benötigt.

Mathematische Hilfsmittel

Satz von Alaoglu: Es sei X ein Banachraum und X^* der Dualraum von X (Menge aller stetigen, linearen Funktionale x^*, Norm von x^* : $\|x^*\| := \sup\{|x^*(x)| : x \in$

X, $\|x\| \leq 1\} = \inf\{k > 0 : |x^*(x)| \leq k\|x\|, \ x \in X\})$. Dann ist die Einheitskugel $\{x^* \in X^* : \|x^*\| \leq 1\}$ von X^* kompakt in der schwachen Topologie von X^* als schwächste Topologie, so daß alle Abbildungen $x^* \to x^*(x)$, $x^* \in X^*$, $x \in X$ fest, stetig sind. Speziell für $X := L_1(\Omega, \mathcal{S}, \mu)$ mit μ als σ-endlichem Maß auf der σ-Algebra $\mathcal{S}$ über Ω erhält man, wegen $L_1^*(\Omega, \mathcal{S}, \mu) = L_\infty(\Omega, \mathcal{S}, \mu) := \{[f] : f : \Omega \to \mathbb{R}$ beschränkt und $\mathcal{S}$-meßbar$\}$, $[f] := \{g : g : \Omega \to \mathbb{R} \ \mathcal{S}\text{-meßbar mit } g = f \ \mu\text{-f.ü.}\}$ (Norm von $[f]$: $\|[f]\| := \inf\{k > 0 : |f| \leq k \ \mu\text{-f.ü.}\}$), daß Φ als Teilmenge von $L_1(\Omega, \mathcal{S}, \mu)$ gemäß $\{[\varphi] : \varphi \in \Phi\}$ schwach kompakt ist, wobei im folgenden nicht zwischen Äquivalenzklasse und Repräsentant unterschieden wird.

Existenz zulässiger Tests

$(\Omega, \mathcal{S}, \mathcal{P})$ statistisches Experiment mit $\mathcal{P} \ll \mu$, μ σ-endliches Maß auf $\mathcal{S}$. Dann existiert ein zulässiger Test.

BEGRÜNDUNG: $C_\varphi := \{\varphi' \in \Phi : E_{P_1}(\varphi') \leq E_{P_1}(\varphi), \ P_1 \in \mathcal{P}_1$, und $E_{P_2}(\varphi') \geq E_{P_2}(\varphi), \ P_2 \in \mathcal{P}_2\}$, $\varphi \in \Phi$. Dann ist C_φ als schwach abgeschlossene Menge nach dem Satz von Alaoglu auch schwach kompakt, $\varphi \in \Phi$. Führt man eine partielle Ordnung von Φ gemäß $\varphi_1 \geq \varphi_2$, wenn $C_{\varphi_1} \subset C_{\varphi_2}$ ("φ_1 ist nicht schlechter als φ_2") gilt, ein, dann ist Φ induktiv geordnet, denn ist Φ' eine vollständig geordnete Teilmenge von Φ bezüglich der oben eingeführten partiellen Ordnung "$\leq$", so gilt $\bigcap_{\varphi' \in \Phi'} C_{\varphi'} \neq \emptyset$ nach dem Satz von Alaoglu, da $C_{\varphi_1'} \cap \ldots \cap C_{\varphi_n'} \neq \emptyset$ für jede endliche Teilmenge $\{\varphi_1', \ldots, \varphi_n'\}$ von Φ gilt. Mit $\varphi_0 \in \bigcap_{\varphi' \in \Phi'} C_{\varphi'}$ gilt dann $\varphi' \leq \varphi_0$, $\varphi' \in \Phi'$, so daß Φ bezüglich "$\leq$" induktiv geordnet ist. Insbesondere existiert daher ein maximales Element φ^* bezüglich "$\leq$" nach dem Lemma von Zorn. Also ist φ^* zulässig.

BEMERKUNG: Im nicht-dominierten Fall existiert i.a. kein zulässiger Test, z. B.: $(\Omega, \mathcal{S}, \mathcal{P})$ mit $\Omega := \mathbb{R}$, $\mathcal{S} := \mathcal{B}$, $\mathcal{P}_1 := \{\delta_\omega : \omega \in A\}$, $\mathcal{P}_2 := \{\delta_\omega : \omega \in A^c\}$ mit $A \subset \mathbb{R}$ und $A \notin \mathcal{B}$, sowie $\mathcal{P} = \mathcal{P}_1 \cup \mathcal{P}_2$. Sei $\varphi \in \Phi$ beliebig. Dann gilt im Fall $\varphi(\omega_0) > 0$ für ein $\omega_0 \in A$ die Beziehung $E_{\delta_{\omega_0}}(\varphi) > 0 = E_{\delta_{\omega_0}}(\varphi')$ mit $\varphi' := \varphi I_{\mathbb{R} \setminus \{\omega_0\}} \in \Phi$, sowie $E_{\delta_\omega}(\varphi') = E_{\delta_\omega}(\varphi)$, $\omega \in \mathbb{R} \setminus \{\omega_0\}$. Im Fall $\varphi(\omega) = 0$, $\omega \in A$, gibt es, wegen $A \notin \mathcal{B}$ ein $\omega_0 \in A^c$ mit $\varphi(\omega_0) = 0$, da sonst $A = \{\varphi = 0\} \in \mathcal{B}$ gelten würde. Mit $\varphi I_{\mathbb{R} \setminus \{\omega_0\}} + I_{\{\omega_0\}}$ erhält man dann die Beziehung $E_{\delta_\omega}(\varphi') = E_{\delta_\omega}(\varphi)$, $\omega \in \mathbb{R} \setminus \{\omega_0\}$, bzw. $E_{\delta_{\omega_0}}(\varphi') = 1 > E_{\delta_\omega}(\varphi) = 0$.

Optimalitätsbegriffe der Testtheorie nach Neyman-Pearson

$(\Omega, \mathcal{S}, \mathcal{P})$ statistisches Experiment, $\mathcal{P}_j \subset \mathcal{P}$, $j = 1, 2$, mit $\mathcal{P}_1 \cap \mathcal{P}_2 = \emptyset$. Dann heißt $\varphi \in \Phi$ Test zum Niveau α $(0 \leq \alpha \leq 1)$ für das Testen von $\mathcal{P}_1$ gegen $\mathcal{P}_2$, wenn $E_{P_1}(\varphi) \leq \alpha$, $P_1 \in \mathcal{P}_1$, zutrifft. Ferner heißt $\varphi^* \in \Phi_\alpha := \{\varphi \in \Phi : E_{P_1}(\varphi) \leq \alpha, P_1 \in \mathcal{P}_1\}$ gleichmäßig bester Test zum Niveau α für das Testen von $\mathcal{P}_1$ gegen $\mathcal{P}_2$, wenn $E_{P_2}(\varphi) = \sup_{\varphi \in \Phi_\alpha} E_{P_2}(\varphi)$, $P_2 \in \mathcal{P}_2$, gilt. Schließlich heißt $\varphi^* \in \Phi_{u,\alpha} := \{\varphi \in \Phi_\alpha : E_{P_2}(\varphi) \geq \alpha, P_2 \in \mathcal{P}_2\}$ gleichmäßig bester, unverfälschter Test zum Niveau α für das Testen von $\mathcal{P}_1$ gegen $\mathcal{P}_2$, falls $E_{P_2}(\varphi^*) = \sup_{\varphi \in \Phi_{u,\alpha}} E_{P_2}(\varphi)$, $P_2 \in \mathcal{P}_2$, zutrifft. Die Funktion $P_2 \to \sup_{\varphi \in \Phi_\alpha} E_{P_2}(\varphi)$, $P_2 \in$

$\mathcal{P}_2$, heißt einhüllende Gütefunktion β_α (envelope power function). $\varphi^* \in \Phi_\alpha$ heißt strenger (most stringent) Test zum Niveau α für das Testen von $\mathcal{P}_1$ gegen $\mathcal{P}_2$, wenn $\sup_{P_2 \in \mathcal{P}_2}(\beta_\alpha(P_2) - E_{P_2}(\varphi^*)) = \inf_{\varphi \in \Phi_\alpha} \sup_{P_2 \in \mathcal{P}_2}(\beta_\alpha(P_2) - E_{P_2}(\varphi))$ zutrifft.

Existenz strenger Tests

$\mathcal{P}_j \subset \mathcal{P} \ll \mu$, μ σ-endliches Maß, $j = 1, 2$, mit $\mathcal{P}_1 \cap \mathcal{P}_2 = \emptyset$. Dann existiert ein strenger Test zum Niveau α für das Testen von $\mathcal{P}_1$ gegen $\mathcal{P}_2$.

BEGRÜNDUNG: $\Phi_{\alpha,\varepsilon} := \{\varphi \in \Phi_\alpha : \sup_{P_2 \in \mathcal{P}_2}(\beta_\alpha(P_2) - E_{P_2}(\varphi)) \leq m + \varepsilon\}$ mit $m := \inf_{\varphi \in \Phi_\alpha} \sup_{P_2 \in \mathcal{P}_2}(\beta_\alpha(P_2) - E_{P_2}(\varphi))$ und $\varepsilon > 0$. Dann ist $\Phi_{\alpha,\varepsilon}$ schwach kompakt und $\Phi_{\alpha,\varepsilon_1} \cap \ldots \cap \Phi_{\alpha,\varepsilon_n} \neq \emptyset$ für $\varepsilon_j > 0$, $j = 1, \ldots, n$, $n \in \mathbb{N}$, impliziert daher $\bigcap_{\varepsilon > 0} \Phi_{\alpha,\varepsilon} \neq \emptyset$, so daß $\varphi^* \in \bigcap_{\varepsilon > 0} \Phi_{\alpha,\varepsilon}$ ein strenger Test zum Niveau α für das Testen von $\mathcal{P}_1$ gegen $\mathcal{P}_2$ ist.

Andere BEGRÜNDUNG: Wendet man den Satz von Riesz, wonach für eine normbeschränkte Folge $(x_n)_{n \in \mathbb{N}}$ mit $x_n \in H$, $n \in \mathbb{N}$, und H als Hilbertraum, eine Teilfolge $(x_{n_k})_{k \in \mathbb{N}}$ und ein $x_0 \in H$ existieren mit $\lim_{k \to \infty} < x_{n_k}, x > = < x_0, x >$, $x \in H$ ($<,>$ Skalarprodukt von H) auf $L_2(\Omega, \mathcal{S}, \mu)$ mit μ als endliches Maß auf $\mathcal{S}$, an, dann existiert zu $\varphi_n \in \Phi$, $n \in \mathbb{N}$, eine Teilfolge $(\varphi_{n_k})_{k \in \mathbb{N}}$ und ein $\varphi \in \Phi$ mit $\lim_{k \to \infty} \int \varphi_{n_k} f \, d\mu = \int \varphi f \, d\mu$ für alle $f \in \mathcal{L}_2(\Omega, \mathcal{S}, \mu)$. Beachtet man, daß jede beschränkte, $\mathcal{S}$-meßbare Funktion $g : \Omega \to \mathbb{R}$ gleichmäßig durch eine Folge $(f_n)_{n \in \mathbb{N}}$ mit $f_n : \Omega \to \mathbb{R}$ $\mathcal{S}$-meßbar, primitiv (d. h. endlich wertig) approximiert werden kann und daß $\int_{\{|f| \geq M\}} \varphi f \, d\mu \leq \varepsilon$ gleichmäßig in $\varphi \in \Phi$ für hinreichend großes $M > 0$ zutrifft, so erhält man schließlich $\lim_{k \to \infty} \int \varphi_{n_k} f \, d\mu = \int \varphi f \, d\mu$ für alle $f \in \mathcal{L}_1(\Omega, \mathcal{S}, \mu)$. Ferner kann man noch μ σ-endlich statt endlich wählen, da es ein endliches Maß ν gibt mit $\mu \ll \nu$. Startet man von μ als Wahrscheinlichkeitsmaß auf $\mathcal{S}$ mit $\mathcal{S}$ als abzählbar erzeugter σ-Algebra, dann ist $\mathcal{L}_1(\Omega, \mathcal{S}, \mu)$ separabel, da es zu jedem $S \in \mathcal{S}$ und $\varepsilon > 0$ ein $A \in \mathcal{A}$ mit $\mathcal{A}$ als abzählbarer Algebra über Ω, welches $\mathcal{S}$ erzeugt, gibt, so daß $\mu(A \triangle S) \leq \varepsilon$ gilt. Mit Hilfe eines Diagonalverfahrens erhält man dann zu $\varphi_n \in \Phi$, $n = 1, 2, \ldots$, eine Teilfolge $(\varphi_{n_k})_{k \in \mathbb{N}}$ mit existierendem Grenzwert $\lim_{k \to \infty} \int \varphi_{n_k} g \, d\mu$ für alle $g \in \mathcal{G}$ mit $\mathcal{G}$ als abzählbarer, dichter Teilmenge von $\mathcal{L}_1(\Omega, \mathcal{S}, \mu)$, so daß auch $\lim_{k \to \infty} \int \varphi_{n_k} f \, d\mu$, $f \in \mathcal{L}_1(\Omega, \mathcal{S}, \mu)$ existiert. Insbesondere wird durch $\lambda(S) := \lim_{k \to \infty} \int_S \varphi_{n_k} d\mu$, $S \in \mathcal{S}$, ein endliches Maß λ auf $\mathcal{S}$ definiert mit $\lambda(S) \leq \mu(S)$, $S \in \mathcal{S}$, so daß man mit $\varphi \in \Phi$ als eine Version von $\frac{d\lambda}{d\mu}$ schließlich $\lim_{k \to \infty} \int \varphi_{n_k} f \, d\mu = \int \varphi f \, d\mu$, $f \in \mathcal{L}_1(\Omega, \mathcal{S}, \mu)$ erhält. Ist $\mathcal{S}$ nicht notwendig abzählbar erzeugt, so ersetzt man $\mathcal{S}$ zunächst durch die abzählbar erzeugte σ-Algebra $\mathcal{T} \subset \mathcal{S}$ mit $\mathcal{T} := S(\{\{\varphi_n \geq r\} : n \in \mathbb{N}, r \in \mathbb{R}\})$. Dann gilt zunächst $\lim_{k \to \infty} \int \varphi_{n_k} f \, d\mu = \int \varphi f \, d\mu$, $f \in \mathcal{L}_1(\Omega, \mathcal{T}, \mu|\mathcal{T})$ mit μ als Wahrscheinlichkeitsmaß auf $\mathcal{S}$ und φ als $\mathcal{T}$-meßbare Testfunktion. Wählt man schließlich für $f \in \mathcal{L}_1(\Omega, \mathcal{S}, \mu)$ eine Version g von $E_\mu(f|\mathcal{T})$, so liefert die Glättungseigenschaft für bedingte Erwartungswerte schließlich $\lim_{k \to \infty} \int \varphi_{n_k} f \, d\mu = \int \varphi f \, d\mu$, $f \in \mathcal{L}_1(\Omega, \mathcal{S}, \mu)$. Demnach kann man ohne Beschränkung der Allgemeinheit eine Folge $(\varphi_n)_{n \in \mathbb{N}}$, $\varphi_n \in \Phi_\alpha$, $n \in \mathbb{N}$, finden mit $\lim_{n \to \infty} E_P(\varphi_n) = E_P(\varphi^*)$, $P \in \mathcal{P}_1 \cup \mathcal{P}_2$, für ein $\varphi^* \in \Phi$, also $\varphi^* \in \Phi_\alpha$, sowie mit $\lim_{n \to \infty} \sup_{P_2 \in \mathcal{P}_2}(\beta_\alpha(P_2) - E_{P_2}(\varphi_n)) =$

$\inf_{\varphi \in \Phi_\alpha} \sup_{P_2 \in \mathcal{P}_2}(\beta_\alpha(P_2) - E_P(\varphi))$, d. h. φ^* ist strenger Test zum Niveau α für das Testen von $\mathcal{P}_1$ gegen $\mathcal{P}_2$, wegen $\lim_{n\to\infty} \sup_{P_2 \in \mathcal{P}_2}(\beta_\alpha(P_2) - E_{P_2}(\varphi_n)) \leq \sup_{P_2 \in \mathcal{P}_2}(\beta_\alpha(P_2) - E_{P_2}(\varphi^*))$, während $\lim_{n\to\infty} E_P(\varphi_n) = E_P(\varphi^*)$, $P \in \mathcal{P}$, die Ungleichung $\lim_{n\to\infty} \sup_{P_2 \in \mathcal{P}_2}(\beta_\alpha(P_2) - E_{P_2}(\varphi_n)) \geq \sup_{P_2 \in \mathcal{P}_2}(\beta_\alpha(P_2) - E_{P_2}(\varphi^*))$ impliziert.

ANWENDUNG strenger Tests: Charakterisierung der Existenz gleichmäßig bester Tests $\mathcal{P}_j \subset \mathcal{P} \ll \mu$, μ σ-endliches Maß, $j = 1, 2$, mit $\mathcal{P}_1 \cap \mathcal{P}_2 = \emptyset$. Dann gibt es einen gleichmäßig besten Test für das Testen zum Niveau α von $\mathcal{P}_1$ gegen $\mathcal{P}_2$ genau dann, wenn die einhüllende Gütefunktion $\beta_\alpha : k(\mathcal{P}_2) \to \mathbb{R}$, $\beta_\alpha(Q) := \sup_{\varphi \in \Phi_\alpha} E_Q(\varphi)$, $Q \in k(\mathcal{P}_2)$ mit $k(\mathcal{P}_2)$ als konvexe Hülle von $\mathcal{P}_2$ affin-linear ist (d. h. $\beta_\alpha(aQ_1 + (1 - a)Q_2) = a\beta_\alpha(Q_1) + (1 - a)\beta_\alpha(Q_2)$, $Q_j \in k(\mathcal{P}_2)$, $j = 1, 2$, $a \in [0, 1]$).

BEGRÜNDUNG: Offenbar ist $\beta_\alpha : k(\mathcal{P}_2) \to \mathbb{R}$ affin-linear, wenn es einen gleichmäßig besten Test φ^* zum Niveau α gibt, da dann $E_Q(\varphi^*) = \beta_\alpha(Q)$, $Q \in k(\mathcal{P}_2)$ gilt, wenn man $\beta_\alpha(aQ_1 + (1 - a)Q_2) \leq a\beta_\alpha(Q_1) + (1 - a)\beta_\alpha(Q_2)$, $Q_j \in k(\mathcal{P}_2)$, $j = 1, 2$, $a \in [0, 1]$, beachtet. Ist umgekehrt $\beta_\alpha : k(\mathcal{P}_2) \to \mathbb{R}$ affin-linear, so kann man den folgenden Minimaxsatz verwenden: Ist $f : K_1 \times K_2 \to \mathbb{R}$ eine Funktion mit den Eigenschaften, daß $x_1 \to f(x_1, x_2)$ mit $x_1 \in K_1$ konvex und stetig ist für jedes $x_2 \in X_2$ mit K_1 als konvexe und kompakte Teilmenge eines lokal konvexen topologischen Vektorraums, und daß $x_2 \to f(x_1, x_2)$ mit $x_2 \in K_2$ konkav ist für jedes $x_1 \in K_1$ mit K_2 als konvexer Teilmenge eines Vektorraums, dann gilt $\inf_{x_1 \in K_1} \sup_{x_2 \in K_2} f(x_1, x_2) = \sup_{x_2 \in K_2} \inf_{x_1 \in K_1} f(x_1, x_2)$. Nun ist $\varphi \to \beta_\alpha(P_2) - E_{P_2}(\varphi)$ mit $\varphi \in \Phi_\alpha$ für alle $P_2 \in \mathcal{P}_2$ konvex und stetig bezüglich der schwachen Topologie von $\mathcal{L}_1(\Omega, \mathcal{S}, \mu)$ mit μ als endliches Maß und Φ_α schwach kompakt und konvex sowie $P_2 \to \beta_\alpha(P_2) - E_{P_2}(\varphi)$ mit $P_2 \in k(\mathcal{P}_2)$ konkav, da β_α affin-linear ist. Daher gilt $\inf_{\varphi \in \Phi_\alpha} \sup_{P_2 \in k(\mathcal{P}_2)}(\beta_\alpha(P_2) - E_{P_2}(\varphi)) = \sup_{P_2 \in k(\mathcal{P}_2)} \inf_{\varphi \in \Phi_\alpha}(\beta_\alpha(P_2) - E_{P_2}(\varphi)) = \sup_{P_2 \in \mathcal{P}_2}(\beta_\alpha(P_2) - E_{P_2}(\varphi^*))$ mit φ^* als strenger Test zum Niveau α für das Testen von $\mathcal{P}_1$ gegen $\mathcal{P}_2$. Ferner gilt $\inf_{\varphi \in \Phi_\alpha}(\beta_\alpha(P_2) - E_{P_2}(\varphi)) = 0$, da es $\varphi \in \Phi_\alpha$ mit $E_{P_2}(\varphi) = \beta_\alpha(P_2)$ zu jedem festen $P_2 \in \mathcal{P}_2$ gibt. Also ist jeder strenge Test φ^* zum Niveau α für das Testen von $\mathcal{P}_1$ gegen $\mathcal{P}_2$ hier gleichmäßig bester Test zum Niveau α.

ANWENDUNG des Minimaxsatzes: Unterscheidbarkeit von Hypothesen $(\Omega, \mathcal{S}, \mathcal{P})$ statistisches Experiment, $\mathcal{P} = \mathcal{P}_1 \cup \mathcal{P}_2 \ll \mu$, μ σ-endliches Maß. Dann heißt $d(P_1, P_2) := \sup_{A \in \mathcal{S}} |P_1(A) - P_2(A)|$ $(= (P_1 - P_2)^+(\Omega) = \sup_{A \in \mathcal{S}}(P_1(A) - P_2(A))$ Variationsabstand, wobei man hierfür auch noch schreiben kann:

$$d(P_1, P_2) = \frac{1}{2} \int |\frac{dP_1}{d\mu} - \frac{dP_2}{d\mu}| d\mu = \sup_{\varphi \in \Phi} |E_{P_1}(\varphi) - E_{P_2}(\varphi)|,$$

wegen $d(P_1, P_2) = P_1(A_0) - P_2(A_0)$ mit $A_0 := \{\frac{dP_1}{d\mu} \geq \frac{dP_2}{d\mu}\} \in \mathcal{S}$. Daher ist die Orthogonalität (in Zeichen: $P_1 \perp P_2$), d. h. es gibt $A \in \mathcal{S}$ mit $P_1(A^c) = 0$ und $P_2(A) = 0$, äquivalent mit der Existenz von $\varphi \in \Phi$ mit $E_{P_1}(\varphi) = 0$ und

$E_{P_2}(1 - \varphi) = 0$.

Bezeichnet $d(\mathcal{P}_1, \mathcal{P}_2)$ den Abstand zwischen $\mathcal{P}_1, \mathcal{P}_2$ gemäß $\inf_{\substack{P_j \in \mathcal{P}_j \\ j=1,2}} d(P_1, P_2)$, so liefert der Minimaxsatz

$$1 - d(k(\mathcal{P}_1), k(\mathcal{P}_2)) = \sup_{\substack{P_j \in k(\mathcal{P}_j) \\ j=1,2}} \inf_{\varphi \in \Phi} (E_{P_1}(\varphi) + E_{P_2}(1 - \varphi)),$$

d. h. zu $\varepsilon > 0$ existiert $\varphi \in \Phi$ mit $E_{P_1}(\varphi) + E_{P_2}(1 - \varphi) < \varepsilon$, $P_j \in \mathcal{P}_j$, $j = 1, 2$, genau dann, wenn $d(k(\mathcal{P}_1), k(\mathcal{P}_2)) > 1 - \varepsilon$ zutrifft. Im Fall $\varepsilon = 0$ gilt $P_1 \perp P_2$, $P_j \in \mathcal{P}_j$, $j = 1, 2$, genau dann, wenn es ein $A \in \mathcal{S}$ mit $P_1(A^c) = 0$, $P_2(A) = 0$, $P_j \in \mathcal{P}_j$, $j = 1, 2$, gibt, wobei diese Aussage im nicht dominierten Fall i.a. falsch ist, z. B. $\Omega := \mathbb{R}$, $\mathcal{S} := \mathcal{B}$, $\mathcal{P}_1 := \{\delta_\omega : \omega \in A_0\}$, $\mathcal{P}_2 := \{\delta_\omega : \omega \in A_0^c\}$ mit $A_0 \notin \mathcal{B}$.

Weitere Optimalitätsbegriffe der Testtheorie

$(\Omega, \mathcal{S}, \mathcal{P})$ statistisches Experiment, $\mathcal{P}_j \subset \mathcal{P}$, $j = 1, 2$, mit $\mathcal{P}_1 \cap \mathcal{P}_2 = \emptyset$. Dann heißt $\varphi^* \in \Phi_\alpha$ Maximin-Test zum Niveau α $(0 \leq \alpha \leq 1)$ für das Testen von $\mathcal{P}_1$ gegen $\mathcal{P}_2$, wenn gilt $\inf_{\varphi \in \Phi_\alpha} \sup_{P_2 \in \mathcal{P}_2} E_{P_2}(1 - \varphi) = \sup_{P_2 \in \mathcal{P}_2} E_{P_2}(1 - \varphi^*)$. Ferner heißt $\varphi^* \in \Phi$ Minimax-Test für das Testen von $\mathcal{P}_1$ gegen $\mathcal{P}_2$, wenn gilt

$$\inf_{\varphi \in \Phi} \sup_{\substack{P_j \in \mathcal{P}_j \\ j=1,2}} \max\{E_{P_1}(\varphi), E_{P_2}(1 - \varphi)\} = \sup_{\substack{P_j \in \mathcal{P}_j \\ j=1,2}} \max\{E_{P_1}(\varphi^*), E_{P_2}(1 - \varphi^*)\}.$$

Insbesondere existiert ein Maximin-Test bzw. Minimax-Test im Fall $\mathcal{P}_1 \cup \mathcal{P}_2 \ll \mu$, μ σ-endliches Maß.

Im folgenden wird im Fall von $\mathcal{P}_j := \{P_j\}$, $j = 1, 2$, ein gleichmäßig bester Test zum Niveau α für das Testen von $\mathcal{P}_1$ gegen $\mathcal{P}_2$ kurz bester Test zum Niveau α für das Testen von $\{P_1\}$ gegen $\{P_2\}$ genannt.

Testtheoretische Untersuchungen des Fortsetzungsmodells

Es seien P_j, $j = 1, 2$, Wahrscheinlichkeitsmaße auf der σ-Algebra $\mathcal{S}$ über Ω und ν ein Wahrscheinlichkeitsmaß auf $\mathcal{S}$ mit $P_j \ll \nu$, $j = 1, 2$, sowie $\mathcal{T}$ eine Teil-σ-Algebra von $\mathcal{S}$. Ferner bezeichne Q_j^* das gemäß $Q_j^*(A) := \int_A \frac{d(P_j|\mathcal{T})}{d(\nu|\mathcal{T})} d\nu$, $A \in \mathcal{S}$, $j = 1, 2$, erklärte Wahrscheinlichkeitsmaß. Schließlich sei $\mathcal{Q}_j \subset \mathcal{P}_j := \{Q$ Wahrscheinlichkeitsmaß auf $\mathcal{S} : Q|\mathcal{T} = P_j|\mathcal{T}\}$, $j = 1, 2$. Dann gilt: Jeder beste Test ψ^* zum Niveau α für das Testen von $\{P_1|\mathcal{T}\}$ gegen $\{P_2|\mathcal{T}\}$ ist Maximin-Test zum Niveau α für das Testen von $\mathcal{Q}_1$ und $\mathcal{Q}_2$, falls $Q_j^* \in k(\mathcal{P}_j)$, $j = 1, 2$, zutrifft.

BEGRÜNDUNG: Die $\mathcal{T}$-Meßbarkeit von ψ^* liefert $\sup_{P_2 \in \mathcal{Q}_2}(1 - E_{P_2}(\psi^*)) = 1 - E_{P_2|\mathcal{T}}(\psi^*)$ und daß ψ^* bester Test zum Niveau α für das Testen von $\{Q_1^*\}$ gegen $\{Q_2^*\}$ ist, da $\mathcal{T}$ für $\{Q_1^*, Q_2^*\}$ suffizient ist. Ferner gilt $E_{Q_1^*}(\varphi) \leq \alpha$ für alle $\varphi \in \Phi_\alpha$, wegen $Q_1^* \in k(\mathcal{P}_1)$, woraus

$$\sup_{P_2 \in \mathcal{Q}_2}(1 - E_{P_2}(\psi^*)) = (1 - E_{P_2|\mathcal{T}}(\psi^*)) = 1 - E_{Q_2^*}(\psi^*) \leq 1 - E_{Q_2^*}(\varphi)$$

$$\leq \sup_{P_2 \in \mathcal{Q}_2} (1 - E_{P_2}(\varphi)), \ \varphi \in \Phi_\alpha,$$

wegen $Q_2^* \in k(\mathcal{P}_2)$ und $E_{P_1}(\psi^*) \leq \alpha$, $P_1 \in \mathcal{Q}_1$, folgt, also $\psi^* \in \Phi_\alpha$ mit $\inf_{\varphi \in \Phi_\alpha} \sup_{P_2 \in \mathcal{Q}_2} (1 - E_{P_2}(\varphi)) = \sup_{P_2 \in \mathcal{Q}_2} (1 - E_{P_2}(\psi^*))$ zutrifft.

BEMERKUNG:

1. $d(\mathcal{P}_1, \mathcal{P}_2) = d(Q_1^*, Q_2^*) = d(\mathcal{Q}_1, \mathcal{Q}_2)$, wegen $d(Q_1^*, Q_2^*) = Q_1^*(A_0) - Q_2^*(A_0)$ mit $A_0 := \{\frac{dQ_1^*}{d\nu} > \frac{dQ_2^*}{d\nu}\} \in \mathcal{T}$ und $Q|\mathcal{T} = Q_1^*|\mathcal{T}$, $Q \in \mathcal{P}_1$ sowie $Q|\mathcal{T} = Q_2^*|\mathcal{T}$, $Q \in \mathcal{P}_2$, d. h. die Unterscheidbarkeit von $\mathcal{P}_1$ und $\mathcal{P}_2$ bzw. $\mathcal{Q}_1$ und $\mathcal{Q}_2$ ist bei Q_1^* und Q_2^* am schwierigsten.

2. Man kann die Bedingung $Q_j^* \in k(\mathcal{P}_j)$, $j = 1, 2$, durch $Q_j^* \in \overline{k(\mathcal{P}_j)}$ (Abschluß bezüglich der schwachen Topologie, d. h. Topologie der mengenweisen Konvergenz) ersetzen.

3. Das folgende Beispiel endlicher Transformationsgruppen ist von besonderem Interesse: Mit G als endlicher Gruppe von bijektiven und $(S, \mathcal{S})$-meßbaren Abbildungen $g : \Omega \to \Omega$, $\mathcal{T} := \{A \in \mathcal{S} : A = g(A), g \in G\}$ und $\mathcal{Q}_j := \{P_j^g : g \in G\}$, P_j Wahrscheinlichkeitsmaß auf $\mathcal{S}$, $j = 1, 2$, gilt $Q_j = \frac{1}{|G|} \sum_{g \in G} P_j^g$, wenn man $\nu := \frac{1}{|G|} \sum_{g \in G} (P_1^g + P_2^g)/2$ wählt, wegen:

$$\frac{d(P_j|\mathcal{T})}{d(\nu|\mathcal{T})} = E_\nu (\frac{dP_j}{d\nu}|\mathcal{T}) = \frac{1}{|G|} \sum_{g \in G} \frac{dP_j}{d\nu} \circ g^{-1} = \frac{1}{|G|} \sum_{g \in G} \frac{dP_j^g}{d\nu} \ \nu\text{-f.ü.}, \ j = 1, 2.$$

Gleichmäßig beste Tests im Fortsetzungsmodell

Es seien P_j, $j = 1, 2$, Wahrscheinlichkeitsmaße auf der σ-Algebra $\mathcal{S}$ über Ω und ν ein Wahrscheinlichkeitsmaß auf $\mathcal{S}$ mit $P_j \ll \nu$, $j = 1, 2$. Ferner stehe $\mathcal{P}_j$ für $\{Q$ Wahrscheinlichkeitsmaß auf $\mathcal{S} : Q|\mathcal{T} = P_j|\mathcal{T}\}$, $j = 1, 2$, mit $\mathcal{T}$ als Teil-σ-Algebra von $\mathcal{S}$. Dann gilt: Jeder beste Test ψ^* zum Niveau α für das Testen von $\{P_1|\mathcal{T}\}$ gegen $\{P_2|\mathcal{T}\}$ ist gleichmäßig bester Test zum Niveau α für das Testen von $\mathcal{P}_1$ gegen $\mathcal{P}_2$.

BEGRÜNDUNG: Sei $Q_2 \in \mathcal{P}_2$. Es genügt, ein $Q_1 \in \mathcal{P}_1$ anzugeben derart, daß ein $\mathcal{T}$-meßbarer, bester Test für das Testen von $\{Q_1\}$ gegen $\{Q_2\}$ zum Niveau α existiert, $\alpha \in [0, 1]$. Hinreichend hierfür ist die Suffizienz von $\mathcal{T}$ für $\{Q_1, Q_2\}$. Sei $\mu := P_1 + P_2$ und $Q_1 \in \mathcal{P}_1$. Dann gilt:

$$\mathcal{T} \text{ suffizient für } \{Q_1, Q_2\} \Leftrightarrow \frac{d(Q_1|\mathcal{T})}{d(Q_1|\mathcal{T} + Q_2|\mathcal{T})} = \frac{dQ_1}{d(Q_1 + Q_2)} (Q_1 + Q_2) \text{ -f.ü.}$$

$$\Leftrightarrow \frac{d(P_1|\mathcal{T})}{d(\mu|\mathcal{T})} = \frac{dQ_1}{d(Q_1 + Q_2)} (Q_1 + Q_2) \text{ -f.ü.}$$

$$\Leftrightarrow Q_1(S) = \int_S \frac{d(P_1|\mathcal{T})}{d(\mu|\mathcal{T})} d(Q_1 + Q_2), \ S \in \mathcal{S}$$

$$\Leftrightarrow \int_S (1 - \frac{d(P_1|T)}{d(\mu|T)}) dQ_1 \ (= \int_S \frac{d(P_2|T)}{d(\mu|T)} dQ_1)$$

$$= \int_S \frac{d(P_1|T)}{d(\mu|T)} dQ_2, \ S \in \mathcal{S},$$

wegen $Q_1|T = P_1|T \ll \mu|T$.

Ferner gilt:

$$\int_S \frac{d(P_2|T)}{d(\mu|T)} \cdot \frac{dQ_1}{d\nu} d\nu = \int_S \frac{d(P_1|T)}{d(\mu|T)} \cdot \frac{dQ_2}{d\nu} d\nu, \ S \in \mathcal{S}$$

$$\Leftrightarrow \frac{d(P_2|T)}{d(\mu|T)} \cdot \frac{dQ_1}{d\nu} = \frac{d(P_1|T)}{d(\mu|T)} \cdot \frac{dQ_2}{d\nu} \ \nu\text{-f.ü.}.$$

Es sei

$$f: \frac{d(P_1|T)}{d(\mu|T)} / \frac{d(P_2|T)}{d(\mu|T)} I_{\{\frac{d(P_2|T)}{d(\mu|T)}>0\}} \cdot \frac{dQ_2}{d\nu} + I_{\{\frac{d(P_2|T)}{d(\mu|T)}=0\}} \frac{d\mu}{d\nu} \ \text{und}$$

$$Q_1(S) := \int_S f \, d\mu, \ S \in \mathcal{S}.$$

Dann gilt für jedes $T \in \mathcal{T}$ die Beziehung:

$$Q_1(T) = \int_T \frac{d(P_1|T)}{d(\mu|T)} / \frac{d(P_2|T)}{d(\mu|T)} I_{\{\frac{d(P_2|T)}{d(\mu|T)}>0\}} d(P_2|T) + \int_T I_{\{\frac{d(P_2|T)}{d(\mu|T)}=0\}} d(\mu|T)$$

$$= \int_T \frac{d(P_1|T)}{d(\mu|T)} I_{\{\frac{dP_2|T}{d(\mu|T)}>0\}} d(\mu|T) + \int_T \frac{d(P_1|T)}{d(\mu|T)} I_{\{\frac{d(P_1|T)}{d(\mu|T)}=1\}} d(\mu|T)$$

$$= P_1(T),$$

wegen $I_{\{\frac{d(P_2|T)}{d(\mu|T)}=0\}} = I_{\{\frac{d(P_1|T)}{d(\mu|T)}=1\}}$ $(\mu|T)$-f.ü., also $Q_1 \in \mathcal{P}_1$. Ferner gilt

$$\frac{d(P_1|T)}{d(\mu|T)} \cdot I_{\{\frac{d(P_1|T)}{d(\mu|T)}<1\}} \frac{dQ_2}{d\nu} = \frac{d(P_1|T)}{d(\mu|T)} \cdot I_{\{\frac{d(P_2|T)}{d(\mu|T)}>0\}} \frac{dQ_2}{d\nu}$$

$$= \frac{dQ_1}{d\nu} \cdot \frac{d(P_2|T)}{d(\mu|T)} = \frac{d(P_1|T)}{d(\mu|T)} \cdot \frac{dQ_2}{d\nu} \ \nu\text{-f.ü.},$$

da $\{\frac{d(P_1|T)}{d(\mu|T)} = 1\}$ eine $(P_2|T)$-Nullmenge ist, also

$$I_{\{\frac{d(P_1|T)}{d(\mu|T)}=1\}} \frac{dQ_2}{d\mu} = 0 \ \nu\text{-f.ü.}.$$

Daher ist $\mathcal{T}$ suffizient für $\{Q_1, Q_2\}$.

Strukturen bester Tests zum Niveau α für einfache Hypothesen

Neyman-Pearson-Lemma:

Es seien P_j, $j = 1, 2$, Wahrscheinlichkeitsmaße auf einer σ-Algebra $\mathcal{S}$ über Ω mit $P_j \ll \mu$, μ σ-endliches Maß auf $\mathcal{S}$, $j = 1, 2$. Dann gibt es zu jedem besten Test φ^* zum Niveau $\alpha \in (0, 1]$, d. h. $E_{P_2}(\varphi^*) = \sup\{E_{P_2}(\varphi) : \varphi \in \Phi \text{ mit } E_{P_1}(\varphi) \leq \alpha\}$ ein $k \geq 0$ mit

$$\varphi^* = \begin{cases} 1 & \frac{dP_2}{d\mu} > k\frac{dP_1}{d\mu} \\ & \\ 0 & \frac{dP_2}{d\mu} < k\frac{dP_1}{d\mu} \end{cases} \mu \text{ f.ü. ,} \qquad (*)$$

wobei $E_{P_1}(\varphi^*) = \alpha$ und $k > 0$ zutrifft im Fall $E_{P_2}(\varphi^*) < 1$. Ferner gibt es $k^* \geq 0$ und $\mathcal{S}^* \in [0, 1]$, so daß

$$\varphi^* = \begin{cases} 1, & \frac{dP_2}{d\mu} > k^*\frac{dP_1}{d\mu} \\ \gamma^*, & \frac{dP_2}{d\mu} = k^*\frac{dP_1}{d\mu} \\ 0, & \frac{dP_2}{d\mu} < k^*\frac{dP_1}{d\mu} \end{cases} \mu \text{-f.ü.}$$

bester Test zum Niveau α für das Testen von $\{P_1\}$ gegen $\{P_2\}$ ist und $E_{P_1}(\varphi^*) = \alpha$ gilt.

Jeder Test φ^* mit $(*)$ und $E_{P_1}(\varphi^*) = \alpha$ ist bester Test zum Niveau α für das Testen von $\{P_1\}$ gegen $\{P_2\}$ und für jeden anderen Test zum Niveau α für das Testen von $\{P_1\}$ gegen $\{P_2\}$ trifft $(*)$ mit demselben $k \geq 0$ zu.

BEGRÜNDUNG: Es sei $M := \{(x_1, x_2) \in \mathbb{R}^2 : x_1 \geq E_{P_1}(\varphi) \text{ und } x_2 \leq E_{P_2}(\varphi) \text{ für ein } \varphi \in \Phi\}$ und $N := \{(y_1, y_2) \in \mathbb{R}^2 : y_1 \leq \alpha \text{ und } y_2 > E_{P_2}(\varphi^*)\}$ mit φ^* als bester Test zum Niveau $\alpha \in (0, 1]$ für das Testen von $\{P_1\}$ gegen $\{P_2\}$. Da M, N konvexe und disjunkte Teilmengen von $\mathbb{R}^2$ sind und N innere Punkte enthält, z. B. (-1,2), kann man nach einem bekannten Trennungssatz für konvexe, disjunkte Teilmengen des $\mathbb{R}^n$, von denen eine innere Punkte enthält, reelle Zahlen k_1, k_2 mit $k_1^2 + k_2^2 \neq 0$ finden, so daß $k_1 x_1 + k_2 x_2 \geq k_1 y_1 + k_2 y_2$, $x_j \in M$, $y_j \in N$, $j = 1, 2$, zutrifft. Hieraus resultiert $k_1 \geq 0$, da man sonst für $x_1 \to \infty$ einen Widerspruch erhält, sowie $k_2 \leq 0$, da man sonst für $y_2 \to \infty$ einen Widerspruch erhält. Ferner gilt $k_2 \neq 0$, da im Fall $k_2 = 0$ aus $k_1 x_1 \geq k_1 y_1$, $x_1 \in M$, $y_1 \in N$ mit $x_1 := 0$ und $y_1 := \alpha$ der Widerspruch $\alpha = 0$ folgt. Es sei nun $k := -\frac{k_1}{k_2}$, so daß $y_2 - ky_1 \geq x_2 - kx_1$, $x_1, x_2 \in M$, $y_1, y_2 \in N$, zutrifft. Insbesondere gilt daher $E_{P_2}(\varphi^*) - kE_{P_1}(\varphi^*) \geq E_{P_2}(\varphi) - kE_{P_1}(\varphi)$, $\varphi \in \Phi$, also

$$\int \varphi^*(\frac{dP_2}{d\mu} - k\frac{dP_1}{d\mu})d\mu \geq \int \varphi(\frac{dP_2}{d\mu} - k\frac{dP_1}{d\mu})d\mu, \quad \varphi \in \Phi,$$

woraus speziell für $\varphi := I_{\{\frac{dP_2}{d\mu} > k\frac{dP_1}{d\mu}\}}$ die Beziehung

$$\varphi^* = \begin{cases} 1, & \frac{dP_2}{d\mu} > k\frac{dP_1}{d\mu} \\[2mm] 0, & \frac{dP_2}{d\mu} < k\frac{dP_1}{d\mu} \end{cases} \quad \mu \text{ f.ü.}$$

resultiert. Ferner gilt $E_{P_2}(\varphi^*) - k\alpha \geq E_{P_2}(\varphi^*) - kE_{P_1}(\varphi^*)$, woraus sich im Fall $E_{P_2}(\varphi^*) < 1$ die Beziehung $E_{P_1}(\varphi^*) \geq \alpha$ ergibt, da $k > 0$ zutrifft, weil man sonst aus $y_2 \geq x_2$, $x_2 \in M$, $y_2 \in N$, auf den Widerspruch $E_{P_2}(\varphi^*) \geq 1$ schließen kann. Umgekehrt ist für ein $\varphi^* \in \Phi^*$ mit (∗) und $E_{P_1}(\varphi^*) = \alpha$ die Ungleichung

$$E_{P_2}(\varphi^*) - kE_{P_1}(\varphi^*) \geq E_{P_2}(\varphi) - kE_{P_1}(\varphi), \quad \varphi \in \Phi,$$

zutreffend, woraus

$$E_{P_2}(\varphi^*) - E_{P_2}(\varphi) \geq k\left(\alpha - E_{P_1}(\varphi)\right) \geq 0, \quad \varphi \in \Phi_\alpha,$$

resultiert, d. h. φ^* ist bester Test zum Niveau α für das Testen von $\{P_1\}$ gegen $\{P_2\}$. Zur Existenz eines besten Tests φ^* zum Niveau $\alpha \in (0, 1]$ für das Testen von $\{P_1\}$ gegen $\{P_2\}$ beachtet man, daß für die inverse Verteilungsfunktion F^{-1} einer eindimensionalen Verteilungsfunktion F, die gemäß $F^{-1}(y) := \inf\{x \in \mathbb{R} : F(x) \geq y\}$, $y \in (0, 1)$, definiert ist, $F^{-1}(y) \leq x$ für $y \in (0, 1)$, $x \in \mathbb{R}$, gleichwertig ist mit $y \leq F(x)$. Insbesondere heißt $F^{-1}(1 - \alpha)$ für $\alpha \in [0, 1]$ das α-Fraktil (α-Quantil) der zu F gehörenden Wahrscheinlichkeitsverteilung. Wählt man speziell F gemäß $F(x) := P_1(\{\frac{dP_2}{d\mu}/\frac{dP_1}{d\mu} \leq x\})$, $x \in \mathbb{R}$, und $k = k_\alpha$ als zugehöriges α-Fraktil für $\alpha \in (0, 1]$, also $k_\alpha := \inf\{k \geq 0 : P_1(\{\frac{dP_2}{d\mu}/\frac{dP_1}{d\mu} > k\}) \leq \alpha\}$, so gilt $P_1(\{\frac{dP_2}{d\mu}/\frac{dP_1}{d\mu} > k_\alpha\}) \leq \alpha$. Im Fall $P_1(\{\frac{dP_2}{d\mu}/\frac{dP_1}{d\mu} = k_\alpha\}) > 0$ existiert $\gamma = \gamma_\alpha \in [0, 1]$ mit $P_1(\{\frac{dP_2}{d\mu}/\frac{dP_1}{d\mu} > k_\alpha\}) + \gamma_\alpha P_1(\{\frac{dP_2}{d\mu}/\frac{dP_1}{d\mu} = k_\alpha\}) = \alpha$, also $\gamma_\alpha := (\alpha - P_1(\{\frac{dP_2}{d\mu}/\frac{dP_1}{d\mu} > k_\alpha\}))/P_1(\{\frac{dP_2}{d\mu}/\frac{dP_1}{d\mu} = k_\alpha\}) \leq 1$, wegen $P_1(\{\frac{dP_2}{d\mu}/\frac{dP_1}{d\mu} \geq k_\alpha\}) \geq \alpha$. Wählt man $\gamma_\alpha = 0$ bzw. 1 im Fall $P_1(\{\frac{dP_2}{d\mu}/\frac{dP_1}{d\mu} = k_\alpha\}) = 0$, dann ist

$$\varphi^* := \begin{cases} 1, & \frac{dP_2}{d\mu} > k\frac{dP_1}{d\mu} \\[2mm] \gamma, & \frac{dP_2}{d\mu} = k\frac{dP_1}{d\mu} \\[2mm] 0, & \frac{dP_2}{d\mu} < k\frac{dP_1}{d\mu} \end{cases}$$

ein bester Test zum Niveau $\alpha \in (0, 1]$ für das Testen von $\{P_1\}$ gegen $\{P_2\}$ mit $E_{P_1}(\varphi^*) = \alpha$.

BEMERKUNG: Für jeden besten Test φ^* zum Niveau $\alpha \in (0, 1]$ gilt:

$$\varphi^* = \begin{cases} 1 & \frac{dP_2 P_1}{d\mu} > k \\[2mm] 0 & \frac{dP_2 P_1}{d\mu} < k \end{cases} \quad P_1 \text{-f.ü.}$$

und jeder Test φ^* mit

$$\varphi^* = \begin{cases} 1 & \frac{dP_{2P_1}}{d\mu} > k \\[2mm] & \hspace{1cm} P_1\text{-f.ü.} \\[2mm] 0 & \frac{dP_{2P_1}}{d\mu} < k \end{cases}$$

auf $A^{\perp c}$ mit $\varphi^* = 1$ auf $A^\perp$, $E_{P_1}(\varphi^*) = \alpha$, sowie $A^\perp \in \mathcal{S}$, so daß $P_1(A^\perp) = 0$ und $P_{2P_1}(A^{\perp c}) = 0$ gilt, ist bester Test zum Niveau $\alpha \in (0,1]$ für das Testen von $\{P_1\}$ gegen $\{P_2\}$. Dabei bezeichnet P_{2P_1} die bezüglich P_1 absolut stetige Komponente der Lebesgue-Zerlegung von P_2 bezüglich P_1, wobei sich die obige Bemerkung aus $\frac{dP_{2P_1}}{dP_1} = \frac{dP_2}{d\mu} / \frac{dP_1}{d\mu}$ P_1-f.ü. ergibt.

Anwendungen des Neyman-Pearson-Lemmas:

1. Kennzeichnung der Existenz gleichmäßig bester Tests im Fall endlicher Transformationsgruppen

   P_j, $j = 1, 2$, Wahrscheinlichkeitsmaße auf der σ-Algebra $\mathcal{S}$ über Ω und G endliche Transformationsgruppe von $(\mathcal{S}, \mathcal{S})$-meßbaren und bijektiven Abbildungen $g : \Omega \to \Omega$, wobei $P_1 = P_1^g$, $g \in G$, gilt, und die Teil-σ-Algebra $\mathcal{T}$ für $\{A \in \mathcal{S} : A = g(A), g \in G\}$ steht. Dann existiert für jedes $\alpha \in (0, 1]$ ein gleichmäßig bester Test zum Niveau α für das Testen von $\{P_1\}$ gegen $\{P_2^g : g \in G\}$ genau dann, wenn für die bezüglich P_1 absolut stetige Komponente P_{2P_1} der Lebesgue-Zerlegung von P_2 bezüglich P_1 gilt $P_{2P_1} = P_{2P_1}^g$, $g \in G$, also $P_2 = P_2^g$ im Fall $P_2 \ll P_1$.

   BEGRÜNDUNG: Gilt $P_{2P_1} = P_{2P_1}^g$, $g \in G$, so liefert die Bemerkung im Anschluß an das Lemma von Neyman-Pearson, daß ein Test φ^* der Gestalt

   $$\varphi^* = \begin{cases} 1, & \frac{dP_{2P_1}}{dP_1} > k \\[2mm] \gamma, & \frac{dP_{2P_1}}{dP_1} = k \\[2mm] 0, & \frac{dP_{2P_1}}{dP_1} < k \end{cases}$$

   auf $A^{\perp c} \in \mathcal{S}$ und $\varphi^* = 1$ auf $A^\perp$ mit $E_{P_1}(\varphi^*) = \alpha$ und $P_1(A^\perp) = 0$ $P_{2P_1}(A^{\perp c}) = 0$ ein gleichmäßig bester Test zum Niveau α für das Testen von $\{P_1\}$ gegen $\{P_2^g : g \in G\}$ ist, da hier $A^\perp \in \mathcal{T}$ wählbar ist (man kann $A^\perp$ hier durch $\bigcup_{g \in G} g(A^\perp)$ ersetzen!), so daß insbesondere φ^* bereits $\mathcal{T}$-meßbar ist. Existiert nun umgekehrt ein gleichmäßig bester Test zum Niveau α für das Testen von $\{P_1\}$ gegen $\{P_2^g : g \in G\}$ für alle $\alpha \in (0, 1]$, so ist $\beta_\alpha : k(\{P_2^g : g \in G\}) \to \mathbb{R}$ mit $\beta_\alpha(Q) := \sup\{E_Q(\varphi) : \varphi \in \Phi_\alpha\}$, $Q \in k(\{P_2^g : g \in G\})$, affin-linear aufgrund der Überlegungen im Anschluß an den Minimaxsatz. Wegen $\beta_\alpha(P_2^g) = \sup\{E_{P_2}(\varphi \circ g) : \varphi \in \Phi_\alpha\} = \sup\{E_{P_2}(\varphi) : \varphi \in \Phi_\alpha\}$ aufgrund von $\Phi_\alpha = \{\varphi \circ g : \varphi \in \Phi_\alpha\}$, $g \in G$, da $P_1 = P_1^g$, $g \in G$, gilt, erhält man $\beta_\alpha(P_2^g) = \beta_\alpha(P_2)$, $g \in G$, und daher $\beta_\alpha(Q) = c$, $Q \in k(\{P_2^g : g \in G\})$, für ein $c \in \mathbb{R}$, wegen $\beta_\alpha(aQ_1 + (1-a)Q_2) \leq a\beta_\alpha(Q_1) + (1-a)\beta_\alpha(Q_2)$, $Q_j \in$

$k(\{P_2^g : g \in G\})$, $j = 1, 2$, $a \in [0, 1]$. Schließlich ist ein bester Test ψ^* zum Niveau $\alpha \in (0, 1]$ für das Testen von $\{P_1\}$ gegen $\{\bar{P}_2\}$ mit $\bar{P}_2 := \frac{1}{|G|} \sum_{g \in G} P_2^g$ der Gestalt

$$\psi^* = \begin{cases} 1, & \frac{d\bar{P}_2}{d\mu} > k \frac{dP_1}{d\mu} \\ \gamma, & \frac{d\bar{P}_2}{d\mu} = k \frac{dP_1}{d\mu} \\ 0, & \frac{d\bar{P}_2}{d\mu} < k \frac{dP_1}{d\mu} \end{cases}$$

mit $E_{P_1}(\psi^*) = \alpha$ bereits $\mathcal{T}$-meßbar. Insbesondere gilt $E_{\bar{P}_2}(\psi^*) = \beta_\alpha(\bar{P}_2) = c$, also $E_{P_2^g}(\psi^*) = c = \beta_\alpha(P_2^g)$, $g \in G$, so daß ψ^* bester Test zum Niveau $\alpha \in (0, 1]$ für das Testen von $\{P_1\}$ gegen $\{P_2\}$ ist. Hieraus resultiert aber, daß es eine $\mathcal{T}$-meßbare Version von $\frac{dP_2}{d\mu} / \frac{dP_1}{d\mu}$ $(= \frac{dP_{2P_1}}{dP_1}$ P_1-f.ü.$)$ gibt aufgrund der nachfolgenden Anwendung des Neyman-Pearson-Lemmas, also gilt insbesondere $\frac{dP_{2P_1}^g}{dP_1} = \frac{dP_{2P_1}}{dP_1}$ P_1-f.ü., $g \in G$, woraus $P_{2P_1}^g = P_{2P_1}$, $g \in G$, folgt.

2. Es seien P_j, $j = 1, 2$, Wahrscheinlichkeitsmaße auf der σ-Algebra $\mathcal{S}$ über Ω. Dann ist eine Teil-σ-Algebra $\mathcal{T}$ von $\mathcal{S}$ suffizient für $\{P_1, P_2\}$ genau dann, wenn es zu jedem $\alpha \in (0, 1]$ einen besten, $\mathcal{T}$-meßbaren Test zum Niveau α für das Testen von $\{P_1\}$ gegen $\{P_2\}$ gibt.

BEGRÜNDUNG: Ist $\mathcal{T}$ suffizient für $\{P_1, P_2\}$, so ist $\psi^* := E(\varphi^*|\mathcal{T})$ ein bester Test zum Niveau α für das Testen von $\{P_1\}$ gegen $\{P_2\}$, der $\mathcal{T}$-meßbar ist, falls φ^* ein bester Test zum Niveau α für das Testen von $\{P_1\}$ gegen $\{P_2\}$ ist. Umgekehrt gibt es zu dem besten Test $\varphi^* := I_{\{\frac{dP_2}{d\mu} / \frac{dP_1}{d\mu} > k\}}$ zum Niveau $\alpha := E_{P_1}(\varphi^*)$ im Fall $E_{P_1}(\varphi^*) > 0$ für das Testen von $\{P_1\}$ gegen $\{P_2\}$ (mit $\mu := \frac{P_1 + P_2}{2}$) einen besten, $\mathcal{T}$-meßbaren Test zum Niveau α für das Testen von $\{P_1|\mathcal{T}\}$ gegen $\{P_2|\mathcal{T}\}$ der Gestalt

$$\psi^* = \begin{cases} 1, & \frac{d(P_2|\mathcal{T})}{d(\mu|\mathcal{T})} / \frac{d(P_1|\mathcal{T})}{d(\mu|\mathcal{T})} > k^* \\ \gamma^*, & \frac{d(P_2|\mathcal{T})}{d(\mu|\mathcal{T})} / \frac{d(P_1|\mathcal{T})}{d(\mu|\mathcal{T})} = k^* \\ 0, & \frac{d(P_2|\mathcal{T})}{d(\mu|\mathcal{T})} / \frac{d(P_1|\mathcal{T})}{d(\mu|\mathcal{T})} < k^* \end{cases}$$

und $E_{P_1}(\psi^*) = \alpha$ mit $k^* \geq 0$ und $\gamma^* \in [0, 1]$, woraus

$$I_{\{\frac{dP_2}{d\mu} / \frac{dP_1}{d\mu} > k\}}(\omega) = I_{\{\frac{d(P_2|\mathcal{T})}{d(\mu|\mathcal{T})} / \frac{d(P_1|\mathcal{T})}{d(\mu|\mathcal{T})} > k^*\}}(\omega), \quad \omega \notin A_k \in \mathcal{S},$$

mit $\mu(A_k) = 0$, falls $\mu(\{\frac{d(P_2|\mathcal{T})}{d(\mu|\mathcal{T})} / \frac{d(P_1|\mathcal{T})}{d(\mu|\mathcal{T})} = k^*\}) = 0$ gilt, folgt. Dabei gibt es höchstens abzählbar viele $k_j \geq 0$, $j = 1, 2, \ldots$, so daß für die zugehörigen $k_j^* \geq 0$, $j = 1, 2, \ldots$, gilt $\mu(\{\frac{d(P_2|\mathcal{T})}{d(\mu|\mathcal{T})} / \frac{d(P_1|\mathcal{T})}{d(\mu|\mathcal{T})} = k_j^*\}) > 0$, $j = 1, 2, \ldots$. Bezeichnet nun A eine abzählbare, dichte Teilmenge von $\{k > 0 : P_1(\{\frac{dP_2}{d\mu} / \frac{dP_1}{d\mu} > k\}) > 0\} \setminus \{k_j : j = 1, 2, \ldots\}$, so gilt $\{\frac{dP_2}{d\mu} / \frac{dP_1}{d\mu} > k\} \in \mathcal{T}^*$, $k \in A$, mit $\mathcal{T}^* := \{A \in \mathcal{S} :$ Es gibt $T \in \mathcal{T}$ mit $\mu(A \Delta T) = 0\}$. Da ferner $\{\frac{dP_2}{d\mu} / \frac{dP_1}{d\mu} > k\} \in \mathcal{T}^*$ für alle $k > 0$ mit $P_1(\{\frac{dP_2}{d\mu} / \frac{dP_1}{d\mu} > k\}) = 0$, wegen der sich hieraus ergebenden Beziehung

$\mu(\{\frac{dP_2}{d\mu} / \frac{dP_1}{d\mu} > k\}) = 0$, zutrifft, gibt es eine $\mathcal{T}^*$-meßbare Version und daher auch eine $\mathcal{T}$-meßbare Version von $\frac{dP_2}{d\mu} / \frac{dP_1}{d\mu}$, woraus die Suffizienz von $\mathcal{T}$ für $\{P_1, P_2\}$ folgt, wegen des Faktorisierungskriteriums für Suffizienz.

Maximintests im Zusammenhang mit Bernoulli-Experimenten mit veränderlichen Trefferwahrscheinlichkeiten

Der Test

$$\varphi^*(k_1, \ldots, k_n) = \begin{cases} 1, & \sum_{j=1}^n k_j > b_\alpha(n, \frac{1}{2}) \\ \gamma^*, & \sum_{j=1}^n k_j = b_\alpha(n, \frac{1}{2}) \\ 0, & \sum_{j=1}^n k_j < b_\alpha(n, \frac{1}{2}) \end{cases}$$

mit $(k_1, \ldots, k_n) \in \{0,1\}^n$ und $b_\alpha(n, \frac{1}{2})$ als α-Fraktil der $\mathcal{B}(n, \frac{1}{2})$-Verteilung sowie $\sum_{k=b_\alpha(n,1/2)+1}^n \binom{n}{k} 2^{-n} + \gamma^* \binom{n}{b_\alpha(n,1/2)} = \alpha$ ist ein Maximin-Test zum Niveau α für das Testen von $\{B(1, \frac{1}{2}) - V. \otimes \ldots \otimes B(1, \frac{1}{2}) - V. \text{ (n-mal)}\}$ gegen $\{\mathcal{B}(1, p_{\pi(1)}) - V. \otimes \ldots \otimes B(1, p_{\pi(n)}) - V. : 1 > p_j > \frac{1}{2}, j = 1, 2, \ldots, n, \pi \text{ Permutation von } \{1, \ldots, n\}\}$.

BEGRÜNDUNG: Es wird zunächst $p_j^{(0)}$, $j = 1, \ldots, n$, fest gewählt mit $1 > p_j^{(0)} > \frac{1}{2}$, $j = 1, \ldots, n$, und gezeigt, daß der obige Test φ^* Maximin-Test zum Niveau α für das Testen von $\{\mathcal{B}(1, \frac{1}{2}) - V. \otimes \ldots \otimes B(1, \frac{1}{2}) - V. \text{ (n-mal)}\}$ gegen $\{B(1, p_{\pi(1)}^{(0)}) - V. \otimes \ldots \otimes B(1, p_{\pi(n)}^{(0)}) - V. : 1 > p_j^{(0)} > \frac{1}{2}, j = 1, \ldots, n, \pi$ Permutation von $\{1, \ldots, n\}\}$ ist, wobei nach den vorangehenden Überlegungen kein gleichmäßig bester Test zum Niveau α für jedes $\alpha \in [0, 1]$ existiert, und daß ein bester Test φ^* zum Niveau α für das Testen von $\{\mathcal{B}(1, \frac{1}{2}) - V. \otimes \ldots \otimes B(1, \frac{1}{2}) - V. \text{ (n-mal)}\}$ gegen $\{\frac{1}{n!} \sum_{\substack{\pi \text{ Permutation} \\ \text{von} \{1, \ldots, n\}}} \mathcal{B}(1, p_{\pi(1)}^{(0)}) - V. \otimes \ldots \otimes B(1, p_{\pi(n)}^{(0)}) - V.\}$ ein Maximin-Test für das Testen von $\{\mathcal{B}(1, \frac{1}{2}) - V. \otimes \ldots \otimes B(1, \frac{1}{2}) - V. \text{ (n-mal)}\}$ gegen $\{B(1, p_{\pi(1)}^{(0)}) - V. \otimes \ldots \otimes B(1, p_{\pi(n)}^{(0)}) - V., 1 > p_j^{(0)} > \frac{1}{2}, j = 1, \ldots, n, \pi$ Permutation von $\{1, \ldots, n\}\}$ zum Niveau α ist. Dieser Test φ^* läßt sich in der Gestalt

$$\varphi^*(k_1, \ldots, k_n) = \begin{cases} 1, & T(k_1, \ldots, k_n) > c \\ \gamma, & T(k_1, \ldots, k_n) = c \\ 0, & T(k_1, \ldots, k_n) < c \end{cases}$$

mit $E_{(\mathcal{B}(1,1/2)-V.)^n}(\varphi) = \alpha$, $(\mathcal{B}(1, \frac{1}{2}) - V.)^n := \mathcal{B}(1, \frac{1}{2}) - V. \otimes \ldots \otimes B(1, \frac{1}{2}) - V. \text{ (n-mal)}$ und $T(k_1, \ldots, k_n) = 2^n \frac{1}{n!} \sum_{\substack{\pi \text{ Permutation} \\ \text{von} \{1, \ldots, n\}}} (\frac{p_{\pi(1)}^{(0)}}{1-p_{\pi(1)}^{(0)}})^{k_1} \cdot \ldots \cdot (\frac{p_{\pi(n)}^{(0)}}{1-p_{\pi(n)}^{(0)}})^{k_n}$, $(k_1, \ldots, k_n) \in \{0,1\}^n$, wählen. Wegen $\frac{p_j^{(0)}}{1-p_j^{(0)}} > 1$ ist $T(k_1, \ldots, k_n) > T(k_1', \ldots, k_n')$, wobei $(k_1, \ldots, k_n)$, $(k_1', \ldots, k_n')$ $\in \{0,1\}^n$, zutrifft, mit $\sum_{j=1}^n k_j > \sum_{j=1}^n k_j'$ äquivalent, da hier ein summandenweiser Vergleich für die Werte $T(k_1, \ldots, k_n)$ und $T(k_1', \ldots, k_n')$ aufgrund der Permutationsinvarianz von T möglich ist. Daher läßt sich φ^* auch in der Gestalt

$$\varphi^*(k_1, \ldots, k_n) = \begin{cases} 1, & \sum_{j=1}^n k_j > b_\alpha(n, \frac{1}{2}) \\ \gamma^*, & \sum_{j=1}^n k_j = b_\alpha(n, \frac{1}{2}) \\ 0, & \sum_{j=1}^n k_j < b_\alpha(n, \frac{1}{2}) \end{cases}$$

mit $\sum_{k=b_\alpha(n,1/2)+1}^n \binom{n}{k} 2^{-n} + \gamma^* \binom{n}{b_\alpha(n,\frac{1}{2})} = \alpha$ wählen. Da φ^* unabhängig von $p_j^{(0)}$ mit $1 > p_j^{(0)} > \frac{1}{2}$, $j = 1, \ldots, n$, ist, ist φ^* auch ein Maximin-Test zum Niveau α für das Testen von $\{B(1, \frac{1}{2}) - V. \otimes \ldots \otimes B(1, \frac{1}{2}) - V. \ (n\text{-mal})\}$ gegen $\{B(1, p_{\pi(1)}) - V. \otimes \ldots \otimes B(1, p_{\pi(n)}) - V. : 1 > p_j > \frac{1}{2}, \ j = 1, \ldots, n, \ \pi$ Permutation von $\{1, \ldots, n\}\}$.

Literaturverzeichnis

[1] Bauer, H.: Wahrscheinlichkeitstheorie. de Gruyter, 1991

[2] Billingsley, P.: Probability and Measure, 3rd Edition. Wiley, New York, 1995

[3] Borovkov, A. A.: Mathematical Statistics. Gordon & Breach, 1998

[4] Elstrodt, J.: Maß- und Integrationstheorie, 2. Aufl. Springer, 1999

[5] Fristedt, B. und L. Gray: A Modern Approach to Probability Theory. Birkhäuser, Berlin, 1997

[6] Gänssler, P., Stute, W.: Wahrscheinlichkeitstheorie. Springer, 1977

[7] Kallenberg, O.: Foundations of Modern Probability. Springer, Berlin, 1997

[8] Lehmann, E.: Theory of Point Estimation. Wiley, New York, 1983

[9] Lehmann, E.: Testing Statistical Hypotheses, 2. Aufl. Wiley, New York, 1986

[10] Pfanzagl, J.: Parametric Statistical Theory. de Gruyter, 1994

[11] Ross, S.: Stochastic Processes, 2nd Edition. Wiley, New York, 1996

[12] Shao, J.: Mathematical Statistics. Springer, 1999

[13] Strasser, H.: Mathematical Theory of Statistics. de Gruyter, 1985

[14] Stromberg, K. R.: Probability for Analysts. Chapman & Hall, New York, 1994

[15] Voinov, V. G., Nikulin, M. S.: Unbiased Estimators and their Applications, Vol. I: Univariate Case. Kluwer, 1993

[16] Witting, H.: Mathematische Statistik I. Teubner, 1985

[17] Witting, H., Müller-Funk, U.: Mathematische Statistik II. Teubner, 1995

Sachverzeichnis

www.ingramcontent.com/pod-product-compliance
Lightning Source LLC
Chambersburg PA
CBHW081543190326
41458CB00015B/5625